BMFT – Risiko- und Sicherheitsforschung

G. König, R. Maurer, T. Zichner

Spannbeton:
Bewährung im Brückenbau

Analyse von Bauwerksdaten,
Schäden und Erhaltungskosten

Mit 180 Abbildungen und 59 Tabellen

Springer-Verlag Berlin Heidelberg New York
London Paris Tokyo 1986

Bundesministerium für Forschung
und Technologie, Bonn

Professor Dr.-Ing. Gert König
Dipl.-Ing. Reinhard Maurer
Dr.-Ing. Tilman Zichner

König und Heunisch
Beratende Ingenieure
Oskar-Sommer-Straße 15–17
6000 Frankfurt/M. 70

ISBN-13: 978-3-642-82888-1   e-ISBN-13: 978-3-642-82887-4
DOI: 10.1007/978-3-642-82887-4

CIP-Kurztitelaufnahme der Deutschen Bibliothek

König, Gert: Spannbeton: Bewährung im Brückenbau : Analyse von Bauwerksdaten, Schäden u. Erhaltungskosten / G. König ; R. Maurer ; T. Zichner. – Berlin ; Heidelberg ; New York ; London ; Paris ; Tokyo : Springer, 1986.
(BMFT–Risiko- und Sicherheitsforschung)

NE: Maurer, Reinhard: ; Zichner, Tilman:
[Bundesministerium für Forschung u. Technologie, Bonn].

Das Werk ist urheberrechtlich geschützt. Die dadurch begründeten Rechte, insbesondere die der Übersetzung, des Nachdrucks, der Entnahme von Abbildungen, der Funksendung, der Wiedergabe auf photomechanischem oder ähnlichem Weg und der Speicherung in Datenverarbeitungsanlagen bleiben, auch bei nur auszugsweiser Verwertung, vorbehalten.
Die Vergütungsansprüche des § 54, Abs. 2 UrhG, werden durch die „Verwertungsgesellschaft Wort", München, wahrgenommen.

© by Springer-Verlag, Berlin/Heidelberg 1986.
Softcover reprint of the hardcover 1st edition 1986

Die Wiedergabe von Gebrauchsnamen, Handelsnamen, Warenbezeichnungen usw. in diesem Buch berechtigt auch ohne besondere Kennzeichnung nicht zu der Annahme, daß solche Namen im Sinne der Warenzeichen- und Markenschutz-Gesetzgebung als frei zu betrachten wären und daher von jedermann benutzt werden dürften.

Textverfassung: PERCCEO, Springer-Verlag Heidelberg
Datenkonvertierung,
2160/3020-543210

Vorwort

Veritas filia temporis
Gellius

Es war eine Anregung des Bundesministers für Forschung und Technologie, im Förderschwerpunkt „Risiken und Sicherheitsforschung" die Risiken im Bauwesen untersuchen zu lassen. Das Gebiet des Bauwesens ist jedoch sehr heterogen. Die Randbedingungen, unter denen ein Bauwerk entsteht und unter denen es seine Funktion erfüllt, sind sehr unterschiedlich. Es lassen sich daher nur schwer Bauwerkstypen zu Grundgesamtheiten zusammenfassen, mit denen anschließend Statistik getrieben werden kann. Die große Katastrophe vergleichbar dem Kernschmelzunfall bei Kernkraftwerken ist im Bauwesen nur bei wenigen Bauwerken – wie etwa Talsperren oder Küstenschutzbauten – denkbar. Aus volkswirtschaftlicher Sicht treten die kleinen und mittleren Schäden mit ihren begrenzten Folgen in den Mittelpunkt des Interesses. Damit ist die Vorabauswahl dominierender Äste im Fehlerbaum problematisch; sie muß empirisch untermauert werden.

Dies bewog den erstgenannten Verfasser, dem Bundesminister für Forschung und Technologie vorzuschlagen, die Untersuchung nicht allgemein für das Bauwesen, sondern speziell für größere Tal- und Flußbrücken aus Spannbeton durchzuführen. Hier schien ein Schluß von der Stichprobe zur Grundgesamtheit gerade noch vertretbar. Es gibt nur wenige Bauverfahren, die sich am Markt durchgesetzt haben. Die Randbedingungen der Herstellung sind – wenn auch mit Einschränkung – vergleichbar. Brücken haben weiter den Vorteil, daß der Bauherr sachkundig ist und seine Bauwerke systematisch überwacht. Die Dokumentation entdeckter Schäden sowie der Kosten für Erhaltungsarbeiten schien hier am leichtesten abrufbar. Es war von Anfang an daran gedacht, gerade diesen reichen Erfahrungsschatz zu heben und damit bewußt rein theoretische Betrachtungen in den Hintergrund zu drängen. Zudem war es dringend geboten, einen Beitrag zur Versachlichung der Diskussion über die Bewährung der Spannbetonbrücken zu leisten. Es sollten Fakten über ihr bisheriges Verhalten statistisch gesammelt werden.

Dankenswerterweise ist der Bundesminister für Forschung und Technologie nach einvernehmlicher Abstimmung mit dem Bundesminister für Verkehr auf den Vorschlag eingegangen. Es kann damit eine Zwischenbilanz über die Bewährung von Spannbetonbrücken vorgelegt werden, die dieser noch relativ jungen, aber äußerst erfolgreichen Bauweise gewiß weiteren Auftrieb geben wird. Aufklärung über Falschmeldungen zu spektakulären Schadensfällen wird getrieben. Der Brückenbestand wird beleuchtet. Bauwerks- und Schadensdaten von 43 großen Tal- bzw. Flußbrücken werden ausgewertet. Dem Einfluß von Rissen im Beton auf Korrosion und Ermüdung der Stahleinlagen wird nachgegangen. Schwachstellen werden aufgezeigt und Vorschläge zu ihrer Überwindung unterbreitet. Auf bestehende Wissenslücken wird hingewiesen. Es ist zu hoffen, daß das Buch den Bauherren, den Bauunternehmern und den entwerfenden und prüfenden Ingenieuren gleichermaßen bei ihrer zukünftigen

Arbeit helfen möge. Durchaus im Sinne der Verfasser wäre es, wenn auch interessierte Laien (z. B. Politiker) oder mit Schadensfällen befaßte Juristen Nutzen aus dem Buch ziehen würden.

Das Buch stützt sich auf eine Vorarbeit, die Herr Dr.-Ing. Wittke in mühevollster und akribischer Weise geleistet hat. Ihm oblag die Datensammlung und eine erste Auswertung aller Daten, ohne die das Buch nicht möglich gewesen wäre. Viele Diskussionen mit ihm haben deutlich zur Klärung der Sachlage beigetragen.

Uneingeschränkte Unterstützung haben die Verfasser durch Herrn Dipl.-Ing. v. Drachenfels als Vertreter der Straßenverwaltung Rheinland-Pfalz sowie durch Herrn Prof. Dr.-Ing Deinhard als dem zuständigen Leiter der Abteilung Brücken- und Ingenieurbau des Hessischen Landesamtes für Straßenbau erfahren. Die Datenbeschaffung gelang nur mit ihrer Hilfe. Darüber hinaus haben beide Herren wertvolle Hinweise in Gesprächen und wesentliche Anregungen zur Verbesserung des Manuskriptes gegeben.

Die Herren Dipl.-Ing. Kretz (Hessisches Landesamt für Straßenbau), Dipl.-Ing. Dretzke (Autobahnamt Frankfurt) sowie Herr Dipl.-Ing. Rohe (Fa. Adam Hörnig) haben uns wertvolle Hinweise gegeben bzw. Daten von Instandsetzungskosten zur Verfügung gestellt, die das Buch sicher für den interessierten Leser zur Fundgrube machen. All diesen Herren sei an dieser Stelle besonders gedankt.

Unser Dank gilt Herrn Dr.-Ing. Krips (Wayss & Freytag AG) für die Beschaffung von Bildern sowie die Durchsicht des Kapitels 11 und die gegebenen Verbesserungs-Hinweise. Schließlich möchten wir unseren Dank aussprechen an die vielen Fachkollegen, mit denen wir immer wieder diskutieren konnten, besonders aber Herrn Prof. Dr.-Ing. Schießl, ohne dessen Arbeit zur Bedeutung der Risse für die Korrosion der Stahleinlagen unserem Buch wesentliche Aussagen und Erkenntnisse fehlen würden. Herr Schießl hat in kollegialer Weise das gesamte Manuskript durchgesehen. Dieser Dank gilt ebenso Herrn Dr.-Ing. Cordes, der uns mit seinem Beitrag über die Dauerhaftigkeit von Spanngliedern unter zyklischen Beanspruchungen eine wesentliche Abstützung gegeben hat, und Herrn Dr.-Ing. Nürnberger, der uns seine neuesten, noch unveröffentlichten Forschungsergebnisse über die Chlorideindringung zur Verfügung gestellt hat.

In endgültige und lesbare Form hat unser Manuskript Frau Möller gebracht. Ihrer aufopfernden Mithilfe verdanken wir viel; herzlichen Dank!

Möge das Buch die Basis für eine sachliche Diskussion um die konsequente Weiterentwicklung einer genialen Erfindung bilden; dann hat sich die Mühe aller Beteiligten gelohnt.

Frankfurt/Main, 20. Mai 1986

Gert König,
Reinhard Maurer,
Tilman Zichner

Inhaltsverzeichnis

Teil I Schäden an Spannbetonbrücken

1 Einleitung 3

2 Schäden an Spannbetonbrücken und ihre Ursachen 6
  2.1 Begriffserläuterungen 6
  2.2 Schäden infolge verzögert gewonnener Erfahrung 6
  2.3 Schäden infolge von Fehlern im Konstruktionsbereich 8
  2.4 Schäden während der Bauzustände (Bauunfälle) 9
  2.5 Ausführungsmängel 13
  2.6 Schäden in der Nutzungsphase, insbesondere Verschleißschäden 14
  2.7 Einflüsse aus Ausschreibung und Vergabe 15

3 Einige dem Spannbetonbrückenbau angelastete spektakuläre Schadensfälle 16
  3.1 Vorbemerkungen 16
  3.2 Der Teileinsturz der Berliner Kongreßhalle 16
  3.3 Das Bauwerk SP 685, Umgehung Wilgartswiesen 22
  3.4 Das Kreuzungsbauwerk in Berlin-Schmargendorf 27
  3.5 Die Hochstraße Prinzenallee im Heerdter Dreieck Düsseldorf 31

4 Eine Untersuchung zum tatsächlichen Ausmaß der Schäden an Spannbetonbrücken 35

Teil II Computerunterstützte Erfassung und Überwachung des Brückenbestands

5 Bauwerksüberwachung gemäß DIN 1076 und Verwertung dabei anfallender Daten 39

6 Erfassung der Bauwerksdaten 44
  6.1 Allgemeines 44
  6.2 Inhalt des Bauwerksbuchs 45
  6.3 Erstellen eines Bauwerksbuchs 46
  6.4 Beispiel zur Erstellung eines Bauwerksbuchs 47

7 Arbeiten mit den Bauwerksdaten 52

8 Erfassung der Schadensdaten ... 54
8.1 Zweck der Erfassung von Schadensdaten ... 54
8.2 Beispiele von Schadensfällen ... 54
8.3 Subjektive Einflüsse bei der Erfassung der Schadensdaten ... 63
8.4 Erstellen eines EDV-mäßigen Schadensprotokolls ... 64
    8.4.1 Verfahren zur Erfassung einzelner Schadensfälle ... 64
        8.4.1.1 Aufbau des Erfassungssystems ... 64
        8.4.1.2 Inhalt des Schadensprotokolls ... 67
        8.4.1.3 Beispiel ... 69
    8.4.2 Verfahren zur globalen Erfassung von Schäden an einzelnen Bauwerkskomponenten ... 71
8.5 Klassifizierung von Schadensfällen ... 73
    8.5.1 Bestehende Klassifizierungsverfahren ... 73
    8.5.2 Entwickeltes Klassifizierungsverfahren ... 82
        8.5.2.1 Zum Aufbau des Verfahrens ... 82
        8.5.2.2 Ermittlung der Schadensklasse ... 82
        8.5.2.3 Beispiele ... 84

9 Untersuchung von Beziehungen zwischen Bauwerks- und Schadensdaten ... 86

Teil III Auswertung der Bauwerks- und Schadensdaten von 43 großen Talbrücken bzw. Flußbrücken in Spannbetonbauweise

10 Brückenbestand und untersuchte Bauwerke ... 89
10.1 Entwicklung des Massivbrückenbaus ... 89
10.2 Die untersuchten Fluß- und Talbrücken ... 97
10.3 Aussagekraft der Auswertungen ... 99

11 Auswertung der Bauwerksdaten ... 101
11.1 Bauverfahren ... 101
11.2 Baustoffe ... 106
    11.2.1 Vorbemerkungen ... 106
    11.2.2 Beton ... 106
    11.2.3 Betonstahl ... 109
    11.2.4 Spannstahl ... 112
11.3 Herstellungskosten ... 118
11.4 Auftragnehmer ... 120
11.5 Schlankheiten der Überbauten ... 121
11.6 Querschnittsform ... 121
11.7 Lager ... 121
11.8 Abdichtungen ... 124

12 Auswertung der Riß- und Schadensdaten ... 125
12.1 Vorbemerkungen ... 125
12.2 Risse im Beton ... 125
    12.2.1 Bedeutung der Risse ... 125

12.2.1.1 Anlaß der Diskussion 125
12.2.1.2 Ursachen der Rißbildung 130
12.2.1.3 Einfluß von Rissen im Beton auf die Korrosion
         der Stahleinlagen 133
12.2.1.4 Spannstahlermüdung im Rißbereich 156
12.2.1.5 Wertung, Zusammenfassung 164
12.2.2 Auswertung der Risse der 76 Spannbetonüberbauten 166
12.2.2.1 Vorbemerkungen 166
12.2.2.2 Gerissene Koppelfugenbereiche 168
12.2.2.3 Risse außerhalb der Koppelfugenbereiche . . . 183
12.3 Nester und Fehlstellen im Beton 192
12.4 Freiliegende Bewehrung 196
12.5 Unzureichend verpreßte Spannglieder 201
12.6 Durchfeuchtungen 203
12.7 Kappen 205
12.8 Lager 206
12.9 Übergangskonstruktionen 211
12.10 Schäden an Pfeilern und Widerlagern 213

Teil IV Risikoorientierte Aussagen

13 Risiko und Fortschritt 217
13.1 Risiken beim menschlichen Handeln 217
13.2 Risiken im Brückenbau 223

14 Zur Tragwerkssicherheit der Spannbetonbrücken 225
14.1 Das Sicherheitskonzept als Maßnahme zur Vermeidung
     technischer Risiken 225
14.1.1 Allgemeine Maßnahmen 225
14.1.2 Besondere zusätzliche Maßnahmen bei Brücken . . . 229
14.2 Einfluß des Tragwerkskonzepts und der konstruktiven Einzelheiten
     auf die Bauwerkssicherheit 231
14.2.1 Einfluß des Tragwerkskonzepts – zwei Schadensfälle 231
14.2.2 Einfluß der Komponenten 232
14.2.3 Ausfallszenarien: Vergleich Einfeldtragwerke –
       Durchlaufträger 235
14.3 Schlußfolgerungen, Wertung 241

15 Der Finanzbedarf zur Erhaltung der Brückenbauwerke 242
15.1 Vorbemerkungen 242
15.2 Kosten für die Prüfung der Straßenbrücken 244
15.3 Angaben zum Finanzbedarf in Veröffentlichungen 246
15.4 Erhebung der tatsächlich aufgewendeten finanziellen Mittel für die
     Erhaltung der Brücken im Zuge von Bundesfernstraßen durch
     das Bundesverkehrsministerium 247

15.5 Instandsetzungskosten einzelner Spannbetonbrücken 250
    15.5.1 Talbrücken im Zuge der Sauerlandlinie (Hessen) 250
    15.5.2 Brücken des Landes Rheinland-Pfalz 253
    15.5.3 Bewertung 259
15.6 Kostenmodelle zur Ermittlung des zukünftigen Finanzbedarfs für die Erhaltung von Spannbetonbrücken 261
    15.6.1 Vorbemerkungen 261
    15.6.2 Kostenmodell nach Wittke 262
    15.6.3 Verfahren zur Abschätzung der Instandsetzungskosten einzelner Spannbetonbrücken nach v. Drachenfels 267
    15.6.4 Ermittlung des Finanzbedarfs durch eine Bund/Länder-Arbeitsgruppe der Straßenbauverwaltung 268
    15.6.5 Ermittlung des Finanzbedarfs für die Erhaltung des Brückenbestandes auf der Grundlage von Strategiemodellverfahren 268
        15.6.5.1 Prinzipielle Vorgehensweise 268
        15.6.5.2 Modell des Bund/Länder-Fachausschusses Brücken- und Ingenieurbau 269
        15.6.5.3 Modell nach Schmuck/Löffler 273
        15.6.5.4 Modellansatz aufgrund eigener Untersuchungen . . 274
        15.6.5.5 Vergleich der verschiedenen Modellansätze anhand des Brückenbestandes des Landes Hessen im Zuge von Bundesfernstraßen 285
        15.6.5.6 Bewertung 286
15.7 Modell zur Abschätzung des individuellen Finanzbedarfs einzelner Bauwerke 287
15.8 Ausblick 292
    15.8.1 Erfassung der Kosten für die Bauwerkserhaltung 292
    15.8.2 Verfahren zur Berechnung des Finanzbedarfs 292

16 Zusammenfassung und abschließende Beurteilung 293

Anhang

Credibility-Formeln, risikotheoretische Ansätze zur Schadensprognose
(Prof. Dr. rer. nat. J. Lehn, Dip.-Math. S. Rettig) 307

A.1   Einleitung 307
A.2   Credibility-Formeln vom Typ gewichteter Mittel 307
A.3   Modellannahmen zur Auswahl der Gewichte 308
A.4   Berechnung der Gewichte bei Normalverteilungsannahmen 311
A.5   Ein Zahlenbeispiel 315
A.6   Anwendbarkeit der Methode zur Prognose der Erhaltungskosten bei Bauwerken 317

Literaturverzeichnis 319

Sachverzeichnis 325

I Schäden an Spannbetonbrücken

1 Einleitung

Seit 1950 hat sich die Spannbetonbauweise aufgrund ihrer technischen Vorzüge und ihrer Wirtschaftlichkeit immer mehr durchgesetzt und auch Anwendungsgebiete, die bis dahin anderen Werkstoffen vorbehalten waren, erobert. Gelungene Bauwerke zeugen von den vielfältigen Möglichkeiten, die diese Bauweise bietet. Da der Baustoff Beton in beinahe jede beliebige Form gebracht werden kann, wird der Einsatz aus gestalterischen Gesichtspunkten kaum beschränkt. Vor allem im Brückenbau fand die neue Bauweise sehr rasche Verbreitung. Dabei entstanden kühne und gut gestaltete Bauwerke, wie z. B. die in Bild 1 und 2 dargestellte Kochertalbrücke. Während in den Anfängen der Spannbetonbauweise im wesentlichen über Erfolge und immer größere Spannweiten berichtet werden konnte, mußten in den letzten Jahren auch Meldungen und Berichte über Mißerfolge und Schäden verzeichnet werden [3].

Der Spannbeton ist gemessen an der langen Baugeschichte eine sehr junge Bauart. Wie die Erfahrung immer wieder gelehrt hat, ist jede neue technische Entwicklung in ihrer Anfangsphase mit gewissen Risiken und Erfahrungssammlung behaftet. Dies trifft auch für den Spannbeton zu. Auch andere Bauweisen mußten in ihren Anfängen mit Schwierigkeiten fertig werden. So brachte z. B. bei den ersten geschweißten Stahlbrücken der Übergang vom „Normalstahl" der Festigkeitsklasse St 37 auf den höherwertigen St 52 Fehlschläge, die durch den drohenden Einsturz der plötzlich gerissenen Rüdersdorfer Autobahnbrücke kurz nach der Verkehrsübergabe und die gerade noch rechtzeitige Sperrung und Notabstützung der bereits durch gefährliche Risse beschädigten S-Bahn-Brücke am Zoo in Berlin in den dreißiger Jahren gekennzeichnet

Bild 1. Kochertalbrücke im Bauzustand (Foto Wayss & Freytag AG)

Bild 2. Schlanke Pfeiler geben der Brücke den Ausdruck von Leichtigkeit (Foto Wayss & Freytag AG)

waren. Doch man lernte daraus, durch zweckmäßige Zusammensetzung und geeignete Herstellverfahren die hochwertigen Stähle schweißbar zu machen [2].

Die beim Bau der Spannbetonbrücken ohne Wissen eingebauten Unzulänglichkeiten wurden an den Bauwerken in Form von Schäden oft erst nach vielen Jahren erkannt. Dadurch war es möglich, daß über einen längeren Zeitraum Brücken gebaut wurden, die alle die gleichen, allerdings nach dem damaligen Stand der Technik noch unbekannten Schwächen aufwiesen (z. B. zu geringe Bewehrung im Bereich der Koppelfugen). Erst in Form von Schäden traten aber die technischen Unzulänglichkeiten der Bauwerke zutage. Manche dieser Unzulänglichkeiten ergaben sich überhaupt erst aufgrund der im Laufe der Zeit sich ändernden Nutzungsbedingungen. Die starke Verkehrszunahme, besonders des schweren Güterverkehrs, das seit Mitte der sechziger Jahre eingesetzte Tausalz sowie stärkere Umwelteinwirkungen waren für die Erbauer der früheren Spannbetonbrücken nicht vorhersehbare Einflüsse, gegen die demzufolge auch keine gezielten konstruktiven Vorkehrungen getroffen werden konnten.

Eine gewisse Schwierigkeit, unter der das Bauen leidet, besteht darin, daß im Gegensatz z. B. zur Automobilbranche keine Serienprodukte hergestellt werden. Bei

1 Einleitung

letzterer durchläuft jedes neue Modell, bevor es in Serie geht, einen langwierigen Entwicklungsprozeß. Es werden zunächst Prototypen hergestellt, die in vielen Arbeitsschritten allmählich bis hin zur Serienreife verbessert werden. Die dabei anfallenden hohen Entwicklungskosten können später auf eine große Anzahl von Serienprodukten umgelegt werden. Beim Bauen werden aber, von wenigen Ausnahmen abgesehen, keine Serienprodukte hergestellt. Insbesondere die großen Talbrücken in Spannbetonbauweise stellen individuelle Bauwerke dar, was sich schon alleine aus den jedesmal anderen Randbedingungen ergibt. Geländeform, Baugrund, Gründungen, Tragwerksart, Bauverfahren etc. variieren von Bauwerk zu Bauwerk. Die unterschiedlichen Randbedingungen erfordern in jedem Einzelfall besondere Lösungen. Jedes Bauwerk ist ein Prototyp. Auch aus dem Einsatz neuartiger Baustoffe bzw. geänderter Rezepturen können sich unerwartet Probleme ergeben. Solch ein spektakulärer baustoffbedingter Schadensfall trat an einer Spannbetonbrücke im Zuge der Umgehung Wilgartswiesen auf (vgl. Abschnitt 3.3).

Es kann heute festgestellt werden, daß die Ursachen der bisher beobachteten wesentlichen Schäden an den Spannbetonbrücken weitestgehend erforscht sind, und daß bei sachgemäßer Anwendung der Bauweise nach dem heutigen Wissensstand bei Neubauten die Bauwerksmängel gegenüber früher wesentlich – soweit es die Grenzen menschlichen Handelns zulassen – reduziert werden können. Mängeln und Schäden ist jedoch nicht nur durch Verbesserung der Konstruktionsprinzipien der Spannbetonbauweise alleine beizukommen; in jedem Fall muß ein hohes Qualitätsniveau bei der Bauausführung angestrebt werden.

Mängel und Schäden an bereits bestehenden Bauwerken können und müssen mit Hilfe der zur Verfügung stehenden leistungsfähigen Instandsetzungsverfahren beseitigt werden [4].

2 Schäden an Spannbetonbrücken und ihre Ursachen

2.1 Begriffserläuterungen (vgl. auch [1a, 5])

Bevor auf Schäden an Spannbetonbrücken und ihre Ursachen näher eingegangen wird, sollen vorab die Begriffe Fehler, Mangel und Schaden erläutert werden, wie sie im folgenden verstanden werden, da diesen Begriffen im allgemeinen Sprachgebrauch kein deutlich abgegrenzter Inhalt zugewiesen wird. Auch die juristischen Definitionen verdienten eine Zuschärfung.

Der Begriff Fehler ist im Zusammenhang mit einer menschlichen Handlung zu sehen. Ein Fehler ist die Abweichung zwischen den Ergebnissen von zielgerichteten menschlichen Handlungen und den Zielen der Handlung. Ein Fehler kann einen oder mehrere Mängel zur Folge haben.

Der Begriff Mangel ist im Zusammenhang mit dem Zustand einer Sache zu sehen. Ein Mangel ist die negative Abweichung zwischen einem angestrebten Wert einer Einflußgröße für den Zustand einer Sache, der nach dem Stand von Wissenschaft und Technik zum Betrachtungszeitpunkt oder nach sonstigen vertraglichen Vereinbarungen festgelegt ist, und dem erreichten Wert, wenn diese Abweichung gewisse Toleranzgrenzen übersteigt. Ein Mangel kann einen oder mehrere Schäden zur Folge haben.

Ein Schaden ist eine Veränderung an einem Bauwerk, durch welche dessen Aussehen, Gebrauchsfähigkeit (d. h. Funktionsfähigkeit) und Dauerhaftigkeit oder Standsicherheit beeinträchtigt wird. Als Ursache liegt entweder auf der Widerstandsseite ein Mangel und/oder auf der Einwirkungsseite eine physikalische oder chemische Überbeanspruchung zugrunde. Die Beseitigung eines Schadens verursacht Kosten. Die Kosten stellen einen finanziellen Schaden dar. Schäden haben also einen technischen und einen finanziellen Aspekt.

Im folgenden wird unter dem Begriff Schaden auch der natürliche Verschleiß eingeordnet.

2.2 Schäden infolge verzögert gewonnener Erfahrung

1951 wurde erstmalig ein Entwurf für „Richtlinien für die Bemessung und Ausführung von Spannbetonbauteilen" veröffentlicht. Deren Überarbeitung führte zur ersten Norm „Spannbeton Richtlinien für Bemessung und Ausführung – DIN 4227", die im Jahr 1953 herausgegeben wurde. Da sich die Bauweise noch „in einer ständigen Entwicklung" befand, wurde die Bezeichnung „Richtlinie" für dieses Normblatt bewußt beibehalten [6]. Es beruhte ganz wesentlich auf den Erfahrungen mit Versuchen von Freyssinet und Wayss & Freytag an Einfeldträgern und auf den Erfahrungen mit dem Bau von Einfeldbrücken, Zweigelenk- oder Dreigelenkrahmenbrücken. Als Querschnittsform wurden überwiegend Plattenbalken benutzt.

2.2 Schäden infolge verzögert gewonnener Erfahrung

Gleichzeitig mit der Entwicklung der Norm überstürzte sich die Weiterentwicklung der Spannbetonbauweise. 1950 entstand die erste Spannbetonbrücke im freien Vorbau, die Lahnbrücke Balduinstein (U. Finsterwalder, Dyckerhoff & Widmann). Bereits zwei Jahre später, im Jahr 1952, wurde mit der Nibelungenbrücke bei Worms, ebenfalls im freien Vorbau, die erste Spannbetonbrücke über den Rhein errichtet [7]. 1959, nur wenige Jahre nach der endgültigen bauaufsichtlichen Einführung der Spannbetonnorm im Jahre 1955, entstand die Brücke am Kettiger Hang, deren durchlaufender Überbau von der Firma Strabag mit einer „Zweiphasen-Vorbaurüstung" abschnittsweise hergestellt wurde. Ein weiterer Impuls zur Ausführung von Brückenüberbauten mit Vorbaurüstungen ging von der Firma Polensky & Zöllner aus, die 1961 mit der von ihr entwickelten „Einphasen-Vorbaurüstung" die Hangbrücke am Krahnenberg herstellte [8]. Parallel dazu entstanden in den fünfziger Jahren zahlreiche Spannbetonbrücken, die auf konventionellen Traggerüsten ausgeführt wurden.

In dieser Zeitspanne wurde der mit der Norm festgeschriebene Erfahrungsbereich zugleich in dreifacher Hinsicht überschritten: Die Brücken wurden als Durchlaufträger gebaut, die Querschnitte wurden als Hohlkästen ausgebildet und die Herstellung erfolgte abschnittsweise, wobei alle Spannglieder gleichzeitig in den Arbeitsfugen, den sogenannten Koppelfugen, gekoppelt wurden.

Überdies herrschte zu dieser Zeit in der Bundesrepublik Deutschland keine Normalsituation. Bedingt durch den Wiederaufbau und die wirtschaftliche Entwicklung bestand ein großer Bedarf an Brückenneubauten, so daß sich die neue Bauweise aufgrund ihrer wirtschaftlichen Vorteile bereits in ihrer Entwicklungsphase rasch durchsetzen konnte.

Die Koppelfugen der Durchlaufträger, die im Bereich der Momentennullpunkte aus ständigen Lasten angeordnet werden, stellten aufgrund der damals üblichen konstruktiven Durchbildung Schwachstellen dar, die sehr empfindlich auf unplanmäßige Beanspruchungen reagierten. Insbesondere durch die lange Zeit bei der Bemessung nicht berücksichtigte ungleichmäßige Erwärmung der Brückenüberbauten infolge Sonneneinstrahlung, die positive Zwängungsmomente zur Folge hat (Bild 3), kam es zu einem unplanmäßigen Aufreißen der Koppelfugen. Die rechnerische Berücksichtigung eines linearen Temperaturgradienten wurde seinerzeit durch keine Vorschrift verlangt, weil bis dahin keine negativen Erfahrungen aus dem Bau mit Stahlbetonbrücken, wo dieser Lastfall nicht berücksichtigt wurde, dazu Anlaß gaben.

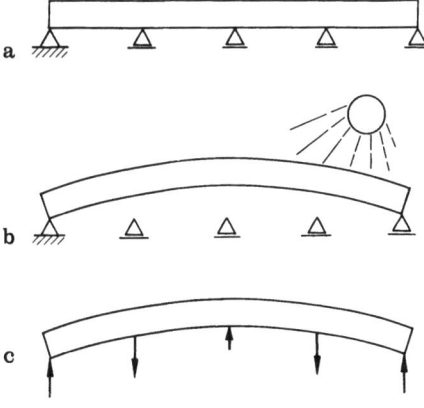

Bild 3a–c. Positive Zwängungsmomente in durchlaufenden Brückenüberbauten infolge ungleichmäßiger Erwärmung durch Sonneneinstrahlung. **a** Durchlaufträger auf seinen Lagern. **b** Erwärmung des Brückendecks durch Sonneneinstrahlung. Brücke möchte sich aufwölben – sie bleibt aber auf ihren Lagern liegen. **c** Dies bewirkt Zwängungskräfte, die Zugbeanspruchungen an der Unterseite des Überbaus zur Folge haben

In den Anfängen der Spannbetonbauweise galt aber die These, daß beim Spannbeton keine Risse im Beton auftreten, so daß dem Problem der Materialermüdung des Spannstahls keine große Bedeutung beigemessen wurde. Aufgrund des Aufreißens der Koppelfugen erfuhren die Spanngliedkopplungen der älteren Brücken jedoch durch die häufig wechselnden Beanspruchungen aus Verkehrslasten entsprechend große Schwingbreiten der Stahlspannungen, die häufig über dem zulässigen Wert lagen. Nachweise zur Einhaltung der zulässigen Schwingbreite, unter Ansatz der positiven Zwängungsmomente durch die ungleichmäßige Erwärmung des Überbaus infolge Sonneneinstrahlung, wurden erst seit 1977 geführt. Grundlage stellten die Ergänzungen zu den Zulassungsbedingungen für die Spannverfahren von 1977 dar, die als Folge des Schadensfalls an der Hochstraße Prinzenallee im Heerdter Dreieck erarbeitet worden sind. Auf dieses Koppelfugenproblem wird in Teil III noch ausführlich eingegangen. Heute wissen wir, daß bei den älteren Brücken zu wenig Betonstahl im Koppelfugenbereich eingebaut wurde.

Die Vorstellung, daß beim Spannbeton keine Risse im Beton auftreten sowie die Tatsache, daß seinerzeit in den Wintermonaten noch kein Tausalz eingesetzt wurde, hatte jedoch noch eine weitere sehr bedeutsame Folge: Teilweise erhielten die vorgespannten Betonfahrbahnplatten keine Abdichtungen zum Schutz der Stahleinlagen vor Korrosion (siehe z. B. [9]). Es wurden lediglich dünne Verschleißschichten aus Asphalt vorgesehen. In einigen Fällen wurde sogar auf die Anordnung einer derartigen Schicht völlig verzichtet, so daß die Fahrzeuge direkt den Beton der Fahrbahnplatte befuhren. Auch hier herrschen heute präzise Vorstellungen, nämlich daß Abdichtungen unverzichtbare Bestandteile zum Schutze von Spannbetonbrücken sind.

2.3 Schäden infolge von Fehlern im Konstruktionsbereich

Ein Teil der beobachteten Schäden an Spannbetonbrücken läßt sich auf Fehler zurückführen, die bei der statisch konstruktiven Bearbeitung begangen wurden. Zu feingliedrige Querschnitte, zu geringe Bauteilabmessungen sowie zu enge Bewehrungsanordnungen sind für den Betoniervorgang ungünstig. Der Beton kann u. U. nicht einwandfrei eingebracht werden. Die Folge können Kiesnester und Fehlstellen sein. Desweiteren können die auf der Baustelle auftretenden, unvermeidbaren Abweichungen der Sollmaße von Schalung und Bewehrung dazu führen, daß die auf den Plänen vorgesehene Betondeckung nicht überall erreicht wird. Wenn die hierzu notwendigen Toleranzen nicht berücksichtigt werden, können stellenweise sehr geringe Überdeckungen auftreten, an denen später mit großer Wahrscheinlichkeit Korrosion der Bewehrung erfolgen wird, da für den Korrosionsschutz der Stahleinlagen neben einer angemessenen Rißbeschränkung vor allem ein dichtes Betongefüge und eine reichliche Betondeckung von ausschlaggebender Bedeutung sind.

Unterschiedliche Betondicken im gleichen Bauteil weisen unterschiedliches Kriech- und Schwindverhalten auf. Bei der Konstruktion von Querschnittsformen mit großen Dickenunterschieden zwischen Fahrbahnplatte, Bodenplatte und Stegen führt dies zu einer Begünstigung der Rißbildung in den dünnen Querschnittsteilen.

Falsche Beurteilung des tatsächlichen Tragverhaltens kann ebenfalls die Ursache für Schäden darstellen. So wurde beispielsweise bei einigen älteren Bauwerken bei indirekt gelagerten Trägern im Kreuzungsbereich die erforderliche Aufhängebewehrung nicht vorgesehen [10]. Die Anordnung einer entsprechenden Aufhängebewehrung ist jedoch heute Stand der Technik. Desweiteren können beispielsweise durch ungeeignete Anordnung von Entwässerungen und Wahl unzureichender Übergangskonstruktionen Bauwerksschäden bereits in der Entwurfsphase vorprogrammiert werden. Auch die bauliche Durchbildung und Ausstattung vieler Bauwerke zur wirtschaftlichen Besichtigung, Unterhaltung und Instandsetzung wurde vernachlässigt.

2.4 Schäden während der Bauzustände (Bauunfälle)

Die schwerwiegendsten Schadensfälle, bei denen sowohl Personen zu Schaden kamen als auch erhebliche Sachschäden entstanden, traten immer während der Bauzustände auf (z. B. Traggerüsteinsturz), unabhängig von der Bauweise. Schäden während der Bauphase sollen im Rahmen dieser Untersuchung nicht im Vordergrund stehen, da das erforderliche Material hierzu nur schwer zugänglich ist. Von den in den späteren Abschnitten des Buchs untersuchten Talbrücken in Spannbetonbauweise sind nur teilweise Angaben zu Schäden während der Bauzustände verfügbar. Diese weisen zudem noch sehr individuelle Eigenarten auf. Allgemeingültige Erkenntnisse lassen sich daher aus der untersuchten Stichprobe nicht ableiten.

Die Betrachtung derartiger Schadensfälle soll dennoch nicht ganz unterbleiben, da, wie die Erfahrung gezeigt hat, in der Bauphase das größte Risiko von Brücken ausgeht (Personengefährdung der unmittelbar Beteiligten, hohe finanzielle Verluste). Trotz umfangreicher Berechnungen, Sicherheitsvorkehrungen und vorhandener Erfahrungen ereignen sich beim Bau von Brücken immer wieder schwere Schadensfälle. Dabei sind neben großen Sachschäden in manchen Fällen bedauerlicherweise auch Tote und Verletzte zu beklagen. Ein Fall, daß eine Person bei Benutzung einer Spannbetonbrücke nach ihrer Verkehrsübergabe durch Tragwerksversagen Schaden genommen hätte, ist dagegen bis heute nicht bekannt geworden. Es werden im folgenden exemplarisch zwei besonders gravierende Schadensfälle geschildert, die sich beim Bau der neuen Rheinbrücke Koblenz bzw. ihres Zubringers ereignet haben.

Bei der Strombrücke handelt es sich um eine Stahlbrücke mit Hohlkastenquerschnitt, die im freien Vorbau erstellt wurde. Hierzu fertigte man zunächst 17 m lange Abschnitte des Überbaus im Werk vor und schwamm sie mittels eines Pontonschiffs zur Einbaustelle ein. Ein Montagekran, der sich auf dem frei auskragenden Teil der Brücke befand, hob die rd. 90 t schweren Abschnitte bis zur endgültigen Einbaustelle, wo sie mit dem bereits fertiggestellten Brückenteil verschweißt wurden. Nachdem 100 m Hohlkastenprofil frei über den Pfeiler auskragten, sollte am Unglückstag, dem 10. November 1971, kurz nach 14.00 Uhr, der letzte Abschnitt angebaut werden. Wie bei den zwölf vorhergehenden Abschnitten war das Pontonschiff ordnungsgemäß vertäut worden und der Montagekran begann mit dem Heben des Abschnitts. Als etwa 70% der Last am Lasthaken des Krans hingen, senkte sich die Vorbauspitze erst langsam, dann beschleunigt ab. Rund 54 m rückwärts von der Spitze war ein Knick entstanden. Die frei auskragende Vorbauspitze stürzte ab und riß Bauleitung und Mannschaft mit in die Tiefe (Bild 4). Der abstürzende Montagekran schlug auf das Pontonschiff und zertrümmerte mit seinem Kranhaken das Führerhaus eines Motorschiffs. Für den Schiffskapitän, den Richtmeister und elf weitere Brückenbauer kam jede Hilfe zu spät. Wie aus dem Gutachten, das nach umfangreicher Untersuchung erstellt wurde, hervorging, wurde der „Schaden" primär durch ein örtliches Aus-

Bild 4. Neue Rheinbrücke Koblenz. Abgeknickter, auskragender Balken bei der Montage im freien Vorbau [11]

beulen des Bodenblechs an der Beulsteifen-Aussparung verursacht. Der Sachschaden belief sich auf 4,5 Mio DM. Die Bauarbeiten verzögerten sich um 34 Monate [2, 11].

Ein zweiter tragischer Unglücksfall ereignete sich beim Bau des Zubringers zur Strombrücke, die in Massivbauweise hergestellt wurde. Die Rampe war bis auf die beiden letzten Felder vor der Strombrücke fertiggestellt. Beim Betonieren des vorletzten Felds gab das Lehrgerüst nach. Das gesamte Feld stürzte ein (Bild 5). Ursache für den Einsturz war das Versagen eines nicht korrekt ausgesteiften Auflagerbereichs eines geschweißten Stahlträgers, auf den die Jochstützen der Rüstkonstruktion zwischen den Pfeilern abgesetzt waren. Sechs Arbeiter fanden den Tod, 16 Verletzte wurden geborgen. Der Sachschaden betrug ca. 2 Mio DM [11, 12].

Die beiden Fälle führen sichtbar vor Augen, wie unzutreffende Berechnungsmodelle und unentdeckte Fehler von der Natur schonungslos aufgedeckt werden. Meist ereignen sich solche schweren Schadensfälle während der Arbeitszeit und gefährden demzufolge die am Bau Beteiligten unmittelbar. Daher ist bei der Planung und Ausführung des Bauvorgangs höchste Wachsamkeit geboten, um gegen die ständig und überall vorhandenen Gefahren erfolgreich bestehen zu können. Eine besondere Bedeutung ist den Bauzuständen auch gerade deshalb beizumessen, weil die den

2.4 Schäden während der Bauzustände (Bauunfälle)

Bild 5. Eingestürztes Traggerüst der Vorlandbrücke [11]

Berechnungen zugrundegelegten vertikalen Lasten tatsächlich in voller Größe auftreten. Die Sicherheitsreserven infolge konservativ angesetzter Lasten sind während der Bauzustände weit geringer als während der späteren Nutzung, bei der die angesetzten Verkehrslasten nur selten erreicht werden. Eine weitere Besonderheit der Bauzustände besteht darin, daß sie den Charakter eines Provisoriums haben. Die Gerüste sind nicht Bestandteil des eigentlichen Bauwerks und müssen nach Fertigstellung einer Brücke wieder abgebaut werden. Dennoch kann der Traggerüstbau bis zu 50% der Gesamtkosten ausmachen. Eine höchste Ausnutzung des Materials zur Erzielung eines wirtschaftlichen Bauverfahrens muß daher angestrebt werden. Auch die Gründungen von Traggerüsten dürfen nicht im Baugrund bleiben. Während die Brücke selbst im Bereich guter Baugrundverhältnisse gegründet wird, werden die Gerüste möglichst hoch gegründet, um Kosten zu sparen. So kam es schon zu schweren Schadensfällen durch Versagen von Gerüstgründungen, weil diese auf abrutschgefährdetem Untergrund standen. Ungewollte Ungenauigkeiten bei der Bauausführung, fehlerhafte Erfassung von Einflüssen in der Konstruktion und der Berechnung oder die unbemerkte Verwendung von schadhaftem Material, wie z. B. Gerüstteile mit Schweißnahtanrissen, die häufig unter den recht rauhen Baustellenbedingungen montiert und demontiert worden sind, können, wenn sie unentdeckt bleiben, schwere Schäden verursachen.

Nach einigen schweren Schadensfällen setzte sich die Erkenntnis durch, daß den Bauzuständen und hier insbesondere dem Traggerüstbau, die gleiche Aufmerksamkeit zu schenken ist, wie dem Endzustand. Daher wurde, unter maßgeblicher Beteiligung von Eibl/Krebs, eine Norm für den Traggerüstbau erstellt (DIN 4421), in die alle gewonnenen Erfahrungen einflossen [13]. Nach Einführung der Norm ist eine merkliche Verbesserung der Situation zu verzeichnen.

In der Regel treffen bei einem Schadensfall mehrere Faktoren gleichzeitig zusammen. Um Risiken bei der Bauausführung möglichst klein zu halten, sind systematische Kontrollmaßnahmen erforderlich. Hier empfiehlt sich eine Checkliste [14] (Bild 6) zur systematischen Überprüfung der wesentlichen Punkte sowohl für den Entwurf als auch für die Ausführung. Wichtig ist, daß bei den Lastannahmen keine

---

Traggerüste

Checkliste für Planung, Berechnung, Prüfung und Überwachung

Inhaltsverzeichnis (Auszug)

1	Vorbemerkungen	3.2	Rüstträgerlage
2	Statische Berechnung	3.3	Rüststützen (Stahl- und Holzstützen)
	(Allgemeine Fragen – für alle Traggerüstkonstruktionen zutreffend)	3.4	Verbände und Abspannungen
		3.5	Gründung
2.1	Systemannahmen	3.6	Vorschubrüstungen
2.2	Lastannahmen	3.7	Freivorbaurüstungen
2.3	Nachweis der einzelnen Bauteile	3.8	Taktschiebeeinrichtungen
2.4	Koordination	3.9	Kletter- und Gleitschalungen
3	Statische Berechnung (Spezielle Fragen zu einzelnen Bauteilen)	3.10	Gerüstkonstruktionen zum Anheben und Absenken von Überbauten
		4	Konstruktionszeichnungen
3.1	Schalung	5	Bauleitung und Bauüberwachung

Bild 6. Inhaltsverzeichnis der Checkliste für Traggerüste [14]

2.5 Ausführungsmängel   13

wesentlichen Einflüsse vergessen werden und daß für die Abtragung der auftretenden
Kräfte lückenlose und ausreichend dimensionierte Wege bis in den Baugrund bereitgestellt werden. Stabilitätsproblemen, wie Kippen oder Umkippen von Trägern infolge ungewollter exzentrischer Belastung, ist dabei besondere Beachtung zu schenken. In den statischen Berechnungen empfiehlt sich daher im allgemeinen eine Bemessung „auf der sicheren Seite", da die Realität des Baubetriebs den idealisierten Berechnungsannahmen nur selten entspricht. Bei Brücken großer Spannweite müssen jedoch besondere Maßnahmen ergriffen werden (z. B. eine verstärkte Qualitätssicherung kritischer Punkte), da sich hier eine Bemessung „auf der sicheren Seite" oft technisch und wirtschaftlich ausschließt.

Zusammenfassend kann festgestellt werden, daß Bauzustände im besonderen Maße Gefahren und Risiken in sich bergen, insbesondere dann, wenn der Erfahrungsbereich verlassen wird. Diesen Gefahren ist mit Wachsamkeit entgegenzutreten. Als ein nützliches Hilfsmittel empfiehlt sich der Einsatz von Checklisten zur systematischen Kontrolle aller wesentlichen Punkte des Entwurfs und der Ausführung [14]. Unachtsamkeiten bei der Planung oder Ausführung können u. U. schwere Schäden zur Folge haben.

2.5 Ausführungsmängel

Zu den in der Vergangenheit beobachteten Schäden gehören auch solche, die auf Ausführungsmängel zurückzuführen sind. Derartige Ausführungsmängel waren teilweise entwicklungsbedingt, weil Baumaschinen, Betontechnologie, Hüllrohre sowie die Verpreßtechnik der Spannglieder in den frühen fünfziger Jahren noch nicht vollständig den Anforderungen des Bauens von Spannbetonbrücken genügten.

Einige typische Ausführungsmängel sind nachfolgend zusammengestellt:

- *Betonfehlstellen und Kiesnester infolge ungünstiger Betonzusammensetzung.* Schäden, die auf ungünstige Betonzusammensetzung und Betonierfehler zurückzuführen sind, machen einen verhältnismäßig hohen Anteil aus. Als Folge mangelhafter Verdichtung und im Bereich eng liegender Bewehrung treten Kiesnester und Betonfehlstellen besonders häufig auf. Unzureichende Verdichtung führt zu einer Gefährdung der Dauerhaftigkeit und zu Festigkeitsverlusten.
- *Nachträgliche Wasserzugabe zum Beton.* Geraten die Betonierarbeiten in Verzug, beginnt der Beton anzusteifen. Wird dann – obwohl unzulässig – nachträglich Wasser zugegeben, um den Beton noch einbauen und verdichten zu können, wird dadurch der Wasserzementwert erhöht. Die wesentlichen Betoneigenschaften Festigkeit und die für die Dauerhaftigkeit bedeutsame Dichtigkeit sinken entsprechend ab.
- *Nicht ausreichende Betondeckung.* Wird die für den Korrosionsschutz der Stahleinlagen erforderliche Betondeckung nicht eingehalten, kann es bereits nach kurzer Zeit zur Korrosion des Stahls kommen. Einer reichlichen Betondeckung aus dichtem Beton kommt für den Korrosionsschutz der Stahleinlagen entscheidende Bedeutung zu. Für deren Dichtigkeit ist neben einer ordnungsgemäßen Verdichtung und einem möglichst niedrigen Wasserzementwert eine angemessene Nachbehandlung erforderlich. Diese hat sicherzustellen, daß der Beton in den Randzonen nicht vorzeitig austrocknet, sondern daß die für eine ausreichende Hydratation nötige

Feuchtigkeit zur Erzielung eines dichten Betons vorhanden ist. Desweiteren soll die Nachbehandlung das zu schnelle Abfließen der Hydratationswärme verhindern, was zu groben Rissen infolge Temperaturspannungen führen kann. Keine oder falsche Nachbehandlung kann zu Schäden führen bzw. deren Entstehung begünstigen.
- *Betonzerstörung durch Verwendung alkalireaktionsfähiger Zuschlagstoffe.* Bei der Betonherstellung ist darauf zu achten, daß keine ungeeigneten Ausgangsstoffe Verwendung finden. So kann beispielsweise alkalireaktionsfähiger Zuschlag mit alkalischen Bestandteilen des Zements reagieren, was unter starker Volumenvergrößerung geschieht und zu Gefügezerstörungen des Betons infolge Sprengwirkung führt. Die Folge sind Abplatzungen und starke Rißbildungen. Zur Abwendung derartiger Gefahren wurde eine „Alkali-Richtlinie" geschaffen [24].
- *Falsche Spanngliedlagen* können zu einem starken Abfall der Tragfähigkeit führen. Abweichungen von der richtigen Höhenlage können insbesondere bei der Quervorspannung zu starken Tragfähigkeitsverlusten führen.
- *Einbau bereits angerosteter Spannstähle.* Einige Schäden wurden durch den Einbau bereits angerosteter Spannstähle verursacht.
- *Verstopfer bei Spanngliedern.* Werden beim Verdichten des Betons die Hüllrohre der Spannglieder beschädigt, kann es durch das Eindringen von Zementmörtel zu Verstopfern kommen. Wird dann beim Vorspannen nur auf „Weg" und nicht wie erforderlich auf „Weg und Kraft" vorgespannt, können Spannstahlbrüche beim Vorspannen auftreten. Hinter einem Verstopfer fehlt die planmäßige Vorspannung.
- *Nicht bzw. nur unvollständig verpreßte Spannglieder.* Nicht bzw. nur unvollständig mit Einpreßmörtel verpreßte Spannglieder wirken sich wegen des fehlenden Verbunds nachteilig auf die Tragfähigkeit aus, und stellen eine wesentliche Beeinträchtigung des Korrosionsschutzes der Spannstähle dar.
- *Nicht vorgespannte Spannglieder.* In einigen, wenigen Fällen sind einzelne Spannglieder gar nicht vorgespannt worden.

2.6 Schäden in der Nutzungsphase, insbesondere Verschleißschäden

Brücken sind heute extrem hohen physikalischen und chemischen Belastungen ausgesetzt. Durch die ständige Zunahme des Verkehrs ergeben sich heute ungleich höhere Beanspruchungen als dies in der Vergangenheit der Fall war.

Wie sich aus Messungen von Spannstahldehnungen an der im Zuge der Sauerlandlinie gelegenen Marbachtalbrücke bzw. an der im Zuge der linksrheinischen A 61 gelegenen Brohltalbrücke ergibt, werden diese beiden Brücken im Jahresmittel täglich pro Fahrtrichtung von rd. 5.500 LKWs und rd. 20.000 PKWs befahren, entsprechend ca. 125.000 t Verkehrslast pro Tag. Die Messungen wurden im Zeitraum 1983–1985 durchgeführt.

Bedingt durch diese sehr hohen und häufig wechselnden Verkehrsbelastungen weisen die Bauwerkskomponenten Lager, Fahrbahnübergänge, Belag und Abdichtung, gemessen an der Gesamtnutzungsdauer eines Bauwerks, nur eine begrenzte Lebensdauer auf. Sie sind mithin den Verschleißteilen zuzurechnen, die nach einer gewissen Nutzungsdauer instandgesetzt oder erneuert werden müssen.

Aber auch die anderen Bauwerkskomponenten des Brückenausbaus, wie Schutzplanken, Geländer und Entwässerung unterliegen natürlichem Verschleiß und müssen nach einer gewissen Nutzungsdauer instandgesetzt oder erneuert werden.

Die ständige Zunahme der Schadstoffe in der Atmosphäre hat vor allem in industriellen Ballungsgebieten zu einer zunehmenden chemischen Beanspruchung der Baustoffe geführt. Insbesondere Kohlendioxyd CO_2 und Schwefeldioxyd SO_2 können mit dem Beton von Massivbrücken reagieren. Dies hat besonders bei älteren Brücken, die nach technischen Bestimmungen und Vorschriften gebaut wurden, in denen diese Effekte noch nicht ausreichend Berücksichtigung fanden, zu Schäden geführt.

Eine gravierende Beanspruchung der Brückenbauwerke ergibt sich aus dem seit etwa Mitte der sechziger Jahre in den Wintermonaten zur Bekämpfung von Glatteis und Schnee eingesetzten Tausalz. Dabei wird fast ausschließlich Natriumchlorid (NaCl) verwendet. Dringen Tausalzlösungen zu den Stahleinlagen der Massivbrücken vor, und überschreitet dort der Gehalt an freien Chloriden einen bestimmten Grenzwert, wird die „Passivierung", die den Stahl im Beton vor Korrosion schützt, unwirksam. Diese Gefahr besteht besonders bei schadhaften Abdichtungen und Entwässerungen der Fahrbahnplatte sowie im Bereich von nicht mehr wasserdichten Fahrbahnübergängen.

Abdichtung und Entwässerung sollen aber nicht nur vor Schäden infolge chemischer Einwirkung schützen, sondern auch vor Zerstörung des durchfeuchteten Betons infolge der Sprengwirkung des gefrierenden Wassers. Dies tritt bei häufigen Frost-Tau-Wechseln, in der Wirkung durch Tausalze verstärkt, in den Wintermonaten bei defektem Oberflächenschutz auf. Insbesondere an Brückenkappen sind infolge Frost-Tausalz- Einwirkungen teilweise ganz erhebliche Schäden eingetreten.

Nicht unerwähnt sollen auch die Schäden bleiben, die sich aus Anprallasten und Bränden infolge von Unfällen ergeben [12].

2.7 Einflüsse aus Ausschreibung und Vergabe

Ein Teil der beobachteten Schäden läßt sich gewiß auch mit der Tatsache verknüpfen, daß bei der Vergabe nicht immer beachtet wurde, welche Folgekosten preisgünstige Angebote nach sich ziehen. Es konnten Entscheidungen für oder wider ein Angebot nur aus grober Erfahrung heraus begründet werden. Belegbare Daten zur Begründung einer Entscheidung fehlten, da mit der systematischen Erfassung der Folgekosten erst jetzt begonnen wird.

3 Einige dem Spannbetonbrückenbau angelastete spektakuläre Schadensfälle

3.1 Vorbemerkungen

Im vorigen Kapitel wurden Schäden angesprochen, die, einmal von den erwähnten Bauunfällen abgesehen, an älteren schadhaften Spannbetonbrücken häufiger zu beobachten sind. Es ereigneten sich jedoch im Zeitraum zwischen 1976 und 1980 vier sehr spektakuläre Schadensfälle, über die auch in den öffentlichen Medien berichtet wurde, wobei diese vier Schadensfälle dabei immer wieder in Verbindung zu den Schäden an Spannbetonbrücken gebracht wurden. Dadurch könnte bei Außenstehenden aufgrund der Darstellungsart leicht der Eindruck entstehen, daß diese Schadensfälle repräsentativ für Spannbetonbrücken seien. Nicht erwähnt wurde dagegen in den Medien, daß den vier angeführten Beispielen alleine im Zuge von Bundes-Autobahnen und Bundesstraßen rund 10.000 Spannbetonbrücken mit einer Überbaufläche von 13,5 Mio m^2 gegenüberstehen, von denen sich der bei weitem überwiegende Teil in einem guten Zustand befindet.

Im folgenden werden diese vier Schadensfälle etwas eingehender behandelt. Ihr Bezug zum Spannbetonbrückenbau wird dargestellt.

3.2 Der Teileinsturz der Berliner Kongreßhalle

Obwohl es sich bei der Berliner Kongreßhalle überhaupt nicht um ein Brückenbauwerk handelt, wird dieser Schadensfall fälschlicherweise immer wieder in Verbindung mit Spannbetonbrücken gebracht.

Über den Schadensfall und seine Ursachen wurde in [15–17] ausführlich berichtet. Da die folgende Darstellung lediglich aufzeigen soll, daß zwischen diesem Schadensfall und den Schäden an Spannbetonbrücken kein Zusammenhang besteht, wird für eine umfassende Information über diesen ganz speziellen Fall auf die Literatur verwiesen. Dies gilt insbesondere für die Entstehungsgeschichte des Tragwerks und seine Beurteilung.

Am 21. Mai 1980 stürzten der südliche Randbogen und das Außendach der in den Jahren 1956 bis 1957 erbauten Berliner Kongreßhalle ein. Da die Schadensursachen im direkten Zusammenhang mit der ganz besonderen Konstruktion dieses Bauwerks zu sehen sind, muß zunächst das Tragwerkskonzept erläutert werden, soweit es im Zusammenhang mit dem Schadensfall von Bedeutung ist.

Das Tragwerk ist in Bild 7 dargestellt. Seine räumliche Aussteifung erfolgte durch den Ringbalken, der das Dach horizontal festhielt. Der Ringbalken unterteilte das Dach in ein Innen- und zwei Außendächer. Ringbalken und Unterstützungen waren so dimensioniert, daß sie das Innendach alleine tragen konnten, was während der

3.2 Der Teileinsturz der Berliner Kongreßhalle

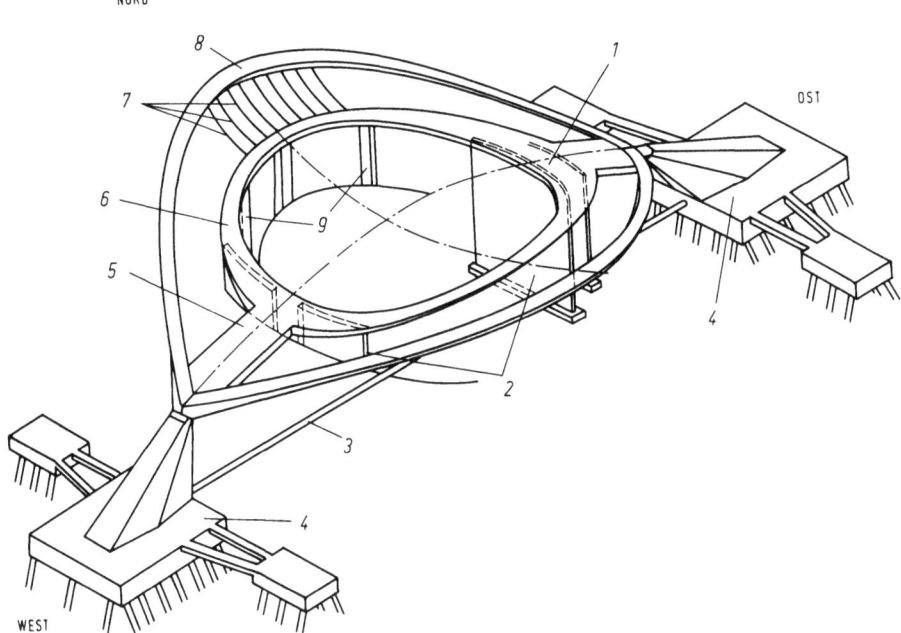

Bild 7. Tragwerkskonzept der Kongreßhalle. *1* Aufzugsschacht, *2* Wände, *3* Zugband, *4* Widerlagerscheiben mit Fundamentplatten und Nebenfundamenten auf Pfählen, *5* Aussteifungsstreifen, *6* Ringbalken, *7* Plattenstreifen des Außendaches, *8* Bogen, *9* Stützen

Bauzustände vorübergehend erforderlich gewesen war. Gegen den Ringbalken waren die in geneigten Ebenen liegenden Randbögen, welche die Außendächer aufspannten, rückverankert. Das Gewicht der Bögen war dabei – allerdings ohne zwingenden Grund – so groß gewählt worden, daß der Ringbalken unter symmetrischer Dacheigenlast wieder weitestgehend entlastet wurde.

Infolge Schwinden und Kriechen des Betons senkten sich die Bögen im Scheitel im Laufe der Zeit allmählich vertikal um 12,5 cm ab. Temperaturänderungen der Randbögen von ± 20°C bewirkten im Scheitel vertikale Verschiebungen von ± 6 cm. Weitere 2 cm folgten aus Winddruck und Schneelast. Diese relativ großen vertikalen Verschiebungen waren eine Folge des sehr kleinen Winkels zwischen Rückverankerung und Bogenebene (Bild 8).

Die Außendächer, über die die Bögen stabilisiert wurden, waren durch Fugen in Plattenstreifen unterteilt. Diese waren nur 7 cm dick bei Längen zwischen 7,43 m am Bogenscheitel und 17,11 m an den Aussteifungsstreifen (Bild 7, 8). Diese Plattenstreifen mußten eine ausreichende Zugtragfähigkeit zur Rückverankerung der Bögen aufweisen und sollten wohl gleichzeitig möglichst biegeweich sein, um die unvermeidlichen Auf- und Abbewegungen der Randbögen zwangsfrei zu ermöglichen und um die direkt auf die Außendächer wirkenden Schnee- und Windlasten über Durchhangänderungen abtragen zu können. „Das konstruktive Ziel der Entwurfsverfasser war offenbar ein Spannband [15]."

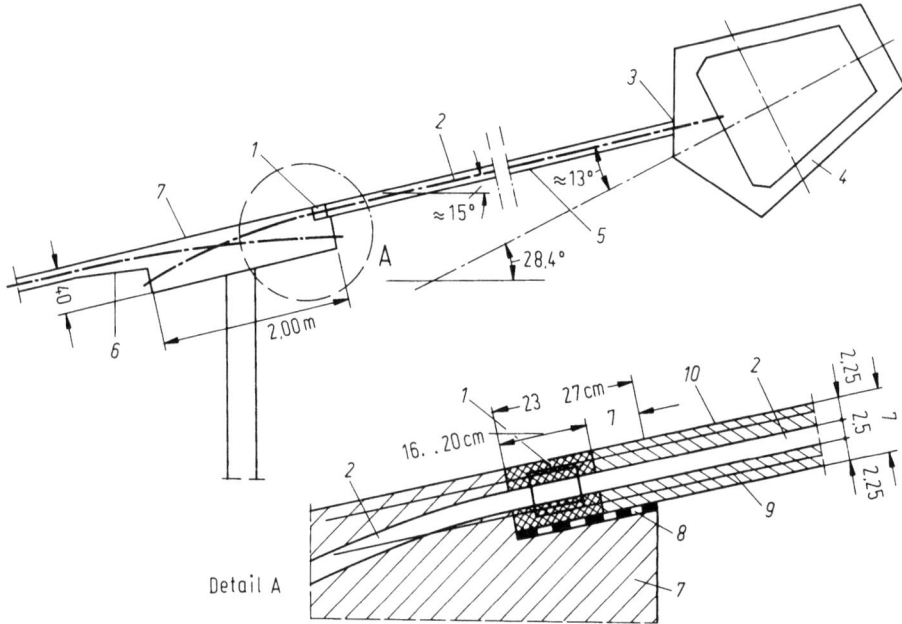

Bild 8. Dachquerschnitt mit Bogen, Ringbalken und Rinbalkenfuge im Bogenscheitel [15].
1 Fugenbeton, *2* Spannglied, *3* Betonierfuge, *4* Bogen, *5* Außendach, *6* Innendach, *7* Ringbalken, *8* Bitumenbahnstreifen, *9* schlaffe Bewehrung $\varnothing$ 6 mm Stahl III, *10* äußere Dachfläche

Die erste „Vorspannung" des Außendachs erfolgte bei offener Fuge am Ringbalken (Bild 8), so daß sich die Bögen und Plattenstreifen gerade von der Schalung abzuheben begannen. Nach Verfüllen der offenen Fuge erfolgte noch eine, allerdings wesentlich schwächere, zweite Vorspannung. Nur diese erzeugte eine geringe Teilvorspannung im Beton des Außendachs von nur ca. $-0{,}5$ MN/m², so daß es sich bei dem Außendach überhaupt nicht um eine Spannbetonkonstruktion im eigentlichen Sinne handelte. Die primäre Aufgabe der Spannglieder des Außendachs war also die Rückverankerung der Randbögen. In die Ausführungsberechnungen waren die sehr dünn gewählten Plattenstreifen des Außendachs als „undehnbar aber völlig biegeweich [15]" mit gelenkiger Lagerung an Randbogen und Ringbalken eingeführt worden. Mit diesen Annahmen gelang es zwar, die Zugkräfte zur Rückverankerung des Bogens sowie dessen Schnittgrößen und Verformungen mit ausreichender Genauigkeit zu ermitteln, jedoch wurde die tatsächliche Beanspruchung der Spannbänder damit nicht ausreichend genau erfaßt.

Bei den wirklich ausgeführten Spannbändern traten in den Randbereichen Betonzugspannungen weit oberhalb der Betonzugfestigkeit auf. Dadurch stellten sich im Beton Risse ein, die durch die sehr schwache Teilvorspannung natürlich nicht verhindert werden konnten. Die geringe Bewehrung der Platten war weder in der Lage, die Rißbreiten zu beschränken, noch die Biegesteifigkeit im Randbereich der Platten zu erhalten. Plattenstreifen und Randbögen waren, neben den Spanngliedern, nur durch

3.2 Der Teileinsturz der Berliner Kongreßhalle

eine obere, die Betonierfuge kreuzende, schlaffe Anschlußbewehrung verbunden. Diese war nicht stärker dimensioniert als die Bewehrung des übrigen Plattenbereichs (Durchmesser 6 mm, Stahl III, $a = 12,5$ cm).

Für das andere Auflager der Plattenstreifen am Ringbalken war im Bereich der schmalen Betonierfuge ein Schlaufenstoß der Betonstahlbewehrung vorgesehen. Durch ungenauen Einbau der Schlaufen konnten an diesen Stößen jedoch nur geringe Zugkräfte übertragen werden.

Aus diesen Gründen stellten sich die Risse auf einer ganz schmalen Randzone entlang des Bogens und des Rings ein. Direkt am Bogen in der stumpfen Betonierfuge trat im wesentlichen nur ein klaffender Riß auf. Am Ringbalken, dem anderen Auflager, bildeten sich Risse direkt am Beginn der Unterstützung bzw. in der Betonierfuge zum Fugenbeton. Diese war durch die Biegebeanspruchungen und durch die Schwindverkürzungen bereichsweise völlig vom Plattenbeton abgetrennt (Bild 9).

Infolge des dadurch in den Randbereichen auftretenden hohen Abfalls der Biegesteifigkeit im Zusammenwirken mit der hohen Zugkraft aus der Bogenrückverankerung reagierten die Spannbänder auf Lasten im frei gespannten Bereich zwar „mit einer sehr sanft gekrümmten Biegelinie [15]", an ihren Einspannungen in Randbogen und Ringbalken wurden sie dafür jedoch auf einer ganz kurzen Länge sehr stark gekrümmt. „Entsprechend blieben sie unter einer Querverschiebung ihrer Auflager, wie sie durch die Bewegungen der Bögen gegeben waren, im Innenbereich völlig gerade, mußten dafür aber die geometrisch unvermeidlichen Winkeländerungen wieder mit sehr starken Krümmungen über wenige Zentimeter Länge neben den Einspannungen bewältigen [15]" (Bild 9).

Für die Spannglieder sind diese starken Krümmungen auf wenigen cm Länge gleichbedeutend mit einer hohen Biegebeanspruchung.

Aus den in [15] durchgeführten Untersuchungen ergibt sich, daß die Biegespannungen durchaus Werte annehmen konnten, die in Überlagerung mit den gleichzeitig wirkenden zentrischen Zugspannungen zu einer Überschreitung der Fließgrenze führten, d. h. die Randzonen der Spannstähle plastizierten, es stellten sich plastische Gelenke ein.

Der Effekt dieser sehr hohen, durch die Bewegungen der Bögen wechselnden Biegebeanspruchung der Spannglieder war wohl seinerzeit von den Entwurfsverfassern nicht erkannt worden, sonst wäre man ihnen mit Sicherheit mit konstruktiven Maßnahmen begegnet.

Zu dieser konstruktiven Schwachstelle kamen noch einige Mängel bei der Bauausführung hinzu, wodurch die ungünstigen Auswirkungen der Fehler noch wesentlich verstärkt worden sind. So konnte z. B. durch undichte Stellen in der Dachhaut Feuchtigkeit eindringen und im Bereich der grob gerissenen Randzonen zu den Spanngliedern gelangen. Schlagregen und vom Wind zerstäubtes Wasser der Springbrunnen konnte von der Südostseite der Halle an der Unterseite der geneigten Dachplatten zum Ringbalken laufen und dort in den Fugenbeton vordringen (Bild 8). Dieser Fugenbeton war stark porös, deshalb stark karbonatisiert und wies einen hohen Chloridgehalt auf. Über Feuchtigkeitstransport gelangten Chloride bis in den Einpreßmörtel der Spannglieder.

Im östlichen Bereich des südlichen Außendachs waren einige Spannglieder nicht mittig in den Stahlbetonplatten geführt, sondern lagen fast ohne Betondeckung auf dem Ringbalken auf (Bild 9b).

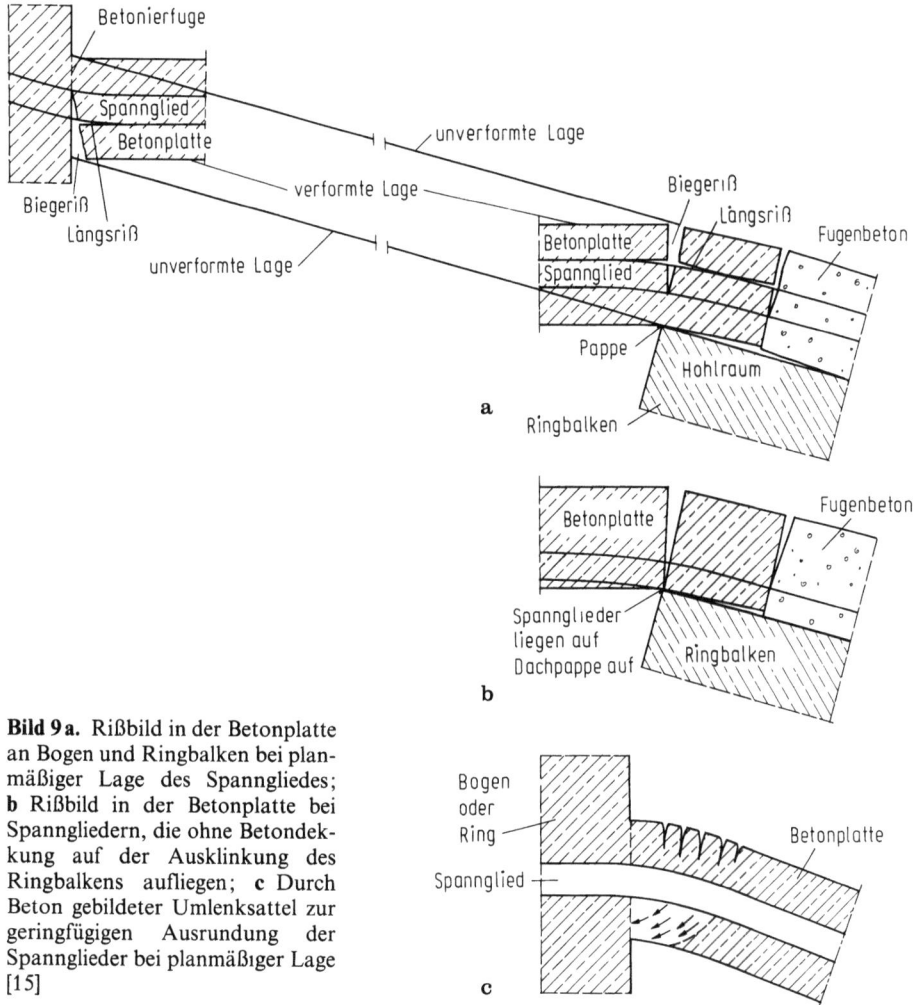

Bild 9a. Rißbild in der Betonplatte an Bogen und Ringbalken bei planmäßiger Lage des Spanngliedes; **b** Rißbild in der Betonplatte bei Spanngliedern, die ohne Betondeckung auf der Ausklinkung des Ringbalkens aufliegen; **c** Durch Beton gebildeter Umlenksattel zur geringfügigen Ausrundung der Spannglieder bei planmäßiger Lage [15]

„Diese Spannglieder wurden unter Dachlasten und den Abwärtsbewegungen des Bogens an der Einspannung besonders scharf nach unten gekrümmt, weil kein Beton vorhanden war, um sie wenigstens geringfügig auszurunden, wie das bei planmäßig mittiger Lage vor allem in der Randzone der Platten am Bogen auch nach der Rißbildung im Beton noch möglich war [15]" (Bild 9c). Gleichzeitig war damit der Korrosionsschutz von der Unterseite her fast völlig aufgehoben. Bei diesen Spanngliedern überlagerten sich stärkste Versprödung durch Korrosion mit größten Biegebeanspruchungen. Erschwerend kam hinzu, daß einige Spannglieder nicht bzw. nur unvollständig mit Einpreßmörtel verpreßt waren.

Die Spannglieder korrodierten am Ringbalken sehr stark, besonders wenn sie unplanmäßig außermittig ohne Betondeckung direkt auflagen. Am Bogen korrodierten sie weit weniger. Im Innenbereich der Platte trat keine bzw. nur sehr schwache Korrosion auf. Durch die Korrosionsnarben und die Wasserstoffversprödung wurden

3.2 Der Teileinsturz der Berliner Kongreßhalle

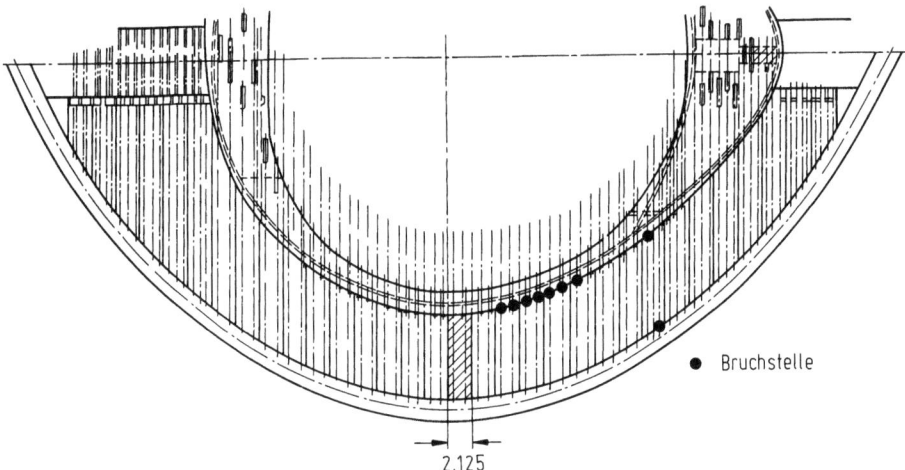

Bild 10. Bruchstellen der Spannglieder, die lange vor dem Teileinsturz gebrochen waren (nach Feststellung der BAM) [15]

die aufnehmbaren Kräfte unter der wechselnden Biegebeanspruchung wesentlich herabgesetzt.

Infolge der unvermeidlichen Bewegungen des Randbogens, vor allem hervorgerufen durch die täglichen Temperaturwechsel und die wechselnde Belastung der Außendächer durch Wind und Schnee, entstanden durch die hohen Biegezugspannungen am Querschnittsrand der Spannstähle Anrisse, die sich mit der Zeit ins Querschnittsinnere ausdehnten. Im Laufe der Jahre versagte durch einen derartigen Biegedauerbruch ein Spannstahl nach dem anderen, lange vor dem Einsturz (Bild 10), was durch die korrodierten Bruchflächen belegt wird. Zuerst brachen die Spannstähle, bei denen sich starke Korrosion und hohe Biegebeanspruchung überlagerten. Solange nur wenige Spannglieder gerissen waren, konnten sich die Zugkräfte aus der Bogenlast noch auf die benachbarten Spannglieder umlagern. „Nachdem jedoch unmittelbar nebeneinander insgesamt etwa neun Spannglieder gebrochen waren, erschöpften sich die Reserven der benachbarten schnell, bis die restlichen nicht mehr ausreichten, den Bogen zu tragen. Letztlich ausgelöst durch die Erwärmung des Bogens am 21. Mai 1980, rissen deshalb in schneller Folge weitere Spannglieder bis schließlich, einige Sekunden später, der Bogen zuerst in seinem östlichen Drittelpunkt, dann oberhalb seines östlichen Widerlagers und zuletzt an seinem westlichen Widerlager versagte und abstürzte [15]".

Wie gezeigt wurde, ist der Teileinsturz der Berliner Kongreßhalle am 21. Mai 1980 im unmittelbaren Zusammenhang mit der ganz speziellen Konstruktion des Dachtragwerks zu sehen. An den Anschlüssen der Stahlbetonplattenstreifen des Außendachs an Ringbalken und Randbogen trat aufgrund der nicht zweckmäßigen konstruktiven Ausbildung, in ihrer Wirkung durch Ausführungsmängel verstärkt, eine sehr hohe, häufig wechselnde Biegebeanspruchung der Spannglieder bei gleichzeitiger Wasserstoffversprödung des Spannstahls auf, die schließlich den Biegedauerbruch herbeiführte.

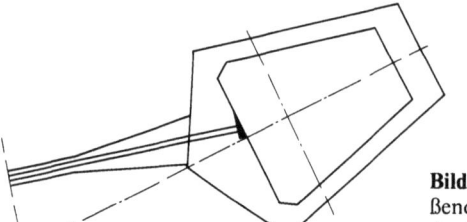

Bild 11. Anvoutung der Plattenstreifen des Außendachs an den Einspannungen zur Vermeidung der Biegebeanspruchung der Spannglieder

Die hohe Biegebeanspruchung, bedingt durch die starke Krümmung der Spannglieder auf kurzer Länge, hätte durch eine entsprechende Anvoutung der Plattenstreifen und Anordnung einer wirkungsvollen Anschlußbewehrung zur Vermeidung klaffender Risse an den Einspannungen vermieden werden können (Bild 11). Die Verstärkung der Plattenstreifen an den Einspannstellen in Form einer Anvoutung hätte zu einer Verteilung der Krümmungen auf eine größere Länge geführt, wodurch diese kleiner geblieben wären.

Der beschriebene Effekt des Biegedauerbruchs der Spannglieder läßt sich durch das analoge Problem des Bügelschnureffekts plausibel machen. An der Einmündungsstelle der Bügelschnur in das Bügeleisen ist eine Verstärkung angebracht, die verhindert, daß die Bügelschnur dort scharf abgeknickt werden kann, was auf Dauer zu einer Zermürbung, Rissen und schließlich zum Bruch der Schnur führen würde.

Derartige Konstruktionen, die zu so extremen Biegebeanspruchungen der Spannstähle führen, kommen beim Spannbetonbrückenbau nicht vor.

3.3 Das Bauwerk SP 685, Umgehung Wilgartswiesen [12, 18, 19]

Bei dem Bauwerk SP 685 im Zuge der Ortsumgehung Wilgartswiesen der B 10 handelt es sich um eine dreifeldrige durchlaufende Balkenbrücke (Bild 12). Der Überbau aus einem zweistegigen symmetrischen Plattenbalkenquerschnitt weist ein Längsgefälle von ca. 4% (zur Achse 30 hin fallend) und in Querrichtung ein Gefälle von ca. 2,5% auf. In den Lagerachsen sind jeweils Querträger angeordnet.

Für die Bauausführung war der gesamte Überbau in zwei Bauabschnitte unterteilt, wobei sich der 1. Bauabschnitt von Achse 30 bis zum Schnitt 8 erstreckte. Der Betoniervorgang des ersten Bauabschnitts begann am 2.9.1980 um 6.30 Uhr und endete am 3.9.1980 um ca. 10.00 Uhr. Schon während des Betoniervorgangs zeigte der Beton ein ungewöhnliches Abbindeverhalten. Einerseits begann der Beton trotz zunächst zutreffender Konsistenz – Ausbreitmaß des Frischbetons 40 cm – bereits früher als nach Eignungsversuch erwartet anzusteifen, so daß ein fachgerechtes Abreiben der Betonoberfläche unmöglich wurde, andererseits schob sich das Erstarrungsende um mehrere Stunden gegenüber dem geplanten Zeitpunkt hinaus. Die Zugabe eines Abbindeverzögerers war mit der Zielsetzung auf ein Erstarrungsende sechs Stunden nach dem Anmachen des Betons dosiert.

Als noch gravierender vom Üblichen abweichend erwies sich der Verlauf der Festigkeitsentwicklung im Beton. Zwei Tage nach Betonierende war noch keine nennenswerte Betondruckfestigkeit feststellbar. Die Anfangserhärtung innerhalb der ersten

3.3 Das Bauwerk SP 685, Umgehung Wilgartswiesen [12, 18, 19]

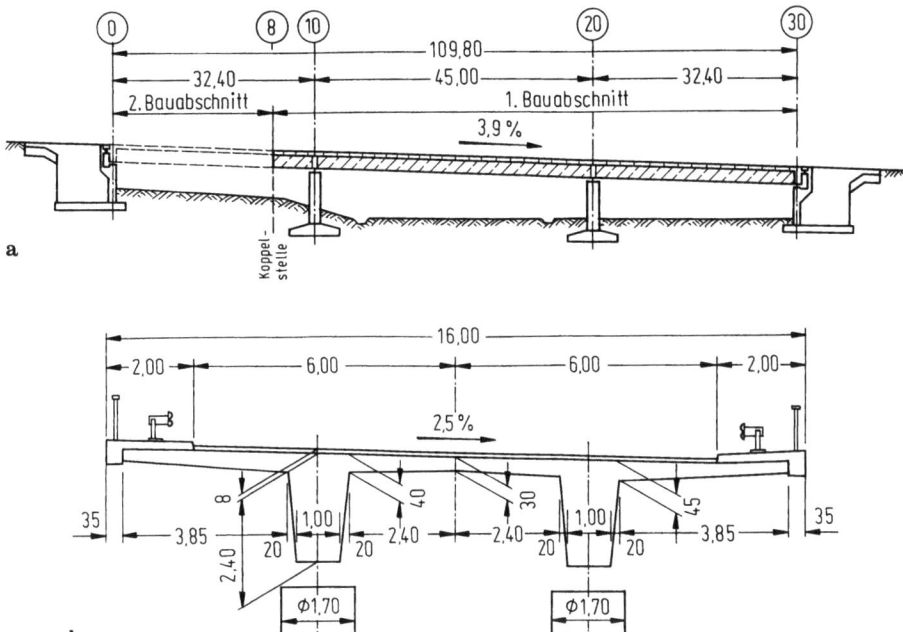

Bild 12a und b. Bauwerk SP 685 im Zuge der Ortsumgehung Wilgartswiesen. **a** Längsschnitt; **b** Querschnitt des Überbaus

Woche verlief sogar so langsam, daß eine erste Teilvorspannung erst nach sieben Tagen statt wie vorgesehen nach drei Tagen, aufgebracht werden konnte.

Nur wenige Stunden nach Beendigung des Betoniervorgangs hatte die örtliche Bauaufsicht erste außergewöhnliche Risse in der Fahrbahnplatte bemerkt. Diese war nach Abschluß des Betonierens zunächst mit Kunststoffplanen abgedeckt worden. Als am 9. 9. 1980, sechs Tage nach Betonierende, die Abdeckung auf der Fahrbahnplatte entfernt wurde, waren an dieser überaus zahlreiche Risse zu erkennen. Eine Überprüfung der Stege und Querträger ließ äußerlich keine Rißbildung erkennen.

Die an der Fahrbahnoberfläche angetroffenen sichtbaren Risse konnten in drei charakteristische Verläufe eingeteilt werden:

- Risse parallel zu den Stegen: Sie gingen von den Enden der Bügelschenkel aus, liefen aber oft seitlich parallel zu den Höhenlinien der Fahrbahnplatte weg.
- Risse senkrecht zu den Stegen: Sie befanden sich in der Regel auf der Talseite eines Bewehrungsstabes bzw. eines Querspannglieds.
- Risse schräg zu den Stegen: Sie verliefen etwa in nord-südlicher Richtung, was bei dem vorhandenen Quer- oder Längsgefälle ungefähr der Richtung der Fahrbahnplattenhöhenlinien entspricht. Diese Rißart stellte den größten Anteil.

Ein Ausschnitt des aufgenommenen Rißbildes der Fahrbahnoberfläche ist in Bild 13 zu sehen. Die Rißbreite schwankt an der Oberfläche der Fahrbahnplatte zwischen Haarriß und einer Breite von ca. 2 mm, in extremen Fällen sogar 3 mm. Die überwiegende Mehrzahl der Rißbreiten lag im Bereich zwischen 0,1 und 0,6 mm.

24　　　3 Einige dem Spannbetonbrückenbau angelastete spektakuläre Schadensfälle

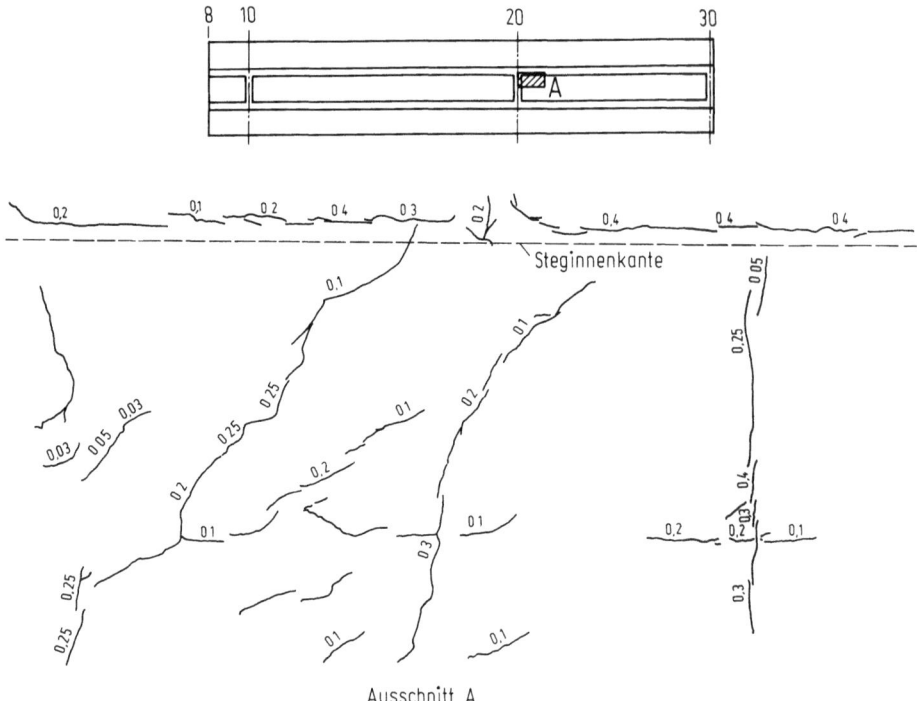

Bild 13. Ausschnittsweise Darstellung des Rißbildes der Fahrbahnplatte [18]

Zur Beurteilung der Rißtiefe und zum Zwecke chemischer Untersuchungen wurden Bohrkerne entnommen. An diesen ließ sich beobachten, daß in der Regel die Rißbreite mit der Tiefe zunächst anstieg, ehe der Riß auf Null auslief. Darüber hinaus zeigte sich an manchen Bohrkernen, daß auch dort, wo oberflächlich keine Risse zu erkennen waren, im Inneren der Fahrbahnplatte Risse auftraten. Die festgestellten Rißtiefen reichten von 5 bis zu mehr als 20 cm. Im Mittel betrug die Rißtiefe ca. 10 bis 15 cm. An den Bohrkernen wurde kein Riß festgestellt, der durch die Zuschlagkörner verlief; die Risse verliefen stets nur im Zementleim.

Wie aus den Bohrkernen weiter zu erkennen war, mußte in der obersten 10 cm dicken Schicht der Fahrbahnplatte mit mehr oder weniger starken Gefügestörungen des Betons gerechnet werden.

Trotz seiner ungewöhnlichen Festigkeitsentwicklung erreichte der Beton im ungestörten Bereich eine 28 Tage-Festigkeit, die eine Einordnung in die Festigkeitsklasse B45 zuließ.

Die Ursache für die außergewöhnliche Rißbildung war nicht in der Nachgiebigkeit des Lehrgerüsts zu suchen. Die gemessenen Lehrgerüstverformungen lagen durchaus im Bereich des Üblichen. Außerdem hätten sich die Risse infolge Lehrgerüstverformung auch deutlich in den Hauptträgerstegen zeigen müssen.

Die Rißursachen waren vielmehr in der ungewöhnlichen Festigkeitsentwicklung des Betons begründet. Zur Klärung der genaueren Zusammenhänge wurden am Institut für Massivbau der TH Darmstadt Untersuchungen über das Erstarrungsver-

3.3 Das Bauwerk SP 685, Umgehung Wilgartswiesen [12, 18, 19]

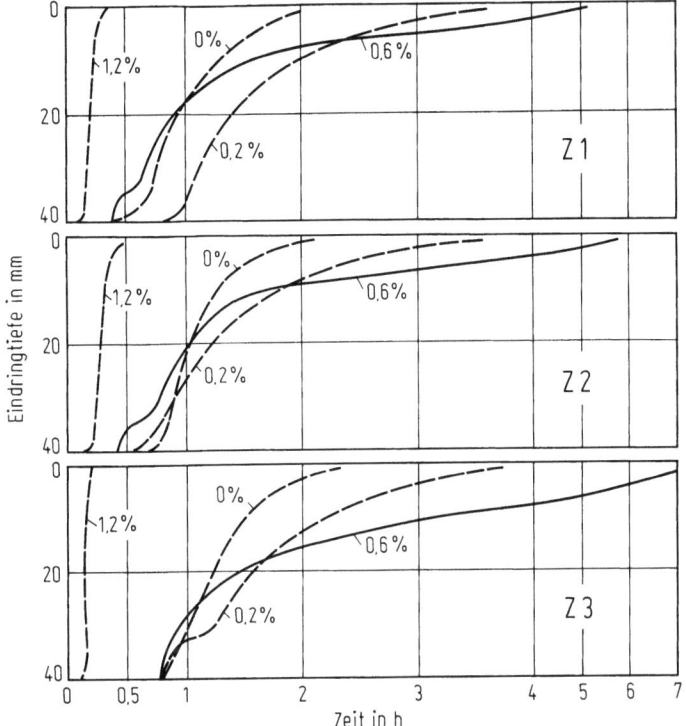

Bild 14. Erstarrungsverlauf an Zementleimen der Zemente Z 1 bis Z 3, mit Tauchkonus gemessen, abhängig von der Dosierung des Erstarrungsverzögerers (nach [19] aus [12])

halten, die Schrumpfrißneigung und die Festigkeitsentwicklung des Betons durchgeführt. Hierbei wurden, soweit das möglich war, die gleichen Betonausgangsstoffe wie bei der Bauwerksausführung verwendet. Es wurde zu drei verschiedenen Zeitpunkten (Z1, Z2, Z3) aus dem Silo des Zementwerks entnommen, in dem nach Werksangabe der Zement PZ 45 F zwischengelagert wird, der bei dem Bauwerk Verwendung gefunden hatte. Die Zemente Z 1 und Z 2 wiesen bei den hier relevanten Eigenschaften (Erstarrungsverhalten, Temperaturentwicklung, Zusammensetzung) praktisch keine Unterschiede auf, während Zement Z 3 mehr oder weniger stark davon abwich. Der Einfluß unterschiedlicher Dosierungen des Erstarrungsverzögerers auf den Erstarrungsverlauf von Zementleimen der Zemente Z 1, Z 2 und Z 3 ist in Bild 14 dargestellt.

Versuche zur zeitlichen Entwicklung der Betondruckfestigkeit mit und ohne Zugabe des beim Bauwerk eingesetzten Verzögerers ergaben, daß bei einem Beton unter Verwendung der Zemente Z 1 und Z 2 bei gleichzeitiger Dosierung von 0,6% des Verzögerers eine außergewöhnlich langsame Festigkeitsentwicklung stattfindet (Beton B 12/0,6 in Bild 15). Wurde hingegen der Zement Z 3 verwendet, fand eine normale Festigkeitsentwicklung statt (Beton B 3/0,6). Das Verhalten des Betons B 12/0,6 im Versuch war in Übereinstimmung mit dem am Bauwerk beobachteten Verhalten des Betons. Auch führten die Zemente Z 1 und Z 2 im Gegensatz zu Zement Z 3 bei den Versuchen zu dem auch auf der Baustelle eingetretenen frühzeitigen Ansteifen des

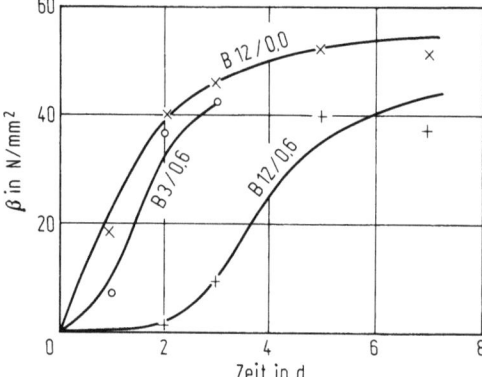

Bild 15. Zeitlicher Verlauf der Zunahme der Betondruckfestigkeit.
× B 12/0,0 (Z 1 + 2; 0,0% VZ),
+ B 12/0,6 (Z 1 + 2; 0.6% VZ),
○ B 3/0,6 (Z 3; 0,6% VZ)

Betons. Das bedeutet, daß bei der im Bauwerk gewählten Zugabemenge des Erstarrungsverzögerers von 0,6% des Zementgewichts eine empfindliche Abhängigkeit der Festigkeitsentwicklung des Betons von zufälligen geringfügigen und in der Produktion nicht auszuschließenden Schwankungen im Aufbau des Zements besteht.

Da der Bauwerksbeton in den ersten zwei Tagen nahezu keine Festigkeit entwickelte, kam es infolge der Massenkräfte, die sich aus der Neigung der Schalflächen unter der Fahrbahnplatte ergaben, zu einer Fließbewegung des erstarrenden Betons. Dies wird durch die an der Talseite von Querbewehrungsstäben und Querspanngliedern aufgetretenen Hohlstellen sowie durch den vorherrschenden Rißverlauf in Richtung der Höhenschichtlinien der Fahrbahnplatte belegt. Durch das Zusammentreffen von frühzeitigem Ansteifen und geringer Festigkeit kam es zu einer starken Rißbildung infolge der Fließbewegung.

Das außergewöhnliche Zusammenwirken von Zement und Verzögerer bewirkte zudem eine erhöhte Schrumpfrißneigung des Betons. Zusätzlich traten unmittelbar nach dem Betonieren starke Schwankungen der Lufttemperatur auf:

1. Betoniertag   + 18° C windig und trocken

darauffolgende Nacht um 0° C

2. Betoniertag   + 24° C windig und trocken.

Die relativ großen Tag-Nacht-Schwankungen der Lufttemperatur konnten sich ungünstig auf die Betonfahrbahnplatte auswirken, da auf der Baustelle Maßnahmen, die ein Auskühlen der Betonplatte hätten verhindern können, weder vorgesehen noch vorgenommen wurden. Zudem war durch Zugabe des Erstarrungsverzögerers die Hydratation des Zements bei niedrigen Temperaturen zeitlich so weit hinausgeschoben, daß ein gewisser Ausgleich abfließender Wärme durch Hydratationswärme des Betons nicht erfolgen konnte. Somit war auch noch eine erhöhte Rißgefährdung aus Temperaturänderungen gegeben.

Die im erheblichen Ausmaß aufgetretenen Risse gefährdeten die Standsicherheit des Bauwerks zunächst nicht unmittelbar. Auf lange Sicht bestand jedoch erhöhte Korrosionsgefahr für die Stahleinlagen. Auch gab es Bedenken gegen die Gewährleistung ausreichender Festigkeit des Verbunds. Damit hätte sich auf Dauer eine mittelbare Gefährdung der Standsicherheit ergeben. Eine befriedigende Sanierungsmöglichkeit des Überbaus, durch welche die üblicherweise bei derartigen Bauwerken zu erwartende Dauerhaftigkeit hätte gewährleistet werden können, wurde nicht gesehen. Der Überbau wäre ein repariertes Bauwerksteil mit entsprechend höherem Wartungs- und Pflegeaufwand geblieben. Die Unwägbarkeiten im Zusammenhang mit einer Instandsetzung waren zu groß.

Deshalb wurde der Abbruch und die Wiederherstellung des 1. Bauabschnitts durch die Straßenverwaltung Rheinland-Pfalz angeordnet. Der Abbruch erfolgte durch Sprengen.

Bei der Schadensursache am Bauwerk SP 685 im Zuge der Ortsumgehung Wilgartswiesen handelt es sich also um ein betontechnologisches Problem. Eine Nennung im Zusammenhang mit spezifischen Schäden von Spannbetonbrücken entbehrt daher jeder Grundlage.

3.4 Das Kreuzungsbauwerk in Berlin-Schmargendorf [12, 20]

Bei dem im Zeitraum 1959–1961 errichteten Kreuzungsbauwerk Schmargendorf handelte es sich um eine vierfeldrige Rahmenbrücke (Bild 16). Der Überbau bestand aus zwei je dreizelligen Hohlkästen konstanter Bauhöhe mit schalenförmigen Böden. Die Lagerung erfolgte indirekt über Stützenquerträger. Der mittlere Pfeiler war in Überbau und Fundament fest eingespannt, während die beiden anderen Zwischenpfeiler nur mit dem Überbau biegesteif verbunden waren. Die Fußgelenke waren als Linienkipplager aus St 52 ausgebildet worden.

Als Oberflächen- und Korrosionsschutz war auf den Überbau seinerzeit keine Abdichtung aufgebracht worden, sondern lediglich eine 7 cm dicke zweilagige Hartgußasphaltschicht. Zwischen Schale, Stegen und Fahrbahnplatte sowie den Querträgern waren Betonierfugen vorhanden.

Bei der Hauptuntersuchung im Frühjahr 1969 wurden im Überbau des Bauwerks erhebliche Rißschäden festgestellt. Es waren hauptsächlich drei verschiedene Bereiche geschädigt [20]:

- Schrägrisse in den Längsstegen am Querträgeranschnitt, die sich teilweise in der unteren und oberen Platte fortsetzten und diese von den Längsträgern trennten (Bild 17).
- Schrägrisse in den auskragenden Querträgern, die sich im Plattenbereich mit den Rissen der Längsträger vereinigten (Bild 18).
- Längsrisse in der unteren Platte in den Mittelbereichen aller Öffnungen (Bild 19).

Die Schrägrisse in den Längs- und Querträgerstegen waren bis zu 2,5 mm breit. Aus ihrem Verlauf und der Neigung ging eindeutig hervor, daß es sich um Schubrisse handelte. Aufgrund der großen Rißbreiten war zu schließen, daß die Schubbewehrung viel zu gering dimensioniert war.

Als Schadensursache ergaben die Untersuchungen:
Der Querkraftanteil der inneren Längsstege, der gemäß späteren Nachrechnungen rund 90% der Gesamtquerkraft betrug, war in der statischen Berechnung mit 50% wesentlich niedriger angesetzt worden. Dieser Anteil wurde anschließend noch um einen zu hohen Querkraftanteil aus der Längsvorspannung abgemindert. Aufgrund der so ermittelten Querkräfte ergaben sich in den Hauptträgerstegen am Querträger-

28 3 Einige dem Spannbetonbrückenbau angelastete spektakuläre Schadensfälle

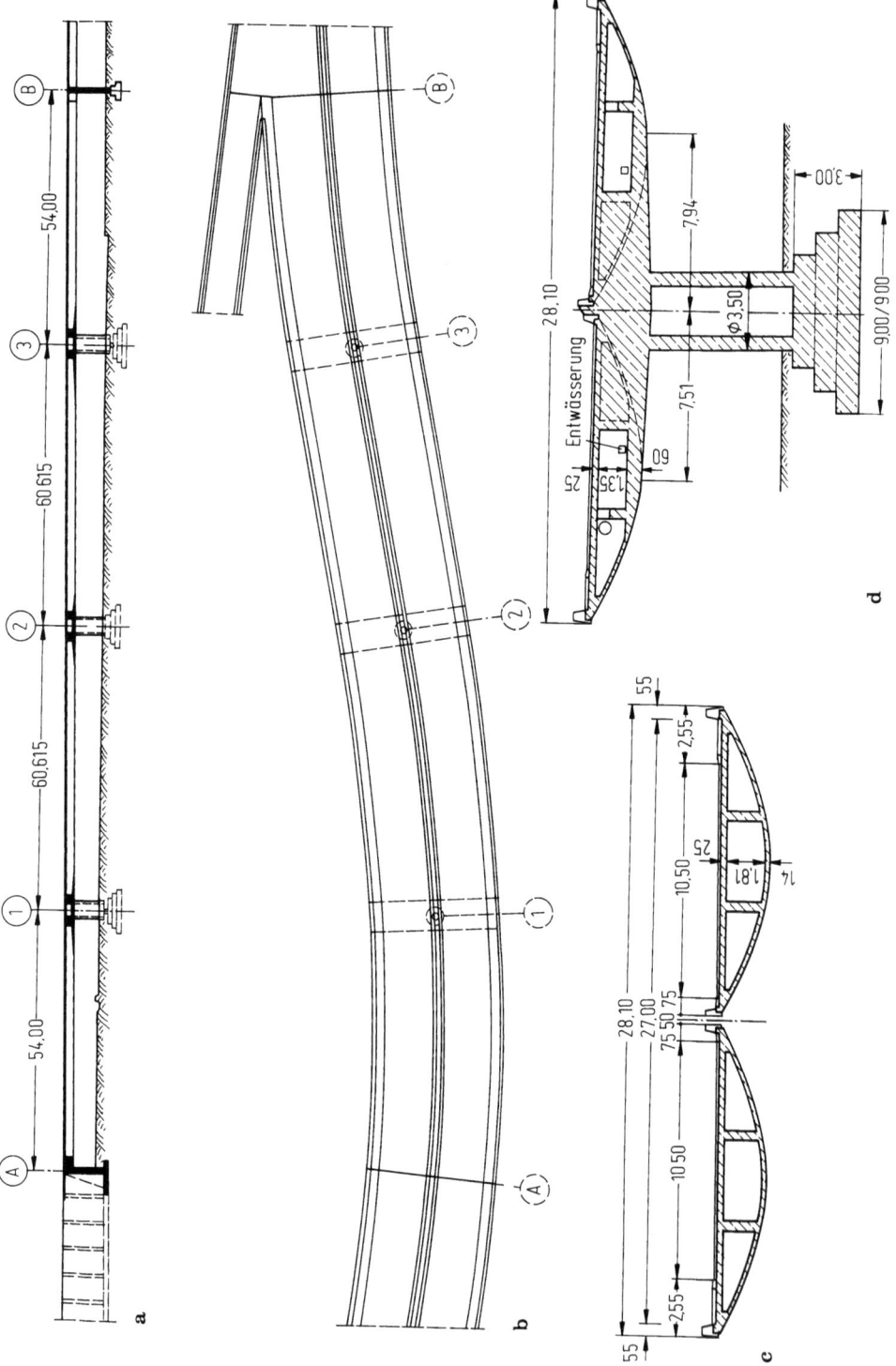

Bild 16a–d. Kreuzungsbauwerk Berlin-Schmargendorf [12]. **a** Längsschnitt; **b** Grundriß; **c** Querschnitt im Feld; **d** Querschnitt im Pfeiler 2

3.4 Das Kreuzungsbauwerk in Berlin-Schmargendorf [12, 20]

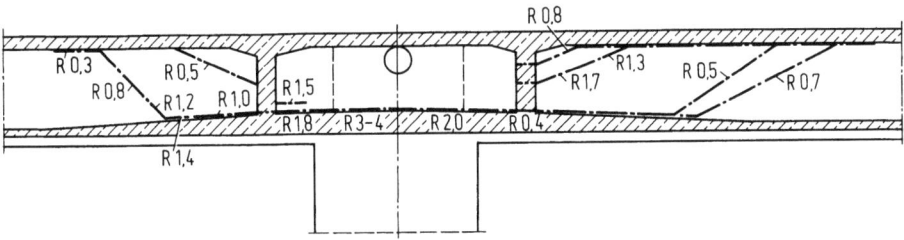

Bild 17. Rißbild am inneren Längsträger (1969) [20]

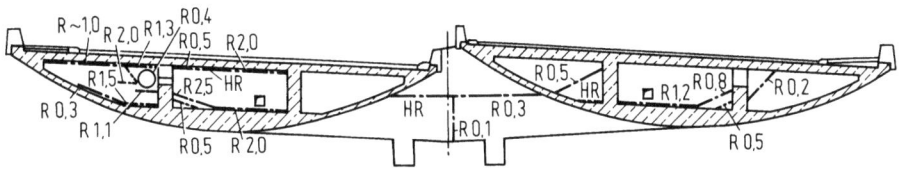

Bild 18. Rißbild am Querträger (1969) [20]

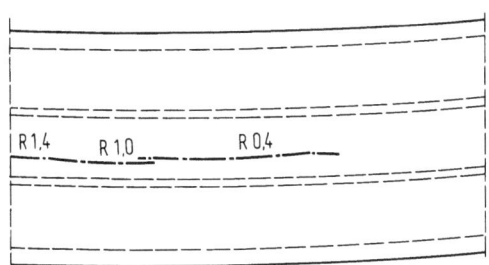

Bild 19. Rißbild in Feldmitte (1969) [20]

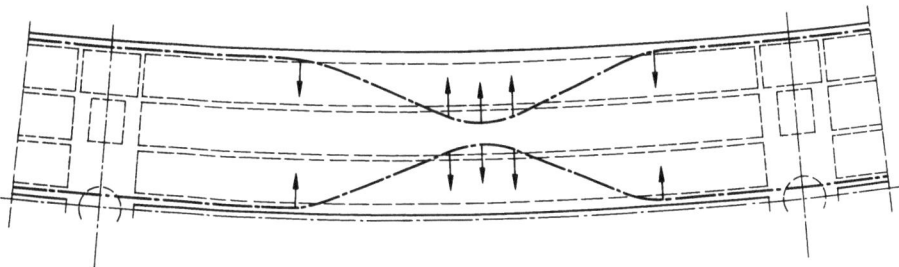

Bild 20. Umlenkkräfte aus gekrümmten Spanngliedern in der unteren Schale [12]

anschnitt Hauptzugspannungen, die etwa der Nachweisgrenze gemäß DIN 4227 entsprachen. Zur Zeit der Bauausführung brauchte bei Maximalwerten unterhalb der Nachweisgrenze ein Nachweis der Schubbewehrung nicht geführt zu werden. So wurde eine Schubbewehrung gewählt, die nur etwa ein Zehntel dessen betrug, was spätere Nachrechnungen als erforderlich ergaben.

Im Kreuzungsbereich zwischen Längsträgern und Querträgern fehlte die erforderliche Aufhängebewehrung infolge der indirekten Lagerung, in den Querträgern jegliche Spaltzugbewehrung in den Verankerungsbereichen der Spannglieder.

Die Längsrisse im Feldmittenbereich waren eine Folge der beachtlichen Umlenkkräfte, die von den im Grundriß gekrümmt geführten Spanngliedern ausgingen (Bild 20). Für die Aufnahme dieser Umlenkkräfte war keine ausreichende Querbewehrung vorhanden, die das Öffnen der groben Risse wirksam hätte verhindern können.

Die Brücke war aufgrund der beschriebenen Mängel und Schäden unter uneingeschränkter Verkehrslast einsturzgefährdet und mußte instandgesetzt werden.

Die Haupt- und Querträgerstege wurden mit vertikalen Einzelstabspanngliedern instandgesetzt. Diese wurden unten in Keilplatten verankert, die mit Kunstharzmörtel auf die untere Platte aufgesetzt waren. Im Bereich der Längsrisse erhielt die untere Schale der Brücke eine außenliegende Quervorspannung durch sogenannte Faßeisen. Durch die Maßnahmen war während der folgenden Jahre in wirksamer Weise ein Schubbruch des Brückentragwerks verhindert worden.

Bei einer Brückenhauptprüfung nach DIN 1076 im Jahre 1977–1978 zeigten sich jedoch erneut am gesamten Bauwerk bedenkliche Rißerscheinungen. Neben einer Zunahme der Schubrisse wurden jetzt auch in verstärktem Umfang Biegerisse an der Unterseite des Tragwerks festgestellt. Ein bereits früher geschlossener Längsriß in Feldmitte war trotz der „Faßeisen" bis zu 3 mm Breite wieder aufgegangen. An vielen Stellen war die untere Platte neben den 1970 instandgesetzten Bereichen und auch innerhalb dieser Bereiche von den Längsträgerstegen, den Randbalken und den Querträgern abgerissen.

Außer den Rissen wies die Brücke jedoch noch weitere Schäden auf:

– unvollständig verpreßte Spannglieder; in Teilbereichen waren bis zu 20% der Spannglieder ohne Einpreßmörtel.
– großflächig nur wenige mm dicke Betondeckung bzw. sogar freiliegende Bewehrung und Hüllrohre von Spanngliedern.
– Chlorid-verseuchter Beton infolge Tausalz. (Das Bauwerk hatte erst bei der Instandsetzung 1969 eine Abdichtung erhalten).
– Durchfeuchtungen des Konstruktionsbetons infolge undichter Fahrbahnübergänge und Undichtigkeiten an den Entwässerungsrinnen.

Ursache für die neuen Risse innerhalb der 1970 instandgesetzten Bereiche waren die relativ hohen Verluste an Vorspannkraft in den ohne Verbund eingebauten vertikalen Spanngliedern. Verantwortlich für diese bis zu 50% hohen Verluste waren die hohen Kriechverformungen des zum Unterstopfen eingebrachten Kunststoffmörtels, die sich bei den im Mittel nur 2,1 m langen Spanngliedern relativ stark auswirkten. Als weitere Ursachen für die neuen Risse waren die zunehmenden dynamischen Beanspruchungen infolge der im Laufe der Jahre ständig gestiegenen Verkehrsbelastung anzusehen. Die unter Verkehrslasten auftretenden Hauptzugspannungen führten, teilweise in Zusammenwirkung mit den Kerbwirkungen an bereits vorhandenen Rissen, zum weiteren Aufreißen der Betonkonstruktion. Wie spätere Nachrechnungen zeigten, waren die Längsvorspannung und Längsbewehrung zu schwach, um eine ausreichende Beschränkung der Rißbreiten unter den tatsächlich auftretenden Beanspruchungen zu gewährleisten. Außerdem war das gewählte Rahmentragwerk sehr empfindlich gegen Temperaturänderungen.

Aufgrund der zu geringen Schubbewehrung und Längsbewehrung, des Zerstörungsgrads des Betongefüges und der fortgeschrittenen Korrosion von Betonstahl und Spanngliedern kam eine Instandsetzung nicht mehr in Frage. Der Abbruch und vollständige Neubau des Bauwerks wurde angeordnet.

Zusammenfassend ist festzustellen, daß im wesentlichen unzureichendes Erfassen des Tragverhaltens für den Abbruch des Kreuzungsbauwerks Schmargendorf verantwortlich waren. Erschwerend hinzu kamen Schäden, die aus Mängeln bei der Bauausführung resultierten sowie aus zum Zeitpunkt der Herstellung nicht vorhersehbaren Umwelteinwirkungen, gegen die demzufolge keine angemessenen konstruktiven Vorkehrungen getroffen worden waren.

Das Kreuzungsbauwerk Schmargendorf, das für eine unsachgemäße Anwendung der Bauweise Spannbeton steht, ist nicht repräsentativ für den Spannbetonbrückenbau. Aus heutiger Sicht können grobe Fehler der am Bau Beteiligten bei keiner Bauweise mit Sicherheit ausgeschlossen werden.

3.5 Die Hochstraße Prinzenallee im Heerdter Dreieck Düsseldorf [12, 21]

Die in den Jahren 1958–1959 errichtete Hochstraße im Bereich des Heerdter Dreiecks besteht aus zwei getrennten Spannbetonbrücken mit Gesamtlängen von rd. 310 m bzw. rd. 600 m (Bild 21). Bei den Überbauten handelt es sich um feldweise hergestellte Durchlaufträger, die als einzellige Hohlkästen ausgebildet sind. Lediglich in den Aufweitungsbereichen sind zwei- bis dreizellige Hohlkästen ausgeführt. Die Längsvorspannung besteht aus Einzelstabspanngliedern Durchmesser 26 mm, die an den Abschnittsfugen mit Muffen gekoppelt sind. Daneben werden die Koppelfugen praktisch von keinem Betonstahl gekreuzt.

Im Oktober 1976 wurde während einer der regelmäßigen Brückenkontrollen an den Koppelfugen im gekrümmten Bereich des Überbaus B eine deutliche Zunahme der Rißbreiten des Betons festgestellt. Während bereits früher an fast allen Koppelfugen des Bauwerks feine Risse $w < 0,2$ mm beobachtet wurden, waren jetzt an vier Koppelfugen der Felder mit rd. 30 m Stützweite Rißbreiten $w = 2$ mm in der Bodenplatte zu verzeichnen. Diese setzten sich in den Hauptträgerstegen nach oben fort bis unter die Fahrbahnplatte. In halber Steghöhe traten zusätzlich unter 45° gegen die Lotrechte abgewinkelte Risse auf. Die Risse waren sowohl von außen als auch vom Inneren des Hohlkastens zu erkennen. Mit Hilfe radioaktiver Durchstrahlung konnte aufgezeigt werden, daß in den vier genannten Koppelfugen jeweils die fünf Einzelstabspannglieder der unteren Lage in den Stegen gebrochen waren. Die Bruchstellen lagen im Bereich der Zwischenverankerungen mit Koppelmuffen. Eine sorgfältige Überprüfung der übrigen Koppelfugen des Bauwerks führte zu dem Ergebnis, daß auch dort, wenn auch nur vereinzelt, Spannstahlbrüche aufgetreten waren.

An einigen Koppelfugen wurden die Kopplungsmuffen der Spannglieder freigelegt. Hier zeigte sich, daß die Spannstähle immer im Bereich der aufgewalzten Gewinde spröd gebrochen waren.

Auf der Suche nach den Schadensursachen wurde zunächst nochmals die statische Berechnung der Brückenüberbauten geprüft, mit dem Ergebnis, daß diese den zur

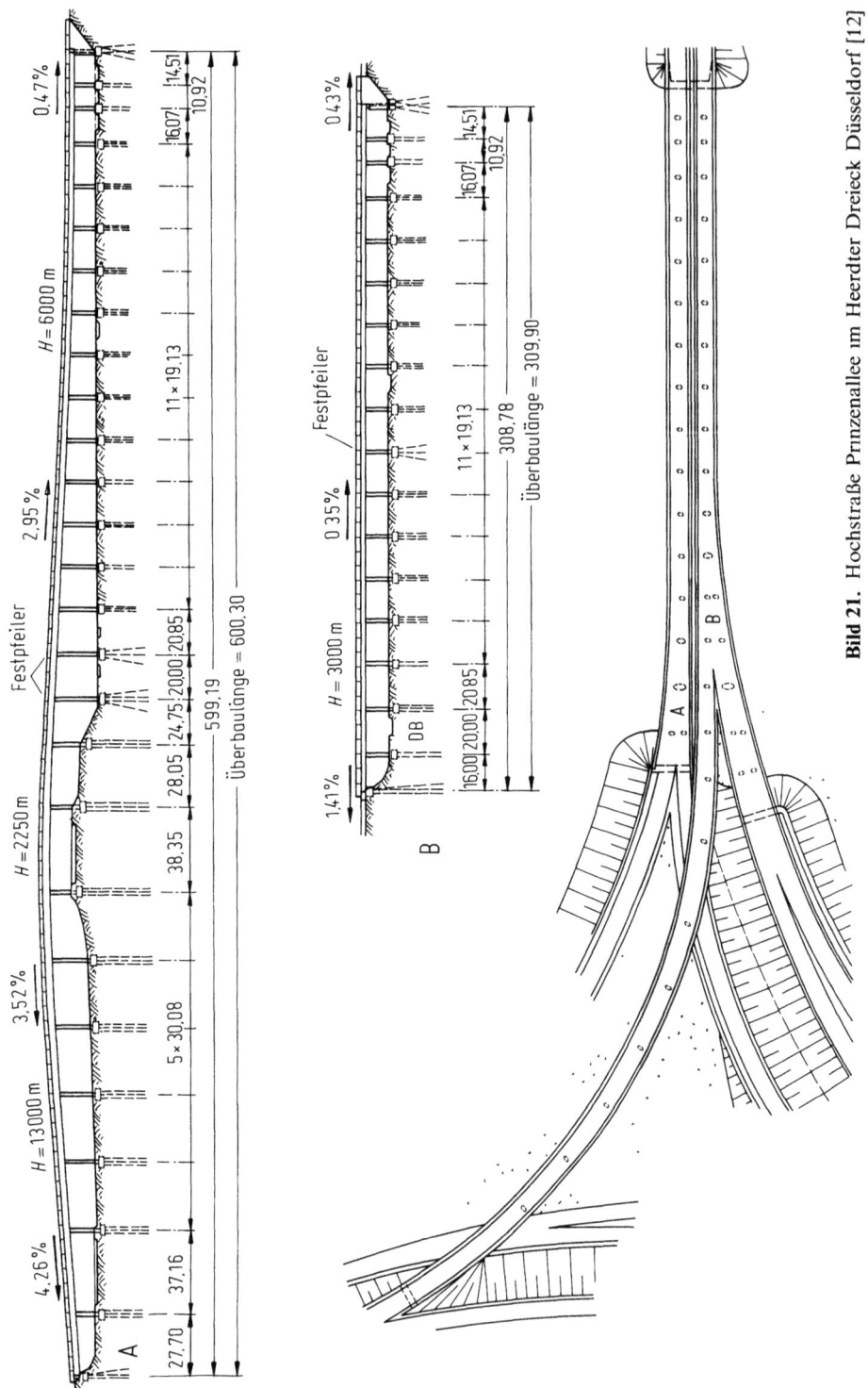

Bild 21. Hochstraße Prinzenallee im Heerdter Dreieck Düsseldorf [12]

3.5 Die Hochstraße Prinzenallee im Heerdter Dreieck Düsseldorf [12, 21]

Zeit der Herstellung gültigen technischen Bestimmungen voll entsprach und keine Fehler aufwies.

Ursächlich für den Bruch der Spannstähle war das unplanmäßige Aufreißen der Koppelfugen. Als dafür verantwortlich wurden in den Gutachten angegeben Zwangsbiegemomente aus ungleichmäßiger Erwärmung, Längskräfte infolge unvollkommener Gelenkwirkung der Bleilager und Zwängungen aus Verformung bei gleichmäßigen Temperaturänderungen – die Kippachsen der Pendelstützen sind radial zur Brückenkrümmung und nicht rechtwinklig zum Polstrahl auf den Brückenfestpunkt ausgerichtet – in Überlagerung mit den normalen Beanspruchungen.

Nach dem damaligen Stand der Technik war aber ein Aufreißen der Koppelfugen in der statischen Berechnung nicht unterstellt worden. Demzufolge ergab der Nachweis der Schwingbreiten der Stahlspannungen in den Koppelfugen für den ungerissenen Zustand I einen Wert von 16 N/mm². Die Schwingbreite lag somit weit unterhalb der im Dauerschwingversuch bei 2 Mio. Lastwechseln von der verwendeten Spanngliedkopplung ertragenen Schwingbreite von 70 N/mm². Demgegenüber wachsen die rechnerischen Schwingbreiten der Stahlspannungen im unplanmäßigen Zustand II auf 196 N/mm² an. Diese hohen Schwingbreiten der Stahlspannungen im Bereich der Spanngliedkopplungen führten bis zum Oktober 1976 den Ermüdungsbruch an einigen Spannstählen herbei.

Die Hochstraße Prinzenallee konnte jedoch instandgesetzt werden und steht dem Verkehr wieder uneingeschränkt zur Verfügung. Durch den Schadensfall an der Hochstraße Prinzenallee wurde ein bis zu diesem Zeitpunkt unerkannter echter Schwachpunkt an abschnittsweise hergestellten Spannbetonüberbauten mit Spanngliedkopplungen aufgezeigt. Das Problem der Materialermüdung in Koppelfugen, die unplanmäßig aufreißen, war bis zu diesem Zeitpunkt nicht beachtet worden. Die damalige konstruktive Ausbildung der Koppelfugen schien sich bis zu diesem Zeitpunkt bewährt zu haben.

In der Folge des Schadensfalls setzte eine langjährige intensive Erforschung der Ursachen für die Rißbildung in den Koppelfugen ein. Diese können heute als hinreichend aufgeklärt angesehen werden. Parallel dazu setzten Untersuchungen ein, um die Dauerschwingfestigkeit von Spanngliedkopplungen zu bestimmen und um zu einer realistischen Erfassung und Beschreibung der Dauerschwingbeanspruchungen zu kommen.

Grundsätzlich können von Koppelfugenrissen zwei Gefahren ausgehen: Durch das unplanmäßige Übergehen in den Zustand II können die ertragbaren Schwingbreiten der Stahlspannungen in den Spanngliedkopplungen überschritten werden, was zur Ermüdungsbruchgefahr führt. Diese hängt aber stark von der Bewehrungsmenge ab, die die Koppelfuge kreuzt (Bild 22). Daher reagieren Brückenüberbauten auf Koppelfugenrisse unterschiedlich empfindlich. Robust verhalten sich solche, bei denen die Abschnittsfugen von einer kräftigen Bewehrung A_s durchdrungen sind. Desweiteren besteht bei groben Rissen eine starke Korrosionsgefahr für die Stahleinlagen, die zu einer Querschnittsschwächung führt und die Dauerschwingfestigkeit empfindlich reduziert.

Wegen der geschilderten Problematik wurden nach 1976 an den bestehenden Brücken alle Koppelfugen eingehend untersucht. Bei einigen Brücken wurden die Schwingbreiten der Spannstahlspannungen nachgerechnet und wo erforderlich, wurden Verstärkungsmaßnahmen durchgeführt. Um den Korrosionsschutz der Stahlein-

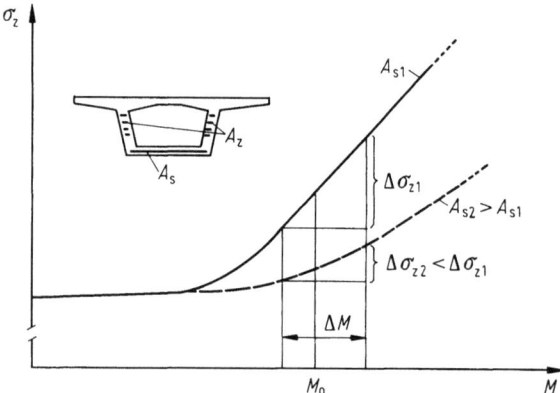

Bild 22. Spannungsspiel im Spannstahl in Abhängigkeit der Bewehrungsmenge. M Biegemoment, M_0 Grundmoment, ΔM Spiel des Biegemoments infolge veränderlicher Verkehrslasten, A_s Querschnittsfläche des Betonstahls, A_z Querschnittsfläche des Spannstahls, σ_z Stahlspannung im Spannstahl, $\Delta\sigma_z$ Spannungsspiel im Spannstahl

lagen sicherzustellen, wurden grundsätzlich alle Risse mit Kunstharzen geschlossen. Bei neuen Brücken werden derartige Mängel durch die erfolgte Anpassung der Vorschriften an die neuen Erkenntnisse vermieden. Der Nachweis zur Beschränkung der Rißbreiten und der Nachweis der Dauerschwingfestigkeit unter Berücksichtigung der Beanspruchungen aus ungleichmäßiger Erwärmung und eines zusätzlichen Zwängungsmoments in den Koppelfugen stellen dabei die Grundlage für die sachgerechte Ausbildung der Koppelfugen dar. Außerdem wurde die Mindestbewehrung im Bereich der Koppelfugen erhöht. Darüber hinaus müssen in jedem Brückenquerschnitt mindestens 30% der Spannglieder ungestoßen durchgeführt werden.

Mit diesen Nachweisen und Maßnahmen ist in Zukunft dort, wo das Auftreten haarfeiner Betonrisse nicht zu vermeiden ist, für ausreichende Tragsicherheit und Dauerfestigkeit der Konstruktion gesorgt.

An der Hochstraße Prinzenallee trat der bisher einzige Schadensfall des gefährlichen Ermüdungsbruchs von Spannstählen auf. Dank der gut funktionierenden Brückenüberwachung durch die Straßenverwaltung wurde er jedoch rechtzeitig entdeckt, so daß keine ernsthafte Folgen eintraten. Der Bruch der Spannstähle hatte sich durch das starke Anwachsen der Breiten der vorhandenen Koppelfugenrisse von $w < 0{,}2$ mm auf $w = 2$ mm angezeigt.

4 Eine Untersuchung zum tatsächlichen Ausmaß der Schäden an Spannbetonbrücken

Nachdem in Kapitel 2 Schäden an Spannbetonbrücken ganz allgemein angesprochen und in Kapitel 3 vier außergewöhnliche Schadensfälle dargestellt wurden, von denen aber nur der Schadensfall am Heerdter Dreieck in direktem Bezug zur Spannbetonbrückenbauweise steht, soll nachfolgend der Frage nach dem tatsächlichen Ausmaß der Schäden an Spannbetonbrücken nachgegangen werden. Zu diesem Zweck wurde eine Stichprobe von 43 großen Fluß- und Talbrücken untersucht, die 76 getrennte Spannbetonüberbauten umfaßt.

Die Bauwerks- und Schadensdaten dieser Brücken wurden im Rahmen von [1] mit einem eigens für diese Zwecke entwickelten Programmsystem EDV-mäßig erfaßt. Da sich aus der EDV-mäßigen Datenerfassung von Brückenbauwerken aber ganz allgemein Vorteile und vielfältige Anwendungsmöglichkeiten ergeben, wird zunächst in Teil II auf die computerunterstützte Erfassung und Überwachung des Brückenbestands eingegangen. Dabei wird das im Rahmen von [1] entwickelte System näher erläutert.

In Teil III werden die im Rahmen von [1] erfaßten Bauwerksdaten und Schadensdaten der untersuchten Stichprobe ausgewertet. Dabei werden auch Beziehungen zwischen diesen beiden Datengruppen untersucht.

In Teil IV wird der Einschätzung der Risiken von Spannbetonbrücken nachgegangen.

II Computerunterstützte Erfassung und Überwachung des Brückenbestands

5 Bauwerksüberwachung gemäß DIN 1076 und Verwertung dabei anfallender Daten

In einer Ende 1979 von der Bundesanstalt für Straßenwesen veröffentlichten Statistik wurde mitgeteilt, daß von 251 untersuchten Brücken mit Koppelfugen 171 Risse in diesem Bereich aufwiesen. Diese Zahlen ergaben sich aus der vom Bundesverkehrsministerium Ende 1976 veranlaßten Untersuchung aller Spannbetonbrücken der Bundesfernstraßen mit Arbeitsfugen, die von Spanngliedkopplungen (Koppelfugen) durchsetzt sind.

Auswertbare Ergebnisse in ausreichender Zahl lagen demnach erst 2½ Jahre nach der Initiative zu dieser Untersuchung vor. Diese lange Zeitspanne verwundert nicht, wenn man bedenkt, daß die Straßenbauverwaltungen zunächst aus ihrem Brückenbestand anhand der Unterlagen die Bauwerke heraussuchen mußten, die das Konstruktionsmerkmal „Arbeitsfuge mit Spanngliedkopplung" besaßen. Danach mußten für die Brücken, die dieses Kriterium erfüllten, aus den Prüfberichten die im Koppelfugenbereich angegebenen Schäden entnommen werden.

Wesentlich schneller wäre damals das Untersuchungsergebnis verfügbar gewesen, wären sowohl die Konstruktionsdaten der einzelnen Brücken in einer Bauwerksdatenbank als auch die zugehörigen Prüfberichte elektronisch gespeichert vorhanden gewesen.

Derartige Datenbanken waren jedoch seinerzeit nur bei der Straßenverwaltung Rheinland-Pfalz vorhanden, und sind auch heute z.T. noch nicht überall vollständig aufgebaut. Die gegenwärtige Verwaltung aller Bauwerksdaten ist sehr heterogen und nur für spezielle Bereiche so geregelt, daß eine elektronische Datenverarbeitung möglich ist.

In folgenden Phasen fallen Daten und Unterlagen an, die nahezu unabhängig voneinander sind:

– Entwurfs- und Planungsphase,
– Bauausführungsphase,
– Nutzungsphase.

Hierbei ist für jede Brücke eine Bauwerksakte anzulegen, welche die Baugrundgutachten, die mit Genehmigungsvermerk versehenen Ausführungszeichnungen, die geprüfte statische Berechnung, Spann- und Einpreßprotokolle, Bautagebücher, Abnahmezeugnisse, Zusammenstellungen von Kostenabrechnungen, eine Liste der Verjährungsfristen für Gewährleistungsansprüche und vieles andere mehr enthält. Nach ihrer baulichen Fertigstellung ist für jede Brücke ein Bauwerksbuch gemäß DIN 1076 anzulegen. Das ausgefüllte Bauwerksbuch (Vordruck im Anhang der DIN 1076) enthält eine Zusammenstellung der wichtigsten Daten einer Brücke und wird durch Skizzen ergänzt.

Weitere Daten fallen während der Nutzungsphase an: bei der regelmäßigen Prüfung und Überwachung von Standsicherheit, Funktionsfähigkeit und baulichem Zustand. Geregelt wird dies für „eiserne" Straßenbrücken seit 1930 durch die DIN 1076 und für massive Straßenbrücken seit 1933 durch die damalige DIN 1077. Beide Normen wurden im Jahr 1959 in einer Norm, der DIN 1076, zusammengefaßt, die seit 1983 in überarbeiteter Form vorliegt [22]. Der Zweck besteht darin, etwa eintretende Schäden rechtzeitig zu erkennen, wodurch Maßnahmen zur Schadensbeseitigung ergriffen werden können, bevor das Schadensausmaß anwächst oder gar die Verkehrssicherheit beeinträchtigt wird. Die DIN 1076 unterscheidet zwischen Bauwerksüberwachung und Bauwerksprüfung.

Die Bauwerksüberwachung beinhaltet eine laufende Beobachtung, die i. d. R. vierteljährlich ohne Zuhilfenahme besonderer Hilfsmittel der Erkennung offensichtlicher Schäden dient, sowie eine aufwendigere regelmäßige jährliche Besichtigung. Die Befunde werden protokolliert. Darüber hinaus sollen Besichtigungen nach besonderen Anlässen stattfinden, wie beispielsweise nach schweren Anfahrunfällen oder etwa nach dem Ablaufen eines größeren Hochwassers.

Bei den Bauwerksprüfungen wird unterschieden zwischen einfacher Prüfung, Hauptprüfung und Prüfung aus besonderem Anlaß. Die einfachen Prüfungen werden im Abstand von drei Jahren durchgeführt. Gegenstand dieser Prüfungen sind der allgemeine bauliche Zustand und die Tragfähigkeit. So werden beispielsweise die Gründungen auf etwa eingetretene Setzungen, Kippungen, Unterspülungen oder Auskolkungen geprüft. Massive Bauteile werden auf Risse, Durchfeuchtungen, Ausblühungen, Rostverfärbungen, Hohlstellen und Abplatzungen der Betonüberdeckung untersucht. Desweiteren werden Abdichtungen, Entwässerung, Fahrbahnbeläge, Lager, Übergangskonstruktionen etc. geprüft. Alle sechs Jahre ist eine Hauptprüfung durchzuführen. Bei den Hauptprüfungen sind auch die schwer zugänglichen Bauwerksteile, ggf. unter Zuhilfenahme von Besichtigungseinrichtungen wie Rüstungen oder ähnlichem zu prüfen, abgedeckte Bauteile (z. B. Schutzhauben bei Seilen, Lagermanschetten) sind zu öffnen, verschmutzte Bauteile zu reinigen, um selbst versteckte Schäden ausfindig zu machen. Alle Bauteile sind gründlich zu untersuchen (u. U. abzuklopfen, zu durchschallen oder zu durchstrahlen). Nach Ereignissen, die den Bestand einer Brücke beeinflussen können, wie z. B. größere Unwetter, größere Hochwasser, schwere Verkehrsunfälle, sind Prüfungen aus besonderem Anlaß durchzuführen, wenn es nach einer Besichtigung erforderlich scheint.

Die bei diesen Überwachungen und Prüfungen festgestellten Schäden bzw. Veränderungen des baulichen Zustands an den Brücken werden in Protokollen bzw. Prüfberichten detailliert beschrieben, z. B. durch Angaben über die Art der Schäden (Betonabplatzung, Lagerkorrosion, etc.), den Ort, an dem sie aufgetreten sind, über das Ausmaß und die Dringlichkeit von Instandsetzungsmaßnahmen. Die Nutzungsphase wird mithin durch eine Vielzahl von Unterlagen dokumentiert.

In der nachfolgenden Übersicht sind die wesentlichen Unterlagen, die während der Nutzung einer Brücke angefertigt werden müssen bzw. können, zusammengestellt:

- Bauwerksbuch,
- Fertigstellungsabnahme (mit der Niederschrift festgestellter Mängel und Schäden),
- Zwischenprüfberichte (einfache Prüfung alle drei Jahre),
- Gewährleistungsabnahme (nach fünf Jahren),

5 Bauwerksüberwachung gemäß DIN 1076 und Verwertung dabei anfallender Daten   41

- Hauptprüfberichte (alle sechs Jahre),
- Prüfberichte aus besonderem Anlaß,
- Lagerprüfberichte,
- Rißpläne,
- Erfassungsbögen von Rissen in Spannbetonüberbauten (BAST Bundesanstalt für Straßenwesen/BMV Bundesminister für Verkehr),
- Erfassungsbögen von Lagerschäden
- weitere Berichte über spezielle Untersuchungen, z. B. Korrosionsschäden, Spannstahlschäden etc.,
- gutachtliche Stellungnahmen zu festgestellten Schäden,
- Abnahmeniederschriften und/oder Berichte erfolgter Instandsetzungen.

Diese Unterlagen enthalten eine große Ansammlung von Daten, insbesondere zu den Schäden der Brücken. Eine Analyse der Schadensdaten aller Brücken wäre von großem Interesse und könnte wesentliche Erkenntnisse und Einsichten liefern. Eine solche Analyse ist bei der gegenwärtig praktizierten Art der Datenaufbewahrung allerdings nur mit erheblichem Aufwand möglich. Aus diesem Grunde befaßt sich der Bund/Länder-Fachausschuß Brücken- und Ingenieurbau seit einiger Zeit mit der Vereinheitlichung der Befunde der Brückenprüfungen nach DIN 1076. Ziel sind einheitliche Festlegungen von Art, Eigenschaften, Umfang, Ort und Schweregrad von Mängeln und Schäden und deren Verschlüsselung zwecks zentraler Auswertung mittels EDV. Auf diese Weise wird es künftig möglich sein, den Zustand des Bauwerksbestands und einzelner Bauwerksteile jährlich verfolgen und, wenn notwendig, umgehend gezielte Untersuchungen zur Ursachenermittlung bestimmter Schadenstendenzen einleiten zu können.

Anhand einiger Anwendungsbeispiele soll aufgezeigt werden, wie die systematisch erfaßten Bauwerks- und Schadensdaten von Brücken in Verbindung mit einer entsprechenden Software durch den Einsatz der EDV genutzt werden können:

- Verbesserung der Übersicht über die Merkmale der Brückenbauwerke im Straßennetz. Informationen über den Bestand sind schnell und ohne großen Aufwand zu erhalten.
- Details können schnell abgefragt werden, beispielsweise Kosten und Baustoffmassen von ausgeführten Brücken, um sie dem Angebot eines vergleichbaren Bauwerks gegenüberzustellen.
- Schnelle Informationen über technische und kostenmäßige Entwicklungen.
- Entscheidungshilfen bei der Vergabe von Brückenneubauten. Durch die systematische Erfassung der Erhaltungskosten bestehender Brücken wird die Grundlage geschaffen, bei der Vergabe nicht nur die Herstellkosten sondern auch die Folgekosten bewerten zu können. Damit kann relativ exakt überprüft werden, welcher der konkurrierenden Angebotsentwürfe das Gesamtkostenminimum erwarten läßt. Der Wert eines preisgünstigen Angebots, welches aber u. U. große Folgekosten nach sich zieht, wird damit belegbar relativiert. Diese Folgekosten werden z. Zt. aufgrund vorliegender Erfahrungen abgeschätzt.
- Ermittlung der Nutzungsdauer verschiedener Bauwerkseinzelteile, wie Belag und Abdichtung, Lager, Fahrbahnübergänge etc. sowie der Nutzungsdauer der Gesamtbauwerke.

- Bei systematischer Erfassung aller anfallenden Kosten für Unterhaltung, Instandsetzung und Erneuerung einzelner Bauwerksteile sowie für Ersatzbauwerke von abgängigen Brücken können die Grundlagen für die Ermittlung des Finanzbedarfs für die Bauwerkserhaltung sowie für die Feststellung der unter wirtschaftlichen Gesichtspunkten optimalen Ersatzzeitpunkte bereitgestellt werden.
- Erfassung der Wirksamkeit verstärkter Kontrollen während der Bauausführung. Durch die Sammlung der Schadensdaten vieler Brücken über mehrere Jahre hinweg könnten die nötigen Zahlen gewonnen werden, um die Kopplung zwischen Kontrolle und Qualität beurteilen zu können. Dies ist allerdings schwierig, da neben den schwer faßbaren subjektiven Einflüssen auch noch der zeitliche Effekt berücksichtigt werden muß; denn viele Schäden stellen sich in der Regel erst nach mehreren Jahren ein.
- Die Beurteilung über die Bewährung verschiedener Spannverfahren, Lagertypen, Abdichtungssysteme, Fahrbahnbeläge und dergleichen.
- Kontrolle der Wirksamkeit verschiedener Maßnahmen zur Verbesserung der Dauerhaftigkeit, wie beispielsweise eine Erhöhung der Betondeckung, eine bestimmte Nachbehandlungsmethode oder die Erprobung von Baustoffvarianten.
- Vergleiche verschiedener Systeme (Einfeldsysteme, Durchlaufträger), Bauweisen oder Bauverfahren im Hinblick auf ihre Schadensanfälligkeit während der Nutzung.
- Untersuchung von Zusammenhängen zwischen Bauwerks- und Schadensdaten mit dem Ziel, Schwachstellen aufzudecken (Qualitätssicherung).
- Kontrolle der Auswirkung von Änderungen in bautechnischen Regelwerken auf die Baupraxis (Wirksamkeit, Zeitraum zwischen Änderung und Effekt).

Bei Verwendung der EDV-mäßigen Datenerfassung in der Praxis stünde somit ein jederzeit leicht zugängliches und umfangreiches Datenmaterial als Entscheidungshilfe, zu Kontrollzwecken oder als Hilfsmittel für die verschiedenen Aufgaben zur Verfügung.

Bei Benutzung der EDV müssen allerdings einige Vorbedingungen erfüllt werden: Der Erfassung der Daten zur Beschreibung der Bauwerke und ihrer Schäden muß eine klare Systematik zugrundeliegen. Der Formalismus des Verfahrens muß weitgehend sicherstellen, daß jedes Bauwerk und jedes Schadensbild gleich behandelt wird, auch wenn die Aufnahme von verschiedenen Personen erfolgt, da nur so die Vergleichbarkeit der Daten gewährleistet ist.

Da jede Brücke ihre individuellen Eigenarten hat, muß das System über eine ausreichende Flexibilität verfügen, um die vorhandene Vielfalt an Variationen abdecken zu können. Es muß jederzeit an sich ändernde Bedingungen und Gegebenheiten anpaßbar sein; die Möglichkeit der Erweiterbarkeit muß gegeben sein.

Da der Brückenbestand und der bauliche Zustand der einzelnen Brücken ständigen Änderungen unterliegt, muß der Datenbestand, um stets aktuell zu sein, laufend fortgeschrieben werden. Von einer sorgfältigen Datenerfassung und konsequenten Fortschreibung hängt demnach auch die Nutzung des gesamten Systems ab. Bei einer Einführung in der Praxis müssen die Daten aller vorhandenen Bauwerke aus den vorhandenen Unterlagen, nachdem sie auf den aktuellen Stand gebracht worden sind, entnommen werden.

5 Bauwerksüberwachung gemäß DIN 1076 und Verwertung dabei anfallender Daten

Um eine umfangreiche Datenbasis optimal nutzen zu können, ist eine entsprechende Software vorzuhalten. Hierbei handelt es sich in erster Linie um Such- und Auswertprogramme. Zur sinnvollen Nutzung der Daten müssen diese möglichst zentral gesammelt werden. Wünschenswert wäre natürlich eine zentrale Zusammenfassung der Daten aller Brücken der Bundesrepublik Deutschland, die optimale Möglichkeiten zur Datenauswertung eröffnet. Zur sinnvollen und aussagekräftigen Analyse der Daten müssen jedoch zentrale Datenbanken zumindest auf Länderebene aufgebaut werden, da sonst der Umfang der auswertbaren Daten zu gering wird. Der Aufbau dieser Datenbänke ist im Gange.

Die EDV-mäßige Erfassung aller Brückendaten bringt neben den eindeutigen Vorteilen auch einige Schwierigkeiten mit sich. Eine Analyse der Daten setzt nämlich Sachverstand und ingenieurmäßiges Urteilsvermögen voraus. Fehler und Mißbrauch durch nicht sachkundige Personen müssen daher ausgeschlossen werden. Dem Datenschutz ist auf jeden Fall hohe Priorität beizumessen. Das Bundesland, das sich bereits seit langem bei der Brückenverwaltung des Hilfsmittels der EDV bedient, ist das Land Rheinland-Pfalz. Dort wird neben dem Bauwerksbuch nach DIN 1076 ein computererstelltes Bauwerksbuch geführt, das auf den erweiterten Bauwerksdaten nach ASB (Anweisung Straßendaten-Bank) basiert [96].

Die Erstellung dieses Bauwerksbuchs erfolgt mit Hilfe eines Fragebogens, in dem die Merkmale einer Brücke abgefragt werden. Die zutreffenden Antworten auf die einzelnen Fragen sind mit Hilfe eines Handbuchs auszuwählen. Deren Kodierungszahlen werden in vorgegebener Reihenfolge in einen Rechner eingegeben, der daraus das Bauwerksbuch erstellt. Die Erstellung des computermäßigen Bauwerksbuchs erfolgt zentral in Koblenz. Außer dem Bauwerksbuch werden auch die Prüfberichte nach DIN 1076 computermäßig erstellt. Der Datenbestand wird aufgrund der Meldungen von einzelnen Straßenbauämtern ständig fortgeschrieben. Das System und die Erweiterung der ASB-Daten gelten allerdings nur für Rheinland-Pfalz.

Im folgenden soll ein Verfahren vorgestellt werden, das im Rahmen von [1] entwickelt wurde. Es kann als Diskussionsgrundlage für eine bundesweite Vereinheitlichung derartiger, mit Hilfe der EDV durchgeführter Datenerfassungsverfahren dienen. Bei dem im folgenden beschriebenen Verfahren werden die Bauwerks- und Schadensdaten der Brücken getrennt erfaßt.

Daher wird zunächst in Kapitel 6 die Erfassung der Bauwerksdaten erläutert und das daraus erstellte Brückenbuch vorgestellt. Anschließend werden in Kapitel 7 einige Möglichkeiten zur Nutzung dieser Daten angedeutet. Kapitel 8 behandelt die Erfassung der Schadensdaten. Schließlich wird in Kapitel 9 kurz auf die Untersuchung von Beziehungen zwischen den Bauwerks- und Schadensdaten eingegangen.

6 Erfassung der Bauwerksdaten

6.1 Allgemeines

Für eine computerunterstützte Überwachung und Verwaltung von Brücken ist es zunächst erforderlich, den gesamten Bestand EDV-mäßig zu erfassen. Die Erfassung der Bauwerksdaten, wie

- Systemabmessungen,
- statisches System,
- Querschnittsform des Überbaus,
- Vorspannsystem,
- Baustoffgüten und Baustoffmengen,
- Gründungsarten,
- Bauverfahren,
- Herstellungskosten etc.,

erfolgt durch die Erstellung des Bauwerksbuchs. Zu diesem Zweck werden zunächst alle Bauwerksdaten in Form einer Datei in den Computer eingegeben, der dann mit Hilfe eines Programms das Bauwerksbuch erzeugt und ausdruckt.

Bedingt durch den Einsatz der EDV ist dabei eine sehr formale und systematische Vorgehensweise erforderlich.

Ein bestimmtes Merkmal einer Brücke muß bei der Datenerfassung in der Eingabedatei immer an der gleichen dafür vorgesehenen Stelle stehen. Pro Merkmal ist mindestens ein fester Speicherplatz vorzuhalten. Für Kenndaten mit variabler Anzahl sind feste Speicherblöcke vorzuhalten.

Da aus programmtechnischen Gründen bevorzugt mit Zahlen gearbeitet wird, müssen Begriffe in Zahlen oder in eine zu vereinbarende Verschlüsselung umgesetzt, d. h. kodiert werden. Eine Kodierung ist für immer wiederkehrende Standardbegriffe leicht möglich. Für individuelle Begriffe, wie z. B. den Namen einer Brücke, kann die Datenerfassung aber auch als Text erfolgen. Die Bauwerksdaten können somit in Form von

- Maßzahlen (z. B. Spannweite),
- Kodierungszahlen (z. B. für Bauverfahren),
- und Text (z. B. Name der Brücke),

erfaßt werden.

Der sehr aufwendige und langwierige Formalismus der EDV-mäßigen Erfassung der Grunddaten in Dateien ist notwendig, um mit Such- und Auswertungsprogrammen auf die Daten aller Brücken oder einer Auswahl davon zugreifen zu können.

6.2 Inhalt des Bauwerksbuchs

Im folgenden sind einige wesentliche Anforderungen, die an ein derartiges Datenerfassungssystem zu stellen sind, nochmals zusammengestellt:

- Flexibilität, um die große Vielfalt an möglichen Variationen abdecken zu können;
- Fähigkeit des Systems, auch bei unvollständigen Datensätzen und ungleichen Informationsgraden arbeiten zu können;
- Wiederauffindbarkeit jeder gespeicherten Information;
- Schutz vor Verlust der gespeicherten Informationen;
- Verfügbarkeit der gespeicherten Informationen;
- Aktualität der gespeicherten Informationen;
- Erweiterbarkeit des Systems, falls sich im Laufe der Zeit die Erfassung bisher nicht vorgesehener Größen als notwendig erweisen sollte.

Außerdem muß gewährleistet sein, daß Unbefugte keinen Zugriff zu den Daten haben können.

6.2 Inhalt des Bauwerksbuchs

Das im Rahmen von [1] entwickelte, auf DIN 1076 aufbauende Bauwerksbuch ist sehr umfangreich gehalten. Von jeder Brücke werden ca. 600 Merkmale erfaßt. Vor Einführung eines derartigen EDV-mäßigen Brückenbuchs in der Praxis wäre jedoch zu überlegen, ob der Datenumfang nicht auf die wesentlichen Daten reduziert werden könnte, zumindest was die Anwendung bei kleinen Brücken angeht.

Inhaltlich ist das Bauwerksbuch nach [1] eng an das auf erweiterten ASB-Daten basierende, computermäßig erstellte Bauwerksbuch des Landes Rheinland-Pfalz angelehnt.

Um eine grobe Übersicht über den Inhalt des Bauwerksbuchs zu vermitteln, wird zu einigen Oberbegriffen stichwortartig eine Auswahl der erfaßten Merkmale mitgeteilt.

- *Allgemeine Angaben.* Bauwerksname, Bauwerksnummer, Brückenklasse nach DIN 1072, Einstufung nach Militärlastklasse, zuständige Bauverwaltungen, Topographie, angewandte Normen und Bestimmungen, Umbauten, Instandsetzungen, Kontrollmessungen, Zeitangaben zu Prüfungen und Unterhaltungsmaßnahmen etc.
- *Überbau.* Statisches System, Spannweiten, Blocklängen, Querschnittsform, Querschnittsabmessungen, Fahrbahnbreiten, Verbände, Querträger, Fahrbahnbelag, Abdichtung, Entwässerung, Lager, Übergangskonstruktionen, Spannverfahren, Korrosionsschutz, Betondeckung, Bauteilverbindungen, Fugen, Bauverfahren, Baustoffmengen, Baustoffgüten, Herstellungskosten, Güteüberwachungen bei der Herstellung etc.
- *Unterbauten.* Geologische Verhältnisse, Baugruben, Gründungen, Bauverfahren, Widerlager, Pfeiler, Korrosionsschutz, Betondeckung, Besichtigungseinrichtungen, Baustoffmengen, Baustoffgüten, Herstellungskosten, Güteüberwachungen bei der Herstellung etc.

Das Bauwerksbuch enthält also neben den Daten für Verwaltungszwecke und einer sehr umfassenden Beschreibung auch Informationen über den Herstellungsvorgang, über Kosten und die Nutzungsphase.

6.3 Erstellen eines Bauwerksbuchs

Eine schematische Darstellung der Vorgehensweise zur Erstellung des Bauwerksbuchs ist in Bild 23 gezeigt. Für die Erstellung des Bauwerksbuchs einer Brücke ist zunächst ein Fragebogen abzuarbeiten. Dieser enthält eine systematische Abfrage aller zu erfassenden Merkmale des Bauwerks. Die zutreffenden Antworten werden aus dem im Benutzerhandbuch zu den einzelnen Fragen angegebenen Antwortkatalog ausgewählt. Dabei werden die zugehörigen Kodierungszahlen abgelesen und in den Frage-

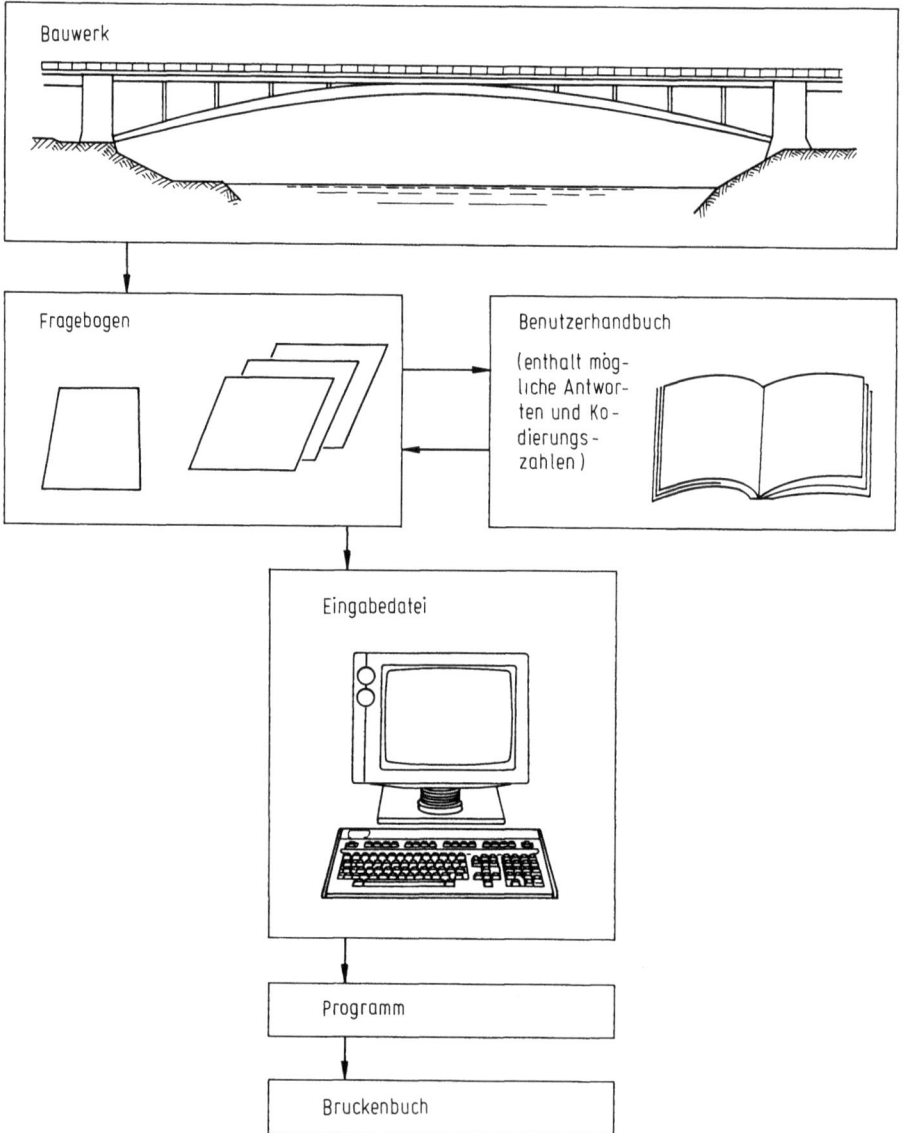

Bild 23. Schema zur Erstellung eines EDV-mäßigen Brückenbuchs

6.4 Beispiel zur Erstellung eines Bauwerksbuchs

bogen eingetragen. Maßzahlen und individuelle Begriffe werden unverschlüsselt direkt eingetragen. Auf diese Weise entsteht eine lückenlose Zusammenstellung der Grunddaten in Form von Maßzahlen, Kodierungszahlen und Text in einer vorgegebenen Reihenfolge. Nach Abspeicherung dieser Eingabedatei wird dann mit Hilfe eines entsprechenden Programms durch den Rechner das Bauwerksbuch erstellt und anschließend ausgedruckt. Im Bauwerksbuch erscheinen die zuvor in Zahlen umgesetzten Begriffe wieder in dekodierter Form. Die Vorgehensweise wird im nächsten Abschnitt an einem Beispiel gezeigt.

6.4 Beispiel zur Erstellung eines Bauwerksbuchs

Die Erstellung eines EDV-mäßigen Bauwerksbuchs soll beispielhaft an der im Zuge der linksrheinischen A 61 gelegenen Talbrücke Dietersheim auszugsweise gezeigt werden (Bild 24 und 25).

Die Talbrücke wurde Anfang der sechziger Jahre erbaut. Sie kreuzt bei einer Gesamtlänge von 523 m die Nahe, eine Eisenbahntrasse und die Bundesstraße 48. Wegen des schlechten Baugrunds waren große Setzungen über einen längeren Zeit-

Bild 24. Ansicht der Talbrücke bei Dietersheim (Foto Berger)

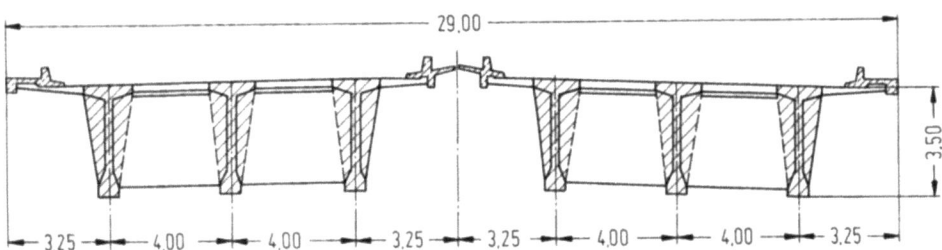

Bild 25. Querschnitt des Überbaus der Talbrücke bei Dietersheim

Überbau	
95 Tragwerksart	12
96 Anzahl der Überbauten	2
97 Zwischenraum zwischen den Überbauten	1
98 Anzahl der verschiedenen Querschnittstypen	1
99 Querschnittstyp 1	23
100 Querschnittstyp 2	0

Bild 26. Ausschnitt aus dem Fragebogen zum Oberbegriff Überbau

Überbau
95 Tragwerksart
10 = Balkenbrücken
11 = Einfeldträger (ein Feld)
12 = Einfeldträger (mehrere Felder)
13 = Durchlaufträger
14 = Einfeldträger mit Kragarm und Einhängeträger
15 = Unterspannter Einfeldträger
16 = Unterspannter (auch teilweise) Durchlaufträger
20 = Rahmenbrücken
⋮

Bild 27. Ausschnitt aus dem Benutzerhandbuch zum Begriff Tragwerksart

raum zu erwarten. Bei einem statisch unbestimmten Bauwerk hätte dies zu laufenden Nachstellarbeiten an den Lagern geführt und, abgesehen von immer wiederkehrenden Verkehrsbehinderungen, auch hohe Kosten verursacht. Aus diesen Gründen entschied man sich damals für ein statisch bestimmtes Einfeldsystem [23].

In Bild 26 ist ein Ausschnitt des Fragebogens zum Thema Überbau zu sehen. Unter Punkt 95 ist die Tragwerksart, im vorliegenden Fall ein Einfeldsystem, einzutragen. Die entsprechende Kodierungszahl ist dem Benutzerhandbuch zu entnehmen. Ein Ausschnitt des zu Frage 95 gehörenden Antwortkatalogs ist in Bild 27 dargestellt. Für das Einfeldsystem wird die Kennzahl 12 abgelesen und in den Fragebogen eingetragen. Mit den Fragen 97 und 99 ist gleichermaßen zu verfahren. Die Kennzahl 1 bei Frage 97 steht für einen lichten Abstand der getrennten Überbauten von 0 bis 0,04 m, die Kennzahl 23 bei Frage 99 für den dreistegigen Plattenbalken. Die Angaben zu den Fragen 96 und 98 ergeben sich aus Bild 25.

Ein zweiter Ausschnitt aus dem Fragebogen (Bild 31) bezieht sich auf die Bauausführung des Überbaus. Bei den drei Hauptträgern eines Überbaus handelt es sich um vorgespannte Fertigteilträger, die in einer ortsfesten Feldfabrik unmittelbar hinter dem östlichen Widerlager hergestellt wurden. Die 230 t schweren Fertigteile wurden mittels zweier Brückentransportwagen zwischen den fertig verlegten Brückenfeldern bis zum eigentlichen Verlegegerät vorgefahren und an dieses übergeben (Bild 28, 29). Mit Hilfe des Verlegegeräts konnten die Träger in dem jeweiligen Einbaufeld längs und quer verschoben und an der vorgesehenen Stelle abgesetzt werden. Nach der Montage der sechs Hauptträger eines Felds wurden in diesem die Querträger über den Auflagern und in den Drittelspunkten des Felds geschalt, bewehrt, betoniert und

6.4 Beispiel zur Erstellung eines Bauwerksbuchs

Bild 28. Verlegen der Fertigteile über die Nahe (Foto Berger)

Bild 29. Übergabe der Fertigteile an das Verlegegerät (Foto Berger)

vorgespannt (Bild 30). Die Herstellung der Fahrbahnplatte eilte dem Trägerverlegen um zwei Felder nach [23].

Zur Bauausführung des Überbaus, speziell bei Einsatz von Fertigteilen entsprechend Bild 31, werden die folgenden Angaben gemacht: Zu Frage 500 kann man dem Benutzerhandbuch die Kennzahl 5 für vorgespannte Fertigteile als Hauptträger in Verbindung mit einer Fahrbahnplatte aus Ortbeton entnehmen. Die Herstellung der Hauptträger in einer ortsfesten Feldfabrik wird unter Punkt 501 durch die Kenn-

Bild 30. Herstellung der Träger in Ortbetonbauweise (Foto Berger)

Bauausführung des Überbaus			
Verwendung von Fertigteilen			
500	Hauptträger	– Art	5
501	Hauptträger	– Herstellung	20
502	Hauptträger	– Länge in m	52,1
503	Hauptträger	– Gewicht in t	230
504	Querträger	– Art	0
505	Querträger	– Herstellung	0

Bild 31. Ausschnitt aus dem Fragebogen zur Bauausführung

zahl 20 beschrieben. Durch die Angabe einer Null bei den Fragen 504 und 505 kommt die Herstellung der Querträger in Ortbetonbauweise zum Ausdruck.

Nachdem der Fragebogen vollständig ausgefüllt ist, werden die Bauwerksdaten abgespeichert. Die vollständige Datei der Bauwerksdaten der Talbrücke Dietersheim ist in Bild 32 dargestellt. Dieser Aufwand ist jedoch nur für größere Talbrücken gerechtfertigt. Für kleinere Bauwerke empfiehlt sich, auch in Anbetracht der insgesamt anfallenden Datenmenge, eine reduzierte Datei. Aus der Datei wird mit Hilfe eines Programms das Bauwerksbuch erstellt, von dem nachfolgend ein kurzer Auszug wiedergegeben ist (Bild 33).

6.4 Beispiel zur Erstellung eines Bauwerksbuchs

```
XXX ANFANG XXX   ( DIETERSHEIM - 1 / WITTKE )
7,01.03.1982
NAHEBRUECKE DIETERSHEIM - 1
6013601 1
6,1,60,9,9,14,9,0,1,04,61,-9,63,7,4,5,0,
ABA ASTADT
NBA BSTADT
1,1,2,1,1,A 61
292.042,0,/
0,0,/
0,2,B 48
-9,11,UNBEKANNT
-9,23,UNBEKANNT
0,15,UNBEKANNT
-9,0,/
0,98.70,
10,1,10,2,51.20,0,0,0,0,0,0,0,52.7,52.2,0,0,0,0,0,0,0,
521.00,523.00,11.25,11.25,14.25,14.25,-8,10.70,50.20,19.00,2.94,1.77,0,2,100,
100,0,0, 12,2,1,1,23,0, 0,0,0,0,0,0,0,0,5,2,2,0,0,1,
3.50,3.50,0,0,1,13.25,13.25,0.25,3.75,-8,2.78,4.00,0.25,0.25,0.61,0.61,7424,
-8,-8,749,22, 4,5,1,3,3,2,2,2,0,0,0,1,3,0,
62,2,30,30,0,0,0,3,3,6,6,0,0,
24,0,0,0,0,24,0,0,0,0,2,0,0,0,0,0,0,0,0,0,0,0,0,
63,61,66,0,0,20,34,4,8,1,0,0,0,0,0,0,0,
34,3,10,6,0,0,0,0,0,0,0,0,0,
4,1,1,2,11,1,3,4,13,3,1,2,11,
3,3,4,13,0,0,0,0,0,0,0,0,0,
1,3,3,0,0,1,6,1,1,0,0,1,1,6,2,4,0,0,0,0,0,
7.00,16.50,2.00,10.00,0,18.50,0,0,0,0,0,0,0,
4,3,3,1,1,3,0,1,0,1,1,1,0,1,1,1,0,
1,1,1,0,1,1,1,0,0,0,0,0,0,0,
0,0,0,0,0,0,0,0,0,0,0,0,0,0,0,0,0,0,0,
 5,20,52.10,230,0,0,  0,0,0,0,0,0,0,0,0,1,21,0,0,2,0,0,0,0,
0,7,10,10,10,0,0,0,0,0,0,0,0,0,0,0,0,0,0,0,
1,4,5,0,0,1,1,1,-9,2,52.00,0,0,0,0,0,
0,0,0,0,0,0,0,0,0,0,0,0,
2.5,2.5,2.5,3.5,3.5,3.5,0,0,0,0,0,0,0,0,3,1,0,3,5,4,1,1,1,
0,0,0,0,0,0,0,0,0,0,0,0,0,
11,2.00,11,2.00,13,3.00,11,5.00,0,0,2,1,2,0,9,0,0,0,
0,0,0,0,0,0,0,0,0,13,13,-9,-9,0,0,3,0,0,
0,0,0,3912,2949,6861,180,122,302,204,0,204,46,0,46,250,0,250,0,0,0,
-9,-9,-9,-9,-9,-9,-9,-9,2949,122,41.4,16.4,3912,180,46.0,24.2,-9,-9,-9,-9,
204,52.1,27.5,46,11.8,6.2,250,63.9,33.7,
7,1,2,1,9,3,3432,462.2,-9,623,110.9,-9,4255,573.1,-9,20,-9,
BAUFIRMA 1 / BAUFIRMA 2 / BAUFIRMA 3
1,-9,-9,-9,-9,-9,-9,-9,0,0,1,81,1,20,0,0,0078,0081,0081,0081,0081,0082,
ENDE XXX
```

s. Bild 26

s. Bild 31

Bild 32. Vollständige Datei der Bauwerksdaten

```
 95  TRAGWERKSART                                          = 12
       12 = EINFELDTRAEGER (MEHRERE FELDER)
 96  ANZAHL DER UEBERBAUTEN                                =  2
 97  ZWISCHENRAUM ZUM NACHBARUEBERBAU                      =  1
        1 = 0.00 - 0.04 [M]
---------------------------------------------------------------
 98  ANZAHL DER VERSCHIEDENEN QUERSCHNITTSTYPEN            =  1
 99  QUERSCHNITTSTYP 1                                     = 23
       23 = OFFENER QUERSCHNITT (MEHRSTEGIG, VOLLWANDIG)
100  QUERSCHNITTSTYP 2                                     =  0
        0 = NICHT VORHANDEN
```

Bild 33. Auszug aus dem EDV-mäßig erstellten Brückenbuch

7 Arbeiten mit den Bauwerksdaten

Sind die Bauwerksdaten der Brücken erfaßt, können sie mit Hilfe der zur Verfügung stehenden Software auf vielfältige Weise genutzt werden, d. h. die Erstellung des Bauwerksbuchs stellt nur eine Möglichkeit der Nutzung dar. Eine weitere Anwendungsmöglichkeit stellt beispielsweise die Auswertung der Bauwerksdaten dar.

Dabei können sowohl Einzelmerkmale als auch Kombinationen von Merkmalen abgefragt werden, wie z. B. die Spannweiten gemeinsam mit der Querschnittsform des Überbaus und dessen bezogenen Herstellungskosten. Mit dem Ergebnis einer derartigen Abfrage ließe sich beispielsweise untersuchen, welche Beziehung zwischen den Spannweiten und der Querschnittsform sowie den bezogenen Herstellungskosten der Überbauten besteht.

Die Interpretation derartiger Untersuchungen darf jedoch nicht isoliert erfolgen, sondern muß immer im Zusammenhang mit allen relevanten Einflüssen gesehen werden. Häufig liegen nämlich Abhängigkeiten von mehreren Parametern zugleich vor. So muß beispielsweise der bei einer Auswertung festgestellte Rückgang der eingebauten, auf die Brückenflächen bezogenen Spannstahlmengen der Überbauten im direkten Zusammenhang mit dem gleichzeitig erfolgten Anstieg der Spannstahlgüten gesehen werden.

Eine Anwendungsmöglichkeit des Systems könnte beispielsweise auch darin bestehen, alle Brücken abzufragen, bei denen ein ganz bestimmter Lagertyp eingebaut wurde. Anlaß hierzu könnte folgende Situation sein: Ein bestimmter Rollenlagertyp hat sich als kritisch und ungeeignet erwiesen. Daraufhin sind – analog zu den Rückrufaktionen der Autofirmen – bei allen Brücken, bei denen Lager dieses Typs eingebaut wurden, örtliche Überprüfungen und ggf. Auswechslungen dieser Rollen erforderlich. Die zeitaufwendige Durchsicht von vielleicht Hunderten von Bauwerksbüchern zur Feststellung der betroffenen Brücken kann entfallen. In Bild 34 ist das Ergebnis einer derartigen Abfrage dargestellt. 23 der überprüften Bauwerke besaßen Lager des gesuchten Typs (Edelstahlrollenlager).

Als weitere Anwendungsmöglichkeit des Systems könnten z. B. alle Brücken abgefragt werden, die älter als 10 Jahre sind und die ein ganz bestimmtes Abdichtungssystem haben. Dadurch ergibt sich eine Auflistung von Brücken, an denen untersucht werden kann, wie sich dieses Abdichtungssystem in der Praxis bewährt hat.

Wie anhand dieser Beispiele gezeigt wurde, lassen sich von allen oder nur von einigen ganz bestimmten Brücken die Bauwerksdaten sehr schnell abfragen. Umgekehrt können alle Brücken daraufhin überprüft werden, ob sie ein oder mehrere ganz bestimmte Merkmale aufweisen.

7 Arbeiten mit den Bauwerksdaten

**** SUCHPROGRAMM 6 ****

AUSDRUCKEN DER BRUECKENNUMMER: JA = 1 , NEIN = 0
1
ANZAHL DER ZU KORRELIERENDEN KENNZAHLGRUPPEN: ← Gruppe der Speicherplätze
1   mit Lagertypen
ANZAHL DER ZU KORRELIERENDEN KENNZAHLEN IN DER GRUPPE 1:
25
PLATZNUMMERN DER KENNZAHLEN:
EINGABE DER PLATZNUMMERN 1 BIS 24
166,167,168,169,170,171,172,173,174,175,176,177,178,179,180,181,182,183,184,185,
186,187,188,189,
EINGABE DER PLATZNUMMERN 25 BIS 25
190,

ANZAHL DER GESUCHTEN ZAHLENWERTE IN DER GRUPPE =   1:
1
GESUCHTE ZAHLENKOMBINATION :
EINGABE FUER ZAHLENWERT   1 BIS 1
22 ← gesuchter Lagertyp

          *** BEGINN DES EINLESENS ***

166 LAGERTYP 1 PRO ACHSE 1   = 22
      22 = ROLLENLAGER - STAHLROLLEN AUS EDELSTAHL

. . .

. . .

190 LAGERTYP 5 PRO ACHSE 5   = 22
      22 = ROLLENLAGER - STAHLROLLEN AUS EDELSTAHL

         ES IST/SIND BETROFFEN : (INSGESAMMT = 23)
                    BRUECKE NR.   1
                    BRUECKE NR.   2
                    BRUECKE NR.   12   ┌─────────────────────────┐
                    BRUECKE NR.   13   │ Ergebnis: │
                    BRUECKE NR.   26   │ 23 Brücken haben Lager │
                    BRUECKE NR.   27   │ des gesuchten Typs   │
                    BRUECKE NR.   46   └─────────────────────────┘
                    BRUECKE NR.   47
                    BRUECKE NR.   55
                    BRUECKE NR.   56
                    BRUECKE NR.   58
                    BRUECKE NR.   59
                    BRUECKE NR.   60
                    BRUECKE NR.   62
                    BRUECKE NR.   63
                    BRUECKE NR.   64
                    BRUECKE NR.   65
                    BRUECKE NR.   68
                    BRUECKE NR.   69
                    BRUECKE NR.   70
                    BRUECKE NR.   71
                    BRUECKE NR.   72
                    BRUECKE NR.   73

Bild 34. Eine Anwendungsmöglichkeit für ein Suchprogramm: Von den erfaßten Brücken werden diejenigen ausgewiesen, bei denen ein ganz bestimmter Lagertyp eingebaut wurde

8 Erfassung der Schadensdaten

8.1 Zweck der Erfassung von Schadensdaten

Grundsätzlich stellen Schadensfälle höchst bedeutsame Quellen für technische Erkenntnisse dar. Durch eine systematische Auswertung von Schadensfällen können Schwachstellen aufgedeckt und wichtige Hinweise für die Verbesserung von Konstruktionsprinzipien sowie für die Bauwerksüberwachung und -unterhaltung gewonnen werden. Desweiteren ergeben sich die notwendigen Kenntnisse für das rechtzeitige Erkennen und Instandsetzen von schadhaften Bauteilen. Prioritäten können abgeleitet werden.

Da die Spannbetonbauweise noch eine junge Bauweise ist, braucht sie die Rückkopplung mit den Erkenntnissen aus Schadensfällen. Die maßgebenden Normen und Vorschriften sind laufend an den sich ständig ändernden und erweiternden Wissensstand anzupassen. Neben neuen Erkenntnissen aus der Forschung liefern hier die Schadensfälle wertvolle Hinweise. Die Folge können qualitativ höherwertige Konstruktionen sein, die einen geringeren Unterhaltungsaufwand erfordern.

Neben diesen technischen Belangen spielen finanzielle Gesichtspunkte eine sehr wichtige Rolle, die auch politische Fragen tangieren. Die Ingenieure müssen über die nötigen Grundlagen verfügen, um den Parlamentariern bei Bund, Ländern und Kommunen die Notwendigkeit und die hierzu erforderlichen finanziellen Mittel für die Erhaltung der Bausubstanz, die ein erhebliches Investitionsvolumen darstellt, begründen zu können. Die systematische Erfassung der Erhaltungskosten ist ein wichtiger Bestandteil einer fundierten Haushaltsplanung.

Auch die Feststellung des unter wirtschaftlichen Gesichtspunkten optimalen Zeitpunkts zum Ersatz von Brücken bzw. einzelner Bauwerkskomponenten ist nur auf der Grundlage der systematischen Erfassung und Auswertung der Kosten möglich, die im Zusammenhang mit Instandsetzungen bzw. Erneuerungen anfallen.

8.2 Beispiele von Schadensfällen

Im folgenden werden zur Verdeutlichung ihrer Vielfalt einige Schadensfälle an Brücken dargestellt.

In einer ersten groben Unterteilung kann festgestellt werden, daß es einerseits typische, immer wiederkehrende Schäden gibt, wie z. B. Betonabplatzungen und freiliegende Bewehrungen oder etwa Korrosionsschäden an Stahlbauteilen wie Lagern und Geländern etc., andererseits jedoch auch Schadensfälle mit besonderen Eigenarten auftreten, wie beispielsweise der Schadensfall an der Vorlandbrücke der Mainbrücke bei Hochheim, auf den im folgenden noch näher eingegangen werden wird.

8.2 Beispiele von Schadensfällen

Der letztgenannten Kategorie sind auch die in Kapitel 3 dargestellten Schadensfälle zuzuordnen.

Die EDV-mäßige Erfassung von Bauwerksschäden erscheint hauptsächlich für die Kategorie der typischen, immer wiederkehrenden Schäden sinnvoll.

Zur Unterteilung der Schäden hinsichtlich ihrer Auswirkung auf die Bauwerke können die im folgenden genannten Kriterien herangezogen werden: Schäden können beeinträchtigen

– die Ästhetik,
– die Funktionsfähigkeit (einschl. Verkehrssicherheit),
– die Dauerhaftigkeit und
– die Standsicherheit eines Bauwerks.

Diese Aufstellung stellt gleichzeitig eine Rangordnung dar, die den Schäden für die künftige Nutzung des Bauwerks beizumessen ist. Die im folgenden geschilderten Schadensfälle wurden unter Berücksichtigung dieser Rangordnung ausgewählt. Dabei wird sich bereits zeigen, daß Schäden natürlich auch mehrere dieser Kriterien gleichzeitig erfüllen können.

Erstes Beispiel: Schadhafte Entwässerung

Das erste Beispiel steht für einen Schadensfall, der zunächst zu einer Beeinträchtigung des optischen Erscheinungsbilds führte (Bild 35). Unterhalb eines Entwässerungsrohrs ist es zu Durchfeuchtungen und Verschmutzungen der Betonfläche gekommen. Ursache für die Durchfeuchtungen kann einmal eine Unterläufigkeit des Ablaufs sein bzw. ein Rücklaufen des Wassers an der Rohrunterseite bei geringen Abflußmengen, was durch die Art der Anordnung des Rohrs möglich ist. Unter Umständen kann das Wasser auch durch Winddrift an den Steg gelangen. Auf längere Sicht wird dieser

Bild 35. Schadhafte Entwässerung

Schadensfall allerdings auch zu einer Beeinträchtigung der Dauerhaftigkeit führen, wie die bereits im Bild zu sehenden Rostflecke im Bereich der Verschmutzung verraten. Durch die ständigen Durchfeuchtungen entsteht auf Dauer eine Korrosionsgefahr für die Stahleinlagen, insbesondere durch das tausalzhaltige Wasser in den Wintermonaten. Desweiteren ist in den Wintermonaten bei Frost der durchfeuchtete Beton gefährdet.

Zweites Beispiel: Übermäßige Verformungen bei einem Einfeldsystem

Der folgende Schadensfall steht für eine Beeinträchtigung der Funktionsfähigkeit. Die Flutbettbrücke der Rheinbrücke bei Mainz-Weisenau, eine Stahlverbundkonstruktion, war wegen des schlechten Baugrunds, der sehr große Setzungsdifferenzen erwarten ließ, als Einfeldsystem ausgebildet worden (Bild 36).

An den Hauptträgern stellten sich jedoch teilweise sehr starke Durchbiegungen ein, die bis zu 61 mm von der rechnerischen Sollage abwichen. In Brückenquerrichtung stellte sich ein Durchhang der Fahrbahnplatte ein, wobei die Abweichungen von der rechnerischen Sollage bis zu 24 mm betrugen. Das Trägerrostsystem, das die Lasten der Fahrbahnplatte auf die beiden Hauptträger abträgt, erwies sich als zu biegeweich, was neben zu großen Durchbiegungen infolge ständiger Lasten zu starken lokalen Durchbiegungen aus Fahrzeuglasten führte.

Infolge der großen Durchbiegungen, die im Laufe der Zeit immer mehr zunahmen, wozu auch die nachträglich aufgebrachte Zusatzbelastung in Form von Ausgleichsbelag und einer Mittelstreifenkappe mit Distanzleitplanken beitrugen, traten an den Übergängen sehr große Knicke ($\Delta\varphi$) in der Biegelinie auf (Bild 37). Der dadurch hervorgerufene „Sprungschanzeneffekt", der noch durch den steifen und nahezu unnachgiebigen Endquerträger verstärkt wurde, machte sich bei der Überfahrt unangenehm bemerkbar und führte zu einer erheblichen Beeinträchtigung der Funktionsfähigkeit. In der Folge wurden von den Verkehrsteilnehmern vermehrt Klagen über diese Beeinträchtigung des Fahrkomforts vorgebracht. Da gleichzeitig eine Anhebung der Tragfähigkeit des Bauwerks erforderlich war, wurde eine durchgreifende Instandsetzung unumgänglich. Einige zuvor durchgeführte Maßnahmen zur Beseitigung der Knicke hatten nicht die gewünschte Wirkung gebracht. Zudem bedeuteten die Knicke eine erhöhte Beanspruchung der Fahrbahnübergänge.

Die erfolgreiche Instandsetzung gelang schließlich durch die Änderung des Einfeldsystems in ein Durchlaufträgersystem. Hierzu wurden mittels externer Spannglieder (Dywidag Einzelstabspannglieder Durchmesser 36 mm) die Träger über den Stützen nachträglich zusammengespannt (Bild 38, 39). Zusätzlich wurden im Feld zur Verminderung der Durchbiegung weitere Spannglieder eingebaut. Dabei wurde an jedem Träger die gleiche Anzahl an Spanngliedern angeordnet. Den unterschiedlich großen Durchbiegungen wurde durch Variation der Vorspannkraft Rechnung getragen. Zur weiteren Erhöhung der Steifigkeit wurden die Feldquerträger verstärkt. Aufgrund dieser Maßnahmen entfielen die Fugenkonstruktionen über den Stützen.

Diese sehr aufwendige Instandsetzung war möglich, da die Setzungen inzwischen abgeklungen waren. Sie war nötig, weil die Tragfähigkeit des Bauwerks angehoben werden mußte und weil gleichzeitig die Durchbiegungen sehr große Ausmaße angenommen hatten. Bei weniger stark ausgeprägten Fällen können die Knicke innerhalb

8.2 Beispiele von Schadensfällen

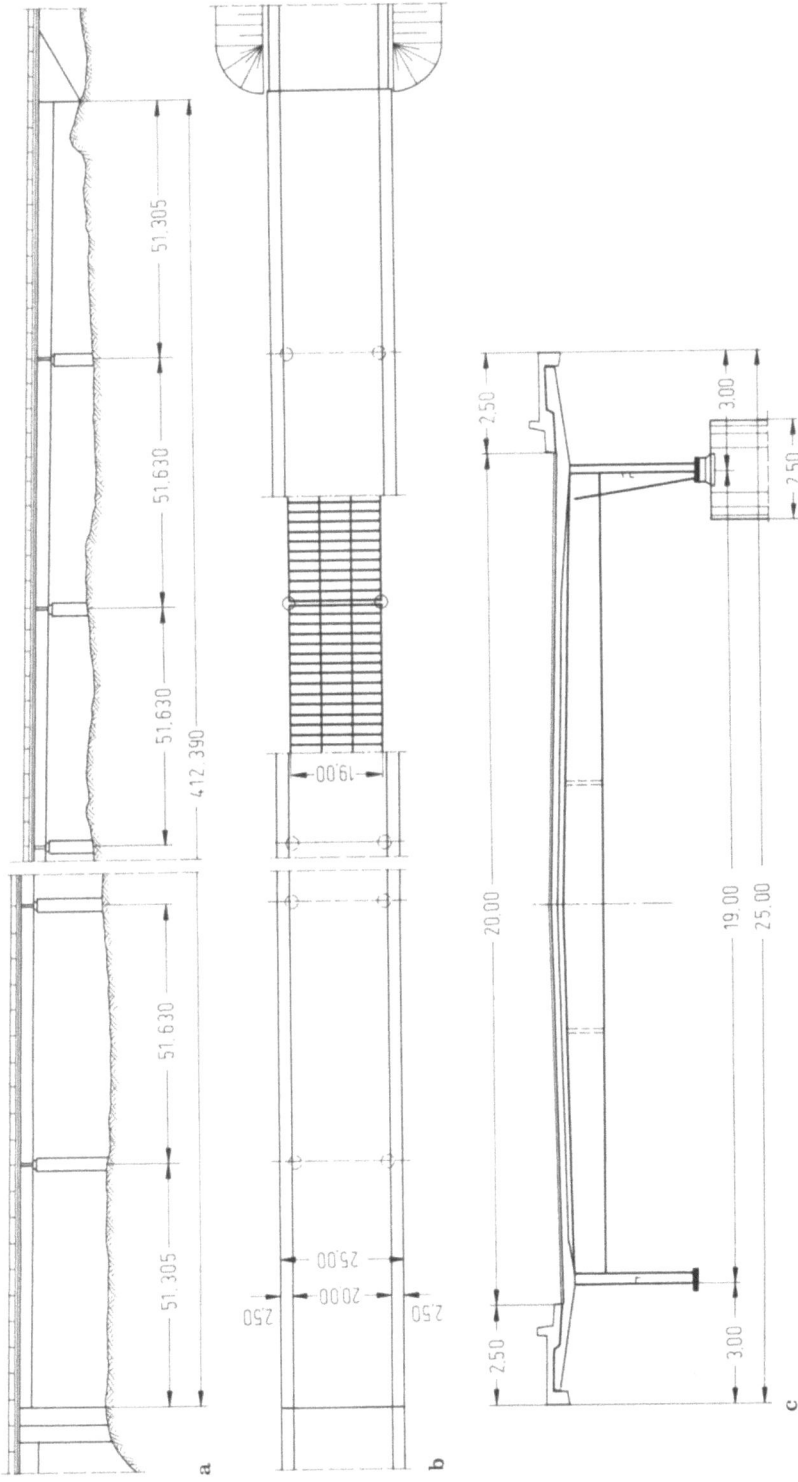

Bild 36. Flutbettbrücke der Rheinbrücke Mainz-Weisenau (vor der Instandsetzung). **a** Ansicht; **b** Draufsicht; **c** Querschnitt

Bild 37. „Sprungschanzeneffekt" bei einem Einfeldsystem

Bild 38. Flutbettbrücke Mainz-Weisenau, nachträglich zu einem Durchlaufträger zusammengespanntes Einfeldsystem

Bild 39. Detail über der Stütze

8.2 Beispiele von Schadensfällen

des Belags teilweise ausgeglichen werden. Über einen ähnlichen Schadensfall wird in [25] berichtet.

Drittes Beispiel: Korrosion an einem Rollenlager

Das in Bild 40 abgebildete Rollenlager ist stark korrodiert. Es handelt sich also schwerpunktmäßig um ein Problem der Dauerhaftigkeit. Infolge der starken Korrosion ist es allerdings auch zu einer Beeinträchtigung der Funktionsfähigkeit des Lagers gekommen. Sollte diese soweit führen, daß das Lager blockiert, kann daraus eine Gefährdung der Standsicherheit erwachsen, da das Bauwerk für die dann auftretenden Zwangskräfte nicht ausgelegt ist. Durch entsprechende Wartungsmaßnahmen kann diese Art von Schadensfall leicht verhindert werden.

Bild 40. Stark korrodiertes Rollenlager

Viertes Beispiel: Der Schadensfall an der Vorlandbrücke der Mainbrücke bei Hochheim vom 2. Juli 1973

Über den folgenden Schadensfall wurde in [26] ausführlich berichtet. Er steht als Beispiel für einen Fall, bei dem die Standsicherheit einer Brücke beeinträchtigt wurde.

Bei dem betroffenen Bauwerk im Zuge der BAB A671 zwischen Rüsselsheim und Wiesbaden handelt es sich um einen 1.066 m langen Brückenzug (Bild 41). Das Bauwerk besteht aus der eigentlichen Strombrücke über den Main, einer Stahlkonstruktion, und einer sich daran anschließenden Hochstraße in Spannbetonbauweise. Beim Überbau der Hochstraße handelt es sich um einen vierstegigen Plattenbalken, dessen Querschnitt ohne trennende Längsfuge ausgebildet ist. Die Zwischenauflager werden durch je zwei Stützen mit Kreisringquerschnitt gebildet. Die Lagerung der Brücke erfolgt mittels Linienkipplagern und Rollenlagern (Corroweld-Lager).

Am 2. Juli 1973 gegen 18.00 Uhr bemerkte ein Autofahrer im Bereich der Hochstraße eine etwa 60 m lange Fahrbahnabsenkung (Bild 42). Die Ursache dieser ca. 36 cm tiefen Absenkung war eine von der unteren Lagerplatte abgelaufene Lagerrolle.

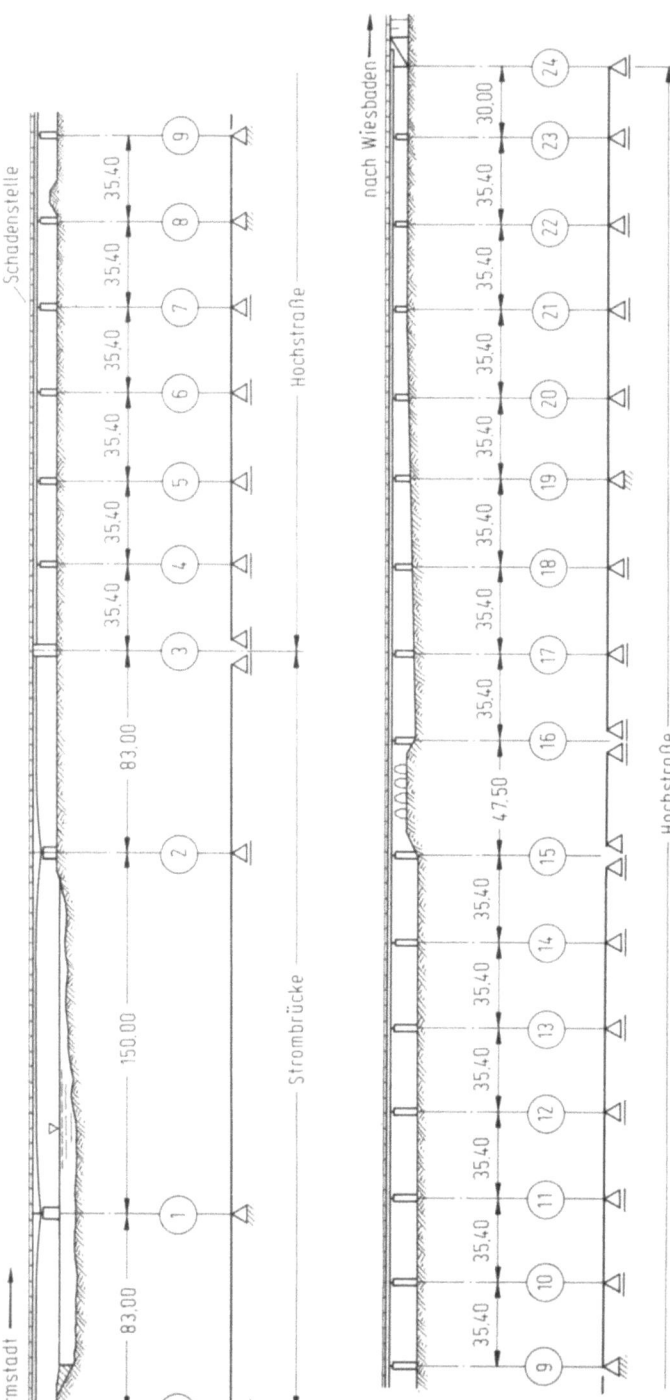

Bild 41. Ansicht und statisches System in Längsrichtung der Mainbrücke bei Hochheim [26]

8.2 Beispiele von Schadensfällen

Bild 42. Blick auf die Absenkung der Fahrbahn. (Foto: Hessisches Landesamt für Straßenbau, Wiesbaden)

Diese lag noch auf dem Pfeilerkopf, während die zugehörige obere Lagerplatte abgestürzt war. Der Überbau saß auf der verbliebenen unteren Lagerplatte (Bild 43). Als Folge der dem Überbau aufgezwungenen starken Durchbiegung und Verdrillung waren an den Stegen starke Rißbildungen entstanden mit Rißbreiten bis zu 7 mm (Bild 44). Infolge der beim Ablaufen der Lagerrolle entstandenen Horizontalkraft (Bild 45) hatte der etwa 10 m hohe Pfeiler eine Schiefstellung erfahren, mit einer zugehörigen Kopfauslenkung von 14 cm (Bild 43). Am Fundamentanschnitt klaffte ein 4 cm breiter Riß, der 1,9 m tief in den Schaft hineinreichte. Als weitere Folge der Horizontalkraft war die obere Lagerplatte abgeschert worden.

Der Schadensfall war durch eine Überschreitung des möglichen Lagerwegs ausgelöst worden. Die Lagerwege waren seinerzeit mit $\pm$ 25 mm plus einem Sicherheitszuschlag festgelegt worden. Dies entsprach den damals geltenden Bestimmungen. Ein Fehler bei der Lagerwegermittlung im Sinne eines Verstoßes gegen geltende Vorschriften konnte also nicht als Schadensursache angesehen werden. Allerdings würden die damals als zulässig angesehenen Lagerwege den heute geltenden Bestimmungen nicht mehr genügen. Der Schadensfall hatte ein Verbot der abgeschrägten Lagerplatten zur Folge.

Zur Schadenszeit herrschte im Rhein-Main-Gebiet hochsommerliches Wetter. Die außergewöhnlich hohen Temperaturen bei intensiver Sonneneinstrahlung und sehr geringer nächtlicher Abkühlung führten zu hohen Bauwerkstemperaturen und einer entsprechenden Wärmedehnung des Überbaus mit entsprechend großen Lagerbewegungen. Die Verschiebungen infolge dieser hohen Temperaturen hätten allein gerade noch aufgenommen werden können, wenn nicht aufgrund ungleichmäßiger Fundamentsetzungen und der daraus sich ergebenden Kopfauslenkung des Pfeilers bereits ein Teil des Lagerwegs aufgebraucht gewesen wäre. Die ungleichmäßigen Fundamentsetzungen waren zwar durch die seit Fertigstellung des Bauwerks im Jahre 1964 regelmäßig durchgeführten Nivellements bemerkt worden, hatten sich aber 1968 einem Grenzwert genähert. Da der Pfeilerkopfauslenkung zu diesem Zeitpunkt auch noch Verkürzungen des Überbaus aus restlichem Schwinden und Kriechen entgegen-

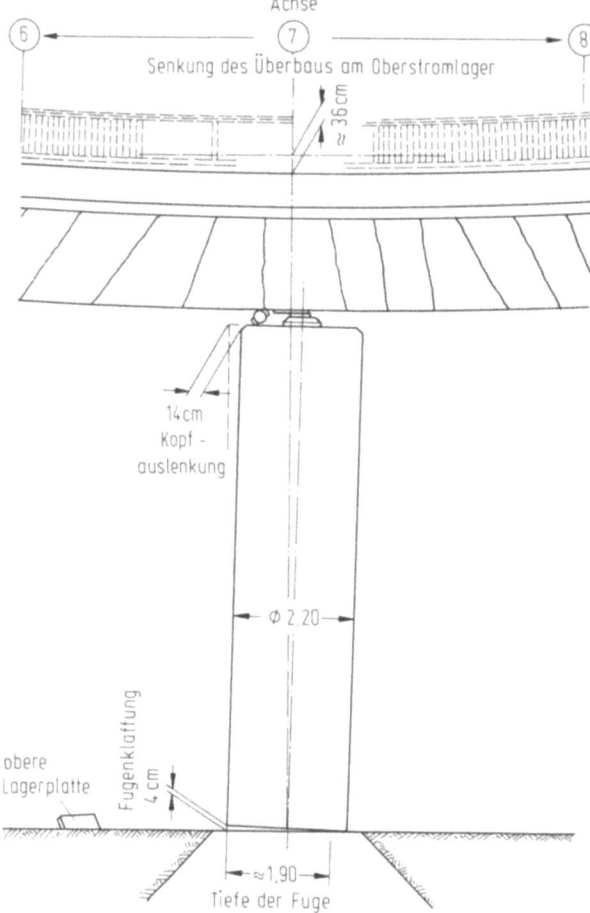

Bild 43. Ansicht der Schadenstelle von Oberstrom, nur Hauptrisse eingezeichnet [26]

Bild 44. Risse in den Stegen

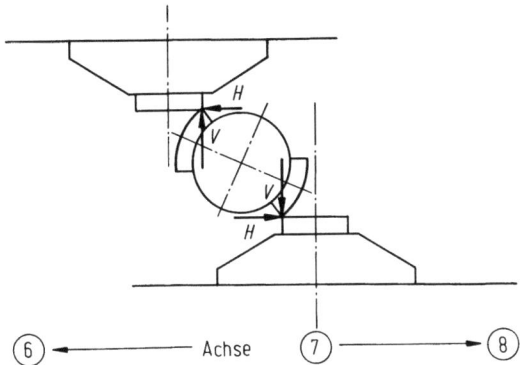

Bild 45. Abrollvorgang. Stellung und Lastübertragung unmittelbar vor dem Abrollen [26]

standen, wurde angesichts der laufenden Überwachung der Lager nicht mit einem drohenden Schaden gerechnet. Die Setzungsmessungen wurden im Jahre 1968 eingestellt. Es muß aber angenommen werden, daß sich die Fundamentverdrehung nach 1968 wider Erwarten vergrößert hatte.

Das Zusammentreffen mehrerer gleichgerichteter Einflüsse aus Fundamentsetzung und Temperaturdehnung bei einem nach heutigen Erkenntnissen zu knapp bemessenen Lagerweg hatte somit den Schadensfall verursacht.

Die Brücke konnte jedoch trotz der gravierenden Risse wieder instandgesetzt werden und steht heute dem Straßenverkehr wieder uneingeschränkt zur Verfügung. Sie beweist die Reserven eines Spannbetondurchlaufträgers mit seiner großen Verformungs- und damit Anpassungsfähigkeit.

8.3 Subjektive Einflüsse bei der Erfassung der Schadensdaten

Bei der Erfassung von Schadensfällen sind immer möglichst objektive Aussagen anzustreben, einmal um die Fälle untereinander vergleichbar zu halten und zum anderen, um keine allzu starken Unter- und Überbewertungen einzelner Fälle zu erhalten.

Die Erfassung eines Schadensfalls läßt sich grob untergliedern in eine Beschreibung und in eine Bewertung des Falls. Insbesondere bei der Bewertung eines Falls, d. h. der richtigen Einschätzung seiner Auswirkung und seines Ausmaßes, die sehr viel Erfahrung und ingenieurmäßiges Urteilsvermögen des Schadensaufnehmers erfordert, lassen sich subjektive Einflüsse nicht ganz ausschalten. Das System zur Erfassung von Schadensdaten muß daher so angelegt sein, daß für Subjektivitäten durch Vorgabe eindeutiger Bewertungskriterien kein großer Spielraum bleibt.

Nachfolgend sind einige Punkte aufgezählt, die zu einer subjektiven Beurteilung bei der Schadenserfassung führen können [1a]:

– Motivation des Prüfenden (Stellung innerhalb der Institution, Behörde, Gesellschaft),
– Mentalität des Prüfenden,
– Ausbildung,

- Leistungsdruck (Prüfzeit pro Bauwerk),
- Fallhäufungen (daraus Vorabauswahl der vermeintlich wichtigsten Fälle; Ende der Gewährleistungszeit),
- Witterung,
- Jahreszeit,
- Zugänglichkeit,
- Prüfmethoden,
- Organisation (fixierte Schadensbeschreibung – Falldefinitionen; systemfreie Beschreibung – pauschale Begriffe),
- allgemeine Eigenschaft menschlicher Verhaltensweise beim Prüfen, eine Sachlage eher schlecht als gut zu beurteilen.

8.4 Erstellen eines EDV-mäßigen Schadensprotokolls

8.4.1 Verfahren gemäß [1] zur Erfassung einzelner Schadensfälle

8.4.1.1 Aufbau des Erfassungssystems

In Abschnitt 8.2 wurde bereits angedeutet, daß an Brücken eine Vielfalt verschiedener Schadensfälle zu beobachten ist. Einerseits treten dabei typische Schäden und Mängel auf, die an sehr vielen Bauwerken immer wieder zu beobachten sind, wie Betonabplatzungen infolge Korrosion an den Stahleinlagen, Korrosion an Lagern, Risse mit unzulässig großen Rißbreiten, Hohlstellen und poröses Gefüge im Beton, schadhafte Fahrbahnbeläge, defekte Abdichtungen etc. Andererseits gibt es Schadensfälle, die sehr individuelle Eigenarten aufweisen, wie z.B. der beschriebene Schadensfall an der Mainbrücke bei Hochheim. All diese Schäden können in freier Formulierung problemlos beschrieben werden.

Bei einem EDV-mäßigen Erfassungssystem ist allerdings wegen der großen Vielfalt möglicher Kombinationen aus Schadensart, Schadensausmaß, Schadensauswirkung, Schadensort usw. angesichts der dadurch erforderlich werdenden großen Anzahl an vorzuhaltenden Textversionen eine Beschreibung der Schäden in dieser Form nicht sinnvoll. Bei dem im Rahmen von [1] entwickelten EDV-mäßigen Erfassungssystem werden die vorliegenden Sachverhalte in Einzelinformationen zerlegt, wie Feststellungszeitpunkt, Schadensart, Ausmaß, Auswirkung, Ort usw. Mit Hilfe einer solchen systematischen Zergliederung in Einzelinformationen kann ein breites Spektrum an Möglichkeiten abgedeckt werden.

Das in [1] entwickelte System zur Erfassung von Schadensdaten ist analog zu dem in Kapitel 6 beschriebenen System zur Erfassung der Bauwerksdaten aufgebaut.

Die Erstellung eines Schadensprotokolls beginnt mit der Abarbeitung eines Fragebogens, der eine Abfrage von Einzelinformationen eines Schadensfalls enthält. Ein Benutzerhandbuch enthält die möglichen Antworten zu den einzelnen Fragen. Diesem sind die zutreffenden Antworten mit den zugehörigen Kodierungszahlen zu entnehmen. Die Kodierungszahlen werden in den Fragebogen eingetragen. Anschließend wird mit den so erhaltenen Schadensdaten eine Eingabedatei erstellt und mit Hilfe eines Programms dann das Schadensprotokoll erstellt und ausgedruckt. In

8.4 Erstellen eines EDV-mäßigen Schadensprotokolls

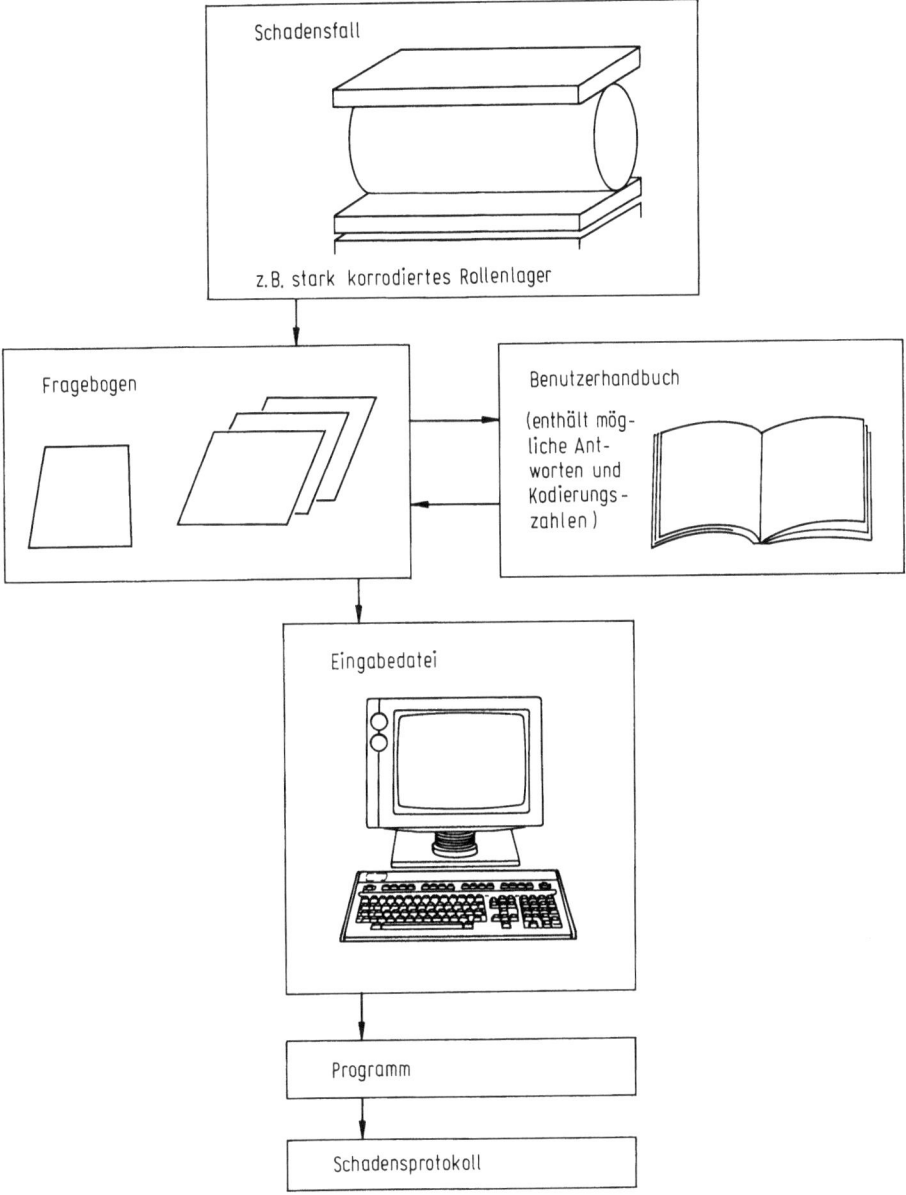

Bild 46. Schema zur Erstellung eines EDV-mäßigen Schadensprotokolls

diesem Schadensprotokoll sind die Einzelinformationen des Schadensfalls in dekodierter Form wiedergegeben.

Bild 46 enthält eine schematische Darstellung der Vorgehensweise, die in Abschnitt 8.4.1.3 nochmals an einem Beispiel gezeigt wird.

Im folgenden soll der für die Erfassung von Schadensfällen gemäß [1] bedeutsame Begriff „*ein* Schadensfall" an zwei Beispielen erläutert werden.

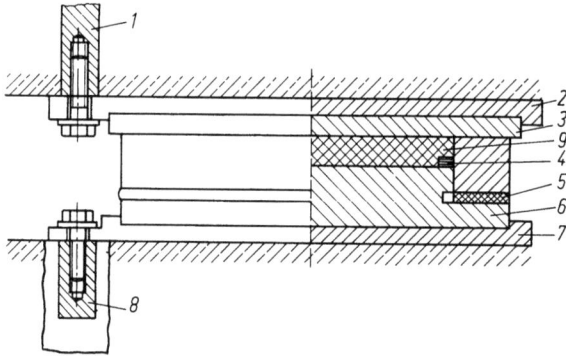

Bild 47. Festes Neotopflager. *1* obere Verankerung mit Schraubverbindung, *2* obere Ankerplatte, *3* Topf, *4* Dichtung, *5* Schaumgummi, *6* Deckel, *7* untere Ankerplatte, *8* untere Verankerung mit Schraubverbindung, *9* Elastomerplatte

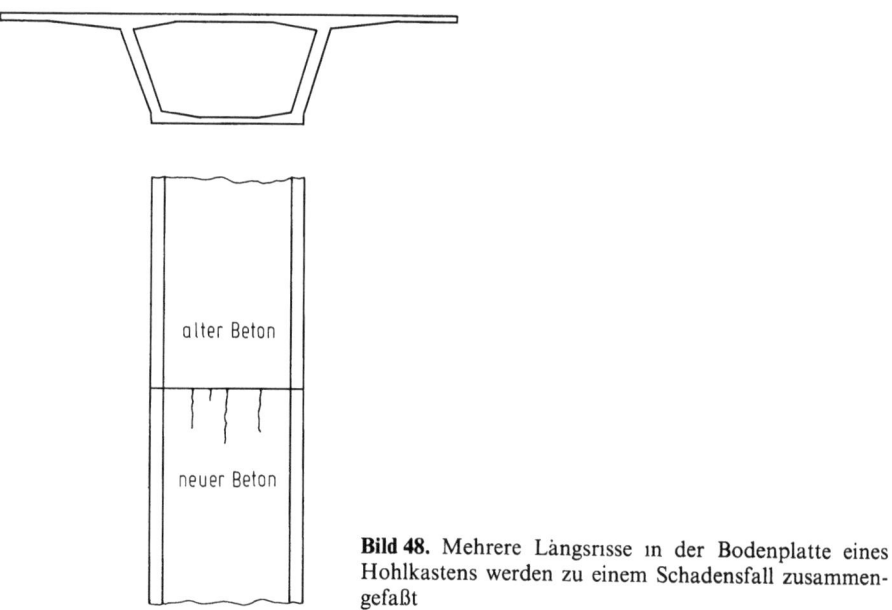

Bild 48. Mehrere Längsrisse in der Bodenplatte eines Hohlkastens werden zu einem Schadensfall zusammengefaßt

Ein Neotopflager (Bild 47) ist ein Bauteil, das aus mehreren Elementen wie obere Ankerplatte, Topf, Deckel, etc. aufgebaut ist. Treten an diesem Lager Korrosionsschäden auf, so können davon verschiedene Elemente betroffen sein. Nun wäre es allerdings übertrieben, jeden Rostfleck an einem Bauteilelement als einen Schadensfall zu erfassen. Es ist also erforderlich, eine kleinste Einheit sinnvoll festzulegen, an der einzelne vorhandene Schäden zu einem Schadensfall zusammengefaßt werden. Als diese Einheit ist bei den Lagern das gesamte Lager definiert worden. Es werden aber nur solche Schäden zu *einem* Schadensfall zusammengefaßt, die von der gleichen Art sind und die gleiche Ursachen besitzen.

Eine analoge Vorgehensweise wird bei der Erfassung von Rissen gewählt. In Bild 48 ist ein Schadensfall dargestellt, bei dem sich in der Bodenplatte an einer Arbeitsfuge mehrere Längsrisse gebildet haben. Diese werden, da sie im gleichen Bereich liegen und die gleiche Ursache haben, nämlich im wesentlichen Zwang infolge Hydratationswärme des Betons, als ein Fall erfaßt. Treten im Bereich der Längsrisse zusätzlich Querrisse auf, so werden diese gemäß [1] wegen der anderen Rißursache zu einem gesonderten Schadensfall zusammengefaßt.

Ein Schadensfall ist die kleinste Einheit, die bei der statistischen Auswertung in [1] Berücksichtigung fand. Er kann aber durchaus aus mehreren gleichartigen Einzelschäden bestehen.

8.4.1.2 Inhalt des Schadensprotokolls

Erfaßt werden im Schadensprotokoll anhand des Fragebogens (Bild 49) die Schadensart, das Schadensausmaß, was durch die flächenmäßige Ausdehnung sowie die Intensität des Schadens bestimmt ist, und die Auswirkung des Schadens, z. B. auf das äußere Erscheinungsbild, auf die Funktionsfähigkeit oder Dauerhaftigkeit oder sogar auf die Standsicherheit des Bauwerks. Desweiteren wird der Zeitpunkt der Schadensfeststellung erfaßt. Neben der Bezeichnung des betroffenen Baustoffs ist noch eine Beurteilung abzugeben, ob ein direkter Schaden oder ein Folgeschaden vorliegt. Als direkter Schaden ist beispielsweise eine umläufige Übergangskonstruktion anzusehen, aus der als Folgeschaden zunächst eine Durchfeuchtung der Konstruktion folgt. Bei länger andauerndem Schadensverlauf sind noch weitere Folgeschäden wie z. B. Stahlkorrosion möglich.

Fragebogen

- 1 Bauwerksnummer
- 2 Laufende Nummer des Schadensfalls
- 3 Jahr der Schadensfeststellung
- 4 Art des Schadens
- 5 Ausmaß des Schadens
- 6 Auswirkung des Schadens
- 7 Direkter Schaden, Folgeschaden
- 8 Ggf. laufende Nummer des zugeh. dir. Schadensfalls
- 9 Betroffener Baustoff
- 10 Schadensursache
- 11 Bereich der Bauwerksteile
- 12 Bauwerksteil
- 13 Bereich der Komponenten
- 14 Komponente
- 15 Bauteil
- 16 Bauteilelement

Bild 49. Fragebogen zur Erstellung eines Schadensprotokolls gemäß [1]

In Fällen, bei denen eine zweifelsfreie Ermittlung der Schadensursache gelingt, wird diese ebenfalls protokolliert. Sie wird in Gestalt einer Buchstabenfolge festgehalten:

XVX = Fehler in der Vorphase (Bauvorschriften etc.),
XAX = Fehler in der Vorbereitungsphase,

XPX = Planungsfehler,
XEX = Einbaufehler,
XWX = Fehler in der Nutzung (Wartung),
XCX = Fehler in der Prüfungsphase (Kontrolle der Planung, Bauausführung, Nutzung),
XUX = Fehler in der Umbauphase,
XXX = Fehler unbekannt.

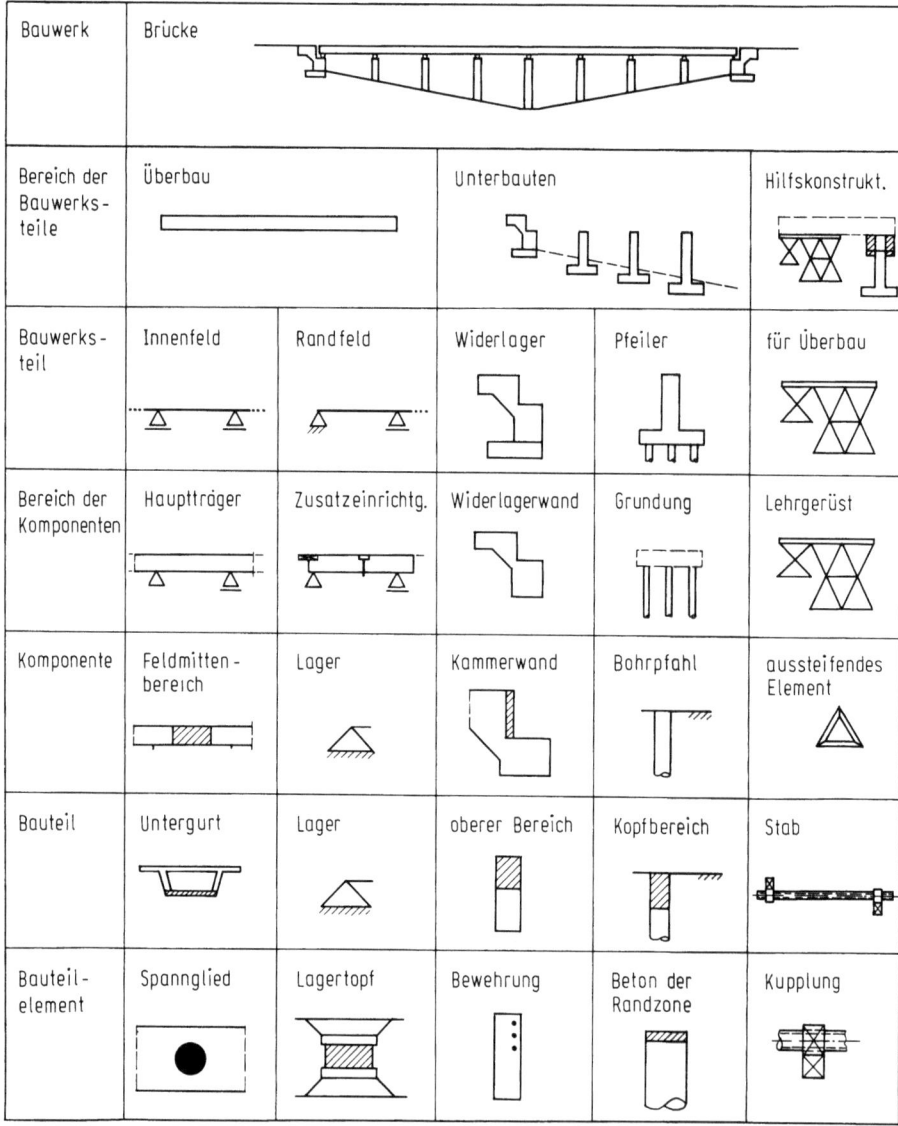

Bild 50. Unterteilung der Ortsbeschreibung für Brücken gemäß [1]

8.4 Erstellen eines EDV-mäßigen Schadensprotokolls

Steht die Schadensursache nicht wirklich zweifelsfrei fest, sollte auf ihre Angabe verzichtet werden, da sonst die Gefahr besteht, zu falschen Schlüssen zu gelangen.

Für die Ortsbeschreibung wurde eine Systematik ermittelt, mit deren Hilfe es gelingt, durch sechs immer feiner werdende Unterteilungen jeden Ort an einer Brücke angeben zu können (Bild 50).

8.4.1.3 Beispiel

Die Erstellung eines Schadensprotokolls soll anhand des folgenden Beispiels gezeigt werden:

Bei dem Schadensfall handelt es sich um eine Betonfehlstelle in der Bodenplatte eines Hohlkastens (Bild 51), die bei einer Brückenprüfung durch Abklopfen der Betonoberfläche entdeckt wurde. Infolge des fehlenden Betons ist der Korrosionsschutz für die Stahleinlagen nicht mehr gegeben. Bei Zutritt von Sauerstoff und Feuchtigkeit beginnen diese zu rosten. Es handelt sich um einen Einbaufehler des Betons, der durch die in geringem Abstand liegenden Spannglieder stark begünstigt wurde.

Der Fragebogen für das Schadensprotokoll wird anhand des Benutzerhandbuchs [1] ausgefüllt (Bild 52), dem die zutreffenden Antworten mit ihren zugehörigen Kodierungszahlen entnommen werden. Anschließend werden die Kodierungszahlen des Schadensprotokolls in eine Datei geschrieben (Bild 53). Mit Hilfe eines Programms wird daraus das EDV-mäßige Schadensprotokoll erstellt (Bild 54).

8.4.2 Verfahren zur globalen Erfassung von Schäden an einzelnen Bauwerkskomponenten

Bei dem in Abschnitt 8.4.1 beschriebenen Verfahren werden einzelne Schadensfälle erfaßt, wodurch ein beachtlicher Datenumfang entsteht. So wurden bei Anwendung

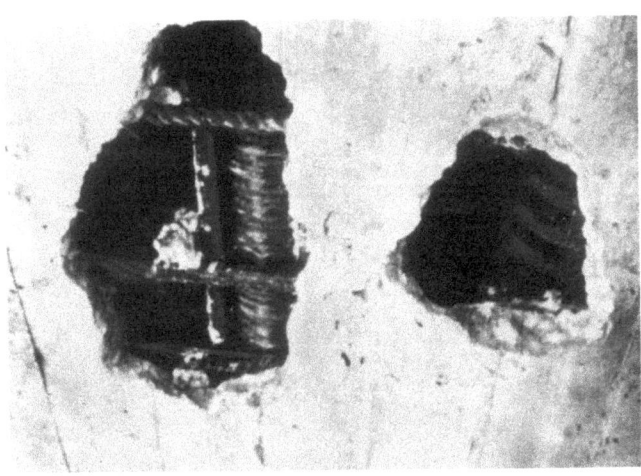

Bild 51. Betonfehlstelle in der Bodenplatte eines Hohlkastens

Fragebogen		
− 1	Bauwerksnummer	80
− 2	Laufende Nummer des Schadensfalls	27
− 3	Jahr der Schadensfeststellung	1984
− 4	Art des Schadens	12
− 5	Ausmaß des Schadens	2
− 6	Auswirkung des Schadens	31
− 7	Direkter Schaden, Folgeschaden	1
− 8	Ggf. laufende Nummer des zugeh. dir. Schadensfalls	0
− 9	Betroffener Baustoff	2
− 10	Schadensursache	XEX
− 11	Bereich der Bauwerksteile	3
− 12	Bauwerksteil	32
− 13	Bereich der Komponenten	31
− 14	Komponente	25
− 15	Bauteil	27
− 16	Bauteilelement	612

Bild 52. Ausgefüllter Fragebogen für den Schadensfall

```
80,27,1984,12,2,31,1,0,2,XEX,3,32,31,25,27,612
```

Bild 53. Eingabedatei des Schadensfalls

```
LAUFENDE DATENERFASSUNGSNUMMER :  12
======================================

 1   BAUWERKSNUMMER                                 =    80
 2   LAUFENDE NUMMER DES SCHADENSFALLES             =    27
 3   JAHR DER SCHADENSFESTSTELLUNG                  =  1984
 4   ART DES SCHADENS                               =    12
        12 = BETONFEHLSTELLE
 5   AUSMASS DES SCHADENS                           =     2
         2 = MITTLERES AUSMASS
 6   AUSWIRKUNG DES SCHADENS                        =    31
        31 = BEEINTRAECHTIGUNG KORROSIONSSCHUTZ
             BETONSTAHL, HUELLROHR
 7   DIREKTER SCHADEN, FOLGESCHADEN                 =     1
         1 = DIREKTER SCHADEN
 8   GGF. LAUFENDE NUMMER DES ZUGEH. DIR. SCHADENSFALLES =  0
 9   BETROFFENER BAUSTOFF                           =     2
         2 = BETON
10   SCHADENSURSACHE                                =   XEX
11   BEREICH DER BAUWERKSTEILE                      =     3
         3 = UEBERBAU
12   BAUWERKSTEIL                                   =    32
        32 = INNENFELD
13   BEREICH DER KOMPONENTEN                        =    31
        31 = HAUPTTRAEGER
14   KOMPONENTE                                     =    25
        25 = FELDMITTENBEREICH
15   BAUTEIL                                        =    27
        27 = BODENPLATTE
16   BAUTEILELEMENT                                 =   612
       612 = KONSTRUKTIONSBETON
```

Bild 54. EDV-mäßiges Schadensprotokoll

8.4 Erstellen eines EDV-mäßigen Schadensprotokolls

des Verfahrens auf die 43 Bauwerke der untersuchten Stichprobe im Zuge von [1] von Wittke ca. 180.000 Einzeldaten von Schäden erfaßt.

Bei einer globaleren Schadenserfassung läßt sich der Datenumfang hingegen erheblich reduzieren. Im folgenden wird ein Schema mitgeteilt, das als Anregung für ein derartiges Erfassungssystem dienen kann. Es handelt sich dabei um eine globale Schadenserfassung für die einzelnen Bauwerkskomponenten. Die Berücksichtigung von unterschiedlichem Ausmaß und Auswirkung der Schäden erfolgt durch eine Zustandsbewertung (Tabelle 1). Liegen keine Schäden vor, erfolgt im Schema (Bild 55) die Zustandsbewertung 0. Bei Vorhandensein von Schäden erfolgt je nach Ausmaß und Auswirkung der Schäden eine Bewertung zwischen 1 und 3.

Für die Zustandsbewertung der einzelnen Bauwerkskomponenten können in einem Handbuch Orientierungshilfen gegeben werden. Dieses kann Bewertungskriterien und illustrierte Beispiele enthalten.

Bei Rissen im Beton von Überbauten beispielsweise können als Bewertungskriterien die Rißbreite w und die Häufigkeit der Risse sowie der Überbaubereich, in dem sich die Risse befinden, herangezogen werden:

0: keine Risse
1: $\quad w \leq 0{,}2$ mm
2: $0{,}2$ mm $< w \leq 0{,}5$ mm
3: $0{,}5$ mm $< w$.

In Abhängigkeit des Ortes des gerissenen Überbaubereichs sowie der Häufigkeit der Risse können noch Auf- oder Abstufungen der Zustandsbewertung vorgenommen werden.

Die generelle Erfassung der Risse bedeutet aber nicht, daß die Existenz von Rissen grundsätzlich einen Schaden oder Mangel darstellt (vgl. Abschnitt 12.2). Dennoch sollten für die einzelnen Bauwerke Rißpläne angefertigt werden, in denen alle Risse mit Verlauf und Breite festgehalten werden. Aus Veränderungen von Rißbreiten, Anzahl der Risse und Rißverlauf können wertvolle Rückschlüsse auf das Verhalten des jeweiligen Bauwerks gezogen werden. Diese Rißpläne müssen anhand dauerhafter Markierungen am Überbau jederzeit wieder neu einzumessen sein.

Die summarische Erfassung der Risse im hier vorgeschlagenen Schema dient also mehr dem Überblick über die Gesamtheit aller Brücken, wozu alle Risse alleine aufgrund ihres Auftretens festgehalten werden müssen.

Tabelle 1. Zustandsbewertung der einzelnen Bauwerkskomponenten für eine globale Schadenserfassung

Zustand	Kennziffer
Keine Schäden festgestellt	0
Leichte Schäden	1
Mittlere Schäden	2
Schwere Schäden	3

	Bauwerksnummer			
	Jahr der Schadensfeststellung			
A	Belag und Abdichtung	Zustandsbewertung Belag		
		Zustandsbewertung Abdichtung		
B	Fahrbahnübergänge	Anzahl mit Zustandsbewertung	0	
			1	
			2	
			3	
C	Lager	Anzahl mit Zustandsbewertung	0	
			1	
			2	
			3	
D	Betonkappen	Zustandsbewertung		
	Betonüberbau	Anzahl der Felder mit Rissen mit Zustandsbewertung	0	
			1	
			2	
			3	
		Koppelfugenrisse: Anzahl der Koppelfugen mit Zustandsbewertung	0	
			1	
			2	
			3	
		Anzahl der Felder mit freiliegender Bewehrung bzw. zu geringer Betondeckung mit Zustandsbewertung	0	
			1	
			2	
			3	
		Anzahl der Felder mit freiliegenden Hüllrohren mit Zustandsbewertung	0	
			1	
			2	
			3	
		Anzahl der Felder mit Nestern, Fehlstellen, porösem Beton mit Zustandsbewertung	0	
			1	
			2	
			3	
		Anzahl der Felder mit Durchfeuchtungen mit Zustandsbewertung	0	
			1	
			2	
			3	

Bild 55. Schema für eine globale Schadenserfassung

8.5 Klassifizierung von Schadensfällen

D	Fahrbahnplattenbeton	Zustandsbewertung	
	Betonunterbauten	Anzahl der Pfeiler mit Zustandsbewertung	0
			1
			2
			3
		Anzahl der Widerlager mit Zustandsbewertung	0
			1
			2
			3
F	Korrosionsschutz der Stahlbauteile	Zustandsbewertung	
G	Schutzplanken, Geländer	Zustandsbewertung	
H	Entwässerung	Zustandsbewertung	
	Lärmschutzwände	Zustandsbewertung	

Bild 55. Fortsetzung

Bei Fahrbahnübergängen kann die Zustandsbewertung z. B. nach folgenden Kriterien vorgenommen werden:

0: keine Schäden;
1: Schäden, die durch kleinere Reparaturmaßnahmen leicht zu beheben sind und keine bedeutsamen Folgeschäden nach sich ziehen;
2: Schäden, die einen größeren Instandsetzungsaufwand erfordern und Folgeschäden verursachen, wie z. B. Durchfeuchtungen des Konstruktionsbetons infolge Undichtigkeit oder Umläufigkeit;
3: Schäden, die einen Austausch der gesamten Konstruktion erforderlich machen, wie z. B. starker Verschleiß in Form gebrochener Profile, starker Korrosion, Umläufigkeit usw.

Das Schema erfordert die Erfassung von nur 50 Einzeldaten pro Bauwerk. Es kann bei Bedarf noch beliebig verfeinert werden. Geeignet ist es hauptsächlich für die Erfassung typischer Schäden.

8.5 Klassifizierung von Schadensfällen

8.5.1 Bestehende Klassifizierungsverfahren

Aus der Literatur sind bereits einige Verfahren bekannt, mit deren Hilfe ein Maß für die Schwere eines Schadensfalls angegeben werden kann. Diese Verfahren bauen meist

Tabelle 2. Beispiel einer Intensitatsskala fur Erdbeben in Analogie zu den Schadensklassen. MSK-Skala (Medvedev-Sponheuer-Karnik Skala 1964, 12-teilig), gekürzte Fassung

Grad der Intensität	Auswirkung des Bebens auf Menschen, Bauwerke und die Erdoberfläche
I	Nur von Seismographen registriert
II	Nur vereinzelt von in Ruhe befindlichen Personen gespurt
III	Nur von wenigen Personen gespürt
IV	Von vielen Personen gefühlt. Geschirr und Fenster klirren
V	Viele Schlafende erwachen, hängende Gegenstände pendeln
VI	Leichte Verputzschäden
VII	Risse in Verputz, Wänden und an Schornsteinen
VIII	Große Risse im Mauerwerk. Giebelteile und Dachsimse stürzen ein
IX	An einigen Gebäuden stürzen Wände und Dächer ein. Es werden Erdrutsche beobachtet
X	Einsturz vieler Gebäude, Spalten im Boden
XI	Zahlreiche Spalten im Boden, Erdrutsche in den Bergen
XII	Starke Veränderungen an der Erdoberfläche

auf einer Definition von Schadensklassen auf, in denen Schäden vergleichbarer Schwere hinsichtlich festgelegter Kriterien zusammengefaßt werden. Die Schadensklassen erhalten Klassennummern, so daß – ähnlich dem Beispiel der Intensitätsskala für Erdbeben (Tabelle 2) – eine Skala für den Schweregrad der Schadensfälle entsteht. Dadurch wird es möglich, die Schwere mit nur einem Zahlenwert (z. B. Klassennummer) angeben zu können.

Durch die Einteilung in Schadensklassen wird die große Vielfalt vorhandener Schadensfälle auf nur wenige Kategorien (= Anzahl der Schadensklassen) reduziert. Dadurch wird bei der Betrachtung und Beurteilung des baulichen Zustands einer größeren Anzahl von Brücken der Überblick verbessert.

Bei einer Einteilung von Schadensfällen in Schadensklassen wird eine Abgrenzung der Schadensfälle gegeneinander erforderlich. Dabei können trotz festgelegter Kriterien, nach denen dies zu erfolgen hat, subjektive Einflüsse natürlich nicht völlig ausgeschaltet werden.

Der wesentliche Unterschied der verschiedenen Verfahren besteht in der Festlegung der Kriterien, nach denen die Schadensfälle den einzelnen Schadensklassen zugeordnet werden, und in den vorgegebenen Möglichkeiten zur Differenzierung. Letzteres hängt natürlich stark von der gewählten Anzahl der Schadensklassen ab.

Die verschiedenen Verfahren, die für ganz spezielle Verwendungszwecke und Randbedingungen entwickelt wurden und damit nicht beliebig austauschbar sind, werden nachfolgend kurz vorgestellt.

Verfahren 1 (Frankreich 1975)

Das „Ministere De l'Equipment" veröffentlichte 1975 eine Zusammenstellung von beispielhaften Bauwerksschäden [27], deren Beurteilung anhand von fünf Schadensklassen erfolgt (Tabelle 3). Die Anwendung ist in [27] durch Beispiele erläutert.

Tabelle 3. Schadensklassen nach [27]

Definition	Beispiele
Klasse 1 – Schäden, die seit der Errichtung des Bauwerks vorhanden sind und, abgesehen von ästhetischen Gesichtspunkten, keine wichtigen Konsequenzen haben	Farbunterschiede in großem und kleinem Maßstab Verschmutzungen Mängel im Erscheinungsbild in großem und kleinem Umfang geometrische Ungleichförmigkeiten in großem und kleinem Maßstab
Klasse 2 – Schäden, die das Risiko einer weiteren Verschlechterung des Bauwerkszustands in sich bergen	Karbonatisierung Fehlstellen kurze Risse Risse, die die Bewehrung abzeichnen Risse entlang der Spannglieder Diagonalrisse Längs- oder Vertikalrisse freiliegende Hüllrohre der Spannglieder fehlende Betondeckung der Bewehrung Kiesnester Porosität Absonderungen Risse, die während der Bauausführung aufgetreten sind
Klasse 3 – Schäden, die sich vergrößern. Sie werden in zwei Gruppen unterteilt: 3A – beginnende Vergrößerung 3B – fortgeschrittene Vergrößerung	freiliegende Bewehrung beginnende Unterspülung der Fundamente Korrosion der Bewehrung Betonkorrosion leichte Verformungen Durchfeuchtungen Kiesnester Belagsschäden Stalaktiten Risse entlang der Spannglieder Trennrisse Diagonalrisse Längs- oder Vertikalrisse Quer- oder Horizontalrisse Risse, die nach der Bauausführung entstanden, oder mit der Zeit sichtbar geworden sind
Klasse 4 – Schäden, die auf deutliche Weise eine Veränderung im Zustand des Bauwerks, oder einzelner Teile davon, anzeigen	in großem Umfang freiliegende Bewehrung Unterspülung der Fundamente Materialbrüche sehr ausgeprägte Korrosion der Bewehrung bedeutende Verformungen fehlender Verbund der Bewehrung Risse entlang der Spannglieder Ungewöhnliche, bleibende Durchbiegungen Diagonalrisse Längs- oder Vertikalrisse Quer- oder Horizontalrisse
Klasse 5 – Schäden, die entweder eine Nutzungsbeschränkung oder die Stillegung der Brücke erforderlich machen	Materialbrüche übermäßige, dauerhafte Durchbiegungen allgemeine Zerfallserscheinungen Diagonalrisse Längs- oder Vertikalrisse Quer- oder Horizontalrisse Tragfähigkeitsverlust

Als Kriterien für die Einstufung in eine Schadensklasse werden die Auswirkungen eines Schadensfalls auf

- Ästhetik,
- Dauerhaftigkeit
- und Standsicherheit

des Bauwerks herangezogen, wobei das jeweilige Schadensausmaß sowie der Entwicklungsstand des Schadens eine wichtige Rolle spielt. Risse können je nach den Besonderheiten des speziellen Falls in die Klassen 2 bis 5 eingestuft werden.

Verfahren 2 (Bundesrepublik Deutschland)

In der Dokumentation des Bundesministeriums [12] geben Ruhrberg/Schumann ein Verfahren an, bei dem die Schwere des Schadens in eine der folgenden sieben Schadensklassen eingestuft wird:

Klasse 1 – Schönheitsfehler. Ohne besondere Folgen für Nutzung und Lebensdauer, wird normalerweise durch laufende Unterhaltungsarbeiten behoben.

Klasse 2 – Leichter Einzelschaden. An einem einzelnen Bauteil auftretend. Als Schadensfolge tritt zunächst keine Nutzungseinschränkung ein, jedoch eine Verringerung der Lebensdauer des vom Schaden betroffenen Bauteils. Kann durch Instandsetzung behoben werden.

Klasse 3 – Leichter Bauwerksschaden. An einem oder mehreren Bauteilen auftretend. Als Schadensfolge tritt zunächst keine Nutzungseinschränkung ein, jedoch eine Verringerung der Lebensdauer des Gesamtbauwerks. Kann durch Instandsetzung behoben werden.

Klasse 4 – Mittelschwerer Schaden. An einem oder mehreren Bauteilen auftretend. Äußerstenfalls zum Ausfall eines Bauteils führend, als Folge davon zeitweilige Nutzungseinschränkung des Gesamtbauwerks. Kann durch Instandsetzung derart behoben werden, daß für das instandgesetzte Bauwerk wieder normale Nutzung und Dauerhaftigkeit erwartet werden kann.

Klasse 5 – Schwerer Schaden. Führt entweder zu sofortiger, zeitweiliger Sperrung des Bauwerks, wenn nach Instandsetzung wieder normale Nutzung und Dauerhaftigkeit erwartet werden kann, oder ohne Sperrung trotz Instandsetzung zu einer mäßigen ständigen Nutzungseinschränkung bzw. zu einer Verringerung der zu erwartenden Nutzungsdauer des Bauwerks.

Klasse 6 – Sehr schwerer Schaden. Aufgrund der Schadenserscheinung und fehlender Möglichkeiten zu durchgreifender Instandsetzung kann dem Bauwerk nur noch eine mäßige Nutzungsdauer unter gleichzeitiger ständiger und erheblicher Nutzungseinschränkung zugemutet werden.

Klasse 7 – Totalschaden. Führt zum sofortigen und ständigen Ausfall des Bauwerks für die Nutzung.

8.5 Klassifizierung von Schadensfällen

Die Einstufung eines Schadens in eine Schadensklasse erfolgt also nach den folgenden Kriterien:

- Nutzungseinschränkung,
- Verringerung der Nutzungsdauer,
- Schadensumfang (ein Bauteil, mehrere Bauteile, gesamtes Bauwerk),
- Instandsetzbarkeit.

Das entscheidende Kriterium für die Einstufung eines Schadens in eine Schadensklasse besteht bei diesem Verfahren darin, ob durch eine Instandsetzung wieder eine uneingeschränkte Nutzung und Lebensdauer erreicht werden kann oder nicht. Bei den Schadensklassen 1 bis 4 (Schönheitsfehler bis mittelschwerer Schaden) kann durch eine Instandsetzung wieder der Ausgangszustand vor Eintritt des Schadens hergestellt werden. Bei den Klassen 5 bis 7 (schwerer Schaden bis Totalschaden) gelingt dies nur noch mit Einschränkung bzw. überhaupt nicht mehr.

Der Anwender des Verfahrens hat die Möglichkeit, unter Abwägung der einzelnen Kriterien einen vorliegenden Schaden innerhalb der siebenstufigen Skala einzuordnen. Erleichtert wird die Anwendung des Verfahrens durch die in [12] zahlreich vorhandenen Beispiele.

Der Schadensfall an der Hochstraße Prinzenallee (Abschnitt 3.4) beispielsweise wird in [12] in die Schadensklasse 5 eingestuft, das Kreuzungsbauwerk Schmargendorf (Abschnitt 3.3) aufgrund der 1977–1978 festgestellten Schäden in die Schadensklasse 6.

Verfahren 3 (Japan 1982)

Das von Komura [28] vorgestellte Verfahren, das vom Autobahnamt in Tokio verwendet wird, basiert auf drei Bauwerksuntersuchungen:

- Kontrollfahrten (wöchentlich),
- periodische Bauwerksprüfungen (1 bis 5 Jahre),
- Sonderprüfungen nach Feuer, Erdbeben, schweren Unfällen etc.

Die Bewertung des Brückenzustandes aufgrund der *Kontrollfahrten* kann durch Einstufung in eine der drei folgenden Klassen vorgenommen werden:

Klasse I. Schäden, die den Verkehr ernsthaft stören oder Menschen unterhalb der Brücke gefährden.

Klasse II. Schäden, die den Verkehr etwas beeinträchtigen oder zu einer Beeinträchtigung des Wohlbefindens der Anlieger in den benachbarten Gebäuden führen (Lärm, Vibrationen).

Klasse III. Schäden, die den Verkehr nur gering beeinträchtigen.

Wesentliche Kriterien sind also eine etwaige Nutzungseinschränkung, oder, was sich aus der besonderen Situation der Lage der Brücken in einem Stadtgebiet ergibt, mögliche Auswirkungen auf Menschen in unmittelbarer Umgebung der Hochstraßen.

Die Klassifizierung nach der periodischen Brückenprüfung oder Sonderprüfung erfolgt in fünf Stufen:

Regelklassen

A) Sehr ernste Schäden, die eine sofortige Instandsetzung notwendig machen;
B) Schäden, die eine Instandsetzung in naher Zukunft erfordern;
C) Leichte oder beginnende Schäden, die in der Akte schriftlich festgehalten werden müssen;
D) Leichte Schäden, die in der Akte nicht schriftlich festgehalten werden müssen.

Sonderklasse

Q) Schäden, die eine nachfolgende Überwachung durch weitere Inspektionen benötigen – wenn deren Ursache unklar ist.

Die Dringlichkeit einer erforderlichen Sanierungsmaßnahme ist bei diesem Verfahren das entscheidende Kriterium zur Einstufung eines Schadensfalls in eine Schadensklasse.

Nach Angaben von Komura konnte die Beurteilung durch vielfältige Unterlagen so vereinheitlicht werden, daß es nur noch geringe Unterschiede bei verschiedenen Prüfern gibt. Je nach Schweregrad (wobei es gleich ist, ob die Einstufung I bis III oder A bis Q getroffen wurde) werden ggf. genauere Untersuchungen vor Ort durchgeführt oder Maßnahmen zur Schadensbeseitigung eingeleitet.

Verfahren 4 (Bundesrepublik Deutschland)

Rabe gibt in [29] ein Verfahren an, das von der Straßenbauverwaltung des Landes Niedersachsen praktiziert wird. Ziel des Verfahrens ist es nicht, einzelne Schäden zu klassifizieren, sondern den Zustand von Stahlbeton- und Spannbetonüberbauten zusammenfassend durch einen Zahlenwert, den Schadensindex SI zu beschreiben.

Der Zustand der Brückenüberbauten aus Stahlbeton und Spannbeton wird nach Rabe durch die Existenz und das Ausmaß der folgenden Schäden gekennzeichnet:

- Risse > 0,2 mm in Stahlbeton-Überbauten,
- Bewehrung des Überbaus teilweise freiliegend,
- Nester und Fehlstellen im Überbau,
- Risse im Spannbeton-Überbau $\geq$ 0,1 mm,
- Spritzbetonschale am Überbau schadhaft,
- Abdichtung des Überbaus durchlässig, Feuchtstellen, Ausblühungen.

Die übrigen Schäden, wie z. B. am Belag, an Übergangskonstruktionen und an Geländern, werden in [29] für die Beschreibung der Substanz des Überbaus als nicht von Belang angesehen.

Das Ausmaß des Auftretens der genannten Überbauschäden läßt sich nach Tabelle 4 bewerten.

Die Bewertung wird vom Brückenprüfer anhand dieser Vorgaben unmittelbar an Ort und Stelle vorgenommen. Ein Schadensindex SI $\geq$ 1 bedeutet zumindest einen Schaden mittlerer Ausprägung oder zwei Schäden leichterer Ausprägung. Ein Schadensindex SI $\geq$ 2,0 bedeutet, daß entweder eine Schadensart mit starker Ausprägung vorliegt, oder zwei Schadensarten mit mittlerer Ausprägung oder eine andere Kombi-

8.5 Klassifizierung von Schadensfällen

Tabelle 4. Bewertung der Schäden an Überbauten aus Stahlbeton und Spannbeton für den Schadensindex SI [29]

SS = Schaden sehr stark ausgeprägt	3
S = Schaden stark ausgeprägt	2
M = Schaden mittelstark ausgeprägt	1
L = Schaden nur in leichter Form vorhanden	0,5

Bild 56. Bewehrung eines noch in der Gewährleistung stehenden Überbaus teilweise freiliegend, nach Aufschlagen der hohlklingenden Betonfläche festgestellt; Bewertung M [29]

nation der oben genannten Schadensarten. Die Brücken sind also mit ernsten Schäden behaftet. Beim Erreichen des Schadenszustands SI ≥ 4,0 stellt sich gemäß [29] der Bauherr erfahrungsgemäß die Frage, ob sich die Aufwendungen für eine Instandsetzung noch lohnen. SI ≥ 4,0 bedeutet z. B., daß zwei Schäden mit starker Ausprägung vorliegen, z. B. flächenmäßig verbreitet durchtretendes Wasser, das den Überbau bereits durchfeuchtet hat, und zusätzlich flächenmäßig verbreitet die Erscheinung freiliegender Bewehrung.

Zum besseren Verständnis werden in [29] einige Beispiele angegeben:

Das Auftreten eines einzelnen „tiefen Betonschadens" wurde in Bild 56 mit M, die freiliegende Bewehrung des Überbaus in Bild 57 sowie die Risse im Stahlbetonüberbau in Bild 58 mit S und der flächenmäßig verbreitete Schaden in Bild 59 mit SS bewertet. Für die in Bild 60 dargestellte Brücke wurde nur ein Schaden, nämlich der Abdichtungsschaden, herangezogen, obwohl noch ein weiterer Schaden, nämlich an der Spritzbetonschale vorliegt, weil der Schaden an der Spritzbetonschale die Folge des Durchtretens von Wasser darstellt.

Auf Oberbegriffe zurückgeführt, sind die Kriterien für die Bewertung durch die Auswirkung der Schäden auf Dauerhaftigkeit und Standsicherheit festgelegt, wobei die Grenze zwischen den beiden Begriffen natürlich fließend ist. Es gehen nur ganz bestimmte Schadensarten in die Bewertung ein, wobei deren Ausmaß den entscheidenden Ausschlag für die Festlegung des Schadensindex gibt.

8.5 Klassifizierung von Schadensfällen

Bild 57. Bewehrung des Überbaus teilweise freiliegend, Bewertung S [29]

Bild 58. Risse > 0,2 mm in Stahlbeton-Überbauten; Bewertung S [29]

Bild 59. Bewehrung des Überbaus flächenmäßig verbreitet freiliegend; Bewertung SS [29]

8 Erfassung der Schadensdaten

Bild 60. Spritzbetonschale am Überbau schadhaft; Bewertung S; Abdichtung des Überbaus durchlässig. Feuchtstellen; Bewertung SS [29]

Verfahren 5 (USA 1972)

Bei dem von der „Federal Highway Administration" entwickelten Verfahren werden nicht die einzelnen Schäden bewertet, sondern es wird eine Kennzahl für eine zusammenfassende Bewertung des baulichen Zustands der gesamten Brücke ermittelt [30].

Die Kennzahl 100 entspricht einer Brücke, die sich in einem sehr guten Zustand befindet – eine Brücke, die absolut keine Sanierungsmaßnahmen nötig hat. Die Bewertung 0 steht für eine Brücke, die völlig ungenügend oder mangelhaft ist – eine Brücke, die viele Sicherheitsprobleme hat und die stillgelegt werden sollte. Je niedriger die Bewertung ist, desto größer ist also die Priorität für einen Ersatz. Im einzelnen läuft das Bewertungsverfahren über eine Subtraktionsformel mit drei Hauptsummanden ab:

$$\text{Kennzahl} = 100 - A - B - C.$$

Dabei wird durch das Abzugsglied A die Standsicherheit des Bauwerks berücksichtigt (≤ 55), durch B die Gebrauchsfähigkeit und das funktionelle Verhalten (≤ 30) und durch C die Verkehrsbedeutung (≤ 15).

Von den fünf vorgestellten Methoden können also mit den Verfahren 1 bis 3 einzelne Schäden klassifiziert werden, während die Verfahren 4 und 5 eine integrale Bewertung des baulichen Zustands des gesamten Bauwerks zum Inhalt haben. Letztere sind gut geeignet, einen zusammenfassenden Überblick über einen größeren Brückenbestand zu vermitteln. Dagegen liefern die Verfahren zur Klassifizierung einzelner Schäden eine detaillierte Übersicht über die Schwere der Schäden bzw. der Dringlichkeit der Instandsetzung einzelner Schäden für jedes einzelne Bauwerk.

Grundsätzlich hängt die Entscheidung eines Anwenders für das eine oder andere Verfahren vom jeweiligen Verwendungszweck ab. Im Rahmen von [1] wurde ein Klassifizierungsverfahren entwickelt, das speziell auf die Ermittlung der Verteilung des Schweregrads der Schäden an den einzelnen Bauwerken zugeschnitten wurde, um zu einer empirisch begründeten Risikoaussage zu kommen. Dieses Verfahren wird im folgenden dargestellt.

8.5.2 Entwickeltes Klassifizierungsverfahren

8.5.2.1 Zum Aufbau des Verfahrens

Bei dem im Rahmen von [1] entwickelten Verfahren werden einzelne Schadensfälle klassifiziert. Dabei erfolgt die Klassifizierung eines Schadensfalls unter dem Aspekt seiner unmittelbaren Auswirkung auf den Bauwerkszustand zum Zeitpunkt der Schadenserfassung. Bewertet wird die Gefährdung, die vom einzelnen Schadensfall für den Bestand des Bauwerks ausgeht.

Es sind sechs Schadensklassen definiert, die hinsichtlich der Schwere der Schadensfälle wie folgt eingeteilt sind:

Klasse S1: Schadensfall sehr geringer Schwere;
Klasse S2: Schadensfall geringer Schwere;
Klasse S3: Schadensfall mäßiger Schwere;
Klasse S4: Schadensfall mittlerer Schwere;
Klasse S5: Schwerer Schadensfall, der zu einer Beeinträchtigung der Standsicherheit führt;
Klasse S6: Sehr schwerer Schadensfall, mit ernsthaften Folgen für die Standsicherheit.

Es steht also eine sechsstufige Skala zur Bewertung der Schwere eines Schadensfalls zur Verfügung.

8.5.2.2 Ermittlung der Schadensklasse

Zunächst wird für einen vorliegenden Schadensfall mit Hilfe der in Tabelle 5 dargestellten Matrix eine Grundeinstufung in eine Schadensklasse vorgenommen. Hierzu werden die Einzelbeurteilungen Schadensauswirkung und Schadensausmaß benötigt, die vorab gemäß den in Tabelle 5 angegebenen Möglichkeiten für den Schadensfall festzulegen sind. Mit Hilfe der entsprechenden Kodierungszahlen kann anschließend die Grundschadensklasse aus der Matrix entnommen werden. Bei der Grundeinstufung ergibt sich eine umso höhere Schadensklasse, je mehr der Schadensfall die Standsicherheit eines Bauwerks berührt.

Beispiele von Schadensfällen mit unterschiedlicher Auswirkung wurden bereits in Abschnitt 8.2 vorgestellt.

Ein kleines Schadensausmaß ist beispielsweise bei kleineren Betonabplatzungen, die noch nicht zu freiliegender Bewehrung führen, ein mittleres Ausmaß bei Betonabplatzungen, die zu teilweise freiliegender Bewehrung führen, ein großes Ausmaß bei Abplatzungen, die zu freiliegender Bewehrung im größeren Umfang führen, gegeben.

8.5 Klassifizierung von Schadensfällen

Tabelle 5. Grundeinstufung in eine Schadensklasse

Schadensklasse der Grundeinstufung	Schadens- auswirkung	Schadensausmaß
S1	1	1/2/3
	2	1
S2	2	2
	3	1
S3	2	3
	3	2
	4	1
S4	3	3
	4	2
	5	1
S5	4	3
	5	2
	6	1
S6	5	3
	6	2/3

Dabei bedeuten:
Schadensauswirkung: 1 = Ästhetik, 2 = Funktionsfähigkeit, 3 = Dauerhaftigkeit, 4 = Dauerhaftigkeit und Funktionsfähigkeit, 5 = Verminderte Standsicherheit, 6 = Akute Gefährdung der Standsicherheit
Schadensausmaß: 1 = klein, 2 = mittel, 3 = groß

Für die Festlegung der Schwere eines Schadensfalls durch Einstufung in eine der sechs vorgegebenen Schadensklassen führt die alleinige Beachtung der Kriterien „Auswirkung" und „Ausmaß" allerdings nicht immer zu einem befriedigenden Ergebnis.
Weitere Einflüsse, wie beispielsweise

- Beschädigungsart, z. B. Riß, Korrosion etc.,
- betroffener Baustoff, z. B. bei Korrosion Betonstahl oder Spannstahl,
- Bereich, in dem der Schaden auftritt, z. B. Überbau, Unterbauten,
- Bedeutung der betroffenen Komponente für die Standsicherheit des Bauwerks,

bleiben nämlich bei der Einstufung bisher unberücksichtigt. Mit Hilfe dieser zusätzlichen Kriterien kann eine Korrektur der Grundeinstufung, die den Schaden möglicherweise über- bzw. unterschätzt hat, erfolgen.

Die ermittelte Grundklasse stellt daher für den Anwender des Verfahrens nur den Ausgangspunkt dar. Unter Berücksichtigung der Besonderheiten eines vorliegenden Schadensfalls kann er dann eine Auf- oder Abstufung der Schadensklasse unter Berücksichtigung der oben angeführten Kriterien vornehmen. Die Auf- oder Abstufung sollte sinnvollerweise allerdings nicht mehr als eine Klasseneinheit betragen, äußerstenfalls jedoch zwei Klasseneinheiten. Sie muß von Fall zu Fall vereinbart werden [1a].

Selbstverständlich liefert auch dieses Verfahren Resultate, die von der subjektiven Beurteilung des Prüfers abhängen. Eine völlige Ausschaltung subjektiver Bewertungsmaßstäbe bei der Einstufung von Schadensfällen in Schadensklassen wird aber kaum möglich sein. Dennoch wird man davon ausgehen können, daß geschulten und sachkundigen Prüfern eine sinnvolle Einstufung von Schäden in eine sechsstufige Skala gelingt, ohne daß sich gravierende Differenzen bei verschiedenen Prüfern ergeben.

8.5.2.3 Beispiele

Zur Veranschaulichung des Verfahrens wird die Klassifizierung der in Abschnitt 8.2 ausführlich vorgestellten Schadensfälle vorgenommen:

Erstes Beispiel: Schadhafte Entwässerung im Falle einer frühen Schadenserkennung (Bild 35)

Grundklassifizierung

- Schadensauswirkung: Ästhetik
- Schadensausmaß: Mittel

Grundklasse: S1 (Tabelle 5)

Allerdings wird dieser Schadensfall auf Dauer zu einer Beeinträchtigung der Dauerhaftigkeit führen, so daß eine Aufstufung um mindestens eine Klasseneinheit angebracht ist. Ergebnis: Schadensklasse S2

Zweites Beispiel: Übermäßige Verformung eines Einfeldträgersystems (Bild 37)

Grundklassifizierung

- Schadensauswirkung: Funktionsfähigkeit (Fahrkomfort)
- Schadensausmaß: Groß

Grundklasse: S3 (Tabelle 5)

Durch die Knicke in der Biegelinie entstehen für die Übergangskonstruktion hohe dynamische Stoßbeanspruchungen, was zu einer Reduzierung ihrer Lebensdauer führt. Die Stoßbeanspruchungen werden auch zu Schäden am Anschluß der Abdichtung führen, was wiederum zu Dauerhaftigkeitsproblemen führen kann. Daher erscheint es angebracht, eine Aufstufung der Schadensklasse durchzuführen. Ergebnis: Schadensklasse S4

Drittes Beispiel: Korrosion an einem Rollenlager (Bild 40)

Grundklassifizierung:

- Schadensauswirkung: Dauerhaftigkeit und Funktionsfähigkeit
- Schadensausmaß: Groß

Ergebnis: Schadensklasse S5 (Tabelle 5)

Befindet sich das Lager in der Nähe eines Festpunkts, kann gegebenenfalls je nach Steifigkeit der Pfeiler wegen der relativ kleinen Lagerwege eine Abstufung in die Schadensklasse S4 vorgenommen werden. Bei großen Abständen zum Festpunkt ist jedoch auch eine Aufstufung nach S6 denkbar.

8.5 Klassifizierung von Schadensfällen

Viertes Beispiel: Abgerolltes Rollenlager (Bild 42)

Grundklassifizierung:

- Schadensauswirkung: Akute Gefährdung der Standsicherheit
- Schadensausmaß: Groß

Ergebnis: Schadensklasse S6 (Tabelle 5)

9 Untersuchungen von Beziehungen zwischen Bauwerks- und Schadensdaten

Durch die Kombination von Bauwerks- und Schadensdaten lassen sich Zusammenhänge zwischen den Konstruktionsmerkmalen des Bauwerks und den beobachteten Schäden herstellen, wodurch letztlich Schwachstellen ausfindig gemacht werden können. Die Aufdeckung von Schwachstellen stellt einen wesentlichen Beitrag zur Qualitätssicherung und Verbesserung der Bauweise Spannbeton dar, sofern eine entsprechende Umsetzung der Erkenntnisse in die Entwurfs- und Ausführungspraxis stattfindet.

Beispiele aus der Vergangenheit, bei denen eindeutige Zusammenhänge zwischen Konstruktionsmerkmalen und Schäden gegeben waren, sind die Koppelfugen an älteren Spannbetonbrücken oder die auffällige Häufung von Spannstahlbrüchen beim Spannstahl St 110/135.

Bei einer EDV-mäßigen Erfassung der Bauwerks- und Schadensdaten aller Brücken können solche Zusammenhänge mit Hilfe einer geeigneten Software natürlich schnell und ohne großen Aufwand untersucht werden.

III Auswertung der Bauwerks- und Schadensdaten von 43 großen Talbrücken bzw. Flußbrücken in Spannbetonbauweise

10 Brückenbestand und untersuchte Bauwerke

10.1 Entwicklung des Massivbrückenbaus

Beton besitzt von Natur aus eine hohe Druckfestigkeit, aber nur eine vergleichsweise geringe Zugfestigkeit. In einem unbewehrten, auf Biegung beanspruchten Querschnitt wird daher die Tragfähigkeit immer durch Erreichen der Zugfestigkeit bestimmt. 1867 ließ sich daher der Gärtner Joseph Monier vom französischen Patentamt den Grundgedanken schützen, die fehlende Zugfestigkeit des Betons durch Zugstangen aus Eisen zu ersetzen. Diese sollten so in den Querschnitt eingefügt werden, daß sie einen festen Verbund mit dem Beton eingehen und für ihn die Zugkräfte übernehmen können. 1873 erhielt er ein Zusatzpatent auf Brücken aus Eisenbeton (erst um 1940 bürgerte sich im allgemeinen Sprachgebrauch das Wort „Stahlbeton" ein [33]).

Bereits zwei Jahre später, 1875, wurde in Frankreich bei Chazelet die erste Eisenbetonbrücke der Welt gebaut, eine flach gewölbte Fußgängerbrücke mit 16,5 m Spannweite und 4 m Breite [33].

Während in den folgenden Jahrzehnten mit Bogentragwerken aus Stahlbeton im Brückenbau auch größere Weiten überbrückt werden konnten, verhinderte das hohe Eigengewicht des Stahlbetons bei Balkenbrücken große Spannweiten. Eine Erhöhung der Tragfähigkeit der Stahlbetonbalken durch Verwendung hochfester Stähle schied aus, da sich bei Ausnutzung der möglichen Stahldehnungen sehr breite Risse im Beton ergeben hätten. So blieben die großen Spannweiten zunächst dem Stahlbau vorbehalten.

Der Spannbeton schließlich führte zu einer grundlegenden Veränderung der Situation. Während sich beim Stahlbeton bei der Bemessung in der Zugzone des Betons Querschnittsteile ergeben, die praktisch unwirksam sind und nur zur Umhüllung der Stahleinlagen dienen, bestand die Idee, die zur Erfindung des Spannbetons führte, darin, den Eisenbetonträger dauernd wirksamen Druckkräften zu unterwerfen, „welche die in dem Körper durch Eigengewicht und Nutzlast entstehenden Zugspannungen ganz verschwinden lassen oder doch im wesentlichen ausgleichen [32]."

Durch die Vorspannung des Betons wurden kleinere Querschnittsabmessungen möglich. Die damit verbundene Einsparung an Eigengewicht erlaubte größere Spannweiten und schlankere Tragwerke. Vorgespannte Querschnitte weisen infolge der weitestgehenden Vermeidung von Rissen eine wesentlich höhere Steifigkeit auf als Stahlbetonquerschnitte, da der gesamte Querschnitt mitwirkt. Dadurch liegen auch die Durchbiegungen erheblich unter denen eines mit Betonstahl bewehrten Bauwerks. Die günstige Auswirkung der Vorspannung auf die Rißbildung im Beton wirkt sich vorteilhaft auf die Dauerhaftigkeit der Tragwerke aus. Da der Werkstoffpreis mit zunehmender Festigkeit nicht so schnell ansteigt wie die zulässige Beanspruchung, bringt der Spannbeton mit seinen hochfesten Baustoffen auch wirtschaftliche Vorteile.

Die Idee, die Betonzugzone durch Vorspannung zu überdrücken, war schon Ende des vorigen Jahrhunderts entstanden. Die ersten Versuche schlugen allerdings fehl. Die Vorspannung nahm nämlich mit der Zeit stark ab, so daß der Beton zu reißen begann. Die Ursache für dieses Phänomen konnte lange Zeit nicht geklärt werden. Erst Eugene Freyssinet, der sich seit 1911 dem Studium des Betons unter Dauerbeanspruchung widmete, fand die Ursache im Schwinden und Kriechen des Betons [2]. Er kam zu der Erkenntnis, daß dem Stahl bei der Vorspannung soviel Dehnung aufgezwungen werden muß, daß nach der Verkürzung des Betons infolge Kriechens und Schwindens noch genügend Dehnung und damit Vorspannkraft vorhanden ist. Dazu ist aber der Einsatz hochfester und damit entsprechend dehnbarer Stähle erforderlich. Außerdem forderte er einen hochwertigen Beton, der wenig schwindet und kriecht. Freyssinet ließ sich seine Gedanken zur Verwendung des vorgespannten Betons in Frankreich (1928) und zahlreichen anderen Staaten durch Patente schützen. In Deutschland war sein Verfahren ab dem 6. April 1929 patentiert [32].

Vorgespannte Massivbrücken wurden zuerst in Deutschland gebaut. Die erste Brücke dieser Art, mit einer maximalen Spannweite von 69 m, wurde 1935–1936 in Aue (Sachsen) von Dyckerhoff & Widmann nach einem Entwurf von Dischinger ausgeführt (Bild 61). Die Stahlkabel zur Aufbringung der Vorspannung, Rundstahlstäbe Durchmesser 70 mm (St 52), wurden dabei frei und ohne Verbund im Inneren der Konstruktion in Form eines Hängewerks geführt. Beim Vorspannen wurden diese Spannkabel mit 220 N/mm² beansprucht. Um die Verkürzungen des Betons aus Kriechen und Schwinden auszugleichen, mußten die Stahlkabel auch nach der Inbetriebnahme der Brücke mehrfach nachgespannt werden [33]. Das Bauwerk wird noch heute genutzt.

Das Interesse wandte sich jedoch bald der Entwicklung der „Vorspannung mit Verbund" zu. 1933 entwarfen und testeten Wayss & Freytag zusammen mit Freyssinet in Frankfurt/Main einen Versuchsträger von 20 m Spannweite. Dabei handelte es sich um den ersten Balkenträger, der zu einer Brücke hätte verwendet werden können. 1938 kam es durch die Wayss & Freytag AG zur ersten Ausführung einer Brücke (Bild 62), bei der die Spannglieder im Verbund lagen (Oelde, Westfalen). Die Konstruktion bestand aus vier 33 m weit gespannten Spannbetonträgern mit I-Querschnitt und einer Fahrbahnplatte aus Stahlbeton. Die Träger wurden am Ort in einem Spannbett hergestellt. Die Spannbewehrung bestand aus einem hochwertigen Manganstahl mit Durchmesser 14 mm im Untergurt und 10 mm im Obergurt. Die Festigkeit des Stahls betrug 980 N/mm². Beim Vorspannen wurde die Stahlspannung auf 550 N/mm² begrenzt. Die Spannstähle wurden im gespannten Zustand einbetoniert (Spannbeton mit sofortigem Verbund) und nach dem Erhärten des Betons von ihren Spannbettverankerungen gelöst. Die maximale Druckspannung im Beton zu diesem Zeitpunkt betrug 9,6 MN/m². Infolge Kriechens und Schwindens des Betons fiel sie im Laufe der Zeit auf 7 MN/m² ab, bei gleichzeitigem Abfallen der Stahlspannung bis auf 400 N/mm². Die Konstruktionshöhe der Träger betrug nur 1,60 m – eine für Balkenbrücken bis dahin noch nie erzielte Schlankheit [2, 33].

Auch dieses Bauwerk wird noch heute genutzt. Der Brücke, deren Abbruch man im Zuge des Ausbaus der Autobahnstrecke auf sechs Spuren in Erwägung gezogen hatte, wurde nach eingehender Inspektion attestiert, daß sie sich in einwandfreiem

10.1 Entwicklung des Massivbrückenbaus

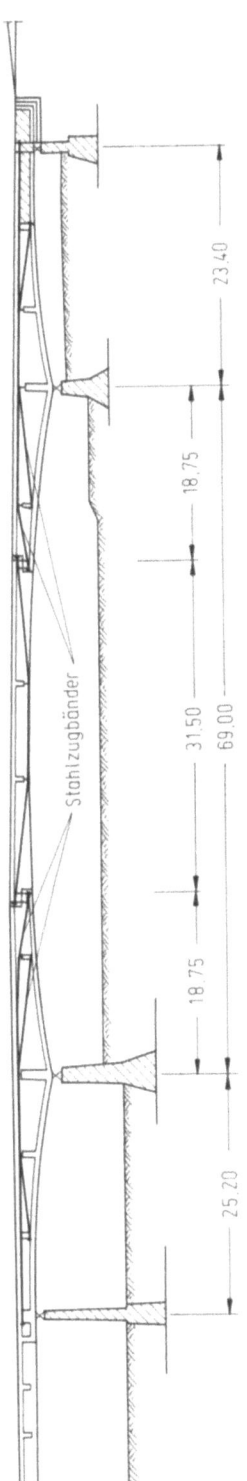

Bild 61. Spannbetonbrücke Aue (Sachsen) mit Spanngliedern „ohne Verbund" (1935/1936) [22]

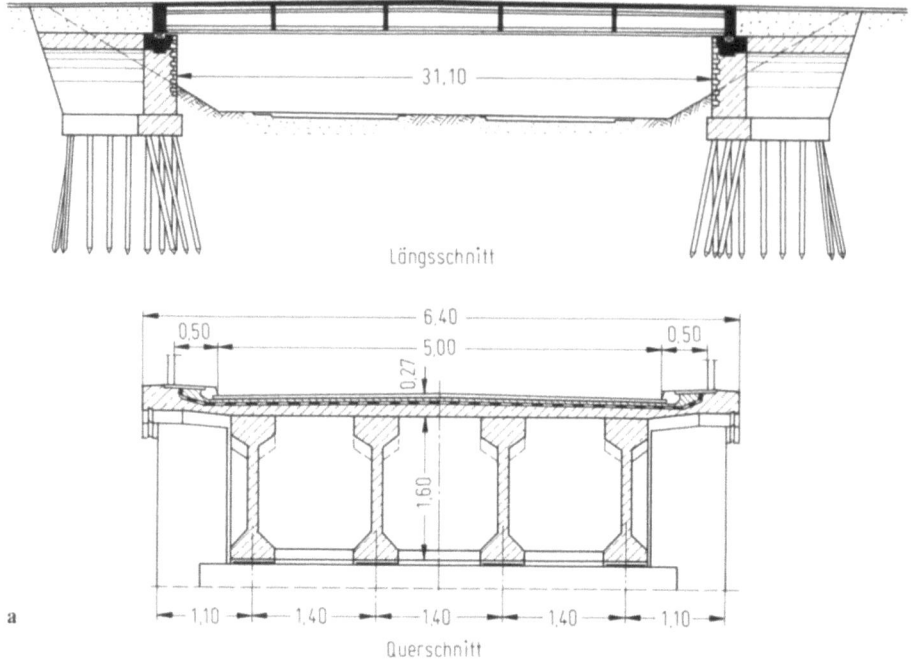

Bild 62a–c. Spannbetonbrücke Oelde (1938). Vorgefertigte Spannbetonträger mit sofortigem Verbund. **a** Längsschnitt und Querschnitt (Wayss & Freytag AG); **b** Brücke bei der Eröffnung der Autobahn; **c** Brücke heute nach erfolgter Instandsetzung (Fotos: Landschaftsverband Westfalen-Lippe)

10.1 Entwicklung des Massivbrückenbaus

Zustand befinde und mit Sicherheit auch die nächsten Jahrzehnte gut überstehen werde – und dies trotz eines schweren Unfalls, den sie zu überstehen hatte. 1967 prallte ein Silofahrzeug mit seinen Aufbauten gegen den Brückenträger. Der gute Erhaltungszustand trug sicher zu der Entscheidung bei, das Bauwerk unter Denkmalschutz zu stellen. In ihrem Bereich wurde die bisherige Standspur als dritter Fahrstreifen verstärkt und auf eine Standspur verzichtet.

Die Entwicklung des Spannbetonbrückenbaus wurde zunächst durch den Krieg unterbrochen.

Unmittelbar nach dem Krieg war in Deutschland der größte Teil der Brücken gesprengt. Der Wiederaufbau begann aber zunächst nur sehr langsam. Wegen der Schwierigkeiten bei der Materialbeschaffung – hochwertige Stähle und Zemente waren knapp – kam es zunächst nur vereinzelt zu Ausführungen von Brücken in Spannbeton.

1949/50 entstand in Belgien die erste über zwei Felder durchlaufende vorgespannte Straßenbrücke, die Maas-Brücke in Sclayn bei Namur mit zwei Öffnungen von 63 m Spannweite und einem dreizelligen Hohlkasten.

In Deutschland vollzog sich ab den fünfziger Jahren ein gewaltiger Wiederaufbau. Es galt dabei aber nicht nur, das Zerstörte wiederaufzubauen, sondern auch den

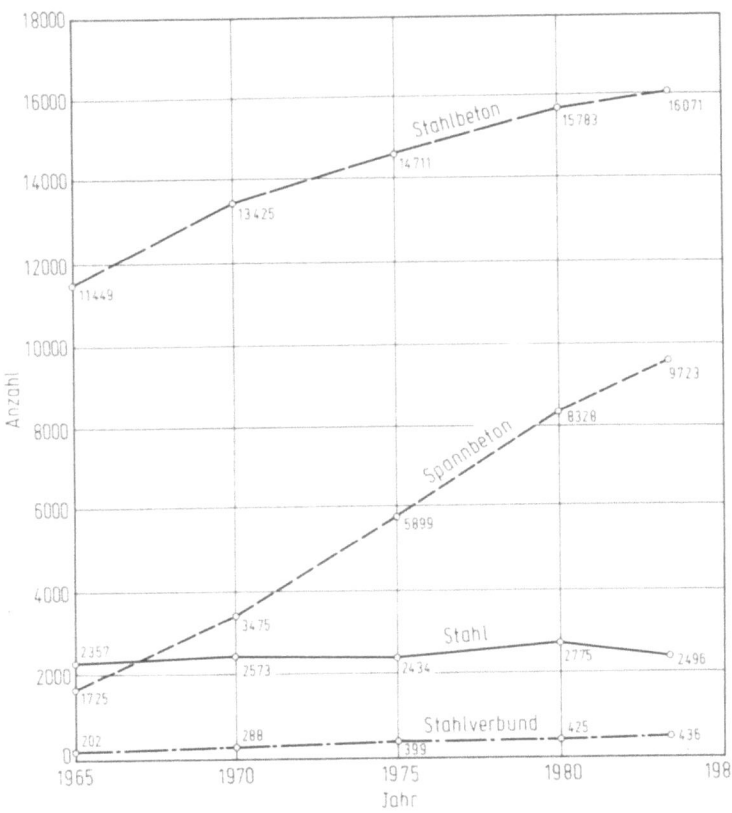

Bild 63. Bestand nach Anzahl und Bauweisen seit 1965 nach [31] (Stand 1984)

ständig wachsenden Ansprüchen gerecht zu werden. Der zunehmenden Motorisierung waren die alten Straßen und Brücken nicht mehr gewachsen. Die Verkehrssicherheit erforderte kreuzungsfreie Überschneidungen, das immer schnellere Tempo verlangte neue Bundesfernstraßen, Autobahnzubringer, Ortsumgehungen und Hochstraßen, sowie großzügige Talübergänge und Strombrücken. Diese Aufgaben kamen dem Spannbeton sehr zugute. Seine wirtschaftlichen und technischen Vorzüge ließen ihn mehr und mehr den „Markt" des Brückenbaus erobern, vom vorfabrizierten Plattendurchlaß bis zur 200 m weit gespannten Strombrücke [33]. Ähnliches geschah in der ganzen Welt. Der Spannbeton stieß dabei in Bereiche vor, die zuvor dem Stahlbrückenbau vorbehalten waren.

Einen Überblick über die Entwicklung des Brückenbestands der Bundesrepublik Deutschland bis 1984 vermitteln die Bilder 63 und 64. Die Zahlen beruhen auf statistischen Erhebungen, die seit 1965 vom Bundesverkehrsministerium durchgeführt werden. Erfaßt sind alle Brücken mit einer Lichtweite zwischen den Widerlagern ab 2 m, die in der Baulast des Bundes stehen oder im Zuge von Bundesfernstraßen liegen. Die dominante Stellung, die die Spannbetonbauweise in den letzten Jahrzehnten eingenommen hat, ist offensichtlich.

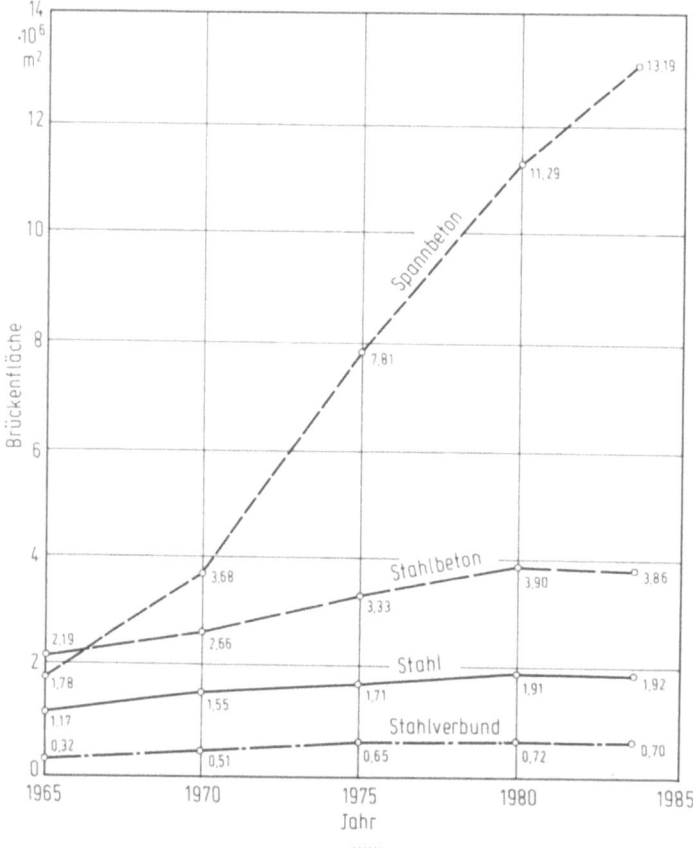

Bild 64. Bestand nach Brückenfläche und Bauweisen seit 1965 nach [31] (Stand 1984)

10.1 Entwicklung des Massivbrückenbaus

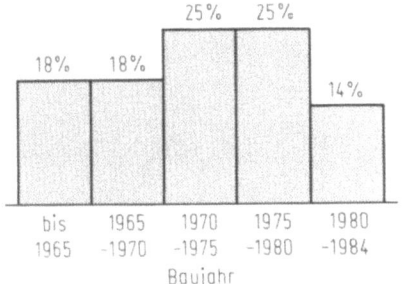

Bild 65. Altersstruktur der Spannbeton-Straßenbrücken im Zuge von Bundesfernstraßen nach Anzahl (100% = 9.723 Brücken) (Stand 1984)

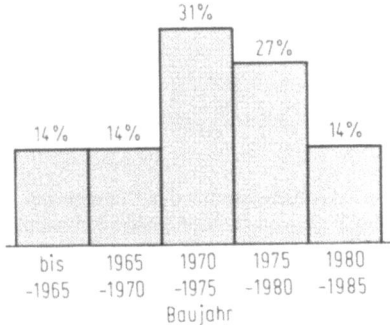

Bild 66. Altersstruktur der Spannbeton-Straßenbrücken im Zuge von Bundesfernstraßen nach Brückenfläche (100% = 13,19 Mio m^2) (Stand 1984)

Die Altersstruktur der rund 10.000 Spannbetonbrücken im Zuge von Bundesfernstraßen aufgrund dieser Erhebung ist in den Bildern 65 und 66 dargestellt. Rund zwei Drittel des Bestands wurden erst nach 1970 hergestellt. 91% des Bestandes, bezogen auf die Überbaufläche, wurden in den vergangenen 30 Jahren gebaut.

Rund die Hälfte der ca. 26.000 Massivbrücken besitzen Gesamtlängen zwischen 5 und 30 m (Bild 67). Zwei Drittel der Bauwerke haben eine Gesamtlänge zwischen 2 und 30 m, aber nur rd. 5% von mehr als 100 m ([31], Stand 1984).

Außer den Straßenbrücken von Bundesländern und Kommunen gibt es noch eine beachtliche Anzahl von Brücken der Deutschen Bundesbahn (Bild 68), die jedoch überwiegend in Stahlbauweise errichtet worden sind.

Die erste Eisenbahnbrücke aus Spannbeton überhaupt war die mit dem Spannverfahren Magnel hergestellte Eisenbahnbrücke über die Miroir-Straße in Brüssel mit einer Spannweite von 20 m. Dabei handelte es sich um eine schiefe Platte, die sechs parallele Gleise aufnahm. Magnel löste diese Platte in sechs parallele, getrennte Plattenstreifen auf. Die erste vorgespannte Eisenbahnbrücke in Spannbeton der Deutschen Bundesbahn wurde in den Jahren 1950–1951 erbaut: Die Neckarkanalbrücke bei Heilbronn, eine schiefwinklige Hohlplatte über fünf Öffnungen mit Spannweiten bis zu 21,60 m. Zur gleichen Zeit wurde die Eder im Zuge der zweigleisigen Strecke Kassel-Gießen bei Grifte mit einer durchlaufenden Balkenbrücke überbrückt [33]. In der Folge wurden von der Deutschen Bundesbahn nur relativ wenige Eisenbahnbrücken in Spannbeton gebaut; überwiegend Einfeldsysteme. Mit der Erweiterung des Schienennetzes durch Neubaustrecken während der letzten Jahre kam jedoch die Spannbetonbauweise verstärkt zum Zuge. 1984 wies der Bestand der

96   10 Brückenbestand und untersuchte Bauwerke

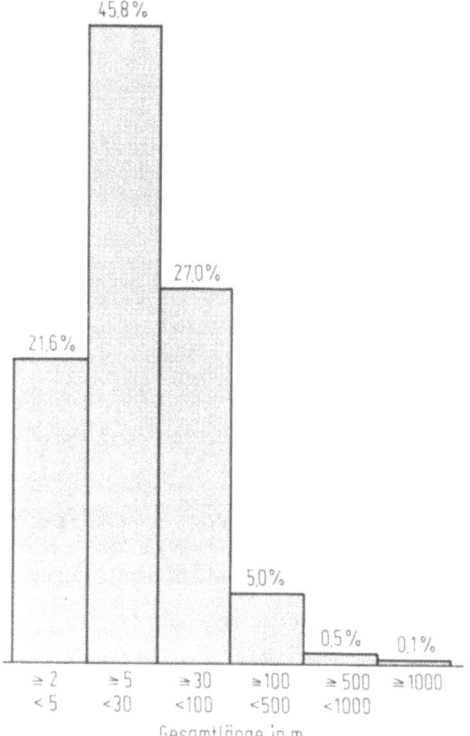

Bild 67. Größenstruktur der Massivbrücken im Zuge von Bundesfernstraßen nach Anzahl und Gesamtlänge der Bauwerke (100% = 25.794 Brücken) (Stand 1984) nach [31]

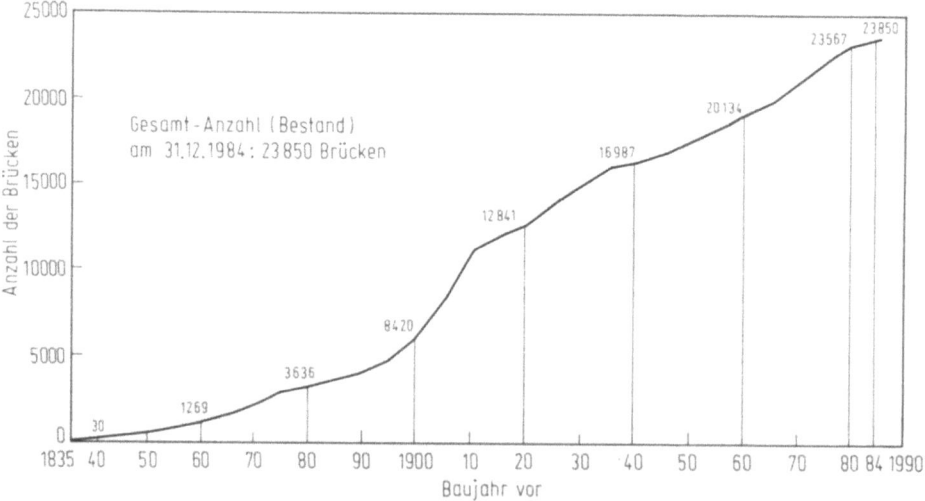

Bild 68. Brückenbestand der Deutschen Bundesbahn nach [87]

10.2 Die untersuchten Fluß- und Talbrücken

Deutschen Bundesbahn rd. 23.850 Eisenbahnbrücken auf. Davon waren rd. 900 Spannbetonbrücken.

10.2 Die untersuchten Fluß- und Talbrücken

Untersucht werden im folgenden nur Straßenbrücken, und zwar Spannbetonbrücken der Länder Rheinland-Pfalz und Hessen im Zuge von Bundesfernstraßen.

Dabei handelt es sich um 43 große Talbrücken bzw. Flußbrücken mit 76 getrennten Überbauten. Darunter befindet sich eine Stahlverbundbrücke, die aufgrund ihrer Betonfahrbahnplatte ebenfalls in die Untersuchungen einbezogen wird.

Grundlage für die Untersuchungen sind im wesentlichen die Bauwerksbücher und Prüfberichte der beiden Straßenbauverwaltungen.

Die untersuchte Stichprobe kann durch folgende Angaben charakterisiert werden:

- rd. 670.000 m² Brückenfläche in Spannbetonbauweise (= 5,1% der Spannbetonbrückenfläche im Zuge von Bundesfernstraßen in der Bundesrepublik Deutschland im Jahre 1984)
- 43 Bauwerke mit einer Gesamtlänge > 180 m (1984 gab es im Zuge von Bundesfernstraßen 1.305 Massivbrücken mit einer Gesamtlänge > 100 m (nach [31])
- Gesamtlänge der 76 Brückenüberbauten = 39.880 m
- 886 Felder
- 720 Koppelfugen
- 1.185 Querträger
- 2.698 Lager
- 212 Fahrbahnübergänge

Ausgewählt wurden nur Brücken, die nach 1955 errichtet worden sind, so daß mit der 1953 fertiggestellten ersten Richtlinie der Welt für Spannbeton (DIN 4227) für alle untersuchten Brücken einheitliche Entwurfsgrundlagen vorlagen.

Die untersuchten Bauwerke wurden in einem Zeitraum von 20 Jahren zwischen 1960 und 1980 fertiggestellt (Bild 69). Die Altersstruktur der Überbauten der untersuchten Bauwerke ist in den Bildern 70 und 71, getrennt nach Anzahl und Brückenflä-

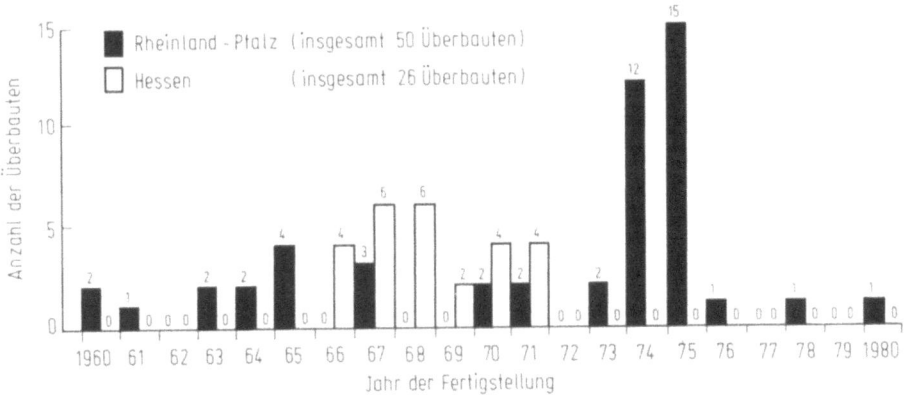

Bild 69. Überbauten der untersuchten Stichprobe: Jahr der Fertigstellung

98   10 Brückenbestand und untersuchte Bauwerke

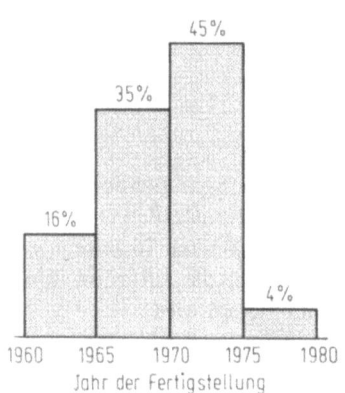
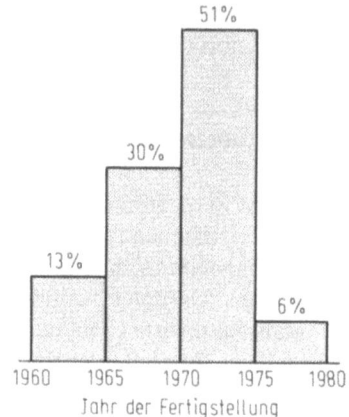

Bild 70.   **Bild 71.**

Bild 70. Altersstruktur der untersuchten Spannbetonüberbauten nach Anzahl (100% = 76 Überbauten)

Bild 71. Altersstruktur der untersuchten Spannbetonüberbauten nach Brückenfläche (100% = 669.404 m²)

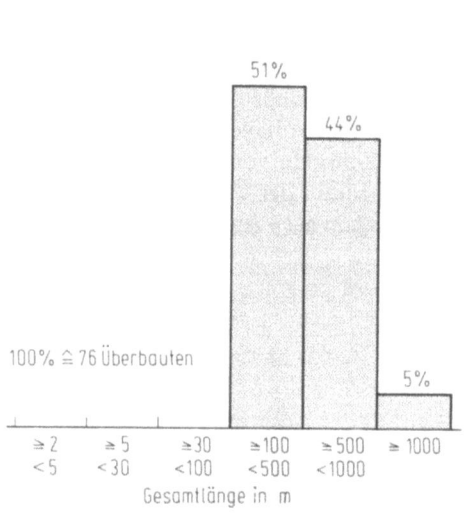
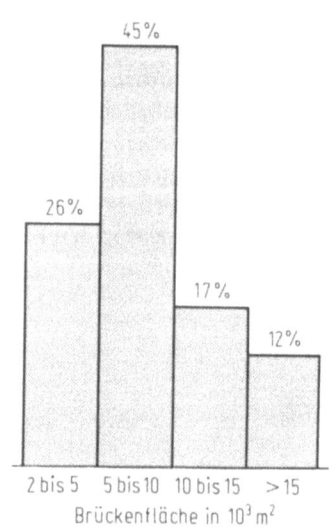

Bild 72.   **Bild 73.**

Bild 72. Struktur der Brückenlänge aller untersuchten Spannbetonüberbauten nach Anzahl der Bauwerke (100% = 76 Überbauten)

Bild 73. Struktur der Brückenfläche aller untersuchten Spannbetonüberbauten nach Anzahl der Bauwerke (100% = 76 Überbauten)

10.3 Aussagekraft der Auswertungen

Tabelle 6. Verteilung der Querschnitte der 76 untersuchten Überbauten auf die einzelnen Querschnittsformen nach Anzahl (100% = 76 Überbauten)

Querschnittsform	▬	⊓⊓	⊔⊔	⊓⊓⊓	⊔	⊔⊔
Anzahl	1	9	3	8	41	14
%-Anteil	1%	12%	4%	10%	54%	19%

Tabelle 7. Verteilung der Querschnitte der 76 untersuchten Überbauten auf die einzelnen Querschnittsformen nach Brückenfläche (100% = 670.000 m²)

Querschnittsform	▬	⊓⊓	⊔⊔	⊓⊓⊓	⊔	⊔⊔
A [m²]	9956	65339	54562	72838	326200	140506
%-Anteil	1%	10%	8%	11%	49%	21%

che, dargestellt. Über die Struktur der Überbaulängen gibt Bild 72 Auskunft, woraus nochmals deutlich wird, daß nur große Talbrücken und Flußbrücken in der Stichprobe enthalten sind. Die Struktur der Bauwerksgröße, ausgedrückt in m² Brückenfläche, geht aus Bild 73 hervor.

Die Verteilung der Querschnittsformen, getrennt nach Anzahl und Brückenfläche, ist in den Tabellen 6 und 7 dargestellt. Der hohe Anteil an Hohlkastenquerschnitten ist typisch für Brücken dieser Größenordnung.

10.3 Aussagekraft der Auswertungen

Die 76 untersuchten Spannbetonüberbauten stellen eine Stichprobe aus der Grundgesamtheit aller Spannbetonbrücken der Bundesrepublik Deutschland dar. Die in den folgenden Abschnitten dargestellten Untersuchungsergebnisse gelten natürlich streng nur für die untersuchten Brücken. Bei ausreichender Größe der Stichprobe sind jedoch auch Schlüsse auf das Verhalten der Grundgesamtheit möglich.

Haben z. B. von den 2.698 untersuchten Lagern $p\%$ starke Korrosionsschäden, dann besagt dies für ein konkretes Lager zunächst nichts. Es kann aber erwartet werden, daß in der Grundgesamtheit aller Lager ein Anteil in der Größenordnung von etwa $p\%$ ebenfalls starke Korrosionsschäden aufweist.

Vollkommen sichere Schlüsse von einer Stichprobe auf die Grundgesamtheit gibt es naturgemäß nicht. Will man ganz genau wissen, wieviele Lager starke Korrosionsschäden aufweisen, muß man die Prüfbefunde aller Lager auswerten, was bei einer EDV-mäßigen Erfassung aller Schadensdaten leicht möglich wäre.

Eine angemessene Stichprobe liefert aber in der Regel sehr wertvolle Aufschlüsse. Bei manchen Problemstellungen des Bauingenieurwesens ist gar kein anderer Weg gangbar, als eine Prüfung an einer Stichprobe durchzuführen, wie z. B. bei Festigkeitsprüfungen von Werkstoffen.

Mit dem Umfang der Stichprobe steigt die Genauigkeit der Schlüsse, die statistischen Aussagen werden sicherer. Ohne angemessenen Stichprobenumfang sind die abgeleiteten Aussagen völlig wertlos.

Zum Umfang der hier untersuchten Stichprobe wurden im Abschnitt 10.2 bereits einige Angaben gemacht. Da die Brückenfläche der 76 untersuchten Überbauten einem Anteil an der Gesamtfläche aller Spannbetonbrücken im Zuge von Bundesfernstraßen von rd. 5% entspricht, darf man von den im folgenden durchgeführten Auswertungen durchaus brauchbare Aussagen für den Gesamtbestand erwarten.

Da die Grundgesamtheit aller Spannbetonbrücken der Bundesrepublik Deutschland eine sehr heterogene Masse darstellt, ist jedoch ein angemessener Stichprobenumfang allein noch nicht hinreichend. Von großer Bedeutung ist, daß die Stichprobe repräsentativ für die Grundgesamtheit ist. Beide müssen ähnlich strukturiert sein.

Der Altersstruktur kommt dabei eine ganz besondere Bedeutung zu und zwar sowohl hinsichtlich einer Auswertung der Bauwerksdaten als auch der Schadensdaten. Die Stichprobe enthält Brücken mit Fertigstellungsterminen seit 1960, wobei aber junge Brücken, die nach 1975 dem Verkehr übergeben wurden, etwas unterrepräsentiert sind (vgl. die Bilder 65 und 66 mit 70 und 71).

Hinsichtlich der Gesamtlänge der Bauwerke ist festzustellen, daß hier nur große Talbrücken und Flußbrücken untersucht wurden, deren zahlenmäßiger Anteil an der Gesamtheit aller Brücken zwar relativ gering ist (1984 waren es 5%, s. Bild 67), die aber eine große Brückenfläche repräsentieren.

Die im folgenden durchgeführten Untersuchungen sind also in erster Linie für große Brücken repräsentativ.

Natürlich kann man noch weitere Kriterien heranziehen, wie beispielsweise Bauverfahren oder Querschnittstypen. Letztere sind bei den 76 Brückenüberbauten, wie der Vergleich mit verschiedenen Veröffentlichungen über Brücken dieser Größenordnung zeigt [34–36], durchaus repräsentativ auf die einzelnen Typen verteilt.

Insgesamt kann festgestellt werden, daß mit den 76 Brückenüberbauten hier eine repräsentative Stichprobe von Bauwerken dieser Größenordnung vorliegt.

11 Auswertung der Bauwerksdaten

11.1 Bauverfahren

Bei den untersuchten 75 Brückenüberbauten in Spannbetonbauweise und einer Verbundkonstruktion handelt es sich mit Ausnahme einer Pilzkonstruktion ausschließlich um Balkenbrücken. Davon sind 69 Überbauten Durchlaufträger- und 7 Brücken Einfeldsysteme. Unter den Einfeldsystemen befindet sich die Stahlverbundbrücke.

Ein wesentliches Unterscheidungsmerkmal der Bauwerke sind die Herstellungsverfahren, deren Anwendung bei den hier untersuchten Brücken im folgenden kurz untersucht wird:
Die folgenden Bauverfahren kamen zur Anwendung

– Traggerüst (Lehrgerüst),
– vorgefertigte Spannbetonträger mit Fahrbahnplatte aus Ortbeton,
– Freivorbau,
– Vorschubrüstung,
– Taktschiebeverfahren.

Bei sechs Bauwerken kam eine Kombination aus zwei Verfahren zum Einsatz:

– Traggerüst und Freivorbau,
– Traggerüst und Vorschubrüstung,
– Freivorbau und Vorschubrüstung.

Die Fertigung auf ortsfesten Traggerüsten ist das in den fünfziger und sechziger Jahren am meisten angewandte Verfahren zur Herstellung von Brückenüberbauten. Bei den Talbrücken, deren Baubeginn in die sechziger Jahre fällt, kam es in 40% aller Fälle zur Anwendung (Bild 74a). Dem Vorteil der Traggerüstkonstruktionen, die aus universell zusammensetzbaren Einzelteilen hergestellt werden und verhältnismäßig leicht den jeweiligen Gegebenheiten eines Brückenbauwerks anzupassen sind, steht der Nachteil gegenüber, daß sie sehr lohnintensiv sind, da jeweils für ein Brückenfeld die Konstruktion auf- und wieder abgebaut werden muß. Schließlich wird dieser Rüstungstyp mit zunehmender Pfeilerhöhe sehr aufwendig und ist nicht mehr wirtschaftlich einsetzbar. Die maximale Spannweite, die mit diesem Bauverfahren bei den hier betrachteten Brücken hergestellt wurde, betrug 58 m, bei zugehörigen Pfeilerhöhen des Bauwerks zwischen 28 und 52 m (Baubeginn 1966). Der Anteil der Fälle, bei denen Traggerüste zum Einsatz kamen, ging in den siebziger Jahren auf 14% zurück (Bild 74b), was auf das zunehmende Aufkommen der Vorschubrüstungen zurückzuführen ist.

Die Herstellung mittels Vorschubrüstung (Bild 75) nimmt bei den 76 untersuchten Überbauten eine sehr dominante Stellung ein (Bild 74c). Insgesamt kam dieses Bauverfahren in 50% aller Fälle zur Anwendung.

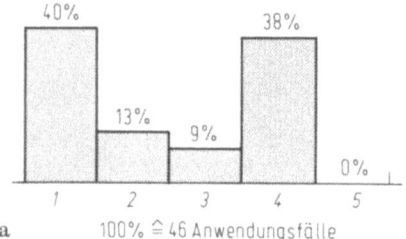

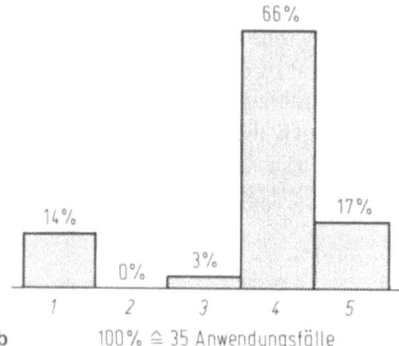

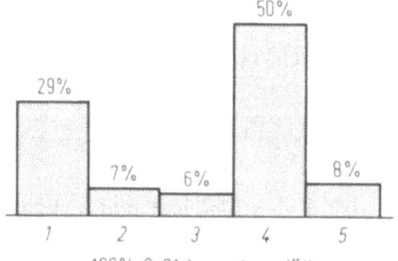

Bild 74a–c. Bauverfahren der 76 untersuchten Überbauten. **a** Baubeginn in den sechziger Jahren; **b** Baubeginn in den siebziger Jahren; **c** alle Brücken. *1* Traggerüst (Lehrgerüst), *2* vorgefertigte Spannbetonträger und Fahrbahnplatte aus Ortbeton, *3* Freivorbau, *4* Vorschubrüstung, *5* Taktschiebeverfahren

Den hohen Investitionskosten stehen im Vergleich zu den konventionellen Lehrgerüsten eine Verkürzung der Bauzeit, Unabhängigkeit von der Geländeform und weitestgehende Schonung der Landschaft als Vorteil gegenüber.

Insgesamt wurden von den rd. 40.000 m Gesamtlänge der 76 Überbauten rd. 25.000 m mit Vorschubrüstung hergestellt. Die längste Brücke hatte dabei eine Gesamtlänge von rd. 1.500 m pro Überbau, die kürzeste von rd. 240 m (Tabelle 8).

Der übliche Bereich der Spannweiten liegt zwischen 30 und 50 m. In zwei Ausnahmefällen betragen die maximale Spannweite rd. 75 m bzw. sogar 106 m, wobei im letzteren Fall ein sehr aufwendiges Vorschubgerüst zum Einsatz kam. Der für den Gerüsteinsatz ideale Fall konstanter Stützweiten war nicht immer gegeben. Bei den meisten Bauwerken waren jedoch die Längen der Innenfelder konstant und die Randfelder aus statischen Gründen entsprechend verringert.

11.1 Bauverfahren

Bild 75. Herstellung einer Talbrücke mit Vorschubrüstung

Tabelle 8. Angewandte Bauverfahren und Gesamtlänge der Überbauten der untersuchten Bauwerke. min l_{ges} kleinste Gesamtlänge eines einzelnen Bauwerks, $\bar{l}_{ges}$ mittlere Gesamtlänge aller Bauwerke, max l_{ges} größte Gesamtlänge eines einzelnen Bauwerks

Bauverfahren	min l_{ges}	$\bar{l}_{ges}$	max l_{ges}	m
Traggerüst	181	273	571	
vorgefertigte Spannbetonträger und Ortbeton	366	590	801	
Freivorbau	216	342	437	
Vorschubrüstung	241	630	1521	
Taktschiebeverfahren	388	520	602	

Tabelle 9. Gegenüberstellung Bauverfahren – Querschnittsformen

Bauverfahren	Querschnittsform					
	▽	⊓⊓	⊔⊔	⊓⊓⊓	⊔⊔	⊔⊔⊔
Traggerüst		4	1		17	2
vorgef. Spannbetonträger + Ortbeton				6		
Freivorbau				1	4	
Vorschubrüstung	1	4	3	2	18	12
Taktschiebeverfahren					6	

Die universelle Einsetzbarkeit der Vorschubrüstung geht aus Tabelle 9 hervor, wonach sämtliche vorhandene Querschnittsformen mindestens bei einer Brücke mit diesem Bauverfahren hergestellt worden sind.

Der freie Vorbau (Bild 76) kam bei den in der Stichprobe enthaltenen Flußbrücken mit Spannweiten in der Hauptöffnung von rund 200 m sowie bei einer Vorlandbrücke zur Anwendung. Wegen der großen zu überbrückenden Spannweiten wurden Kastenträger ausgeführt.

Bild 76. Herstellung einer Brücke im Freivorbau

Vier Talbrücken, von denen zwei Bauwerke getrennte Überbauten aufweisen, wurden aus vorgefertigten Spannbetonträgern mit nachträglich aufgebrachter Fahrbahnplatte aus Ortbeton hergestellt (Tabelle 9). Die Spannweiten dieser Brücken bewegen sich dabei zwischen 51 und 53,4 m, was in etwa als obere Grenze bei diesem Brückentyp anzusehen ist. Die minimale Felderzahl beträgt 7, die maximale 15 Felder.

Das Taktschiebeverfahren stellt heute bei Brückenlängen größer als 250 m und bewegter Geländestruktur das wirtschaftlichste Verfahren zur Herstellung von Spannbetonüberbauten dar, sofern die Randbedingungen seine Anwendung nicht ausschließen. In seiner heute noch gültigen Form fand es erstmals 1965 beim Bau der 450 m langen Autobahnbrücke über den Inn in Kufstein (Österreich) Anwendung [2].

Der Baubeginn der sechs Überbauten der untersuchten Taktschiebebrücken lag ausnahmslos in den siebziger Jahren (Bild 74).

Als Querschnitt kam ausschließlich der einzellige Hohlkasten zur Anwendung (Tabelle 9). Grundsätzlich ist es aber auch möglich, Plattenbalken im Taktschiebeverfahren herzustellen, was bereits mehrfach ausgeführt wurde. Bei Hohlkästen steht dem Nachteil des größeren Schalungsaufwands aufgrund ihrer größeren Kernweite der Vorteil eines geringeren Spannstahlbedarfs für die zentrische Vorspannung während des Einschiebens gegenüber. Mit zunehmender Spannweite erfährt die Einsatzmöglichkeit des Plattenbalkens zudem eine Begrenzung aufgrund der relativ kleinen Biegedruckzone im Bereich negativer Momente. Für Hohlkästen muß jedoch eine gewisse Mindestbauhöhe zur Verfügung stehen, auch im Hinblick auf die spätere Unterhaltung (Begehbarkeit).

Die Gesamtlängen der sechs Taktschiebebrücken liegen zwischen 308 und 602 m und die Spannweiten der Brücken in der Regel zwischen 30 und 50 m. Die maximale

11.1 Bauverfahren

Bild 77. Herstellung einer Brücke im Taktschiebeverfahren (Foto: Fa. Adam Hörnig)

Tabelle 10. Baugeschwindigkeit (Überbauten und Unterbauten) in Abhängigkeit vom Bauverfahren

Bauverfahren	Baugeschwindigkeit m/Monat		
	Mittel	Min.	Max
Traggerüst (17 Brücken)	13	9	18
Vorschubrüstung (23 Brücken)	25	9	49
Fertigteile (2 Brücken)	25	–	–

Spannweite beträgt 70 m, wobei allerdings eine zusätzliche Hilfsunterstützung während des Bauvorgangs erforderlich war. Die Herstellung einer Brücke im Taktschiebeverfahren ist in Bild 77 zu sehen.

Tabelle 10 zeigt die Auswertung der Baugeschwindigkeit in Meter Bauwerkslänge pro Monat Bauzeit für das Gesamtbauwerk, also Überbau plus Unterbauten. Die großen Streuungen erklären sich aus den unterschiedlich aufwendigen Unterbauten und den verschiedenen Vorlaufzeiten zwischen Unterbauten und Überbau. Für die anderen Bauverfahren standen keine Angaben zur Verfügung.

Wird die Baugeschwindigkeit nur für die Herstellung der Überbauten betrachtet, ergibt sich beim Einsatz von Vorschubrüstungen üblicherweise eine Baugeschwindigkeit entsprechend der Herstellung eines Felds im 2-Wochentakt. Beim Taktschiebeverfahren sowie beim Freivorbau erfolgt die Herstellung eines Bauabschnitts üblicherweise im Wochentakt. Während die Abschnittslängen beim Taktschiebeverfahren anfangs etwa 10 m betragen, liegen sie heute in der Regel in einem Bereich von etwa 10 bis 20 m. Um eine größere Baugeschwindigkeit bei einem Takt pro Woche zu erreichen, wurden jedoch auch schon größere Abschnittslängen ausgeführt. Die Abschnittslängen beim Freivorbau betragen üblicherweise ca. 3,50 bis 5 m.

11.2 Baustoffe

11.2.1 Vorbemerkungen

Im folgenden werden die Baustoffmengen und Baustoffgüten der 76 Überbauten ausgewertet. Die Unterbauten werden bei diesen Betrachtungen ausgeklammert, da sie aufgrund der meist sehr unterschiedlichen Randbedingungen (Baugrundverhältnisse, Geländeform) nicht ohne weiteres vergleichbar sind.

Die Ergebnisse solcher Auswertungen können als Hilfsmittel für den Entwurf und Kostenanschlag neu zu errichtender, vergleichbarer Bauwerke dienen. Eine weitere Anwendungsmöglichkeit stellt die Untersuchung etwa vorhandener Zusammenhänge zwischen Baustoffaufwand oder Baustoffgüten und Schäden dar.

Da die untersuchten Bauwerke zwischen 1960 und 1980 hergestellt wurden, können auch tendenzielle Entwicklungen beim Baustoffaufwand sowie bei den verwendeten Baustoffgüten untersucht werden. Von den 76 Überbauten gehen in die folgenden Untersuchungen nur diejenigen Bauwerke ein, von denen die genauen Werte der Baustoffmengen vorliegen. Was die Betonstahl- und Spannstahlmengen angeht, sind das nur die Brücken des Landes Rheinland-Pfalz. Um die Datenbasis zu verbreitern, werden daher zusätzlich Daten anderer Autoren mit herangezogen [34–36]. (Diese zusätzlichen Daten werden nur in diesem Abschnitt 11.2 für die Auswertung der Baustoffdaten mitbenutzt.) Diese zusätzlich in die Auswertungen einbezogenen Bauwerke sind mit der hier untersuchten Stichprobe vergleichbar.

Bei den Auswertungen sind die Brücken, die in den Jahren 1976 bis 1980 hergestellt wurden, allerdings etwas unterrepräsentiert.

11.2.2 Beton

Im folgenden wird der auf die Brückenfläche (= Breite zwischen Geländern mal Bauwerkslänge) bezogene mengenmäßige Aufwand an Beton in Abhängigkeit von der Spannweite und dem Herstellungszeitpunkt ausgewertet. Die Ergebnisse sind getrennt nach Hohlkasten- und Plattenbalkenquerschnitt in den Bildern 78 und 79 dargestellt. Bei den Hohlkästen sind sowohl ein- als auch mehrzellige Hohlkästen vertreten, bei den Plattenbalken auch Fertigteilsysteme.

Wie aus den Darstellungen zu entnehmen ist, besteht zwischen den Einzelwerten der Betonmassen der Überbauten und den Spannweiten keine strenge Gesetzmäßigkeit. Obwohl alle Brücken für die gleichen Verkehrslasten bemessen sind, streuen die Werte bei den einzelnen Spannweiten ganz beachtlich, was darauf hindeutet, daß für den erforderlichen Baustoffaufwand außer den Spannweiten noch andere Parameter eine wesentliche Rolle spielen. Deutlich erkennbar ist jedoch die tendenzielle Zunahme des Betonaufwands mit wachsender Spannweite aufgrund der gleichzeitig

11.2 Baustoffe

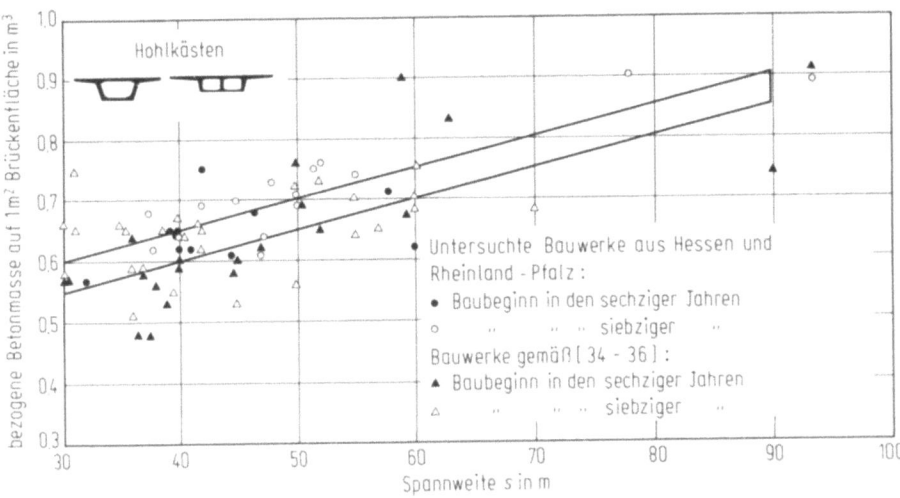

Bild 78. Bezogene Betonmassen pro m² Brückenfläche von Überbauten mit Hohlkastenquerschnitt in Abhängigkeit von den Spannweiten

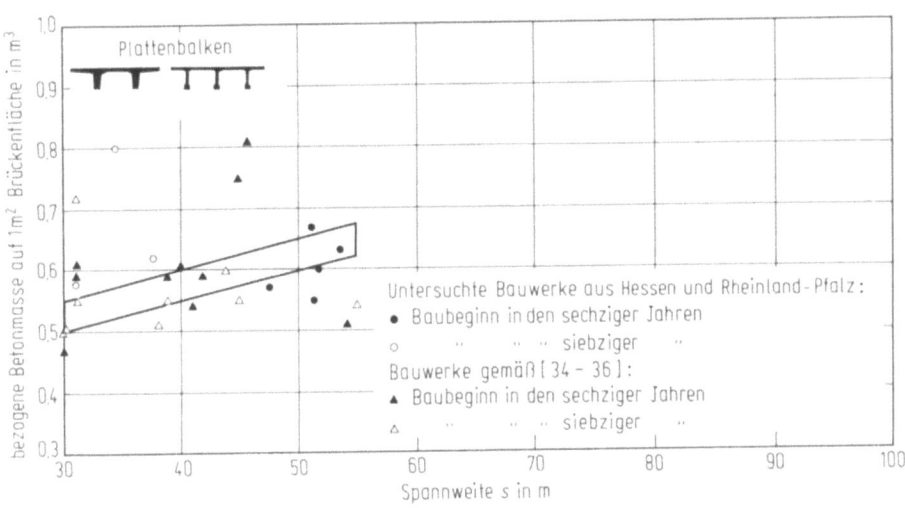

Bild 79. Bezogene Betonmassen pro m² Brückenfläche von Überbauten mit Plattenbalkenquerschnitt in Abhängigkeit von den Spannweiten

größer werdenden erforderlichen Biegedruckzone. Die in den Darstellungen eingezeichneten Balken sind nur als Richtwerte anzusehen. Sie ergeben für Hohlkästen bei der häufig vorkommenden Spannweite von 40 m einen Betonaufwand von rd. 0,60 bis 0,65 m³/m² und für Plattenbalken von rd. 0,55 bis 0,60 m³/m². Aus den Balken ergibt sich ein Zuwachs von 0,05 m³/m² für eine Vergrößerung der Spannweite um 10 m. Die Plattenbalken liegen im Betonaufwand tendenziell etwas niedriger als die Hohlkästen, was für Einzelwerte wegen der Streuungen allerdings nur wenig aussagt.

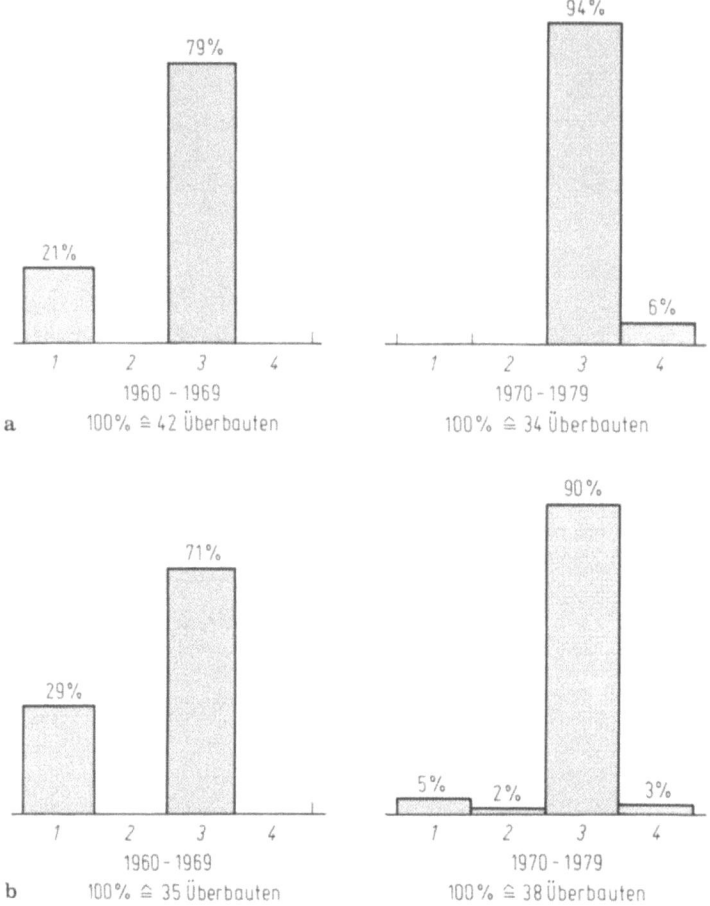

Bild 80. Betonfestigkeitsklassen B der Überbauten getrennt nach Herstellungszeitpunkt in den sechziger oder siebziger Jahren. **a** Überbauten der untersuchten Brücken aus Hessen und Rheinland-Pfalz; **b** Überbauten gemäß [34–36]; *1* B 25 ($\cong$ B 300 alt), *2* B 35, *3* B 40 ($\cong$ B 450 alt), *4* B 45

Eine signifikante Veränderung des Betonaufwands in Abhängigkeit vom Zeitpunkt der Herstellung läßt sich für die hier untersuchten Überbauten nicht feststellen (Bild 78 und 79).

Die Auswertung der verwendeten Betonfestigkeitsklassen der Überbauten ist in Bild 80 dargestellt. Dabei dominiert die Festigkeitsklasse B 40 (= B 450 nach alter Bezeichnung). Die Festigkeitsklasse B 25 (= B 300 nach alter Bezeichnung) wurde bei den untersuchten Überbauten während der siebziger Jahre nur noch vereinzelt verwendet.

Die zunehmende Verwendung höherwertiger Betongüten hat mehrere Gründe: Der Einsatz von 150 t Spanngliedern ist aufgrund der sehr hohen Beanspruchung des Betons unmittelbar hinter den Ankerplatten nur bei Betonfestigkeitsklassen $\geq$ B 35

11.2 Baustoffe

zulässig. Da für die wirtschaftliche Herstellung die Baugeschwindigkeit von großer Bedeutung ist, werden bevorzugt hochwertige Betone mit hoher Anfangsfestigkeit verwendet. Schließlich dürfen bei den höheren Festigkeitsklassen bei der beschränkten Vorspannung größere Betonzugspannungen ausgenutzt werden. Zudem kommt bei großen Spannweiten und Schlankheiten natürlich auch einer hohen Betondruckfestigkeit große Bedeutung zu.

11.2.3 Betonstahl

Die Betonstahlmengen der Überbauten in Abhängigkeit von den Spannweiten sind in den Bildern 81 und 82 getrennt für Hohlkästen und Plattenbalken dargestellt. Die Mengen sind auf 1 m³ Beton bzw. 1 m² Brückenfläche bezogen.

Es ergibt sich bei den vorgespannten Überbauten keine Abhängigkeit der bezogenen Betonstahlmengen von den Spannweiten. Die Zunahme der Schnittgrößen bei größer werdenden Spannweiten bedingt im wesentlichen höhere Vorspannkräfte. Die Menge der Betonstahlbewehrung hängt dagegen primär von der Größe der zu bewehrenden Oberfläche ab.

Wie aus den Darstellungen zu erkennen ist, ergeben sich für den Bezugswert Brückenfläche kleinere Streuungen als für den Bezugswert Betonvolumen. Weiterhin ist ersichtlich, daß die während der siebziger Jahre eingebauten Betonstahlmengen in der Tendenz deutlich höher liegen als die Vergleichswerte der sechziger Jahre. In den Bildern 81 und 82 sind die entsprechenden Mittelwerte unabhängig von den Spannweiten eingetragen. Bei den Hohlkästen übertreffen die Mittelwerte für die siebziger Jahre die entsprechenden Vergleichswerte für die sechziger Jahre um ca. 30%. Bei den Plattenbalken beträgt der Unterschied rd. 25%. Die Ursache ist wohl im wesentlichen in der zwischenzeitlichen Erhöhung der vorgeschriebenen Mindestbewehrungen in DIN 4227 zu sehen. Eine genauere Aufschlüsselung, welcher Anteil des Mehrbedarfs auf eine Erhöhung der statisch erforderlichen Bewehrung bzw. der Mindestbewehrung zurückzuführen ist, kann mangels entsprechender Daten nicht durchgeführt werden.

Ein Vergleich der eingebauten Betonstahlmengen mit und ohne Berücksichtigung der Kappen ergibt für die im Rahmen von [1] erfaßten Brücken im Mittel einen Unterschied von rd. 10%, und zwar unabhängig davon, ob der Überbau während der sechziger oder siebziger Jahre hergestellt wurde.

Bei den verwendeten Betonstahlsorten ist ebenfalls eine zeitabhängige Veränderung festzustellen (Bild 83). In den Anfängen des Massivbrückenbaus war die Verwendung von gerippten Betonstahl verboten, da beispielsweise bei den damals kaltverformten Rippenstählen aus Thomasstahl wegen der dynamischen Beanspruchungen Gefahren für die Dauerschwingfestigkeit vorhanden waren. So wurde vorwiegend der glatte Betonstahl I eingesetzt, der wegen seiner schlechten Verbundeigenschaften noch mit Endhaken verankert werden mußte. Inzwischen wird jedoch ausschließlich gerippter Betonstahl III verwendet, da dessen Tauglichkeit bei dynamischer Beanspruchung mittlerweile außer Zweifel steht. Außerdem verhält sich gerippter Stahl wegen seiner besseren Verbundeigenschaften hinsichtlich der Rissebeschränkung wesentlich günstiger als der glatte Betonstahl I.

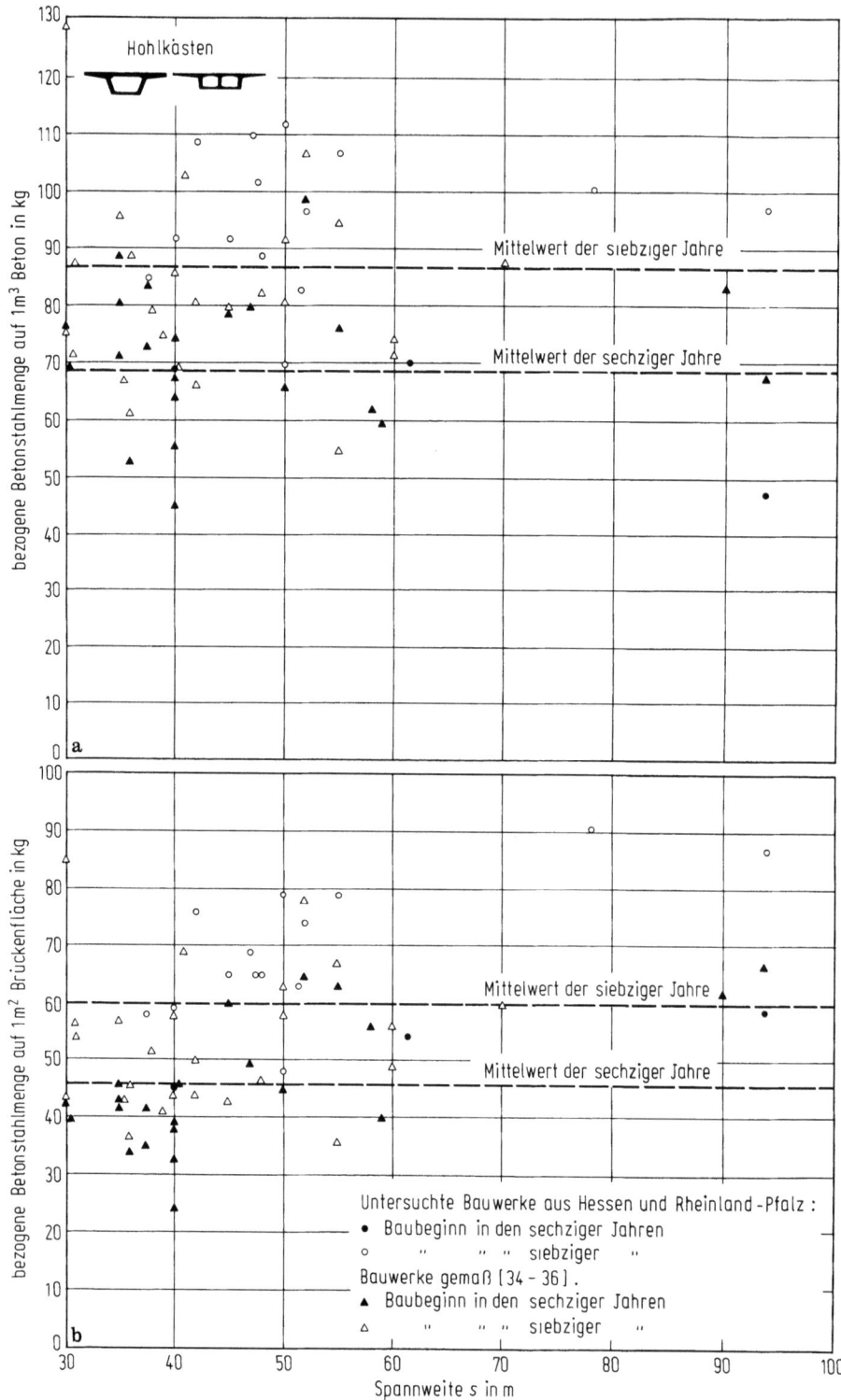

Bild 81a und b. Bezogene Betonstahlmassen von Überbauten mit Hohlkastenquerschnitt in Abhängigkeit von den Spannweiten. **a** Menge bezogen auf 1 m³ Beton; **b** Menge bezogen auf 1 m² Brückenfläche

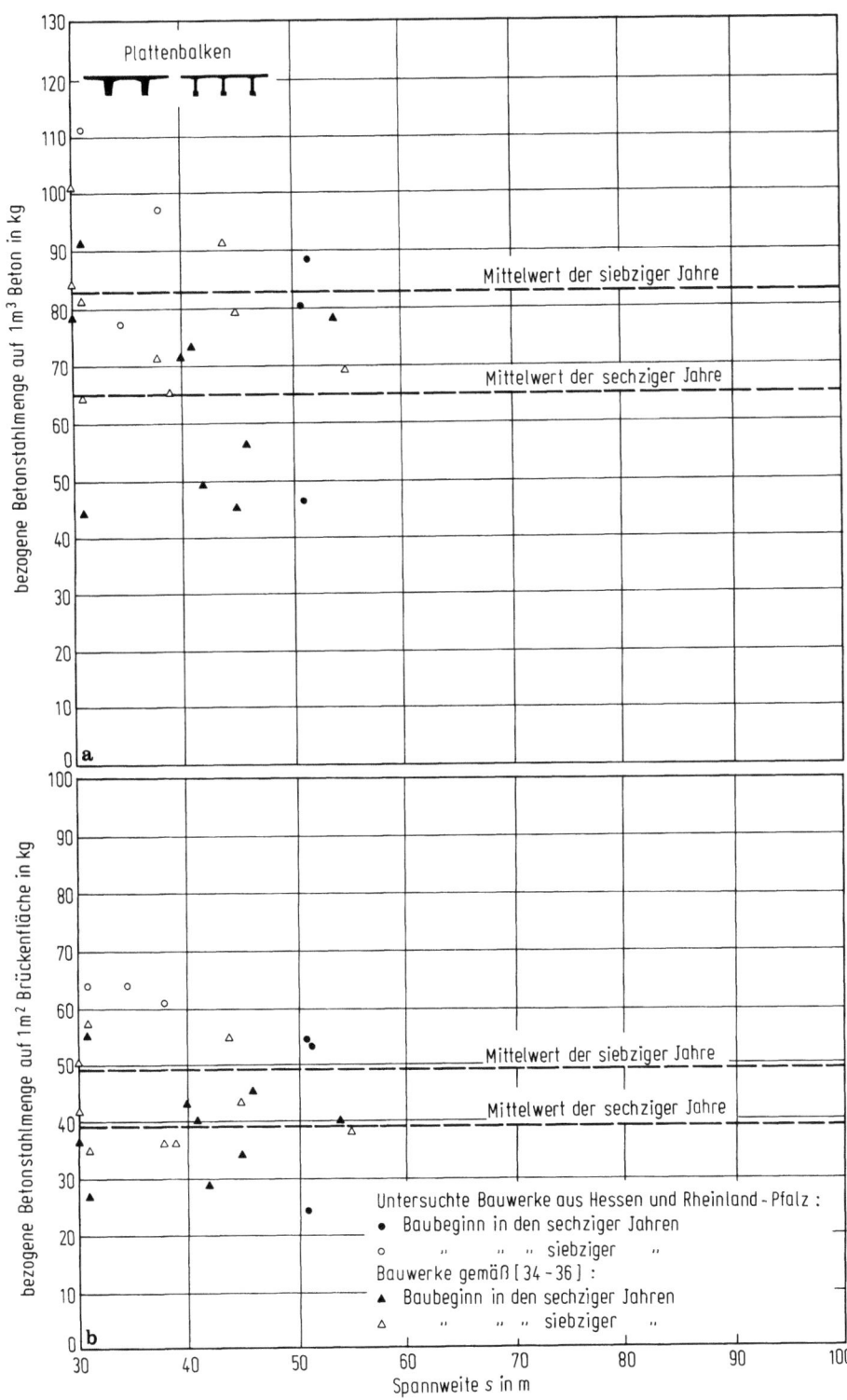

Bild 82. Bezogene Betonstahlmassen von Überbauten mit Plattenbalkenquerschnitt in Abhängigkeit von den Spannweiten. **a** Menge bezogen auf 1 m³ Beton; **b** Menge bezogen auf 1 m² Brückenfläche

 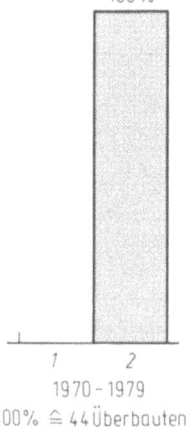

Bild 83. Betonstahlsorten der 76 untersuchten Überbauten aus Hessen und Rheinland-Pfalz in Abhängigkeit vom Zeitpunkt der Herstellung. *1* Betonstahl I, II, I + II + III; *2* Betonstahl III U bzw. III K

11.2.4 Spannstahl

Die Bilder 84 und 85 enthalten eine Darstellung der auf die Brückenfläche bezogenen Spannstahlmengen in Abhängigkeit von den Spannweiten bzw. Schlankheiten und dem Herstellungszeitpunkt. Da die verschiedenen Spannstahlsorten unterschiedliche Festigkeiten haben und damit nicht mit den gleichen Spannungen ausgenutzt werden können, werden die Spannstahlmengen durch die folgende Gleichung in Beziehung zueinander gebracht:

$$G_2 = G_1 \frac{0,88 - \sigma_{v\,zul\,1}}{\sigma_{v\,zul\,2} - 0,12 \cdot \sigma_{v\,zul\,1}}$$

mit G_1 = bezogene Spannstahlmenge der Spannstahlsorte 1 [kg/m²],
G_2 = bezogene Spannstahlmenge der Spannstahlsorte 2 [kg/m²],
$\sigma_{v\,zul\,1}$ = zulässige Spannung für Spannstahlsorte 1 [N/mm²],
$\sigma_{v\,zul\,2}$ = zulässige Spannung für Spannstahlsorte 2 [N/mm²].

Bei der Umrechnung wird gleichzeitig die Tatsache berücksichtigt, daß der Spannkraftverlust infolge Kriechens und Schwindens des Betons bei Spannstählen mit niedriger Festigkeit prozentual größer ist als bei Spannstählen mit höheren Festigkeiten.

Auch zwischen den Einzelwerten der auf die Brückenfläche bezogenen Spannstahlmenge und den Spannweiten bzw. Schlankheiten ergibt sich keine strenge Gesetzmäßigkeit. Mit zunehmender Spannweite bzw. Schlankheit ergibt sich jedoch ein Anstieg der Spannstahlmengen. Diese Tendenz fällt bei den Spannstahlmengen der Plattenbalken in Abhängigkeit von den Schlankheiten am deutlichsten auf (Bild 85).

Ein Teil der Streuungen dürfte auf die unterschiedlichen Eigengewichte der Überbauten zurückzuführen sein, deren Anteil an den Bemessungsschnittgrößen bei Brücken dieser Größenordnung rd. 60% ausmacht. Desweiteren kommt dem Wider-

11.2 Baustoffe

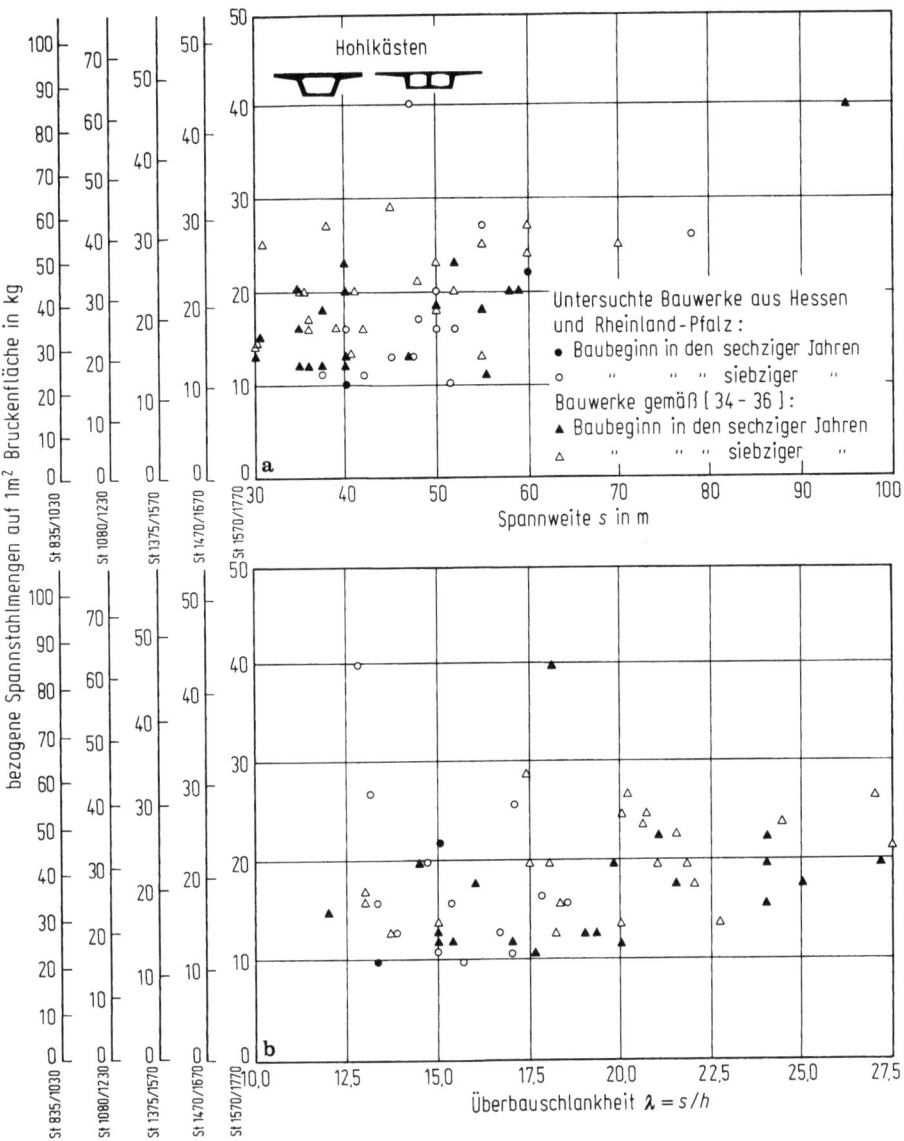

Bild 84a und b. Bezogene Spannstahlmassen von Überbauten mit Hohlkastenquerschnitt in Abhängigkeit von den **a** Spannweiten bzw. **b** Überbauschlankheiten

standsmoment des Querschnitts eine große Bedeutung zu, da für die Bemessung der erforderlichen Vorspannung in aller Regel die Einhaltung der zulässigen Betonspannungen maßgebend ist. Für die Querschnittswahl spielen aber oft nicht nur statische, sondern auch Fragen, die mit der Bauausführung zusammenhängen, eine Rolle. Dem Bauverfahren kommt ebenfalls eine gewisse Bedeutung zu. So weisen Taktschiebebrücken wegen der erforderlichen zentrischen Vorspannung während der Bauzustände einen höheren Spannstahlbedarf auf.

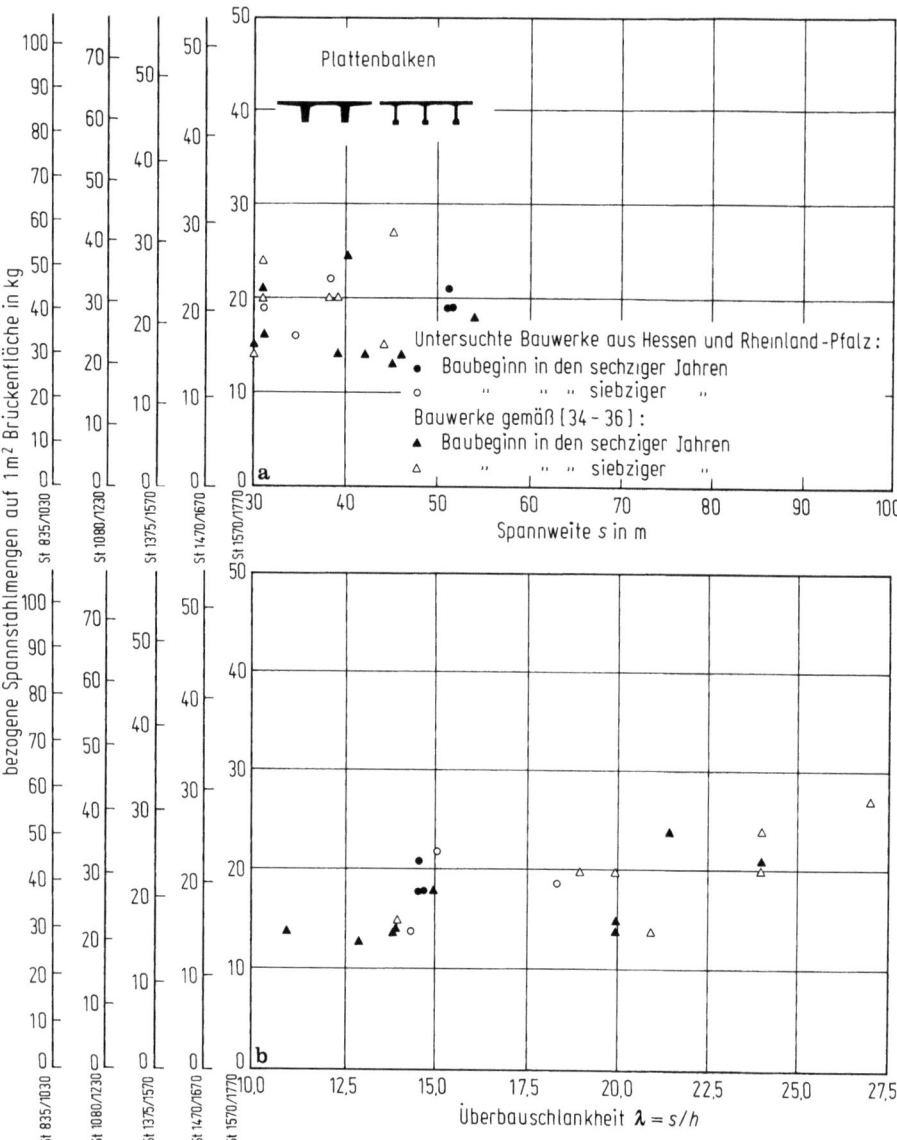

Bild 85a und b. Bezogene Spannstahlmassen von Überbauten mit Plattenbalkenquerschnitt in Abhängigkeit von den **a** Spannweiten bzw. **b** Überbauschlankheiten

Ein signifikanter Einfluß des Herstellungszeitpunkts ist aus den Bildern 84 und 85 nicht ablesbar. Bei den Hohlkästen scheint lediglich eine leichte Zunahme in den siebziger Jahren gegenüber den sechziger Jahren stattgefunden zu haben (Bild 84), während bei den Plattenbalken kein Einfluß zu erkennen ist.

Ursächlich für eine Zunahme der Spannstahlmenge können sein

– die seit Mitte der sechziger Jahre aufgekommene Bemessung für Stützensenkung,
– die seit 1966 durch die zusätzlichen Bestimmungen zu DIN 4227 für Brücken aus

11.2 Baustoffe

Spannbeton geforderte Einhaltung von zulässigen Betonzugspannungen in der Mittelfläche der Platten von Kastenträgern und Plattenbalken in Trägerlängsrichtung entsprechend der zentrischen Betonzugfestigkeit – vorher waren nur zulässige Randspannungen entsprechend der Biegezugfestigkeit einzuhalten – und
- der erhöhte Spannstahlbedarf bei den Taktschiebebrücken, die bei der hier untersuchten Stichprobe ausschließlich in den siebziger Jahren hergestellt wurden.

Hingegen wirkt sich der durch die DIN 4227 (Ausgabe Dezember 1979) geforderte Ansatz eines linearen Temperaturunterschieds von 5 K zur Berücksichtigung einer ungleichmäßigen Erwärmung infolge Sonneneinstrahlung bei den hier untersuchten Bauwerken noch nicht aus.

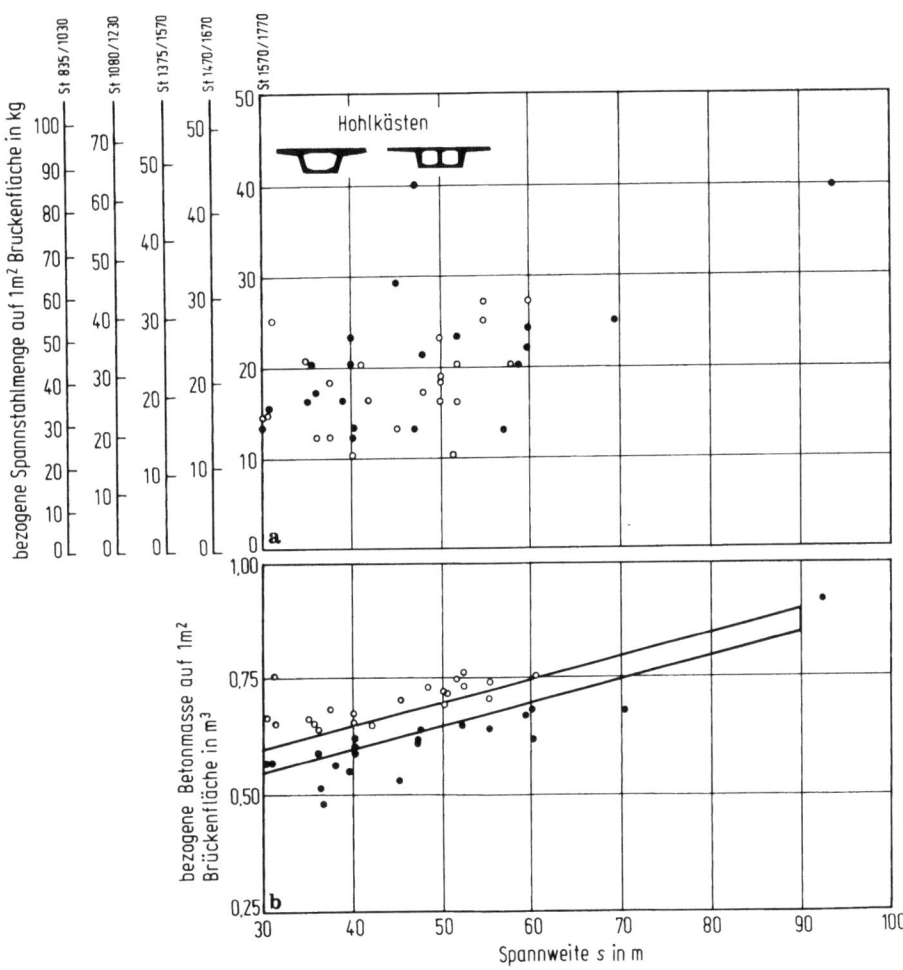

Bild 86 a und b. Beziehung zwischen bezogenen Betonmassen und bezogenen Spannstahlmassen von Überbauten mit Hohlkastenquerschnitt. **a** Spannstahlmenge in Abhängigkeit von den Spannweiten bezogen auf 1 m² Brückenfläche (Längsrichtung); **b** m³ Beton pro m² Brückenfläche der Überbauten in Abhängigkeit der Spannweiten

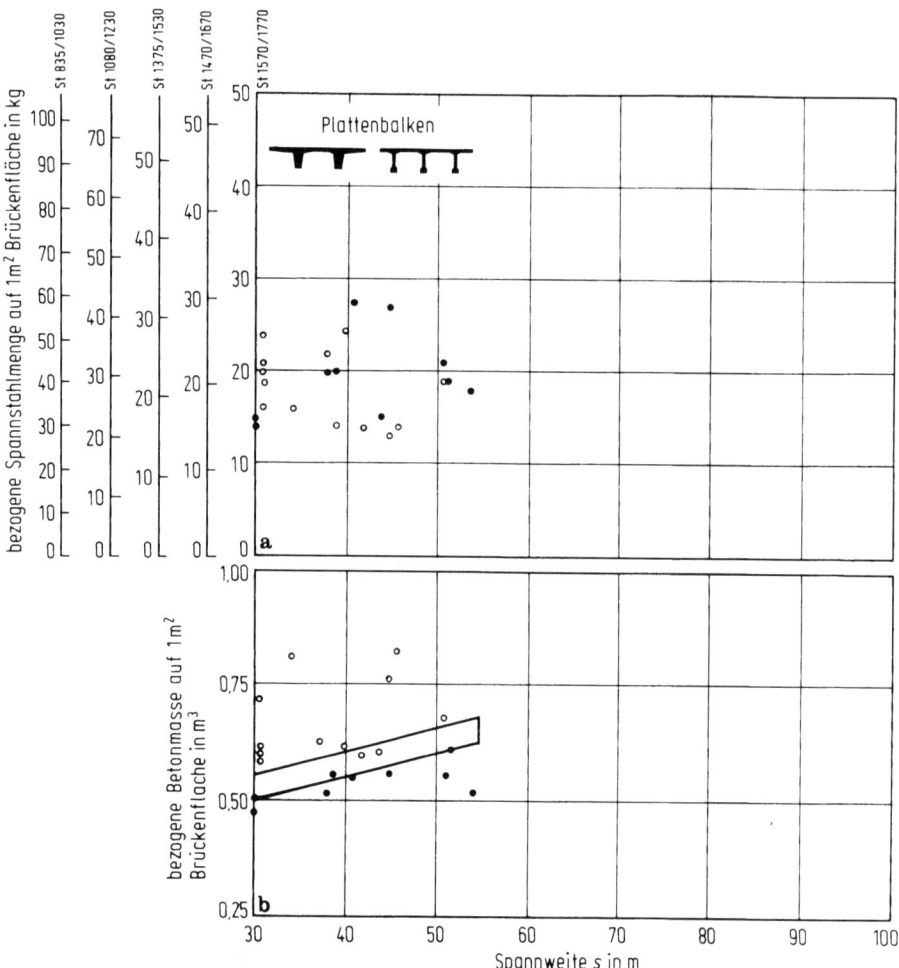

Bild 87a und b. Beziehung zwischen bezogenen Betonmassen und bezogenen Spannstahlmassen von Überbauten mit Plattenbalkenquerschnitt. **a** Spannstahlmenge in Abhängigkeit von den Spannweiten bezogen auf 1 m² Brückenfläche (Längsrichtung); **b** m³ Beton pro m² Brückenfläche in Abhängigkeit der Spannweiten

Der Zusammenhang zwischen den bezogenen Beton- und Spannstahlmassen der Überbauten, getrennt nach Hohlkästen und Plattenbalken, wird in den Bildern 86 und 87 untersucht. In den Teilbildern b), die die bezogenen Betonmassen enthalten, ist eine Teilung der Brücken in zwei Klassen vorgenommen. Dabei wird unterschieden nach Brücken mit geringen Betonmassen, schwarze Punkte unterhalb des Balkens, und Brücken mit großen Betonmassen, weiße Punkte oberhalb des Balkens. Es wird somit nach leichten und schweren Überbauten unterschieden in Abhängigkeit von den Spannweiten. Die zugehörigen Spannstahlmassen der entsprechenden Bauwerke sind in den Teilbildern a) eingetragen, um sichtbar zu machen, in welchem Grad eine direkte Beziehung zwischen beiden Größen besteht. Dabei entspricht jedem schwar-

11.2 Baustoffe

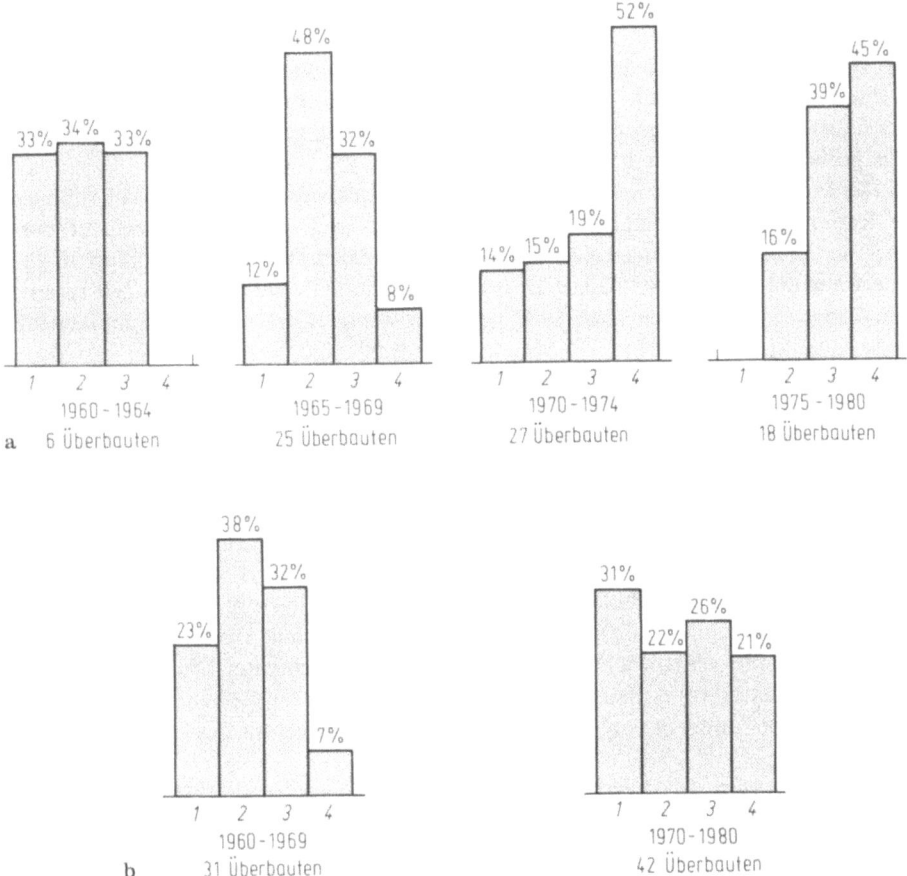

Bild 88 a und b. Spannstahlgüten der 76 untersuchten Bauwerke aus Hessen und Rheinland-Pfalz in Abhängigkeit vom Zeitpunkt der Fertigstellung. **a** Längsvorspannung; **b** Quervorspannung.
1 ST 785/1030, ST 835/1030; *2* ST 1225/1375, ST 1325/1470; *3* ST 1420/1570; *4* ST 1470/1670

zen bzw. weißen Punkt in a) ein schwarzer bzw. weißer Punkt in b). Wie das Ergebnis zeigt, besteht kein unmittelbarer Zusammenhang, d. h. von den bezogenen Betonmassen läßt sich nicht unmittelbar auf die erforderlichen Spannstahlmassen schließen. Das Ergebnis unterstreicht die große Bedeutung des Widerstandsmoments des Querschnitts, das von großem Einfluß auf die erforderliche Vorspannung ist.

Vergleicht man die eingebauten Spannstahlmengen ohne Berücksichtigung der Stahlgüten, so ergibt sich eine Abnahme im Laufe der Zeit, die jedoch mit einer zunehmenden Verwendung höherwertiger Stahlgüten einhergeht (Bild 88).

Die Spannstahlmengen in Querrichtung betragen bei den 76 Überbauten rd. 10 ± 3 kg/m² (ohne Berücksichtigung der Spannstahlgüten). Dieser Wert trifft auch für vergleichbare Bauwerke in [34–36] zu.

11.3 Herstellungskosten

In Bild 89 und 90 sind die Herstellungskosten über dem Jahr der Fertigstellung aufgetragen. Im Vergleich zu den Kosten der Überbauten allein treten bei den Gesamtkosten wesentlich größere Differenzen und Streuungen auf. Sie sind eine Folge der großen Unterschiede bei den Unterbauten.

Der leichte Abfall der Kosten bei den Überbauten zwischen 1965 und 1970 könnte in Rationalisierungseffekten begründet sein, etwa durch das zunehmende Aufkommen der Vorschubrüstungen. Der Preisanstieg im Zeitraum 1970–1975 kann möglicherweise mit dem großen Bedarf an Brückenneubauten während dieser Zeit zusammenhängen. Für die Zeit nach 1975 liegen zu wenig Daten vor, um eine Tendenz ablesen zu können.

Einen Eindruck vom Preisanstieg der Brücken zwischen den sechziger und siebziger Jahren vermittelt Bild 91. Eine signifikante Veränderung der bezogenen Kosten in Abhängigkeit von der Brückenfläche ist daraus nicht abzulesen. Der bekanntermaßen starke relative Anstieg der bezogenen Kosten bei Bauwerken mit kleiner Brückenfläche kommt bei den hier untersuchten großen Brücken noch nicht zum Tragen (vgl. aber Bild 174). Insgesamt vermitteln die Preise sicherlich auch ein Abbild der wirtschaftlichen Gesamtlage der sechziger und siebziger Jahre.

Zur besseren Vergleichbarkeit wurden die Preise auf ein einheitliches Preisniveau von 1980 umgerechnet (Bild 92). Dabei wurde ein jährlicher Anstieg der Baukosten von 4% zugrundegelegt, der aus Bild 89 abgeschätzt werden kann. Der Kostenanstieg im Brückenbau ist wahrscheinlich wegen der dort vergleichsweise hohen Rationalisierung gegenüber anderen Bereichen des Bauwesens niedriger als der allgemeine Baukostenanstieg.

Der Mittelwert der Kosten aller in Bild 92 eingetragenen Brücken für das Bezugsjahr 1980 beträgt 1.300 DM/m², bei einer Standardabweichung von ± 300 DM/m².

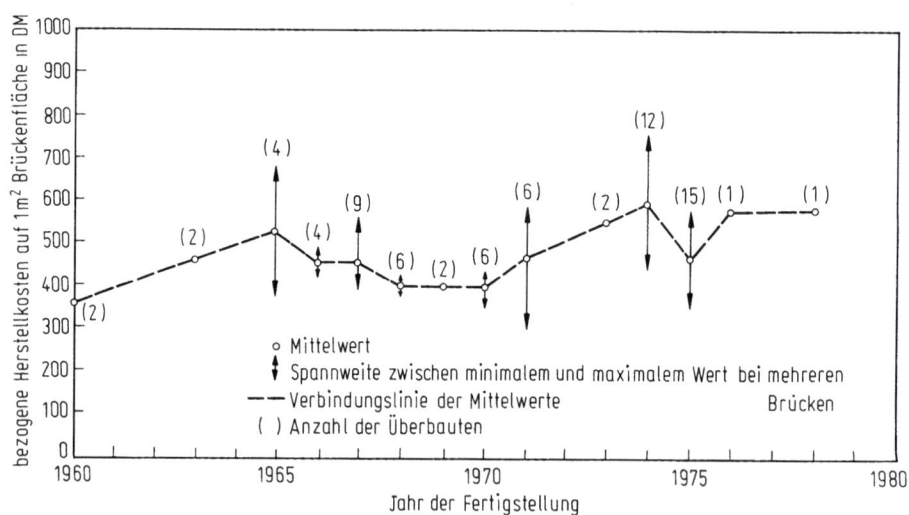

Bild 89. Bezogene Herstellungskosten der Überbauten, aufgetragen über dem Jahr der Fertigstellung

11.3 Herstellungskosten

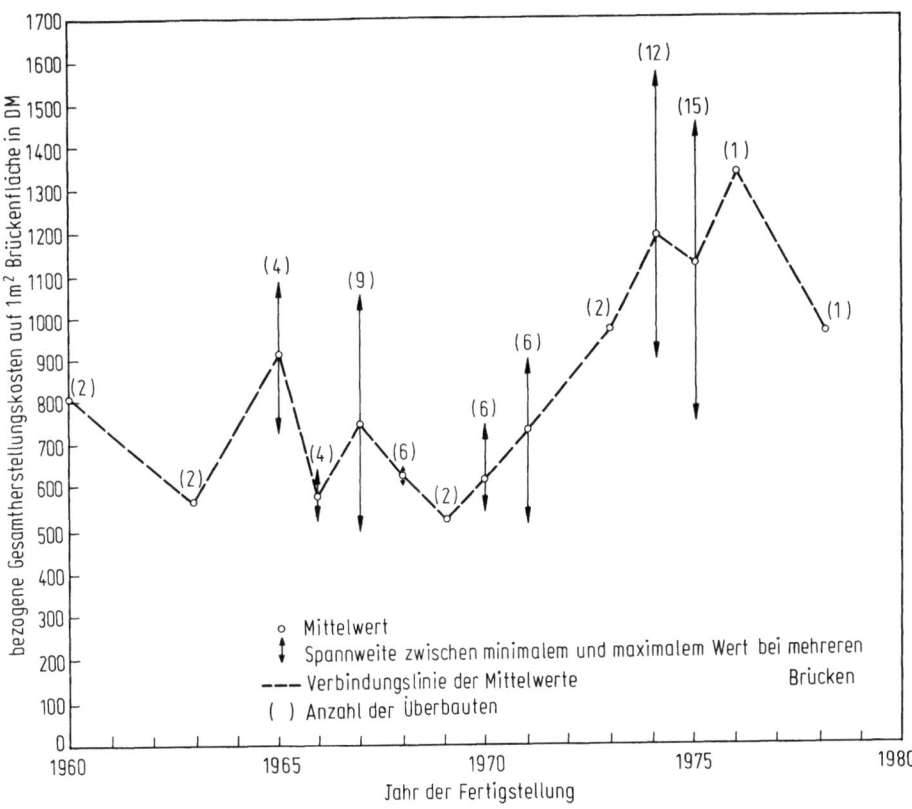

Bild 90. Bezogene Gesamtherstellungskosten der Bauwerke, aufgetragen über dem Jahr der Fertigstellung

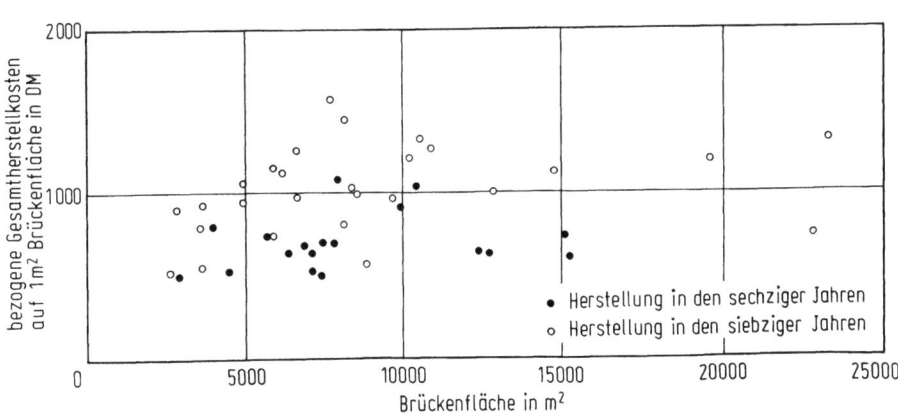

Bild 91. Bezogene Gesamtherstellungskosten der untersuchten Talbrücken in Abhängigkeit von der Brückenfläche und dem Jahr der Herstellung

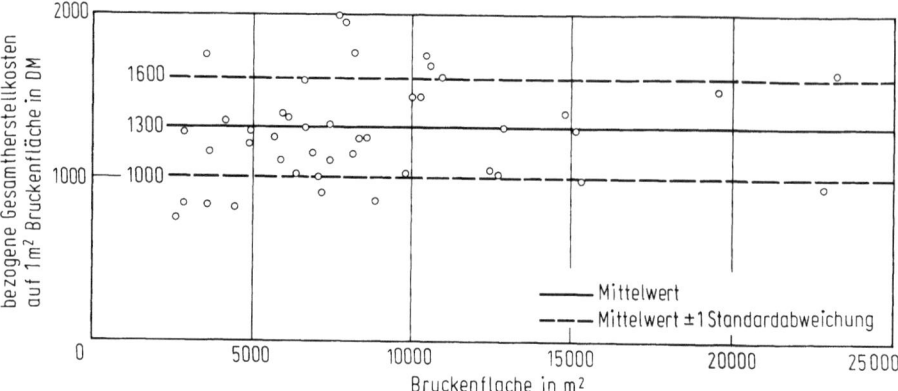

Bild 92. Bezogene Gesamtherstellungskosten der untersuchten Talbrücken in Abhängigkeit von der Brückenfläche, umgerechnet auf das Preisniveau von 1980

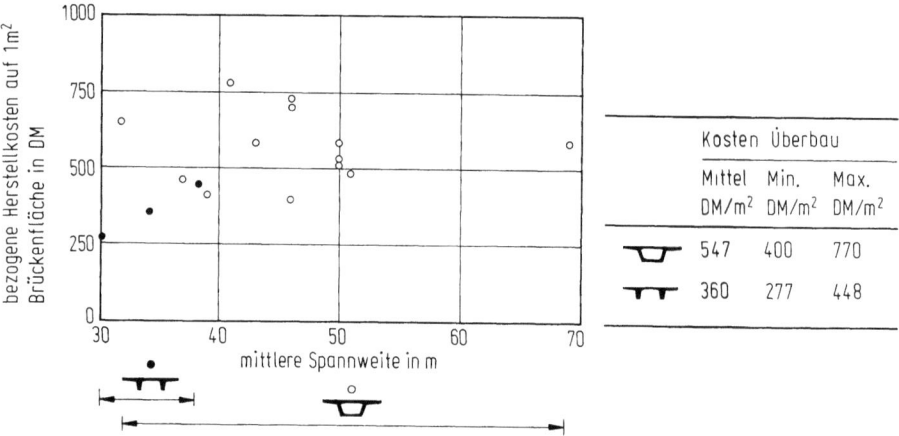

Bild 93. Bezogene Herstellungskosten der Überbauten der untersuchten Talbrücken, die 1974/75 fertiggestellt wurden, in Abhängigkeit von der mittleren Spannweite

Für die in der untersuchten Stichprobe besonders stark vertretenen Bauwerke, die in den Jahren 1974–1975 fertiggestellt wurden, sind in Bild 93 die Überbaukosten über den mittleren Spannweiten aufgetragen. Für die Hohlkästen ergibt sich dabei kein eindeutiger Zusammenhang. Bei den Plattenbalken reichen die drei Werte für eine sichere Aussage bezüglich einer linearen Zunahme der Kosten mit der Spannweite nicht aus.

11.4 Auftragnehmer

Von den 43 untersuchten Spannbetonbrücken wurden 43% durch Arbeitsgemeinschaften und 43% durch Einzelauftragnehmer ausgeführt. Von 14% aller Bauwerke liegen keine diesbezüglichen Angaben vor.

11.5 Schlankheiten der Überbauten

Die Auswertung der maximalen Überbauschlankheiten erfolgt getrennt nach Einfeldträger- und Durchlaufträgersystemen. Die Einfeldträger weisen Schlankheiten zwischen 13 und 15 auf (Bild 94).

Bei den Durchlaufträgern sind nur die Bauwerke in die Auswertung einbezogen worden, die im Feld mit der maximalen Spannweite eine konstante Querschnittshöhe aufweisen. Der Bereich der Schlankheiten der 65 Überbauten erstreckt sich im wesentlichen von 13 bis 20. Bei einer getrennten Auswertung der Brücken mit Durchlaufträger nach Bauwerksalter zeigt sich bei den jüngeren Brücken eine Tendenz zu größeren Schlankheiten. Die Zunahme der Schlankheit ist sicher auch eine Folge der Berechnung der Brücken auf Stützensenkung.

11.6 Querschnittsform

Bei den untersuchten Überbauten zeigt sich mit zunehmend jüngerem Herstellungsdatum eine deutliche Zunahme des Anteils an Brücken mit Hohlkastenquerschnitt gegenüber dem Plattenbalkenquerschnitt (Tabelle 11). Dies ist zum einem im Zusammenhang mit der Zunahme der Spannweiten zu sehen, zum anderen erklärt es sich durch die Unternehmererfahrung, daß man mit Hohlkästen aufgrund ihrer Begehbarkeit leichter zum Auftrag kam. Durchlaufende Plattenbalken werden wegen ihrer kleinen Biegedruckzone im Bereich negativer Biegemomente bevorzugt nur im Spannweitenbereich bis zu 40 m eingesetzt, während Kastenträger mit Spannweiten von ca. 30 m bis zu ca. 200 m wirtschaftlich einsetzbar sind. In einigen Fällen wurden mit gevouteten Kastenträgern auch schon Spannweiten über 200 m erzielt.

11.7 Lager

Bis zum Beginn der sechziger Jahre wurden im Brückenbau fast ausschließlich Rollenlager für die verschiebliche Lagerung eingesetzt, die inzwischen aber nahezu vollständig durch Gleit- und Verformungslager verdrängt worden sind (Bild 95). Verformungslager (Elastomerlager) kamen in der untersuchten Stichprobe nur bei drei Einfeldsystemen zum Einsatz. Diese Lager sind in Bild 95 nicht berücksichtigt.

Rollenlager ermöglichen Dreh- und Längsbewegungen nur in einer Richtung. Die Funktionsfähigkeit hängt dabei sehr vom Zustand der Rolle und dem der Lagerplatten ab. Korrosion und Verschmutzungen können die Funktionsfähigkeit stark beeinträchtigen. Den genannten Einwirkungen sind die Rollenlager aufgrund ihrer konstruktiven Ausbildung relativ ungeschützt ausgesetzt.

Der Einbau der Rollenlager hat so zu erfolgen, daß sich die auftretenden Längenänderungen des Überbaus möglichst zwangsfrei einstellen können. Gerade bei gekrümmten Bauwerken lassen sich aber Zwängungen in Achsrichtung der Lagerrollen nicht vermeiden. Rollenlager dürfen daher wegen ihrer hohen Empfindlichkeit gegen Beanspruchungen quer zur Rollenachse nur noch bei geraden Brücken eingebaut werden.

122 11 Auswertung der Bauwerksdaten

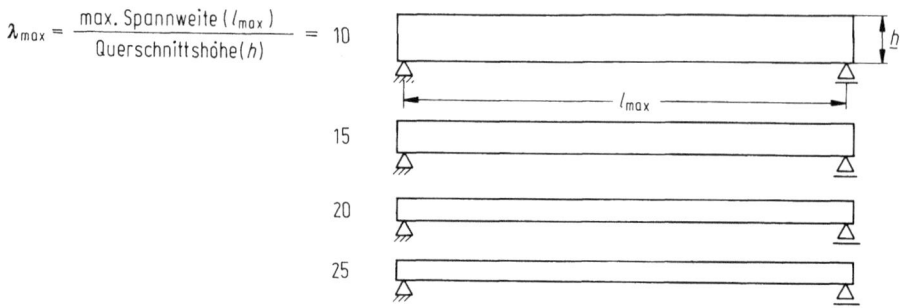

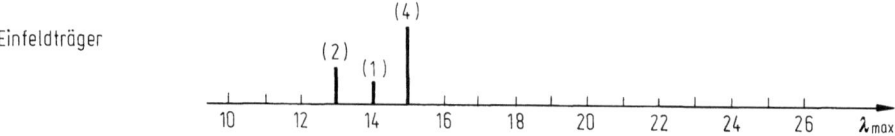

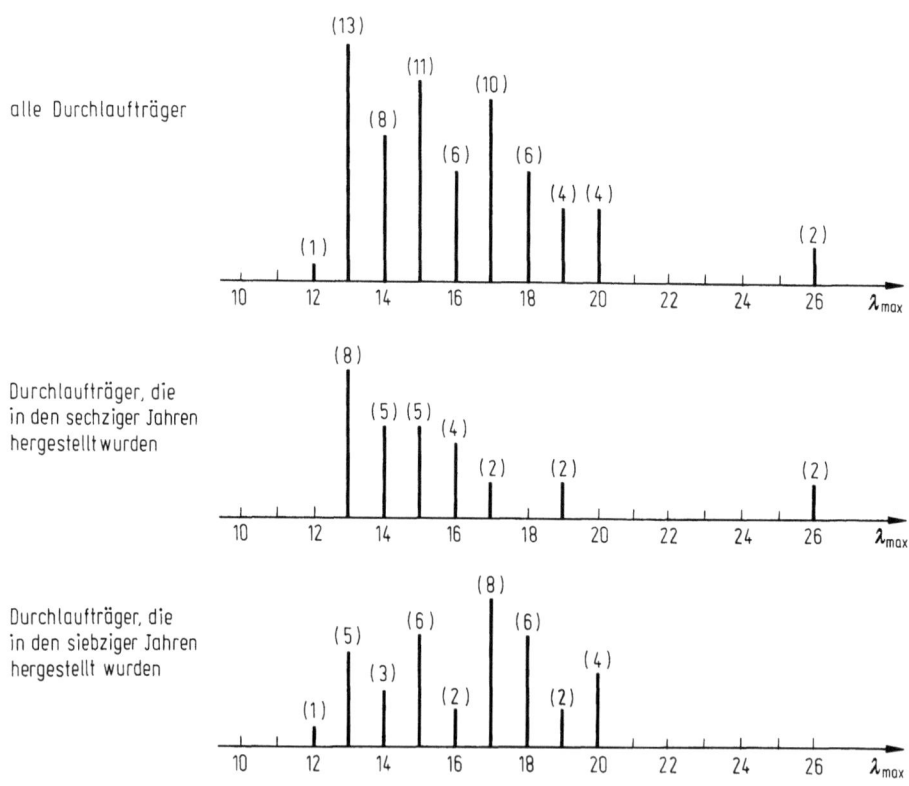

Bild 94. Maximale Überbauschlankheiten der untersuchten Talbrücken aus Hessen und Rheinland-Pfalz. In Klammer jeweils die Anzahl der Überbauten

11.7 Lager

Tabelle 11. Querschnittsform der untersuchten Überbauten in Abhängigkeit vom Jahr der Fertigstellung

Jahr der Fertigstellung	⊓⊓ ⊓⊓⊓	⊔ ⊔⊔
60–64	50%	50%
65–69	25%	75%
70–74	24%	76%
75–80	11%	89%

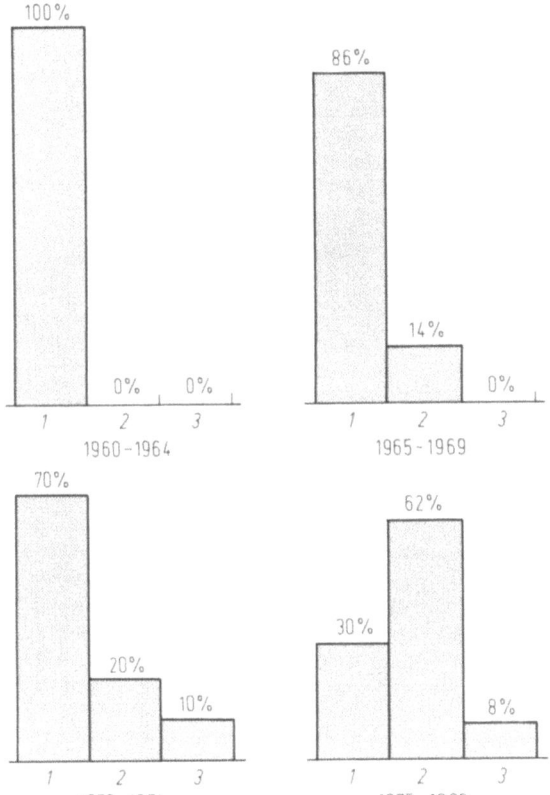

Bild 95. Eingebaute Lagertypen in Abhängigkeit vom Zeitpunkt der Bauwerksherstellung. *1* Rollenlager, *2* Neotopfgleitlager, *3* Kalottengleitlager

Diese Nachteile führten dazu, daß immer mehr anderen Lagerarten der Vorzug gegeben wurde. Neotopflager und Kalottenlager können als allseitig bewegliche Gleitlager ausgebildet werden und sind darüber hinaus weniger empfindlich gegen Korrosion. Heute werden praktisch keine Rollenlager mehr eingebaut.

11.8 Abdichtungen

Die Abdichtungssysteme der 76 untersuchten Brücken getrennt nach Bundesländern gehen aus Tabelle 12 hervor. Man erkennt, daß je nach Bundesland bestimmten Verfahren der Vorzug gegeben worden ist.

Tabelle 12. Abdichtungssysteme der untersuchten Überbauten getrennt nach Bundesländern

Anzahl der Überbauten	Abdichtungssystem			
	Mastix ohne Glasvlies	Mastix mit Glasvlies	Metallriffelband mit Glasvlies	Bituminöse Dichtungsbahn
Hessen 26 Überbauten		24		2
Rheinland-Pfalz 50 Überbauten	4	7	39	

12 Auswertung der Riß- und Schadensdaten

12.1 Vorbemerkungen

Im folgenden werden die Risse und Schäden ausgewertet, die an den 43 großen, zufällig ausgewählten Fluß- und Talbrücken während ihrer bisherigen Nutzungsdauer festgestellt worden sind. Ergänzend werden einige zusätzliche Informationen angeführt, die zur Beurteilung der Risse und Schäden dienlich sind. Aus den Schäden können Schwachstellen aufgezeigt werden, deren künftige Vermeidung die Grundlage für eine weitere Verbesserung der Bauweise bieten kann.

Grundlage für die Untersuchungen sind im wesentlichen die Prüfberichte der zuständigen Straßenbauverwaltungen anläßlich der turnusmäßigen Brückenprüfungen, aber auch Rißpläne, Erfassungsbögen von Rissen in Spannbetonüberbauten und von Lagerschäden (BAST Bundesanstalt für Straßenwesen/BMV Bundesminister für Verkehr) sowie gutachtliche Stellungnahmen zu Schadensfällen.

Die Auswertungen gelten, wie bereits in Abschnitt 10.3 erwähnt, natürlich streng nur für die hier untersuchten Bauwerke. Wegen der verhältnismäßig großen Stichprobe erscheint jedoch bis zu einem gewissen Grad eine Übertragung auf den gesamten Bauwerksbestand vertretbar, soweit es sich nicht um Ausnahmefälle handelt. Im Gegensatz hierzu erfolgte in den Medien die Beurteilung der Bauwerke hauptsächlich an einigen wenigen, zudem nicht repräsentativen, aber sehr spektakulären Schadensfällen (vgl. Teil I, Kapitel 3).

12.2 Risse im Beton

12.2.1 Bedeutung der Risse

12.2.1.1 Anlaß der Diskussion

„Brücken droht wegen Rissen im Beton Einsturz" waren Schlagzeilen in der Presse, mit denen die Öffentlichkeit auf Risse in Spannbetonbrücken aufmerksam gemacht worden ist. Die Gefährlichkeit der Risse wurde in derartigen Berichten anhand einiger Beispiele, bei denen es sich immer um dieselben vier Schadensfälle handelte, erläutert. Angeführt wurden die Berliner Kongreßhalle (vgl. Abschnitt 3.2), das Kreuzungsbauwerk Berlin-Schmargendorf (vgl. Abschnitt 3.4), die Brücke bei Wilgartswiesen (vgl. Abschnitt 3.3, Bauwerk SP 685) und die Hochstraße Prinzenallee im Bereich des Heerdter Dreiecks in Düsseldorf (vgl. Abschnitt 3.5). Im Deutschen Bundestag kam es zu Anfragen bezüglich der Risse in Spannbetonbrücken [37]. Selbst das Fernsehen widmete eine ganze Sendung dem Thema „Risse im Spannbeton". Diese begann mit den spektakulären Bildern der Sprengung der Brücke bei Wilgartswiesen (vgl. Abschnitt 3.3).

In diesen Beiträgen wurde häufig die Frage aufgeworfen, ob es sich beim Spannbetonbrückenbau um eine gigantische Fehlentwicklung handle, für die die Steuerzahler jetzt teuer bezahlen müßten.

Ein Rechtsstreit um Risse im Beton entzündete sich an der im Zuge der Sauerlandlinie der Bundesautobahn A 45 gelegenen Blasbachtalbrücke, die vom Mai 1969 bis zum Februar 1971 in Spannbetonbauweise errichtet worden war (Bild 96). Die beiden getrennten Überbauten waren mit einer freitragenden Vorschubrüstung hergestellt worden. Sämtliche Spannglieder sind in den Arbeitsfugen gekoppelt (Koppelfugen). Die Abnahme des Bauwerks erfolgte im Mai 1971. Bereits 1972, also ein Jahr nach der Verkehrsübergabe, erfolgte eine erste Rißaufnahme. Die Brücke wies in allen Feldern des Überbaus in der Bodenplatte sowie in den Koppelfugenbereichen auch in den Stegen Risse auf, die im wesentlichen in Querrichtung verliefen. Sie traten konzentriert im Bereich der Koppelfugen auf, waren in manchen Feldern aber über den gesamten Stützweitenbereich anzutreffen.

Im April 1976, kurz vor Ablauf der fünfjährigen Gewährleistungsfrist, rügte der Bauherr die Risse in den Überbauten als Mängel und verlangte von der Arbeitsgemeinschaft Blasbachtalbrücke deren kostenlose Instandsetzung. Diese lehnte jedoch die Beseitigung der Risse im Rahmen ihrer Gewährleistung ab, weil das Bauwerk den seinerzeit anerkannten Regeln der Technik entsprochen habe, und die Risse somit nicht auf einer vertragswidrigen Leistung beruhten. Überdies stellten Risse an Spannbetonbauwerken keine Mängel dar. In der Folge kam es zu keiner Einigung.

Im April 1978 reichte der Bauherr, die Bundesrepublik Deutschland, vertreten durch das Hessische Landesamt für Straßenbau, beim Landgericht Wiesbaden Klage ein: Die Risse von mehr als 0,2 mm Breite seien als Mängel zu bewerten, welche die Tauglichkeit der Brücke beeinträchtigten. Die Instandsetzung müsse sich allerdings auf sämtliche Risse, also auch auf die unter 0,2 mm Breite, erstrecken, da sich diese unter äußeren Einflüssen erweitern könnten und dadurch ebenfalls zu einer Korrosionsgefahr der Stahleinlagen führen könnten.

Es wurde beantragt, die Arbeitsgemeinschaft Blasbachtalbrücke zu verurteilen, alle Risse auf ihre Kosten zu beseitigen und sie darüber hinaus zu verpflichten, für allen

Bild 96. Die Brücke über das Blasbachtal

12.2 Risse im Beton

Schaden, der aufgrund der Risse entstanden ist oder noch in Zukunft entsteht, einzustehen. Desweiteren sollte festgestellt werden, daß, falls sich eine erste Sanierung der Risse als nicht ausreichend erweisen sollte, weiterhin die Verpflichtung zur restlosen Mängelbeseitigung besteht.

Daraufhin gab das Landgericht Wiesbaden im Februar 1979 beim erstgenannten Verfasser ein Sachverständigengutachten in Auftrag. In diesem Gutachten sollte u. a. zur Frage Stellung genommen werden, ob die Blasbachtalbrücke wegen der aufgetretenen Rißbildung mit Mängeln behaftet ist, welche die für Brücken dieser Art gewöhnlich übliche Lebens- und Benutzungsdauer wesentlich verkürzen.

Entsprechend den Rißplänen wurde im Gutachten zunächst festgestellt, daß sich das Rißbild (Rißverläufe) zwischen 1972 und 1977 nur geringfügig verändert hatte. Die gemessenen Rißbreiten lagen in der Mehrzahl bei 0,2 mm, sie überschritten den Wert 0,3 mm nur in wenigen Fällen. Es mußte allerdings davon ausgegangen werden, daß die gemessenen Rißbreiten mit großer Wahrscheinlichkeit untere Grenzwerte darstellten, da zur Zeit der Rißaufnahme im Oktober 1977 aufgrund der klimatischen Bedingungen ein Temperaturunterschied, der zu einer Öffnung der Risse führt, im Brückenquerschnitt höchstens in geringem Maße vorhanden war.

Eine Überprüfung der statischen Berechnung und der Konstruktionszeichnungen ergab, daß die Blasbachtalbrücke nach den seinerzeit bekannten und anerkannten Regeln der Baukunst errichtet worden war. Die vorhandenen Risse waren auf Einflüsse zurückzuführen, die nach dem zum Zeitpunkt der Bauausführung gültigen Normen und sonstigen Bestimmungen nicht zu berücksichtigen waren. Veröffentlichungen über Risse und deren Ursache hatten im wesentlichen erst ab 1972 begonnen, also nach Fertigstellung des Bauwerks, ausgelöst durch die bis dahin häufiger angetroffenen Risse in Koppelfugen. Bezüglich der Auswirkungen der festgestellten Risse wurden im Gutachten die folgenden Aussagen getroffen:

Die Risse haben zunächst unmittelbar keine negativen Auswirkungen auf die Standsicherheit des Bauwerks, da die Bruchsicherheit des Bauwerks mit der Annahme nachgewiesen wird, daß der Beton keine Zugkräfte übernimmt. Alle Zugkräfte werden konsequent den Stahleinlagen zugewiesen.

Bei Rißbreiten $w > 0,3$ mm ist jedoch damit zu rechnen, daß auf Dauer kein ausreichender Korrosionsschutz der Stahleinlagen gegeben ist, was zu einem Korrosionsabtrag und damit zu einer Schwächung der Bewehrung führen könnte, woraus eine Gefährdung der Standsicherheit erwachsen würde. Allerdings weist das Rißbild vor allem an den Außenflächen, an denen korrosionsfördernde Medien vor allem Zutritt haben, nur wenige Risse mit Breiten größer als 0,3 mm auf. Auch wenn in der vorliegenden Rißaufnahme der Einfluß eines Temperaturgradienten nicht enthalten ist und bei ungünstigen klimatischen Bedingungen mit größeren Rißbreiten zu rechnen ist, scheint ein Korrosionsabtrag, der die Bewehrung wesentlich schwächen könnte und damit zu einer Gefährdung der Standsicherheit führen würde, nur auf lange Sicht möglich.

Wesentlich gravierender wirken sich dagegen die Risse in den Koppelfugen aus. Hier tritt neben einer möglichen Beeinträchtigung des Korrosionsschutzes der Stahleinlagen das Problem der Dauerschwingfestigkeit in den Vordergrund. Die Risse haben eine Erhöhung der Stahlspannungen zur Folge, da die zu übertragende Zugkraft ausschließlich auf den Stahl wirkt. Dadurch können durch die Schwankungen der Biegemomente infolge Verkehrslast bei nicht auf Dauerschwingfestigkeit bemessenen Koppelfugen große Spannungsschwankungen im Spannstahl auftreten. Während von Spanngliedern auf der freien Strecke zwischen den Koppelankern auch hohe Dauerschwingbeanspruchungen ohne Schaden ertragen werden können, ist im unmittelbaren Bereich des Koppelankers eine deutliche Minderung der Dauerschwingfestigkeit gegeben. Wird diese überschritten, besteht für die Spannstähle die Gefahr von Ermüdungsbrüchen. Dieses Ermüdungsproblem ist jedoch unabhängig von der Rißbreite.

Bei der Blasbachtalbrücke waren die Koppelfugen, entsprechend dem damaligen Stand der Technik, nicht auf Dauerschwingfestigkeit nachgewiesen worden. Aus diesem Grunde wurde im Gutachten grundsätzlich zwischen Koppelfugenrissen und Rissen im übrigen Bereich unterschieden.

Als Sofortmaßnahme zur Wiederherstellung des vollen Korrosionsschutzes wird die kraftschlüssige Verpressung sicherheitshalber aller Risse empfohlen, da unter ungünstigen klimatischen Bedingungen mit einem weiteren Öffnen der Risse gerechnet werden muß.
Durch diese Maßnahme werden zunächst auch die Koppelfugen in den Zustand I zurück versetzt, wodurch die Gefahr einer Überschreitung der Dauerschwingfestigkeit aufgehoben ist. Sollten an den Koppelfugen dennoch wieder Risse auftreten, muß zur Gewährleistung des dauerhaften Bestands des Bauwerks eine Verstärkungsmaßnahme z. B. in Form nachträglich aufbetonierter Laschen vorgesehen werden.

Im März 1980 wies das Landgericht Wiesbaden die Klage ab. Die Risse stellten keine Mängel dar, weil die Brücke nach Konstruktion und Ausführung den getroffenen Vereinbarungen, insbesondere dem Amtsentwurf und der Leistungsbeschreibung entspreche und gemäß dem Gutachten nach den damals anerkannten Regeln der Technik errichtet worden sei. Ein Mangel müsse Ausdruck einer Vertragswidrigkeit sein.

Gegen dieses Urteil legte der Bauherr beim Oberlandesgericht in Frankfurt am Main Berufung ein. Diese hatte zum überwiegenden Teil Erfolg. Das OLG Frankfurt vertrat die Ansicht, daß die Beklagten für die aufgetretenen Risse gewährleistungspflichtig sind. Selbstverständlich seien die Vertragsparteien davon ausgegangen, daß die Beklagten eine Brücke ohne Risse erstellen (!). Sie hätten allerdings nicht für einen Verstoß gegen die anerkannten Regeln der Technik einzustehen, da sie die Brücke gemäß dem Gutachten nach den seinerzeit bekannten und anerkannten Regeln der Baukunst errichtet hätten.

Die an den Überbauten der Blasbachtalbrücke aufgetretenen Risse seien jedoch auch, soweit ihre Breite unter 0,2 mm liege, nach den Ausführungen im Gutachten und den mündlichen Ausführungen während der Verhandlung – der Gutachter wurde zur Sache nur in erster Instanz vor dem Landgericht Wiesbaden mündlich angehört! – als objektive Mängel zu bewerten, da im Rißbereich der Korrosionsschutz der Bewehrung aufgehoben würde, woraus sich langfristig die Gefahr eines Versagens der Bewehrung und damit des Einsturzes der Brücke ergäbe. (Der Aspekt der Ermüdungsbruchgefahr wurde in der Urteilsbegründung nicht aufgegriffen!)

An dieser Stelle lag jedoch ein grundsätzliches Mißverständnis des OLG Frankfurt vor. Die im Gutachten und in der mündlichen Anhörung vollzogene notwendige Trennung zwischen den Rissen im Koppelfugenbereich und den Rissen im übrigen Bereich wurde von den Juristen nicht erkannt.

Die am Überbau der Blasbachtalbrücke aufgetretenen Risse wurden vom OLG generell als Mängel angesehen, für deren Instandsetzung die Arbeitsgemeinschaft Blasbachtalbrücke einzustehen habe. Mängel müßten nicht Ausdruck einer Vertragswidrigkeit sein, es sei gleichgültig, ob bei der Errichtung der Brücke die seinerzeit anerkannten Regeln der Technik beachtet wurden oder nicht. Es komme nicht darauf an, ob der Unternehmer den Fehler – entsprechend den bei Ausführung der Arbeiten anerkannten Regeln der Technik – hätte erkennen und vermeiden können; *er schulde ein mangelfreies Werk, es sei seine Sache, diesen Erfolg herbeizuführen. Er trage alleine das Risiko der Mängelfreiheit seines Werks (§ 635 BGB und § 13 Nr. 1 VOB/B).* In

12.2 Risse im Beton

dieser Erfolgshaftung des Werkunternehmers liege ein Unterscheidungsmerkmal zum Dienstvertrag, wo eine solche Erfolgshaftung objektiv nicht übernommen werden könne, weil der Unternehmer das Gelingen seines Werkes nicht in der Hand habe, wie z. B. bei ärztlicher Heilbehandlung, bei welcher der Arzt nur für die den Regeln der ärztlichen Kunst entsprechende Heilbehandlung, nicht aber für den Heilerfolg, die Gesundung des Patienten, einzustehen habe.

Dagegen wurde das Feststellungsbegehren auf die Verpflichtung der Arbeitsgemeinschaft Blasbachtalbrücke zum Ersatz aller mit der Rißbildung in Zusammenhang stehender Schäden als unbegründet abgewiesen, da ein Schadensersatzanspruch ein Verschulden des Beklagten vorausgesetzt hätte. Diese hatten aber beim Bau der Blasbachtalbrücke nicht gegen die anerkannten Regeln der Technik verstoßen.

Die Annahme der Revision der Arbeitsgemeinschaft Blasbachtalbrücke gegen das Urteil wurde vom Bundesgerichtshof im Oktober 1982 abgelehnt. Somit wurde das Urteil des OLG Frankfurt/Main vom Mai 1981 rechtskräftig.

Die Juristen hatten letzlich ein rechtskräftiges Urteil darüber herbeizuführen, wer für die Kosten der Instandsetzung der Risse in den Überbauten der Blasbachtalbrücke einzustehen hat.

Dazu war aber zunächst die Klärung der grundlegenden Fragen notwendig, ob die von den Beklagten errichtete Blasbachtalbrücke den seinerzeit anerkannten Regeln der Baukunst entsprach und ob die Risse in den Überbauten der Blasbachtalbrücke objektive Mängel darstellten.

Bei diesen Fragen ging es aber um rein technische Sachverhalte, die selbständig zu beurteilen Juristen naturgemäß nicht in der Lage sein können. Daher wurde der erstgenannte Verfasser als Gutachter bestellt.

In erster Instanz wurde als entscheidende Frage angesehen, ob die Risse die Folge eines Verstoßes der Beklagten gegen die seinerzeit anerkannten Regeln der Baukunst waren. Da die Risse nach dem Gutachten und der mündlichen Anhörung des Gutachters nicht auf eine Vertragswidrigkeit seitens der Beklagten zurückzuführen waren, wurde die Klage abgewiesen.

Dagegen wurde in zweiter Instanz die Frage, ob die Risse objektive Mängel darstellten, als entscheidend angesehen. Unabhängig davon, ob die Fehler, die zu einem Mangel führen, von einem Unternehmer erkannt oder vermieden werden können, trage er alleine das Risiko für die Mängelfreiheit seines Werks. Umso unverständlicher bleibt es aber, wieso der Gutachter in der zweiten Instanz vor dem OLG Frankfurt nicht nochmals mündlich zur Sache angehört wurde, um die in den Mittelpunkt gerückte Frage, ob die Risse als objektive Mängel anzusehen sind, nochmals zu erörtern. Die Juristen unterzogen ihre Interpretation des technischen Sachverhalts mithin keiner kritischen Überprüfung. Ansonsten hätte gemäß der Darlegung des Sachverhalts im Gutachten ein differenziertes Urteil zustande kommen müssen, bei dem klar nach dem damaligen Wissensstand zwischen

- Rissen im Koppelfugenbereich in Verbindung mit einer Ermüdungsbruchgefahr für die Spannglieder, unabhängig von der Rißbreite, und
- Rissen in Bodenplatte und Stegen mit beobachteten Breiten > 0,3 mm mit Korrosionsgefahr für die Stahleinlagen sowie
- Rissen in Bodenplatte und Stegen mit beobachteten Breiten < 0,3 mm außerhalb der Koppelfugenbereiche ohne Korrosionsgefahr für die Stahleinlagen (Chloridangriff natürlich ausgeschlossen)

hätte unterschieden werden müssen. Nur die Risse der beiden ersten Kategorien wären als Mängel eingestuft worden, aber nicht generell alle Risse.

Aufgrund des falsch verstandenen technischen Sachverhalts kamen die Juristen zu einem Urteil, das von den Ingenieuren aufgrund des Stands der Technik als unangemessen empfunden werden muß. Risse im Beton von Spannbetonüberbauten sind eben nicht generell als Mängel anzusehen.

Nach dem heutigen Wissensstand (vgl. Abschnitt 12.2.1.3) hätte man sogar noch feiner differenzieren müssen, indem zwischen Korrosionsgefahr für Spannstahl und Betonstahl unterschieden wird. Es ergeben sich einzuhaltende Rißbreiten, die einerseits für den Spannstahl in der obigen Größenordnung bleiben, die andererseits aber für den Betonstahl weniger scharf ausfallen.

Neben den unterschiedlichen Meinungen über die Risse in der Konstruktion des Überbaus wurden auch die Risse in Stahlbetonkappen auf Straßenbrücken kontrovers diskutiert. Ein vorläufiger Abschluß ist durch den derzeit üblichen Ausschreibungstext gezogen, der auf dem allgemeinen Rundschreiben Straßenbau Nr. 19/1982 des Bundesministers für Verkehr basiert: „Risse mit Breiten über 0,2 mm werden als Mängel angesehen, die die Dauerhaftigkeit der Stahlbetonkappen beeinträchtigen. Sie sind auf Kosten des Auftragnehmers instandzusetzen. Für die sachgemäße Durchführung der Instandsetzung besteht volle Gewährleistungspflicht."

Danach brauchen Instandsetzungsmaßnahmen in Stahlbetonkappen erst ab Rißbreiten von $w > 0,2$ mm ausgeführt zu werden. Geringere Rißbreiten werden vom Auftraggeber in Kauf genommen.

Nach neueren Erkenntnissen ist jedoch der Absolutwert der Rißbreite im Bereich bis zu 0,4 mm von untergeordneter Bedeutung im Vergleich mit anderen Parametern. Diese anderen Parameter sind die Dicke und Dichtigkeit der Betondeckung sowie das Mikroklima (Durchfeuchtung und Austrocknung) an der Betonoberfläche (Abschnitt 12.2.1.3).

Bei der Diskussion um Risse im Beton geht es also um die Frage, ob die Risse generell als Schäden oder Mängel anzusehen sind oder nur unter ganz bestimmten Voraussetzungen, z. B. wenn die Dauerhaftigkeit oder die Standsicherheit der Spannbetonbrücken durch sie beeinträchtigt werden.

Bevor auf die Auswirkungen der Risse eingegangen wird, werden zunächst kurz ihre Ursachen dargestellt.

12.2.1.2 Ursachen der Rißbildung

Bereits kurz nach dem Betonieren kann es infolge Setzen und Frühschwinden zu Rißbildungen im Frischbeton kommen. Dem kann jedoch durch geeignete Betonzusammensetzung und Nachbehandlung begegnet werden [38].

Spannbetonüberbauten sind durch die Vorspannung dauernd wirksamen Druckkräften unterworfen, welche die aus Eigengewicht, Nutzlasten und Zwang hervorgerufenen Zugspannungen weitestgehend überdrücken.

In den Anfängen des Spannbetonbrückenbaus ging man deshalb von der Vorstellung aus, daß keine Risse im Beton auftreten. Es wurden in der statischen Berechnung rechnerisch ermittelte Zugspannungen infolge der Hauptlastfälle zulässigen Werten der Betonzugfestigkeit gegenübergestellt.

12.2 Risse im Beton

Die Erfahrung zeigte jedoch bald, daß es dadurch nur bedingt gelingt, Risse im Beton völlig zu verhindern. Neben den Zugspannungen aus Eigengewicht und Nutzlasten sowie Zwang infolge ungleichmäßiger Stützensenkung und ungleichmäßiger Erwärmung infolge Sonneneinstrahlung treten in den Überbauten nennenswerte Zugspannungen infolge zusätzlich wirksamer Einflüsse auf, die üblicherweise nicht in der statischen Berechnung berücksichtigt werden. Hierzu zählen insbesondere auch die Eigenspannungszustände, die für das Tragwerksgleichgewicht keine Rolle spielen.

Zu den in der Statik rechnerisch nicht berücksichtigten Einflüssen zählen z. B. Zwangs- und Eigenspannungen infolge Hydratationswärme und unterschiedlichen Schwindens miteinander verbundener Bauteile unterschiedlicher Dicke bzw. unterschiedlichen Alters, die sich rechnerisch nur schwer eingrenzen lassen.

Überdies stellt die Betonzugfestigkeit eine stark streuende Größe dar. Die zulässigen Werte der Betonzugfestigkeit beruhen auf im Labor ermittelten Werten. Dagegen hängt die tatsächliche Betonzugfestigkeit im Bauwerk von der Betonzusammensetzung, der Ausführungsqualität und möglichen Vorschädigungen ab, z. B. infolge unzulänglicher Nachbehandlung oder ungünstiger Witterungsverhältnisse, so daß sie unter ungünstigen Voraussetzungen deutlich unter die in DIN 4227 angegebenen zulässigen Werte zu liegen kommen kann.

Zur Vermeidung von Rissen infolge Hydratationswärme müssen in erster Linie alle betontechnologischen Maßnahmen ausgeschöpft werden (z. B. wärmedämmmende Nachbehandlung, niedrige Frischbetontemperatur usw.). Bemessungstechnische Maßnahmen in Form einer Bewehrungsanordnung zur Rissebeschränkung sind hier praktisch nicht wirksam, da der Verbund zwischen Beton und Bewehrung in der Erhärtungsphase noch nicht voll wirksam ist und es sich bei den Rissen zum großen Teil um Oberflächenrisse handelt, welche die Bewehrung nicht kreuzen. Die Oberflächenrisse können später aufgrund ihrer Kerbwirkung Ausgangspunkte für durchgehende Risse darstellen. Eine weitere Möglichkeit, einer Rißbildung infolge Hydratationswärme zu begegnen, stellt die Aufbringung einer frühzeitigen teilweisen Vorspannung dar.

Das Schwinden findet zeitlich verzögert zu den Einflüssen infolge Hydratationswärme statt.

Bei Bauteilen unterschiedlicher Dicke lagern sich überdies die Vorspannkräfte durch unterschiedliches Kriechen und Schwinden zu einem gewissen Anteil von dünnen Querschnittsteilen in dicke Querschnittsteile um. Dadurch wird in den dünnen Querschnittsteilen die Rißbildung begünstigt. Hiervon sind insbesondere die Bodenplatten der Hohlkästen betroffen.

Ein gravierender Einfluß, der lange Zeit bei der Bemessung nicht berücksichtigt wurde, sind die Zwängungsbeanspruchungen durch die Temperaturwirkungen infolge Sonneneinstrahlung. Die Berücksichtigung eines linearen Temperaturunterschieds ist erst seit der Neuausgabe der DIN 4227 von 1979 vorgeschrieben. Im Temperaturunterschied ist eine wesentliche Ursache für die Rißbildung bei Spannbetonbrücken, die als durchlaufende Balken ausgebildet sind, zu sehen.

Weiterhin ursächlich für Rißbildungen können sein:

- Vernachlässigung oder unzulängliche Behandlung von Zwang in Bauzuständen;
- die Fehleinschätzung der tatsächlichen Reibungsverluste beim Anspannen der Spannglieder;

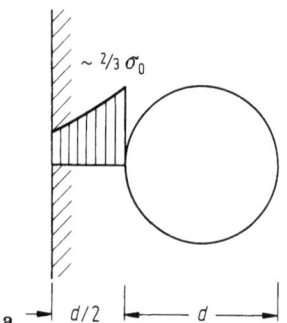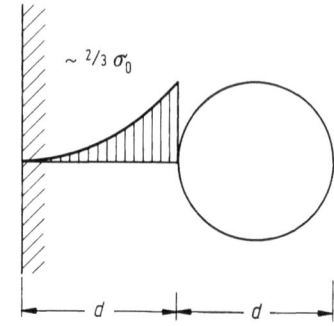

Bild 97a und b. Betonspannungen infolge Schwindbehinderung am Spannglied $\sigma_0 = -\varepsilon_s E_b$. **a** bei zu geringer Betondeckung; **b** bei zweckmäßiger Betondeckung

- Abweichungen der mit Hilfe der technischen Biegelehre ermittelten Spannungsverteilungen von den tatsächlichen Spannungsverteilungen;
- aus den Horizontalkomponenten der Umlenkkräfte der Längsspannglieder entstehende Querzugkräfte in Hohlkastenquerschnitten mit geneigten oder gekrümmten Außenstegen sowie Querbiegemomente aus der elastischen Verkürzung quer vorgespannter Fahrbahnplatten, die bei bestimmten Querschnittsarten oder -abmessungen nicht vernachlässigt werden dürfen [10];
- zu hohe Verbundspannungen, die zu Längsrissen entlang von Bewehrungsstäben oder Spanngliedern führen können;
- Korrosion der Bewehrung. Rost hat ein zwei- bis dreifach größeres Volumen als Stahl, wodurch der umhüllende Beton tangential auf Zug beansprucht wird. Dadurch können Längsrisse parallel zur Bewehrung entstehen. Bei entsprechend starker Rostbildung kann die gesamte Betondeckung abgesprengt werden;
- zu geringe Betondeckung über den Spanngliedern, wodurch infolge Schwindbehinderung Betonspannungen entstehen, die zu Längsrissen entlang des Spannglieds führen können (Bild 97);
- Sprengwirkung von Eis. Sind im Beton mit Wasser gefüllte Hohlräume vorhanden, z.B. Aussparungen, schlecht verpreßte Hüllrohre o.ä., entsteht bei Frost eine Sprengwirkung, die zu Rissen im Beton führen kann.

Für die Entstehung von Rissen an Koppelfugen, die z.T. große Breiten annehmen, sind darüber hinaus als Ursachen zu nennen:

- fehlende oder stark geminderte Betonzugfestigkeit im Fugenbereich,
- Eigenspannungen infolge Abfließens der Hydratationswärme,
- erhöhte Spannkraftverluste im Bereich der Spanngliedkopplungen infolge Kriechens und Schwindens,
- nichtlinearer Spannungsverlauf bei abschnittsweisem Vorspannen,
- Streuung der Eigengewichtslasten.

Die aufgezählten Ursachen sind inzwischen allgemein bekannt und in der derzeitigen Auslegungspraxis weitgehend berücksichtigt. Detaillierte Ausführungen hierzu können der Fachliteratur, insbesondere der zusammenfassenden Darstellung in [39] entnommen werden.

12.2 Risse im Beton

Zusammenfassend kann festgestellt werden, daß durch das Konzept der Einhaltung zulässiger Betonzugspannungen gemäß DIN 4227 Risse im Beton von Spannbetonüberbauten nicht mit Sicherheit vermieden werden können. Die Einhaltung der zulässigen Zugspannungen im Beton ist heute eher als Entwurfshilfe anzusehen und dient zur Abgrenzung des Erfahrungsbereichs.

Da Risse im Beton von Spannbetonüberbauten nicht mit Sicherheit vermeidbar sind, ist es notwendig, sich mit ihren Auswirkungen zu befassen. In Kenntnis der Auswirkungen können die Bauwerke so konzipiert werden, daß sie gegen schwer erfaßbare Einflüsse unempfindlich reagieren.

12.2.1.3 Einfluß von Rissen im Beton auf die Korrosion der Stahleinlagen[1]

Alle Baumetalle werden aus natürlichen Metallverbindungen (Erzen), die thermodynamisch energiearm und damit chemisch stabil sind, durch Energiezufuhr (Verhüttung) gewonnen. Sie befinden sich dadurch in einem energiereichen, instabilen Zustand und haben das Bestreben, durch Bildung von Oxiden, Hydroxiden, Sulfaten, Carbonaten u.a. wieder in einen energieärmeren Zustand zurückzukehren [40].

Deshalb neigt ungeschützter Stahl zur Korrosion und bildet Rost. Im einbetonierten Zustand wird Stahl jedoch vom Beton wirksam gegen Korrosion geschützt. Dies belegen zahlreiche Untersuchungen an alten Betonbauten, deren Stahleinlagen auch nach Jahrzehnten keine Korrosionsschäden aufweisen. Der Korrosionsschutz beruht auf der hohen Alkalität des Porenwassers des Betons, das je nach Zementart vor allem durch das gelöste Calciumhydroxid $Ca(OH)_2$ ph-Werte zwischen 12,5 und 13,5 aufweist. In diesen ph-Wert Bereichen bildet sich auf der Stahloberfläche eine stabile Passivschicht aus, welche die anodische Eisenauflösung und somit die Korrosion des Stahls verhindert. Der Passivfilm besteht zwar ebenfalls aus Korrosionsprodukten, jedoch sind die damit einhergehenden Abtragungsraten unter baupraktischen Gesichtspunkten ohne Belang.

Der Korrosionsschutz kann durch Karbonatisierung des Betons oder Chloride im Beton verloren gehen. Karbonatisierung oder Chloride alleine haben jedoch noch nicht zwangsläufig Korrosion zur Folge. Hierzu müssen zusätzlich sowohl ein ausreichendes Feuchtigkeitsangebot als auch in ausreichendem Maße der Zutritt von Sauerstoff zur Stahloberfläche gegeben sein.

Eine schematische Darstellung der Entstehungsgeschichte der Korrosion von Stahl im Beton enthält Bild 98. Es läßt sich zwischen Einleitungszeitraum und Schädigungszeitraum unterscheiden. Der Einleitungszeitraum umfaßt den Zeitabschnitt, in dem die Karbonatisierung bzw. ein kritischer Chloridgehalt noch nicht bis zur Stahloberfläche vorgedrungen sind. Die Stahloberfläche bleibt während dieses Zeitraums passiviert, d.h. es findet kein Korrosionsabtrag statt. Der Schädigungszeitraum beginnt erst dann, wenn Korrosion möglich ist, d.h. nach Vordringen der Karbonatisierung bis zu den Stahleinlagen bzw. nach Erreichen eines kritischen Chloridgehalts.

---

[1] Der nachfolgende Abschnitt basiert im wesentlichen auf den Arbeiten von P. Schließl, die in [41] und [46] zusammenfassend dargestellt sind.

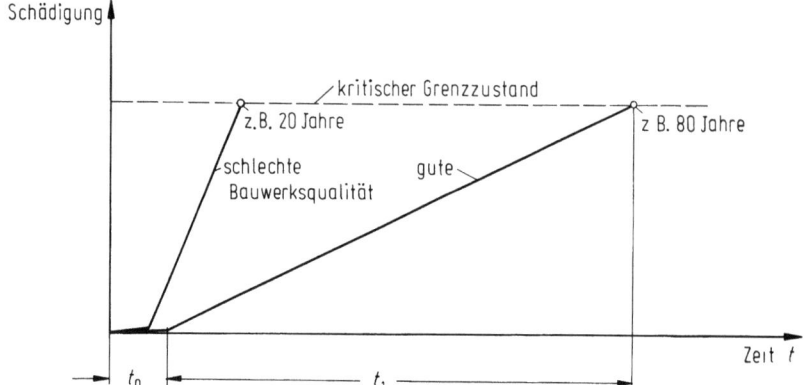

Bild 98. Schädigungsschema für die Korrosion von Stahl in Beton (in Anlehnung an [41, 42]). t_0 Einleitungszeitraum (Karbonatisierung, Eindringen Cl^-), t_1 Schädigungszeitraum (Korrosion an den Stahleinlagen)

a) Korrosion von Stahl im Beton unter normalen Umwelteinflüssen infolge Karbonatisierung des Betons

Karbonatisierung

Das in der Luft enthaltene gasförmige Kohlendioxid CO_2 kann durch die luftgefüllten Poren des Zementsteins sowie verstärkt an lokalen Fehlstellen, Nestern und Rissen in den Beton eindiffundieren. Dort reagiert es mit dem im Porenwasser des Betons gelösten Calciumhydroxid $Ca(OH)_2$ zu Calciumcarbonat $CaCO_3$ [43]:

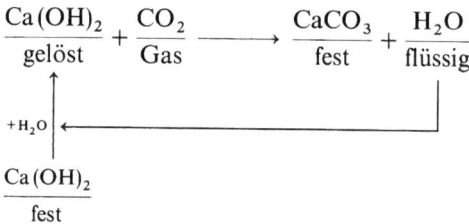

Das CO_2 kann also nicht direkt mit den alkalischen Bestandteilen des Zementsteins reagieren, sondern nur mit den in Wasser gelösten. Bei der Karbonatisierungsreaktion wird das CO_2 verbraucht. Erst wenn der Umsetzungsvorgang soweit fortgeschritten ist, daß am Reaktionsort kein Calciumhydroxid mehr nachgelöst werden kann, dringt die Karbonatisierung weiter ins Betoninnere vor. Dadurch ergeben sich eindeutige, gut meßbare Karbonatisierungsfronten, die jedoch im inhomogenen Beton nicht gleichmäßig verlaufen. Bedingt durch Poren und andere Fehlstellen im Betongefüge treten Karbonatisierungsspitzen auf, die oft ein mehrfaches der mittleren Karbonatisierungstiefe betragen können. Im karbonatisierten Bereich sinkt der ph-Wert der Porenwasserlösung unter 9 ab. Da für ph-Werte unter 9 die Passivschicht auf der Stahloberfläche nicht stabil bleibt, geht im karbonatisierten Bereich die Korrosions-

12.2 Risse im Beton

schutzwirkung des Betons durch Depassivierung der Stahloberfläche verloren. Vollständig karbonatisierter Beton weist einen ph-Wert von 8,3 auf.

Der Beton selbst wird durch die Karbonatisierung nicht geschädigt. Im Gegenteil, durch die Bildung des kristallinen $CaCO_3$ wird die Dichtigkeit des Zementsteins erhöht, die Druckfestigkeit steigt sogar in Abhängigkeit vom Klinkeranteil im Zement noch etwas an [44]. So können bei Portlandzement erhebliche Festigkeitserhöhungen auftreten, bei sehr klinkerarmen Zementen (z. B. Sulfathüttenzement) dagegen gegebenenfalls geringfügige Festigkeitsverminderungen.

Die Karbonatisierungsfront wandert in etwa nach einem Wurzel-Zeit-Gesetz langsam ins Betoninnere vor. Da der Diffusionswiderstand des Betons zum Betoninneren hin zunimmt, was in erster Linie auf den Einfluß der Feuchte zurückzuführen ist, und gleichzeitig aus dem Betoninneren $Ca(OH)_2$ zur Karbonatisierungsfront diffundiert, stellt sich schließlich ein endlicher Grenzwert der Karbonatisierungstiefe ein. Dies geschieht dort, wo sich zwischen dem von der Betonoberfläche eindiffundierenden CO_2 und dem aus dem Betoninneren zugeführten $Ca(OH)_2$ ein Gleichgewichtszustand einstellt.

Karbonatisierungsgeschwindigkeit und Endkarbonatisierungstiefe hängen bei gleichen Umweltbedingungen vom Gehalt des Betons an Stoffkomponenten, die CO_2 binden (Zementgehalt und Zementart) und es somit am weiteren Vordringen hindern können, sowie im wesentlichen vom Diffusionswiderstand des Betons ab. Die hierfür maßgebende Dichtigkeit wird durch Zusammensetzung, Verarbeitung und Nachbehandlung des Betons bestimmt [45]. Anzustreben sind bezüglich

- *Zusammensetzung.* Möglichst niedriger Wasserzementwert, da die Porosität des Zementsteins mit wachsendem Wasserzementwert stark zunimmt sowie optimale Sieblinie der Zuschlagstoffe.
- *Verarbeitung.* Herstellen eines geschlossenen Gefüges durch vollständige Verdichtung (setzt geeignete Frischbetonkonsistenz voraus).
- *Nachbehandlung.* Erzielung der für den Korrosionsschutz der Stahleinlagen entscheidenden Dichtigkeit des Betons an den Bauteiloberflächen durch Gewährleistung des notwendigen Hydratationsgrads: Ausreichende Nachbehandlung durch angemessenes Feuchtigkeitsangebot bzw. Schutz vor frühzeitiger Austrocknung.

Neben den Betoneigenschaften haben die Umweltbedingungen einen großen Einfluß auf die Karbonatisierung des Betons: Die Karbonatisierung ist stark vom Feuchtigkeitsgehalt des Betons abhängig. Da das CO_2-Gas nur durch Poren diffundieren kann, die nicht wassergefüllt sind, ist wassergesättigter Beton vor Karbonatisierung geschützt. Auch vollständig trockener Beton karbonatisiert nicht, da für die Karbonatisierungsreaktion Wasser benötigt wird. So niedrige Luftfeuchtigkeiten, die den Ablauf der Reaktion verhindern (unter 30% rel. Feuchtigkeit), treten in Mitteleuropa allerdings kaum auf. Am günstigsten für die Karbonatisierung sind relative Luftfeuchtigkeiten von 50 bis 70%. Bei höheren Luftfeuchtigkeiten verlangsamt sich der Karbonatisierungsfortschritt. Aus diesen Zusammenhängen wird verständlich, daß regengeschützte Flächen (Brückenuntersichten) größere Karbonatisierungstiefen aufweisen als Flächen, die dem Regen ausgesetzt sind.

In [46] wird gezeigt, daß im Bereich von Rissen die Karbonatisierung nicht nur von den Außenflächen, sondern auch von den Rißufern erfolgt (Bild 99). Die Konzentration des CO_2, das in die im Riß befindliche Luft hineindiffundiert, nimmt mit wach-

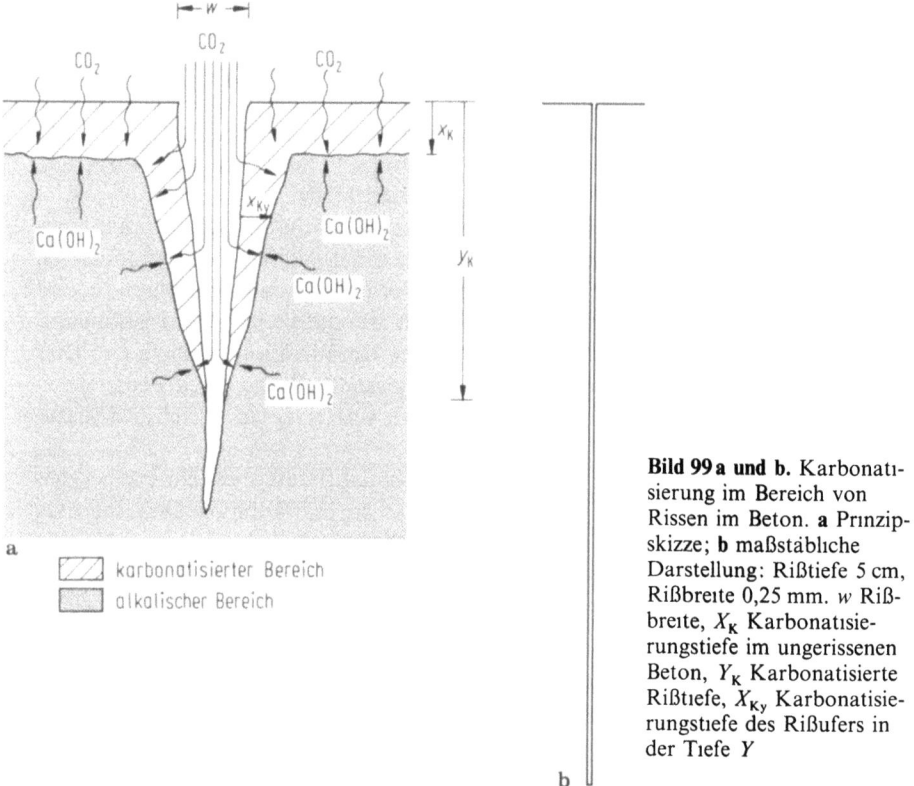

Bild 99a und b. Karbonatisierung im Bereich von Rissen im Beton. **a** Prinzipskizze; **b** maßstäbliche Darstellung: Rißtiefe 5 cm, Rißbreite 0,25 mm. w Rißbreite, X_K Karbonatisierungstiefe im ungerissenen Beton, Y_K Karbonatisierte Rißtiefe, X_{Ky} Karbonatisierungstiefe des Rißufers in der Tiefe Y

sender Rißtiefe ab, da ständig CO_2 seitlich in die Rißufer dringt. Die Rißufer karbonatisieren nur bis in die Tiefe, in der die CO_2-Konzentration gegen Null geht. Dadurch strebt die Karbonatisierung der Rißufer (X_{Ky}, Y_K) wie die Karbonatisierung im ungerissenen Bereich (X_K) einem Endwert zu ($X_{Ky\infty}$, $Y_{K\infty}$). Die Karbonatisierungstiefe der Rißufer X_{Ky} nimmt dabei entsprechend der abnehmenden CO_2-Konzentration mit der Rißtiefe ab. Liegen die Stahleinlagen tiefer als der Endwert der karbonatisierten Rißtiefe $Y_{K\infty}$, bleiben sie dauerhaft passiviert. Die Rißbreite w hat den wesentlichsten Einfluß auf den Endwert der karbonatisierten Rißtiefe $Y_{K\infty}$, da mit zunehmender Rißbreite auch mehr CO_2 eindiffundieren kann. Mit zunehmender Rißbreite nimmt die Endkarbonatisierungstiefe $Y_{K\infty}$ zu. Weiterhin von Bedeutung ist die Betonfestigkeit (als Maß für die Dichtigkeit des Betons; Festigkeit und Dichtigkeit hängen gleichermaßen stark vom Wasserzementwert ab). Mit zunehmender Dichtigkeit des Betons kann weniger CO_2 seitlich in die Rißufer eindiffundieren, so daß mehr CO_2 für tiefere Rißbereiche zur Verfügung steht. Die karbonatisierte Rißtiefe nimmt also mit zunehmender Betonfestigkeit zu.

Durch Carbonat- und Schmutzablagerungen in den Rissen wird dem nachdiffundierenden CO_2 ein erhöhter Diffusionswiderstand entgegengesetzt. Mit zunehmender Dichtigkeit der Rißverstopfung nimmt die karbonatisierte Rißtiefe ab. In wasserge-

12.2 Risse im Beton

sättigten Rissen – schmale und tiefe Risse weisen ein gutes Wasserrückhaltevermögen auf – findet keine Karbonatisierung der Rißufer statt.

Aufgrund vielfältiger und zufälliger Einflüsse (Rißverstopfung, Rißverengung und Rißverzweigung ins Betoninnere, Inhomogenitäten in der Betonzusammensetzung), unterliegen die Karbonatisierungstiefen starken Streuungen, so daß zuverlässige quantitative Aussagen nur über Versuche zu erhalten sind.

Dringt im Riß die Karbonatisierung bis zur Stahloberfläche vor, geht aufgrund der Abminderung des ph-Wertes die Korrosionsschutzwirkung verloren. Jedoch kann es durch die Wirkung von Kalk- und Schmutzablagerungen sowie von Rostprodukten in Rissen zu einer Realkalisierung bereits karbonatisierter Rißufer kommen. Füllt sich ein enger Riß wieder ganz oder teilweise mit Wasser, kann, selbst wenn nach vorübergehender Austrocknung Karbonatisierungsspitzen den Stahl erreichen, infolge einer Rückdiffusion von $Ca(OH)_2$ aus der nicht karbonatisierten Zone, eine erneute korrosionsschützende Alkalität auf der Stahloberfläche entstehen. Versuche haben gezeigt, daß die Wahrscheinlichkeit einer Realkalisierung mit abnehmender Rißbreite und zunehmender Betondeckung stark ansteigt.

Die Wahrscheinlichkeit für eine dauernde Depassivierung der Stahleinlagen hängt, wie Versuche gezeigt haben, von der Rißbreite und der Betondeckung sowie von der Orientierung der Betonoberfläche zur Wetterrichtung ab.

Korrosionsmechanismen von Stahl im Beton

Die Korrosion von Stahl im Beton ist ein elektrochemischer Vorgang, der in zwei Teilprozesse getrennt werden kann, die auf der Stahloberfläche entweder unmittelbar nebeneinander oder örtlich voneinander getrennt ablaufen [41]: Die anodische Metallauflösung und die kathodische Reaktion der Sauerstoffreduktion (Bild 100).

- Vorgänge an den Lokalanoden:
  Durch das Bestreben, in einen energieärmeren Zustand überzugehen (z. B. Oxid), verlassen Metallatome bei Anwesenheit eines Elektrolyten (in der Regel Wasser mit Ionen aus Säuren, Laugen und Salzen) ihren Kristallgitterplatz und gehen als positiv geladene Ionen in Lösung. Eine entsprechende Anzahl freier Elektronen bleibt auf der Stahloberfläche zurück.

$$2\,Fe \rightarrow 2\,Fe^{++} + 4\,e^-.$$

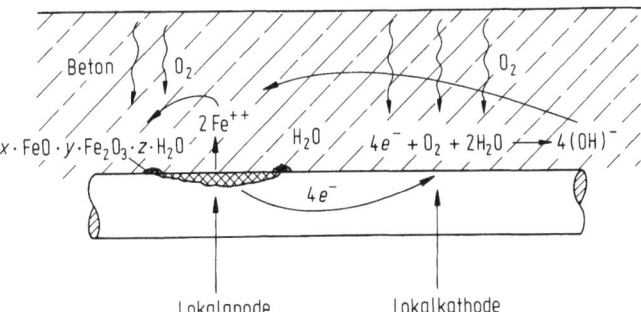

Bild 100. Korrosionsmechanismus von Stahl im Beton, ungerissener Bereich

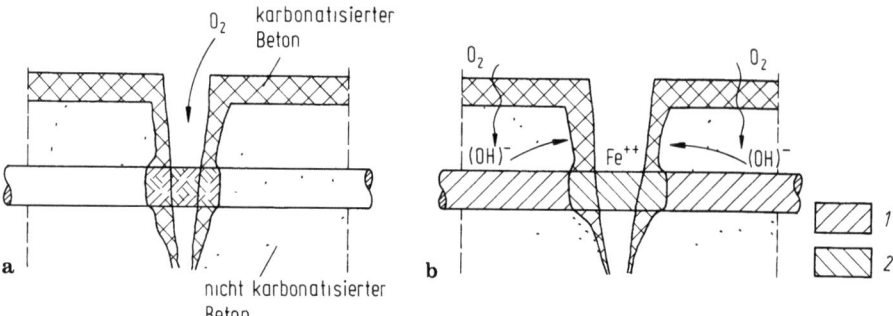

Bild 101 a und b. Korrosionsmechanismen im Bereich von Querrissen im Beton [41]. **a** Korrosionsmechanismus I; **b** Korrosionsmechanismus II. *1* kathodisch wirkende Stahloberfläche, *2* anodisch wirkende Stahloberfläche

- Vorgänge an den Lokalkathoden:
Wegen der Ladungsteilung käme der anodische Vorgang schnell zum Stillstand, wenn die Elektronen nicht ebenfalls abgegeben würden. Diese werden größtenteils vom elektrisch neutralen Luftsauerstoff aufgenommen, der sich im Wasser gelöst an der Stahloberfläche befindet. Dieser wandelt sich hierbei unter Wasserverbrauch zu negativen OH-Ionen um. Die Stelle dieser Elektronenaufnahme wird als Kathode bezeichnet.

$$4\,e^- + O_2 + 2\,H_2O \rightarrow 4\,(OH)^-.$$

Der Ladungsausgleich im Elektrolyten erfolgt durch Vereinigung der Hydroxidionen mit den Eisenionen. Je nach Feuchtigkeits- und Sauerstoffangebot laufen dabei Reaktionen über mehrere Zwischenstufen ab, bei denen Rostprodukte verschiedenster Modifikationen entstehen, die mit der allgemeinen Formel

$$x \cdot FeO \cdot y \cdot Fe_2O_3 \cdot z \cdot H_2O$$

beschrieben werden können. Die Farbskala der Rostprodukte reicht dabei von rot über grün bis schwarz.

Im Bereich von Querrissen üblicher Breite ($w < 0{,}5$ mm) kommen zwei Korrosionsmechanismen in Betracht (Bild 101). Bei Korrosionsmechanismus I liegen kathodisch und anodisch wirkende Bereiche der depassivierten Stahloberfläche im Rißbereich unmittelbar nebeneinander. Die Sauerstoffzufuhr erfolgt dabei über den Riß. Wegen der Ablagerung von Korrosionsprodukten und Schmutz im Riß ist bei diesem Korrosionsmechanismus mit einer Selbsthemmung des Korrosionsvorgangs zu rechnen, so daß die Korrosionsraten geringer als für freiliegende Stähle bleiben.

Gemäß [41] wurde aufgrund weltweit ausgeführter Versuche und Untersuchungen zweifelsfrei bestätigt, daß der Korrosionsmechanismus II als maßgebend angesehen werden muß. Hierbei wirkt die depassivierte Stahloberfläche im Rißbereich anodisch und die passivierte Stahloberfläche zwischen den Rissen kathodisch. Die Sauerstoffdiffusion zur Kathode muß dann durch die ungerissene Betondeckung zwischen den Rissen erfolgen.

12.2 Risse im Beton

Für die Korrosionsgeschwindigkeit ist der langsamste Teilschritt maßgebend. Da eine Verminderung der Sauerstoffzufuhr zur Stahloberfläche zu verminderter anodischer Metallauflösung führt, kommt aufgrund des maßgebenden Korrosionsmechanismus II dem Diffusionswiderstand der Betondeckung auch im Bereich von Querrissen entscheidende Bedeutung zu. Das heißt, bei dauernd depassivierter Stahloberfläche im Riß ist für die Korrosionsintensität die Betondeckung maßgebend, und nicht die Rißbreite (bis $w < 0,4$ mm).

Wegen der örtlichen Trennung anodisch und kathodisch wirkender Oberflächenbereiche der Bewehrung kann die Korrosion nur dann ablaufen, wenn der Beton einen ausreichenden Gehalt an chemisch nicht gebundenem Wasser aufweist, das den elektrolytischen Ladungstransport bei der Korrosion übernimmt. Die Leitfähigkeit des Betons ist somit stark von seinem Wassergehalt abhängig.

Der Wassergehalt des Betons bewirkt jedoch hinsichtlich des elektrischen Widerstands und der Sauerstoffdiffusion gegenläufige Tendenzen: Mit zunehmendem Wassergehalt wird zwar die elektrolytische Leitfähigkeit des Betons verbessert, aber die Sauerstoffdiffusion immer mehr behindert.

Der Wassergehalt wird stark von der relativen Luftfeuchtigkeit an der Betonoberfläche und der Möglichkeit des Zutritts von Wasser an das Bauteil und dessen Austrocknungsverhalten bestimmt. Im allgemeinen ist die Luftfeuchtigkeit im Freien ausreichend, um im Beton zu einem für die Korrosion ausreichend hohen Wassergehalt zu führen. Die größten Korrosionsgeschwindigkeiten ergeben sich bei Bauteilen, die Feuchtigkeit nur über die umgebende Luft aufnehmen können, bei relativen Luftfeuchtigkeiten von 85 bis 95%.

Kommt Beton unmittelbar mit Wasser in Berührung, so steigt der Wassergehalt infolge der Saugwirkung der Poren im Zementstein (w/z-Wert) in kurzer Zeit stark an. Das Wasser wird anschließend nur langsam wieder verdunstet. Häufig wechselnde starke Durchfeuchtungen z. B. infolge Schlagregens, Spritzwassers oder herabrinnenden Wassers in Verbindung mit Austrocknungsperioden wirken sich daher am ungünstigsten aus.

Für die Korrosion von Stahl im Beton, auch im Bereich von Querrissen mit $w < 0,4$ mm müssen also die folgenden Voraussetzungen gleichzeitig erfüllt sein:

- Der Beton muß bis in die Höhe der Bewehrung karbonatisiert sein, damit durch Depassivierung der Stahloberfläche die anodische Eisenauflösung möglich ist.
- Durch die Betondeckung muß im ausreichenden Umfang Sauerstoff zur Stahloberfläche diffundieren, um die kathodische Sauerstoffreduktion zu ermöglichen.
- Der Beton muß einen ausreichenden Feuchtigkeitsgehalt aufweisen, damit die bei der kathodischen Sauerstoffreduktion entstehenden Hydroxidionen zur Anode wandern und sich dort mit den Eisenionen vereinigen können.

Bei dauernder Depassivierung der Bewehrung ist aufgrund der beschriebenen Zusammenhänge kein Einfluß der Rißbreite ($w < 0,4$ mm) auf die Korrosionsgeschwindigkeit zu erwarten. Maßgebend für die Korrosionsgeschwindigkeit sind die Behinderung der Sauerstoffdiffusion zur Oberfläche der Bewehrung sowie die elektrolytische Leitfähigkeit des Betons. Die Dicke und Dichtigkeit der Betondeckung ist daher von entscheidender Bedeutung.

Der Einfluß der Rißbreite von Querrissen im Beton auf die Rostbildung an der Bewehrung wurde u. a. durch Langzeituntersuchungen an ausgelagerten Stahlbeton-

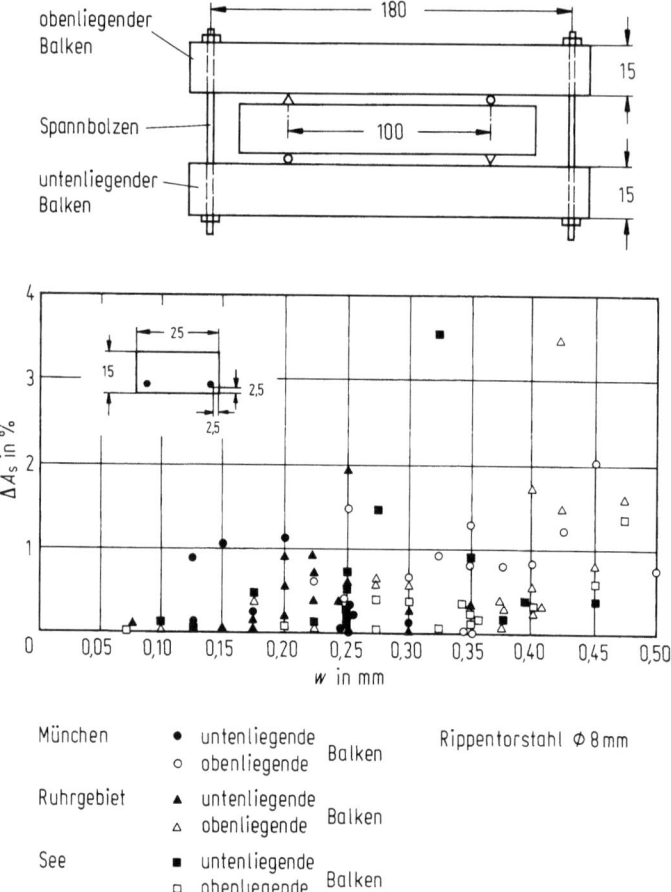

Bild 102. Querschnittsminderungen A_s an der Längsbewehrung in Abhängigkeit von der Rißbreite w nach vierjähriger Auslagerungsdauer [46]. Betondeckung $c = 2,5$ cm; Wasserzementwert $w = 0,7$

balken mit dauernd offenen Rissen (Rißbreite bis zu 0,4 mm) untersucht. Die Versuchsbalken wurden in normaler Großstadtluft, in verunreinigter Industrieluft und in salzhaltiger Meeresluft ausgelagert [46].

In Bild 102 und 103 sind die größten Querschnittsminderungen A_S der Bewehrungsstäbe, die zu jeder Korrosionsstelle im Bereich eines Risses ermittelt wurden, nach vier- und nach zehnjähriger Auslagerungsdauer in Abhängigkeit von den Rißbreiten dargestellt. Dabei fallen zunächst die sehr großen Streuungen in der Korrosionsintensität auf, die auf die große Zahl zufallsbedingter Einflüsse, wie Rißverlauf in unmittelbarer Umgebung der Bewehrung, Poren im Beton, Belüftungsverhältnisse etc. zurückzuführen sind.

Zwischen den Einzelwerten der Querschnittsminderungen A_S und den Rißbreiten besteht keine klare Gesetzmäßigkeit, d. h. bei ständig depassivierter Stahloberfläche im Riß wird die Korrosionsintensität nicht durch die Rißbreite ($w < 0,4$ mm) be-

12.2 Risse im Beton

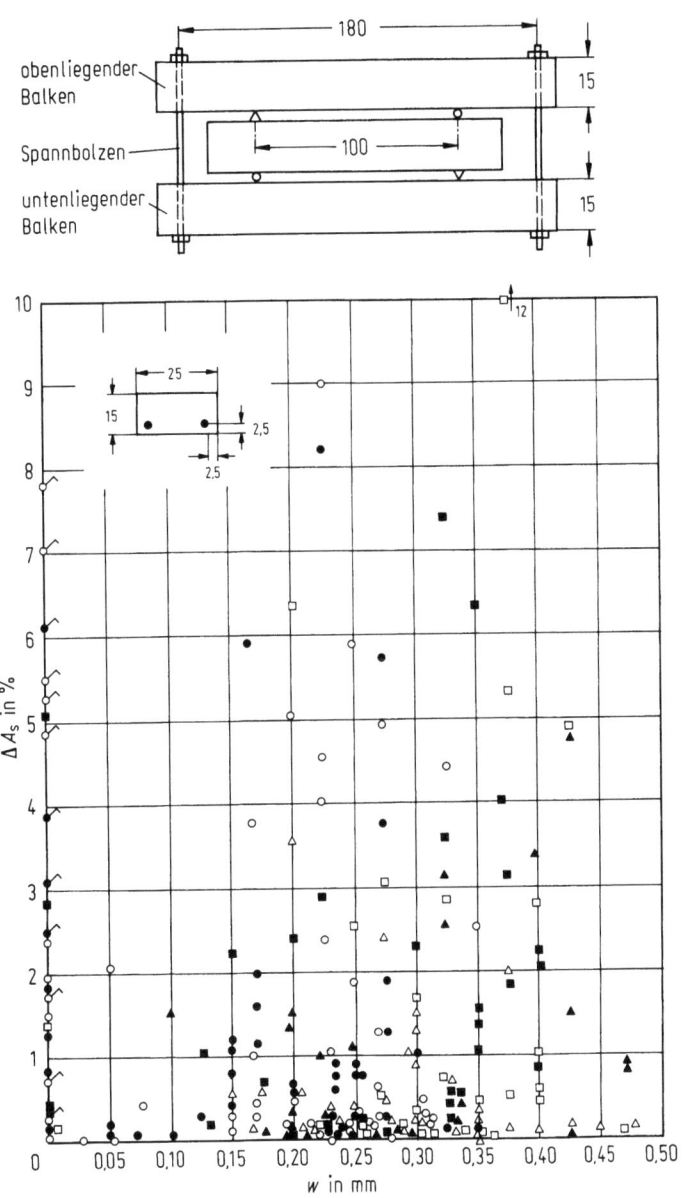

Bild 103. Querschnittsminderungen A_s an der Längsbewehrung in Abhängigkeit von der Rißbreite w nach 10-jähriger Auslagerungsdauer [46]. Betondeckung $c = 2{,}5$ cm; Wasserzementwert $w = 0{,}7$

stimmt. Bei $w = 0$ sind die im ungerissenen Beton festgestellten Korrosionsstellen auf der Ordinate mit eingetragen. Sie unterscheiden sich in ihrer Größenordnung nicht von den Querschnittsminderungen an den Rißstellen.

In Bild 102 ist zwar nach vierjähriger Auslagerungsdauer ein Einfluß der Rißbreite auf die Größtwerte der Korrosion festzustellen, was jedoch eine Folge des Einflusses der Rißbreite auf den Zeitraum bis zur Depassivierung der Bewehrung ist. Die Bewehrung im Bereich breiter Risse unterliegt zu diesem Zeitpunkt deutlich längere Zeit der Korrosion. Nach zehnjähriger Auslagerung ist dieser Einfluß jedoch verschwunden, da der Einfluß der Dauer bis zur Depassivierung mit fortschreitender Zeit immer geringer wird. Insbesondere im Vergleich zur Lebensdauer eines Bauwerks, ist der Zeitraum bis zur Depassivierung vernachlässigbar gering.

Bei den Mittelwerten der Querschnittsminderungen ergab sich in der Tendenz eine leichte Zunahme mit zunehmender Rißbreite.

Ein signifikanter Einfluß des Auslagerungsorts konnte nicht festgestellt werden.

Soll auf Dauer die Stahloberfläche passiviert bleiben, kommt der Rißgeometrie Bedeutung zu. Bei dauernd depassivierter Stahloberfläche ergaben Versuche zwar keinen Einfluß der Rißbreite auf die Korrosionsintensität, es zeigte sich aber sehr wohl ein Einfluß der Rißbreite und insbesondere der Dicke der Betondeckung auf den Anteil an Rißstellen mit dauernd depassivierter Stahloberfläche, d. h. die Rißgeometrie hat einen Einfluß darauf, ob an einer Rißstelle auf Dauer (Möglichkeit der Realkalisierung nach vorübergehender kurzfristiger Depassivierung) Korrosion auftritt oder nicht. Der Anteil an Rißstellen mit dauernd depassivierter Stahloberfläche nimmt mit zunehmender Rißbreite und abnehmender Betondeckung zu.

Bei den Auslagerungsversuchen [46] ließ sich dabei auch ein Einfluß der Umgebungsbedingungen feststellen. Im Bereich von Rissen, die der Beregnung ausgesetzt sind, ist zwar der Anteil an Rißstellen mit dauernd depassivierter Stahloberfläche geringer (langsamere Karbonatisierung, größere Wahrscheinlichkeit zur Realkalisierung), dafür weisen jedoch die dauernd depassivierten Stahloberflächen eine um etwa 50% größere Korrosionsintensität auf gegenüber vor Regen geschützten Rissen (wechselnde Durchfeuchtung).

In [47] wird über zeitraffende Modellversuche berichtet, zur Ermittlung des Einflusses der Rißgeometrie auf Art und Umfang der Korrosion in Rissen. Bei den Prüfkörpern wurde die Überdeckung durch eine Kunststoffummantelung mit Dicken von $c = 0{,}5$, 1, 2, 3 und 4 cm simuliert. Die Rißbreiten betrugen 0,05 und 0,2 mm. Die Verhältnisse entsprachen mithin dem Korrosionsmechanismus I (Bild 104), d.h. die Sauerstoffdiffusion zur Stahloberfläche erfolgte durch den Riß.

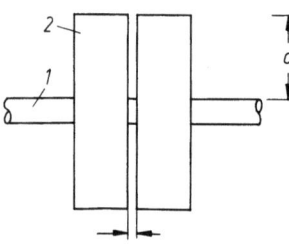

Bild 104. Prüfkörper zur Ermittlung des Einflusses der Rißgeometrie auf die Korrosionsintensität, w Rißbreite, c Überdeckung, *1* Stahl, *2* Kunststoffzylinder

12.2 Risse im Beton

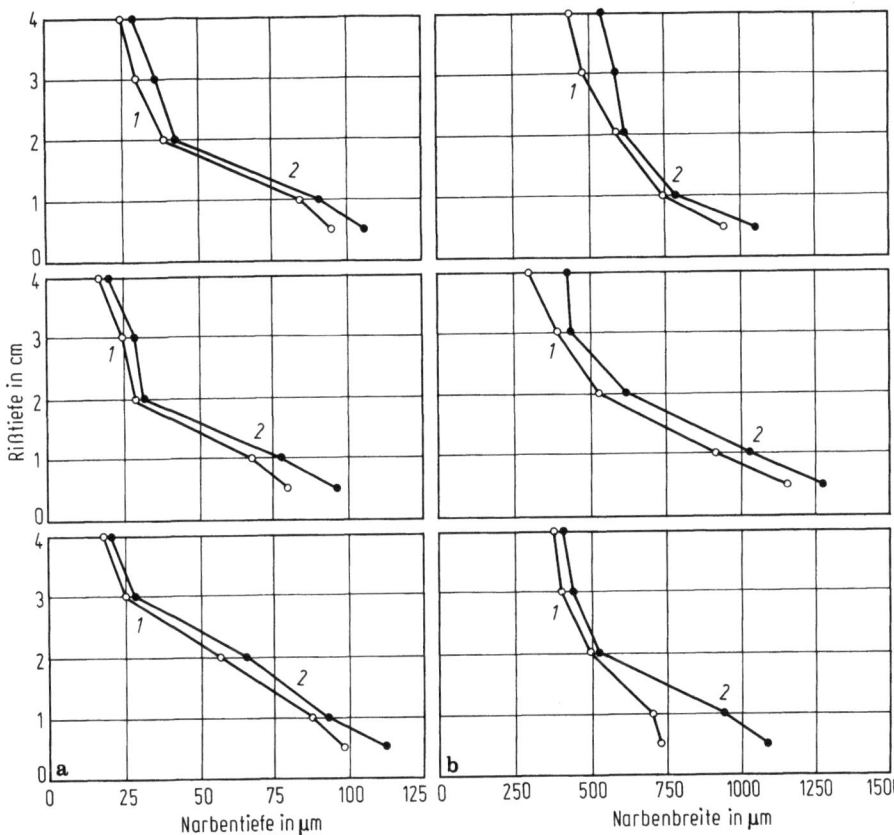

Bild 105 a und b. Wechselbefeuchtungsversuche an Betonstahl 500/550, ⌀ 6 mm (Versuchsbedingungen entsprechend Korrosionsmechanismus I; 150 Zyklen, wobei ein Zyklus: 8 h, 25 °C, 95% rel. Luftfeuchte. Besprühen 40 h, 25 °C, 55% rel. Luftfeuchte. Sauerstoffdiffusion durch den Riß) [47]. **a** Narbentiefe; **b** Narbenbreite. Jeweils oben Wechselfeuchte, Mitte Wechselfeuchte und Schwefeldioxidlösung (0,1%) und unten Wechselfeuchte und Meerwasser. *1* Rißbreite 0,05 mm, *2* Rißbreite 0,20 mm

Die Versuche wurden mit drei verschiedenen Stahlsorten durchgeführt: BSt 500/550, St 1420/1570, St 1570/1770.

Durch die Kunststoffzylinder wurde das Extremverhalten chemisch neutraler Rißverhältnisse mit weitgehender Karbonatisierung der Rißufer bis zum Rißgrund simuliert. Die Prüfkörper wurden zur Zeitraffung einer häufigen Wechselbefeuchtung unter Zusatz von korrosionsfördernden Medien (SO_2, Meerwasser), deren Konzentration an Maximalwerten der Praxis orientiert war, ausgesetzt. Anschließend wurden die Korrosionsabträge (Narbentiefe, Narbenbreite) ermittelt. Ein typisches Ergebnis ist in Bild 105 zu sehen. Unabhängig von der Überdeckung (bis 4 cm) ist der Einfluß der Rißbreite im Bereich von 0,05 bis 0,2 mm Breite auf die abtragende Korrosion (Narbentiefe, Narbenbreite) bei allen drei Stahlsorten vernachlässigbar. Die entscheidende Bedeutung kommt der Dicke der Überdeckung zu. Unterhalb eines kritischen Werts ist mit verstärktem Korrosionsabtrag zu rechnen.

Zusammenfassend kann für *Stahlbetonbauteile* unter normalen Umwelteinwirkungen [41] festgestellt werden: Ein Einfluß der Rißbreite besteht nur auf die Länge des Einleitungszeitraums bis zur Depassivierung der Stahloberfläche sowie auf die Wahrscheinlichkeit einer Realkalisierung und somit erneuter Passivierung einer vorübergehend depassivierten Stahloberfläche durch Rißverstopfung infolge Schmutz und Karbonatablagerungen. Der Einleitungszeitraum ist aber verglichen mit der Lebensdauer vernachlässigbar kurz. Die Beschränkung der Rißbreiten bei Stahlbetonbauteilen, soweit, daß eine dauernde Passivierung der Bewehrung besteht, ist nicht möglich und auch nicht notwendig.

Die Breite von Querrissen bis etwa 0,4 mm ist ohne Bedeutung auf den Korrosionsschutz der Bewehrung, die maßgebenden Parameter sind die Dicke und Dichtigkeit der Betondeckung. Bei ausreichend dichter und dicker Betondeckung bleibt die Korrosion an der Bewehrung begrenzt, es entsteht keine Gefahr für die Konstruktion.

Weist die Betondeckung keine ausreichende Qualität auf, kann auch durch ein Verpressen von Rissen bis 0,4 mm Breite Korrosion der Bewehrung nicht verhindert werden. In den Rissen beginnt die Korrosion der Stahleinlagen dann lediglich früher als im ungerissenen Bereich. Bei ausreichender Qualität der Betondeckung ist eine Korrosionsgefahr an der Bewehrung, die ein Schließen von Rissen bis zu etwa 0,4 mm Breite rechtfertigen würde, nicht gegeben.

Für den rechnerischen Nachweis der Rißbreitenbeschränkung wird ein schärferer Grenzwert $w_{cal} = 0{,}25$ mm empfohlen (vgl. Tabelle 13). Damit sollen zum einen die vorhandenen Streuungen abgedeckt werden, die sich aus Unzulänglichkeiten im Berechnungsmodell sowie vor allem aus den erheblichen Streuungen der Baustoffkennwerte (Zugfestigkeit und Verbundcharakteristik des Betons), ausführungsbedingten Einflüssen und Planabweichungen in bezug auf die Betonüberdeckung ergeben. Zum anderen wird damit der kritischen Situation im Bereich von Längsrissen Rechnung getragen – Querrisse in bezug auf die Bewehrung in Haupttragrichtung können Längsrisse für die Querbewehrung sein. Durch die Einhaltung eines schärferen Grenzwerts wird auch auf indirekte Weise die Längsrißneigung vermindert, da die Verbundspannungen begrenzt werden.

Es ist mithin grundsätzlich zwischen Rechenwerten der Rißbreiten w_{cal} für den Nachweis der Rißbreitenbeschränkung und an den Bauwerken beobachteten Rißbreiten zu unterscheiden.

Da sich das Rißverhalten rechnerisch nie genau ermitteln läßt, Rißformeln weisen unabhängig von ihrem Aufbau immer nur eine geringe Vorhersagegenauigkeit auf, gehen neuere Entwicklungen dahin, anstelle von Rißformeln einfache Konstruktionsregeln in Form von Stabdurchmesser und Stababstandstabellen anzugeben, die das Auftreten breiter Einzelrisse verhindern (z. B. vorgeschlagene Neufassung der DIN 1045, Abschnitt 17.6). Die Konstruktionsregeln werden jedoch mit Hilfe von Rißformeln abgeleitet.

Für *Spannbetonbauteile* hingegen gilt – ebenfalls unter normalen Umweltbedingungen – (nach [41]): Wegen der gegenüber Betonstahl ungleich größeren Korrosionsempfindlichkeit von Spannstählen (Wasserstoffversprödung, Spannungsrißkorrosion) muß bei Spannbetonüberbauten das Vermeiden einer Depassivierung an der Spannstahloberfläche während der Lebensdauer als Bemessungsprinzip gelten.

Auf der Grundlage der Auslagerungsversuche [46] und unter Einbeziehung der in Versuchen beobachteten Wirkung der Hüllrohre, der rißverteilenden Wirkung der

12.2 Risse im Beton

Tabelle 13. Empfehlungen für ein Bemessungskonzept zum Korrosionsschutz der Stahleinlagen für Massivbrücken nach Schießl [41] unter Berücksichtigung des ZTV-K 80 [99], sowie zur Erzielung eines ausreichenden Frost-Tausalz-Widerstands des Betons

Bauwerksteile von Massivbrücken (Straßenbrücken)	Stahlbeton			Spannbeton (nachträglicher Verbund)		
	w/z*) [−]	c*) [cm]	Verhältnisse an der Bewehrung bzw. Maßnahmen	w/z*) [−]	c*) [cm]	Verhältnisse an der Bewehrung bzw. Maßnahmen
Festigkeitsklasse des Betons:			Depassivierung, Korrosion möglich			Depassivierung vermeiden
B 25	0,55	4 [1]	w_{cal}[2]) = 0,25 mm	0,50	5 [3]	w_{cal}[2]) = 0,20 mm
B 35	0,50					Wegen Tausalzeinsatz[4])
B 45	0,50					zusätzlich entweder z. B.
						a) dauerhaft dichtes Hüllrohr oder
Kappen (mind. B 25)	0,50					b) Korrosionsschutz Spannstahl oder
						c) Druck unter häufigen Lasten in Spannstahlachse[5])
			dann beobachtete Rißbreite am Bauwerk $w \leq 0{,}3$ mm unschädlich. Jedoch ist derzeit bei Kappen das allgemeine Rundschreiben Straßenbau Nr. 19/1982 zu beachten			dann beobachtete Rißbreite am Bauwerk $w \leq 0{,}25$ mm unschädlich, einwandfrei verpreßte Hüllrohre vorausgesetzt

*) Die angegebenen Werte für den Wasser-Zement-Faktor w/z und die Betondeckung c stellen Mindestanforderungen dar, die durch Vorhaltemaße zu garantieren sind
[1]) bei erdberührten Bauteilen mind. $c = 5$ cm [99]
[2]) beim Nachweis der Rißbreitenbeschränkung rechnerisch einzuhaltende Breiten von Querrissen
[3]) obere Betondeckung der Hüllrohre in der Fahrbahnplatte bei Längsspanngliedern mind. 10 cm und bei Querspanngliedern mind. 8 cm [99]
[4]) aufgrund möglicher Schäden an Abdichtung und Entwässerung werden zusätzliche direkte Schutzvorkehrungen dringend empfohlen, um das Vordringen von Chloriden zur Spannstahloberfläche zu vermeiden
[5]) Druckspannungsreserve unter ständiger Last und halber Verkehrslast in Höhe der Spannglieder

Betonstahlbewehrung sowie den sehr feinen Rißverteilungen im Injektionsmörtel, kann davon ausgegangen werden, daß bis zu einer Rißbreite von 0,25 mm an der Betonoberfläche die Spannstähle in ordnungsgemäß verpreßten Hüllrohren dauernd passiviert bleiben, wenn die Betondeckung der Hüllrohre mindestens 5 cm beträgt. Zweckmäßigerweise wird der Rißbreitenbeschränkungsnachweis zur Einfangung der Streuungen auf $w_{cal} = 0{,}2$ mm abgestellt (Tabelle 13).

b) Korrosion von Stahl im Beton unter Einwirkung von Chloriden

Wird in Höhe der Stahleinlagen eine kritische Chloridionenkonzentration überschritten, besteht auch im nicht karbonatisierten Beton Korrosionsgefahr. Durch Karbonatisierung des Betons wird die Korrosionsgefahr erhöht, da vorher gebundenes (unschädliches) Chlorid wieder in Lösung geht.

Die Anwesenheit von Chloriden verbessert die Leitfähigkeit des Elektrolyten, so daß eine bereits laufende Korrosion im karbonatisierten Bereich des Betons erheblich beschleunigt werden kann.

Bei der Chloridkorrosion von Stahl im Beton, für die wie bei der Korrosion infolge Karbonatisierung des Betons der Korrosionsmechanismus II (Bild 101) maßgebend ist, müssen folgende Voraussetzungen gleichzeitig erfüllt sein:

- Der Chloridgehalt im Bereich der Stahleinlagen muß oberhalb eines kritischen Grenzwerts liegen.
- Für den kathodischen Teilprozeß muß im ausreichenden Maße Sauerstoff durch die Betondeckung zur Stahloberfläche diffundieren.
- Für den Ionenstrom zwischen Kathode und Anode ist ein ausreichender Feuchtigkeitsgehalt des Betons erforderlich.

Chloride können bereits in den Ausgangsstoffen für die Betonherstellung vorhanden sein. Sie sind dort aber durch die technischen Vorschriften auf unschädliche Mengen begrenzt. Bedeutsam für Brücken sind die Chloride, die infolge des Tausalzeinsatzes während der kalten Jahreszeit von außen in den Beton eindringen.

Die Chlorideindringung im Beton läuft anders ab als die des gasförmigen Kohlendioxids: Während bei der Karbonatisierung des Betons gut meßbare Fronten bzw. Bereiche auftreten, stellen sich bei der Chlorideindringung kontinuierlich abnehmende Konzentrationsverteilungen ein (Bild 106). Die Zunahme der Eindringtiefe erfolgt etwa nach einem Wurzel-Zeit-Gesetz.

Hinsichtlich der Chlorideindringung in den Beton sind mehrere Einflüsse von Bedeutung. Die über 4 Jahre durchgeführten Versuche von U. Nürnberger, bei denen der Beton teilweise in Meerwasser getaucht war, zeigen deutlich die Einflüsse von Betongüte, Zeit und Art der Chloridbeaufschlagung (Bild 106 und 107).

Der günstige Einfluß einer hohen Dichtigkeit des Betons (w/z-Wert, Verdichtung, Nachbehandlung) geht aus den Bildern klar hervor.

Im Bereich der Dauertauchzone können die an der Betonoberfläche in der Lösung vorhandenen Chloride durch Diffusion über die Feuchtigkeitsphase der miteinander verbundenen Mikroporen in den Beton eintreten. Die Diffusionsgeschwindigkeit ist umso höher, je größer das Konzentrationsgefälle und je niedriger der Diffusionswiderstand des Betons ist, der durch die Betondichtigkeit (Kapillarporosität) bestimmt wird. Die Chloridkonzentration im Beton kann dabei nicht größer werden als die in der Lösung. Wie man aus Bild 107 erkennt, dringen dabei die Chloride keinesfalls unaufhaltsam in den Beton ein, sondern streben bei ausreichend dichtem Betongefüge mit der Zeit einem Endwert zu. Für die hochwertigen Betone B1 und B2 in Bild 107 ist anzunehmen, daß etwa die 0,4%-Chloridfront in baupraktisch interessanten Zeiträumen eine Eindringtiefe von 4 bis 5 cm wohl kaum erreichen wird. Die Verhältnisse im Bereich der Dauertauchzone sind jedoch für Brücken nicht zutreffend. Hierfür gelten eher die Verhältnisse der Wechselbefeuchtung. In der Wechseltauchzone liegen

12.2 Risse im Beton

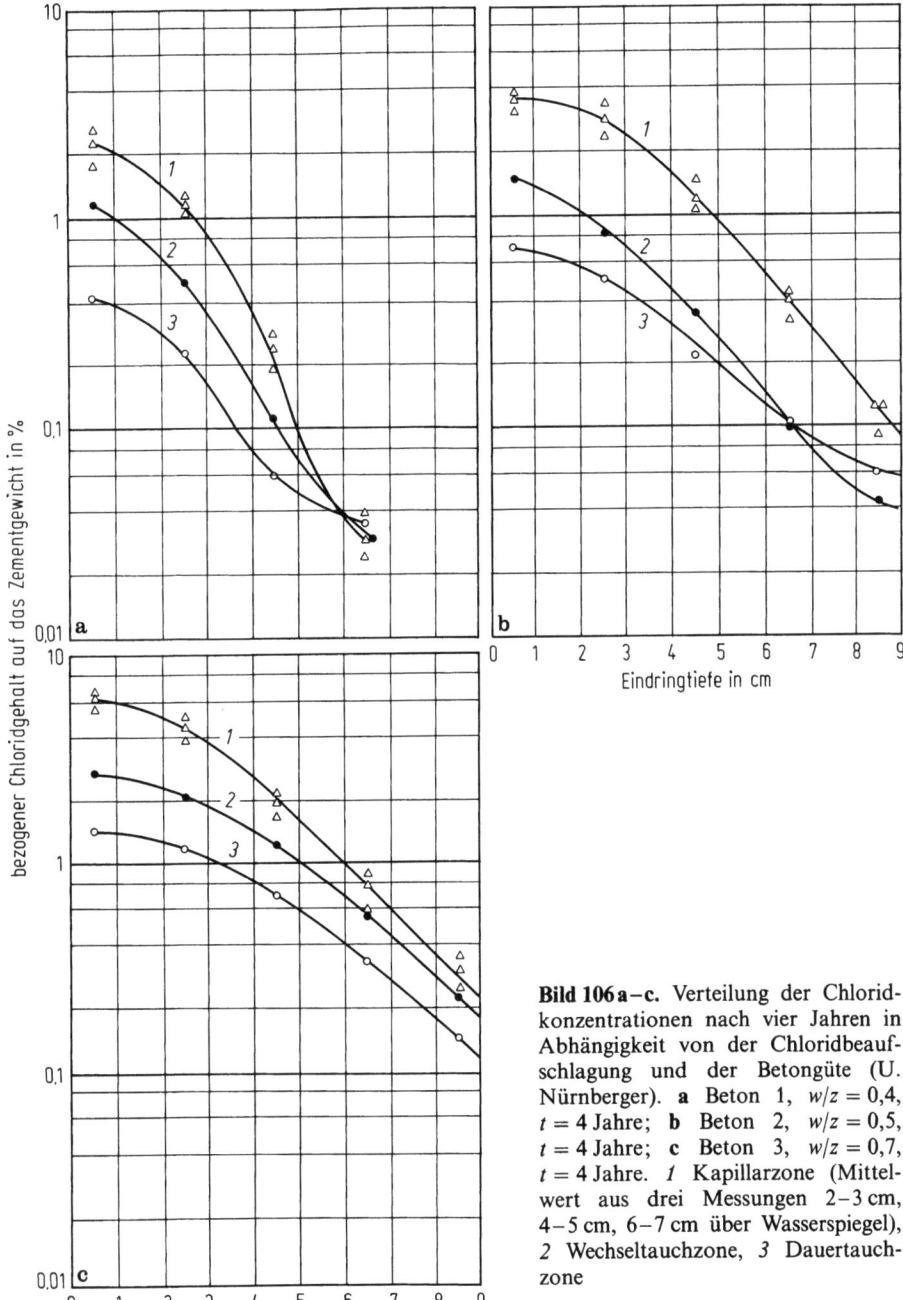

Bild 106 a–c. Verteilung der Chloridkonzentrationen nach vier Jahren in Abhängigkeit von der Chloridbeaufschlagung und der Betongüte (U. Nürnberger). **a** Beton 1, $w/z = 0,4$, $t = 4$ Jahre; **b** Beton 2, $w/z = 0,5$, $t = 4$ Jahre; **c** Beton 3, $w/z = 0,7$, $t = 4$ Jahre. *1* Kapillarzone (Mittelwert aus drei Messungen 2–3 cm, 4–5 cm, 6–7 cm über Wasserspiegel), *2* Wechseltauchzone, *3* Dauertauchzone

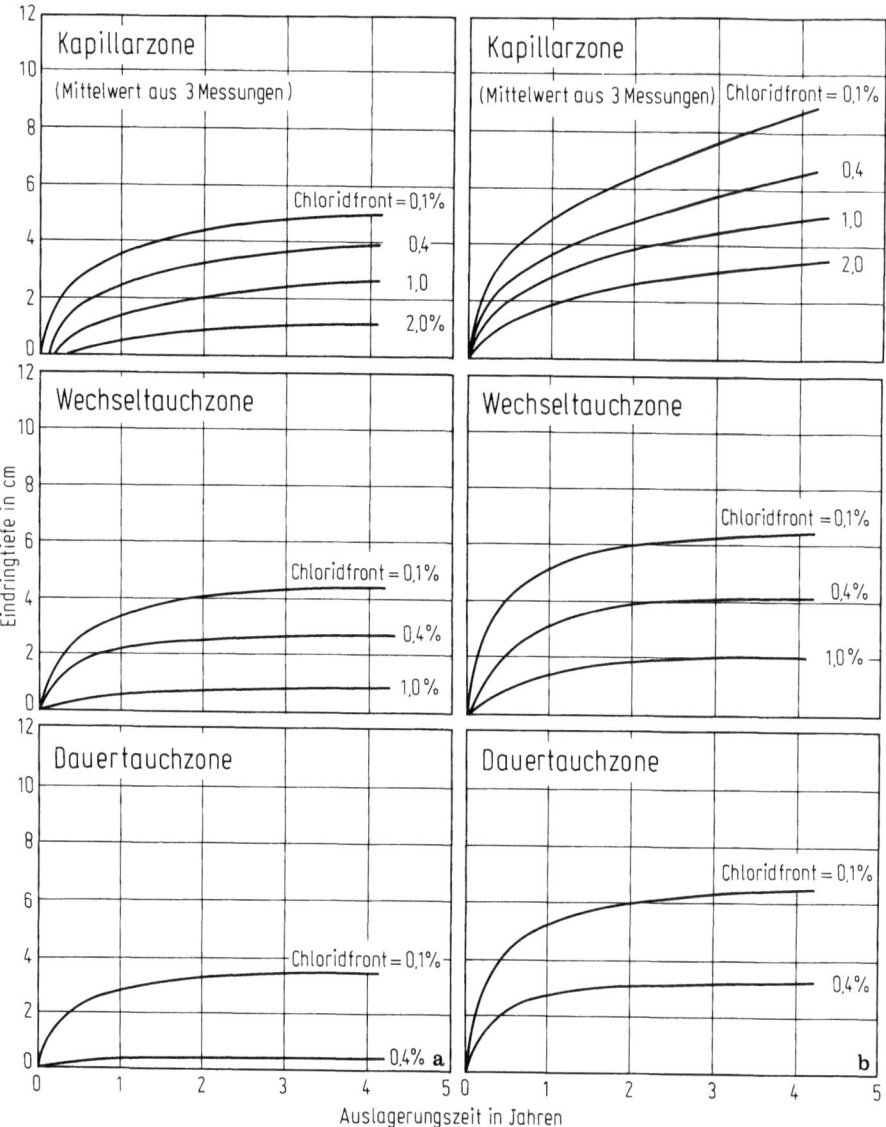

ungünstigere Verhältnisse vor. Der Transport von Chloridionen im Beton wird dabei maßgebend vom gleichzeitig eindiffundierenden Wasser beeinflußt. Hierbei kommt den zeitlichen Abständen zwischen den Befeuchtungszyklen große Bedeutung zu. Wegen der Kapillarwirkung ist die Eindringgeschwindigkeit der Chloride in den Beton hoch, wenn die Lösung auf einem nicht wassergesättigten oder (wieder) trockenen Beton einwirkt. Die Kapillaren und Poren füllen sich dann mit der Salzlösung und weisen einen entsprechend hohen Chloridgehalt auf. Andererseits ist die Eindringgeschwindigkeit niedrig, wenn die Lösung auf einen wassergesättigten Beton trifft, da Chloride nicht mehr zusammen mit dem Wassertransport in das Querschnittsinnere gelangen können.

12.2 Risse im Beton

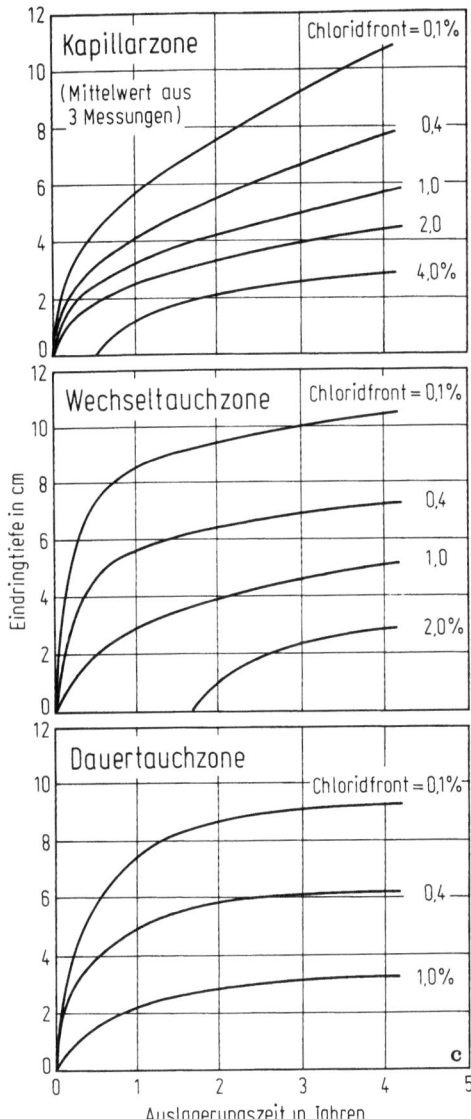

Bild 107a–c. Eindringtiefen der 4,0 – 2,0 – 1,0 – 0,4 und 0,1%-Chloridfront in **a** Beton 1, **b** Beton 2; **c** Beton 3 innerhalb von vier Jahren bei der Beaufschlagung mit Meerwasser (U. Nürnberger).

Wird der Beton wiederholt mit chloridhaltigen Lösungen befeuchtet und trocknet zwischenzeitlich aus, können nach dem Verdunsten des Wassers Chloridkonzentrationen auftreten, die weit über der Chloridkonzentration der Ausgangslösung liegen [49]. Die höchsten Chloridkonzentrationen traten bei den Versuchen jedoch in der Kapillarzone, d.h. der Zone unmittelbar über dem Wasserspiegel auf (Bild 106 und 107). Die Verhältnisse bei Brücken lassen sich durch die beiden Extreme Kapillarzone und Dauertauchzone eingrenzen.

Hinsichtlich des Einflusses der Art der Chloridbeaufschlagung kann aufgrund dieser Versuche zusammenfassend festgestellt werden, daß eine Abnahme der Chlorideindringung in der Reihenfolge Kapillarzone, Wechselzone, Dauertauchzone stattfindet. Hierbei zeigt sich eine deutliche Abhängigkeit von der Betongüte. Mit zunehmender Betongüte nimmt die Chlorideindringung ab. Bezüglich des Einflusses der Zeit kann festgestellt werden, daß die Chlorideindringung umso eher zur Ruhe kommt, je höher der Chloridgehalt der Front und je höher die Betongüte ist. Die Chlorideindringung in der Dauertauchzone kommt eher zur Ruhe als in der Wechseltauchzone und dort eher als in der Kapillarzone.

Aufgrund der Versuche kann erwartet werden, daß sich hohe Chloridkonzentrationen nur im Bereich der Betonrandzonen einstellen. Ähnliche Erfahrungen liegen aus Untersuchungen an Brückenbauwerken vor, bei denen Chloridanreicherungen ebenfalls nur in den Betonrandzonen festgestellt worden sind (vgl. Bild 110).

Neben der Abhängigkeit von der Betonqualität wird die Eindringung von Chloriden auch von der Zementart beeinflußt. Wie bereits ausgeführt, wirkt sich ein niedriger Wasserzementwert günstig aus, jedoch ist die Größe dieses Einflusses, wie Laborversuche an Zementstein gezeigt haben, vom Hüttensandgehalt des Zements abhängig. Mit zunehmendem Anteil des Hüttensandgehalts wird der Einfluß geringer. Gemäß Bild 108 hat der Wasserzementwert bei Hüttensandgehalten von mehr als 50% fast keinen Einfluß mehr. Der hohe Diffusionswiderstand von Betonen mit Hochofenzement ist allerdings nur über eine ausreichend lange Nachbehandlung zu erzielen.

Auch kann bei Betonen aus Hochofenzement ein ausreichender Frost-Tausalz-Widerstand nur über eine sehr intensive, lang andauernde Nachbehandlung erreicht werden. Hingegen erwiesen sich die Portlandzement-Betone als weniger nachbehandlungsempfindlich und erreichten bei ausreichendem Luftporengehalt und einem Wasserzementwert von 0,50 schon nach einer Nachbehandlungsdauer von weniger als sieben Tagen einen hohen Frost-Tausalz-Widerstand auf. Überdies verbesserte die Karbonatisierung der Betonrandzonen den Frost- Tausalz-Widerstand von PZ-Beton, sie verschlechterte ihn bei Beton mit hüttensandreichem HOZ, und zwar umso mehr, je schlechter die Nachbehandlung war [51].

Schließlich ist die Durchlässigkeit des Betons für Chloride stark von der Chloridart abhängig. Die Durchlässigkeit des Betons für Chloridionen ist bei $CaCl_2$-Lösungen

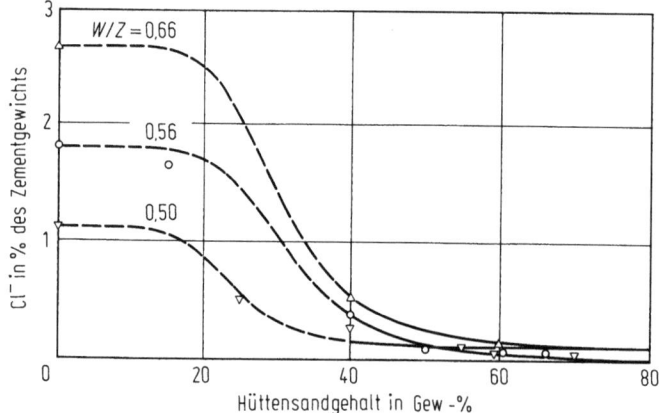

Bild 108. Chloridgehalte in der Schicht 20 bis 40 mm von 15 Betonen in Abhängigkeit vom Hüttensandgehalt [48]

12.2 Risse im Beton

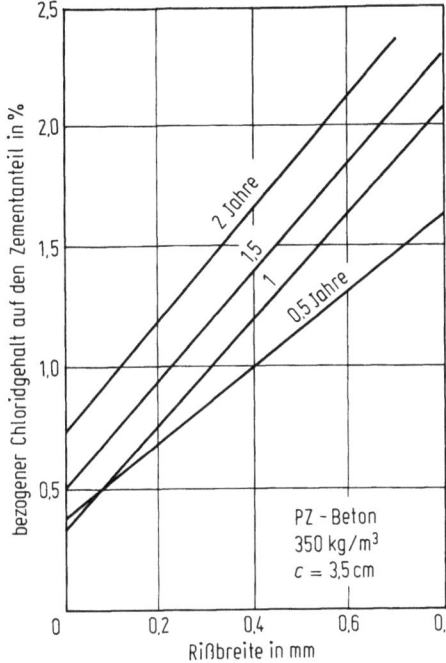

Bild 109. Chloridgehalt (Mittelwert) im rißnahen Bereich des Betons an der Bewehrung in Abhängigkeit von der Rißbreite (nach Hartl, [50]). Naß-Trocken-Wechselbeanspruchung: 14 Tage 3% NaCl Lösung/14 Tage Luft

nahezu doppelt so groß wie bei NaCl-Lösungen und bei $MgCl_2$-Lösungen sogar drei- bis viermal so groß, was bei der Wahl der eingesetzten Taumittel zu beachten ist [48].

In Rissen können Chloride wesentlich schneller zur Stahloberfläche vordringen als im ungerissenen Beton. Da Chloridbeaufschlagung immer mit einer Befeuchtung des Bauteils einhergeht, spielen kapillare Saugvorgänge eine wesentliche Rolle. Diffusionsvorgängen in Rissen, analog zum Vorgang der Karbonatisierung, kommt daher keine Bedeutung zu.

Das Eindringen von Chloriden in Risse wurde anhand von Versuchen beobachtet. Dabei zeigte sich, daß eine Salzlösung imstande ist, auch in mikroskopisch kleine Risse vorzudringen und in relativ kurzer Zeit zu hohen Chloridanreicherungen zu führen (Bild 109). Der Rißbreite kommt hinsichtlich der Eindiffusion von Chloriden jedoch nur ein verzögernder Effekt zu. Eine kritische Rißbreite zur Abwehr von Chloriden ist nicht vorhanden [50].

Versuchsergebnisse zum „Ausheilen" – in Analogie zur Realkalisierung bei der Karbonatisierung – von Rissen bei Chlorideinwirkung liegen zwar nicht vor, jedoch wird ein „Ausheilen" wegen der Wirkung der Chloride als wesentlich unwahrscheinlicher angesehen als bei Bauteilen ohne Chlorideinwirkung [41].

Bei ausreichend hohem Chloridgehalt im alkalischen Beton wird die Passivschicht auf der Stahloberfläche zerstört. Als Grenzwert, ab dem Korrosion im chloridhaltigen Beton einsetzt, werden häufig Gehalte von 0,4% des Zementgewichts genannt. Dies wurde mit der Existenz des sogenannten Friedelschen Salzes erklärt, einem Reaktionsprodukt von Chloriden und Calciumaluminathydraten des Zements. In nicht karbonatisiertem Beton können etwa 0,3 bis 0,4% Chlorid bezogen auf das Zementgewicht zu Friedelschem Salz gebunden werden.

Die Auswertung neuerer Versuche zeigt aber, daß eine so strikte und allgemeingültige Aussage nicht zutreffend ist. Vielmehr ist der kritische Chloridgehalt von der Zementart, vom Zementgehalt und sehr stark vom ph-Wert des Betons sowie vom Feuchtigkeitsgehalt und Sauerstoffangebot abhängig. Für die Auslösung der Korrosion ist die Konzentration chemisch nicht gebundener Chloridionen in der Porenlösung von wesentlicher Bedeutung. Die tolerierbare Menge freier Chloride nimmt mit dem ph-Wert der Lösung zu [50].

In simulierten Porenwasserlösungen konnte gezeigt werden, daß eine Depassivierung der Stahloberfläche erst über einem Verhältniswert $Cl^-/OH^- = 0{,}6$ eintritt [41].

Zur Aufrechterhaltung des Korrosionsvorgangs nach der Depassivierung der Stahloberfläche muß aus dem umgebenden Beton eine ausreichende Menge Cl^--Ionen nachdiffundieren können. Ist das nicht möglich, ist mit einer u. U. erheblichen Reduzierung der Abtragungsgeschwindigkeit zu rechnen. Der Diffusionswiderstand des Betons gegenüber Chloridionen ist deshalb eine entscheidende Kenngröße. Das kritische Verhältnis Cl^-/OH^--Ionen liegt daher im Beton vermutlich höher als in Lösungen.

In [52] wird von Untersuchungen berichtet, die an Betonen von Brückenbauwerken durchgeführt wurden, die einer starken Tausalzbeaufschlagung ausgesetzt waren. Diese ergaben, daß der Chloridgehalt im Beton bzw. im Bereich der Stahleinlagen relativ hoch liegen kann, ohne daß es zu Korrosionserscheinungen am Betonstahl kommen muß. Auffallend war, daß an den meisten untersuchten Fällen der etwa 15 bis 20 Jahre alten Brückenbauwerke bzw. Fahrbahndecken nur dann eine Korrosion auftrat, wenn der Chloridgehalt im Bereich der Stahleinlagen über 1,8% lag, bezogen auf den Zement. Nur an wenigen Stellen, wo durch schlechte Verdichtung (oder hoher w/z-Wert) schlechte Betonqualität vorlag, waren auch bei „geringem" Chloridgehalt sehr starke Korrosionserscheinungen an der Stahleinlage (Lochfraß) bei sonst intaktem Beton feststellbar. In allen diesen Fällen konnte aber gleichzeitig immer eine Karbonatisierung nachgewiesen werden. Die Betone hatten durchweg Zementgehalte um 300 kg/m³ sowie einen Wasserzementwert unter 0,55. Die Betondeckung betrug ca. 2,5 cm. Allerdings muß der festgestellte hohe Chloridgehalt von 1,8% bezogen auf den Zement sicherlich im Zusammenhang mit einem lang anhaltenden hohen Feuchtigkeitsgehalt und dem dadurch bedingten Sauerstoffmangel unter defekter Fahrbahnabdichtung gesehen werden, Randbedingungen also, die den Korrosionsvorgang stark hemmen. Dieser hohe Grenzwert läßt sich gewiß nicht verallgemeinern.

Infolge Chloridanreicherungen, oberhalb eines kritischen Grenzwerts, wird die Passivschicht örtlich durchbrochen. Dadurch entstehen auf der Stahloberfläche nur sehr kleine Anoden bei gleichzeitig großer Kathode. Die Folge davon ist, daß kein flächenhafter Korrosionsabtrag stattfindet, sondern Lochfraßkorrosion. Erst bei sehr hohen Chloridgehalten ist eine gleichmäßig abtragende Korrosion zu erwarten. Die tritt vor allem in karbonatisiertem Beton verstärkt auf.

Selbst bei ausreichend hohen Chloridgehalten müssen zur Entstehung von Korrosion weitere Voraussetzungen gleichzeitig erfüllt sein. Der Beton muß erstens ausreichend leitfähig, d. h. genügend feucht und außerdem genügend durchlässig für Sauerstoff sein. Die ungünstigsten Korrosionsbedingungen liegen vor, wenn in eine undichte und niedrige Betondeckung höhere Feuchtigkeitsgehalte eingetragen werden. In solchen Fällen kann es jedoch im Falle einer Karbonatisierung des Betons auch ohne Chlorideinwirkungen zu Korrosionsschäden kommen. In einem dichten

12.2 Risse im Beton

Beton und bei normgerechten Betondeckungen ist die Chloridkorrosion selbst im Fall hoher Chloridgehalte an der Bewehrung begrenzt, da der Sauerstoffzutritt behindert wird [50].

Im Bereich von Querrissen im Beton läuft die Korrosion nach Mechanismus II (Bild 101) ab, d.h. die Aufnahme der bei der anodischen Eisenauflösung auf der Stahloberfläche zurückgelassenen Elektronen durch den Sauerstoff erfolgt zwischen den Rissen im Bereich des ungerissenen Betons. Die Korrosion hängt also von der Sauerstoffdurchlässigkeit des Betons ab. Da die Korrosionsgeschwindigkeit immer durch den langsamsten Teilschritt bestimmt wird, bleibt bei einer ausreichend dichten und dicken Betondeckung auch im Falle einer Depassivierung der Stahloberfläche im Rißbereich durch Chloride die Korrosion an der Bewehrung begrenzt, da der Sauerstoffzutritt behindert wird. Bei Versuchen unter Chlorideinwirkung wurde darüber hinaus festgestellt, daß es bei ausreichend dichter und dicker Betondeckung zu einer anodischen Polarisation infolge der Abschirmwirkung der Korrosionsprodukte kommt, die zu einer drastischen Reduzierung der Korrosionsgeschwindigkeit führt [41].

Ein Einfluß der Rißbreite ist bei den beschriebenen Korrosionsmechanismen nicht zu erwarten. Er konnte bei depassivierter Stahloberfläche auch nicht nachgewiesen werden: Aus den vorliegenden Versuchsergebnissen geht hervor, daß Dicke und Dichtigkeit der Betondeckung und nicht die Rißbreite in baupraktisch vorkommenden Größen die entscheidenden Parameter hinsichtlich der Korrosionsintensität an der Bewehrung darstellen. Bei geringen Betondeckungen bzw. geringer Dichtigkeit des Betons kam es bereits nach relativ kurzer Zeit in den Rissen, ohne daß ein Einfluß der Rißbreite erkennbar war, zu starken Korrosionserscheinungen. Gleichzeitig trat jedoch auch im ungerissenen Bereich starke Korrosion an der Bewehrung auf. Bei ausreichend dicker und dichter Betondeckung bildete sich auch im Bereich von Rissen bis etwa 0,4 mm Breite nur schwacher Oberflächenrost. Die Ergebnisse dieser Versuche zeigten einen sehr starken Einfluß des w/z-Werts sowie der Dicke der Betondeckung. Besonders kritisch zu bewerten sind jedoch Risse, die chloridhaltiges Wasser führen (durchgehende Spaltrisse). Hier können Risse unabhängig von ihrer Breite zu starker Korrosion führen.

Bei den Versuchen von Rostasy und Schelling an teilweise vorgespannten Balken (Vorspannung mit nachträglichem Verbund) mit dauernd offenen Rissen führten unter sehr starker Chloridbeaufschlagung bereits Risse von 0,2 mm Breite bei einer Betondeckung von 5 cm nach relativ kurzer Zeit zu Korrosionserscheinungen am Hüllrohr und einigen Rostpunkten am Spannstahl.

Diese Fakten führen zu folgenden Schlußfolgerungen:

Bedeutung der Risse im Beton

Für die Korrosionsgefahr bei Stahlbetonbauteilen unter Chlorideinwirkung kann zusammenfassend festgestellt werden [41]:

„Starke Korrosionserscheinungen treten insbesondere bei Chloridangriff immer dann auf, wenn durch Schwachstellen in der Konstruktion starke Chloridanreicherungen und/oder häufige Durchfeuchtungen einzelner Bauteile auftreten, Betonierfehler vorliegen oder die Qualität der Betondeckung den Mindestanforderungen nicht genügt. Risse im Beton können in allen diesen Fällen Korrosionserscheinungen bereits zu einem früheren Zeitpunkt als im ungerissenen Bereich des Betons zur Folge haben, in größerem Bauwerksalter ist großflächige Korrosion aber auch im ungerissenen Bereich zu erwarten. Risse sind dann ohne Belang".

Die entscheidenden Parameter sind der w/z-Wert und die Betondeckung. Das Vorhandensein von Rissen bzw. deren Breite ist von untergeordneter Bedeutung. „Bei ausreichend dicker (mehr als 3 cm) und dichter ($w/z \leq 0,55$, gute Nachbehandlung vorausgesetzt) Betondeckung tritt ... bei Rißbreiten bis 0,4 mm Lochfraßkorrosion nicht auf, auch wenn es zu einer Anreicherung von Chloriden im Rißbereich kommt". Es ist dann nur mit schwachem Oberflächenrost zu rechnen. „Bei sehr starkem Chloridangriff (z. B. Spritzwasser) sind mindestens 4 cm Betondeckung und ein w/z-Wert von 0,5 zu empfehlen. Diese Werte sind in erster Linie für den dauerhaften Korrosionsschutz der Bewehrung im ungerissenen Beton erforderlich".

Da bei Spannstählen nach einer Depassivierung der Stahloberfläche ein Totalversagen durch Wasserstoffversprödung oder Spannungsrißkorrosion nicht gänzlich ausgeschlossen werden kann, muß für *Spannbetonbauteile* weitestgehend ein Vordringen der Chloride bis zur Spannstahloberfläche vollständig verhindert werden. Dies kann beispielsweise mit Hilfe von dauerhaft dichten Hüllrohren oder korrosionsgeschützten Spannstählen erreicht werden (Tabelle 13).

Bei Brückenbauwerken ist im allgemeinen nur mit gelegentlichen Tausalzangriffen zu rechnen. Im Spritzwasserbereich und in horizontalen Bereichen mit zeitweise aufstehender Chloridlösung werden noch die größten Chloridgehalte im Beton festgestellt. Im Sprühnebelbereich (Seitenflächen und Untersichten von Brücken über tausalzbehandelte Straßen) werden meist nur geringe Chloridgehalte im Beton nachgewiesen [50].

Die Voraussetzung für die Dauerhaftigkeit von Spannbetonbrücken unter diesen Bedingungen sind die Anwendung technologischer Maßnahmen (z. B. Beton mit hohem Frost-Tausalz-Widerstand), bemessungstechnischer Maßnahmen (z. B. Rißbreitenbeschränkung) und konstruktiver Maßnahmen (z. B. dicke und dichte Betondeckung).

Da Tausalzeinwirkungen für die Dauerhaftigkeit eine hohe Gefahrenstufe bedeuten, sind jedoch zusätzliche konstruktive Maßnahmen, d. h. direkte Schutzvorkehrungen erforderlich, um den Zutritt von Tausalzwasser an den Konstruktionsbeton und vor allem an die Spannstähle zu verhindern (einwandfreie Abdichtung und Entwässerung sowie dauerhaft wasserdichte Fahrbahnübergänge). Selbst der Beton wird auf Dauer durch Frost-Tausalz-Einwirkung zerstört.

Aufschluß über die Verhältnisse bei Fahrbahnplattenbetonen von älteren Brücken mit unzureichender bzw. fehlender Fahrbahnabdichtung gibt Bild 110. Nach diesen Untersuchungen ist mit einem Vordringen erhöhter Chloridgehalte zur Bewehrung und Korrosion nur dann zu rechnen, wenn die Betondeckung entgegen den Bestimmungen zu gering gewählt wurde, oder Frost-Tauwechsel zu einer Zerstörung der Betondeckung geführt haben.

Da es keine kritische Rißbreite zur Abwehr von Chloriden gibt, Risse im Beton aber nie völlig ausgeschlossen werden können, sind die Fahrbahnplatten von Spannbetonüberbauten durch einwandfreie Abdichtungen zu schützen. Gleichzeitig müssen ein ausreichendes Gefälle im Fahrbahnbelag sowie eine einwandfrei funktionierende Entwässerung vorhanden sein, damit tausalzhaltiges Wasser rasch abgeführt werden kann. Die Fahrbahnübergänge sollten dauerhaft wasserdicht sein.

12.2 Risse im Beton

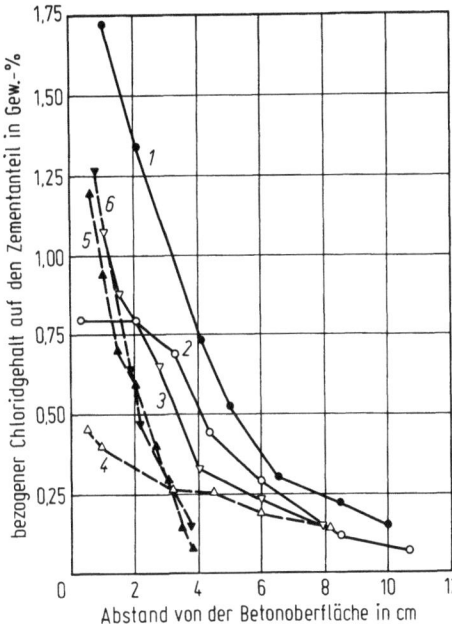

Bild 110. Chloridverteilung in Fahrbahnplattenbetonen von Brücken bei unzureichender bzw. fehlender Fahrbahnabdichtung [50]. *1* 10 Jahre, Beton stark frostgeschädigt, (Kordina); *2* 21 Jahre, Beton 2–3 cm frostgeschädigt, (Volkwein); *3* 28 Jahre, Beton 2–3 cm frostgeschädigt, (FMPA); *4* 22 Jahre, (Volkwein); *5* 35 Jahre, (Springenschmid); *6* 24 Jahre, (Hartl)

Risse in der Fahrbahnplatte sind wegen möglicher Fehlstellen in der Fahrbahnabdichtung und der dort vorliegenden größeren Chloridbeaufschlagung grundsätzlich kritischer zu bewerten als Risse in den Stegen und in der Bodenplatte, wo normalerweise mit Ausnahme von Sprühnebelbereichen über tausalzbehandelten Straßen nicht mit Angriffen durch Tausalzwasser zu rechnen ist. Bei defekter Abdichtung stellen Risse im Beton von Fahrbahnplatten, sofern sie die Spannglieder kreuzen, eine ernsthafte Unterbrechung des Korrosionsschutzes für letztere dar, dem z. B. durch zusätzliche Korrosionsschutzmaßnahmen wie dauerhaft dichten Hüllrohren bzw. korrosionsgeschützten Spannstählen begegnet werden kann.

So enthalten die zusätzlichen technischen Vorschriften für Kunstbauten, Ausgabe 1980 (ZTV-K 80) in Abschnitt 6.4.2-Konstruktionsgrundsätze die Festlegung: Abweichend von DIN 4227 muß die obere Betondeckung von Hüllrohren in der Fahrbahnplatte mindestens 10 cm für Längsspannglieder und 8 cm für Querspannglieder betragen [99]. Eine zusätzliche Schutzvorkehrung kann auch in der Beschichtung der Fahrbahnplatte mit Epoxidharzen bestehen, die die Betonoberfläche verschließt („Hessen-Siegel"). Bereits vorhandene Risse werden dabei geschlossen.

Auf diese sehr bedeutsame Problematik der Einwirkung von Tausalzlösungen bei schadhafter Abdichtung bzw. Entwässerung wird in Kapitel 14 eingegangen.

Das Problem der Tausalzeinwirkungen besteht jedoch nur für Straßenbrücken. Bei Eisenbahnbrücken stellt sich dieses Problem natürlich nicht.

Längsrisse:

Längsrisse wirken sich hinsichtlich der Korrosionsgefahr ungünstiger aus als die bisher betrachteten Querrisse.

Im Bereich von Längsrissen kann Korrosion an den Stahleinlagen auf einem größeren Bereich längs der Stabachse stattfinden. Schieß weist zwar in [41] darauf hin, daß unter Einhaltung einer ausreichend dicken und dichten Betondeckung auch an Längsrissen starke Korrosion selbst unter Chlorideinwirkung vermieden werden kann, wenn die Rißbreiten an der Betonoberfläche einen Wert von 0,3 mm nicht überschreiten. Dennoch sollten Längsrisse durch

- Begrenzung von Verbundspannungen über den Rißbreitenbeschränkungsnachweis der Querrisse
- und dicke Betondeckung

nach Möglichkeit vermieden werden. In Bereichen mit zweiachsiger Biegung ist dies natürlich nicht möglich, da Querrisse in der einen Richtung immer gleichzeitig Längsrisse für die andere Richtung darstellen.

12.2.1.4 Spannstahlermüdung im Rißbereich

Brücken unterliegen durch die Verkehrsbeanspruchung häufig wechselnder Belastung. Bei häufiger Wiederholung der Belastung ist aber die Festigkeit der Werkstoffe geringer als bei einmaliger statischer Belastung.

Im ungerissenen Beton (Zustand I) haben die Schwankungen der Biegemomente infolge der Verkehrslasten nur geringe Schwingbreiten bei den Spannstahlspannungen zur Folge. Reißt ein Querschnitt hingegen auf (Zustand II), steigen die Schwingbreiten der Spannstahlspannungen wesentlich an. Bei der Beurteilung der dadurch entstehenden Gefahr eines Ermüdungsbruchs muß grundsätzlich unterschieden werden zwischen der freien Spanngliedlänge und den Spanngliedverankerungen, z. B. in den Koppelfugen.

Auf der freien Strecke sind Reibdauerbeanspruchungen und Reibkorrosionsvorgänge hinsichtlich ihrer Auswirkung auf die ertragbaren Schwingbreiten zu beachten. Unter Sonneneinstrahlung ändern sich die Breiten vorhandener Risse und unter Verkehrsbelastung erfahren sie je nach Momentenbeanspruchung positive oder negative Änderungen. Infolge des bereichsweise gelösten Verbunds treten dabei an den Spannstahloberflächen Reibdauerbeanspruchungen und Reibkorrosionsvorgänge auf, die einen Abfall der Dauerschwingfestigkeit der Spannstähle zur Folge haben.

Im Maschinenbau ist das Problem der Reibkorrosion schon seit langem bekannt und umfassend untersucht worden. In [53] wird eine Definition von Funk wiedergegeben, gemäß der Reibkorrosion die Schädigung metallischer Werkstoffe ist, deren Oberflächen sich unter Wirkung einer Normalkraft berühren und dabei schwingende Scheuerbewegungen kleinsten Ausmaßes ausführen. Bei der Reibung werden kleine Metallpartikel aus der Werkstoffoberfläche herausgerissen, die dann rasch oxidiert werden. Als Schadensarten der Reibkorrosion lassen sich dem Verschleiß ähnliche Oberflächenschäden und eine Minderung der Dauerschwingfestigkeit unterscheiden.

Die wichtigsten Parameter für die Reibkorrosion sind der Reibweg und die Flächenpressung. Die Auswirkung auf die Ermüdungsfestigkeit wird in [53] beispielhaft an Versuchsergebnissen aufgezeigt, die in der grundlegenden Arbeit von Funk [61] mit einer Versuchseinrichtung nach Bild 111 für den im Maschinenbau häufig verwendeten Vergütungsstahl Ck 35 gefunden wurden. Danach nimmt bei konstantem Schlupf die Ermüdungsfestigkeit unter dem Einfluß der Reibdauerbeanspruchung mit steigen-

12.2 Risse im Beton

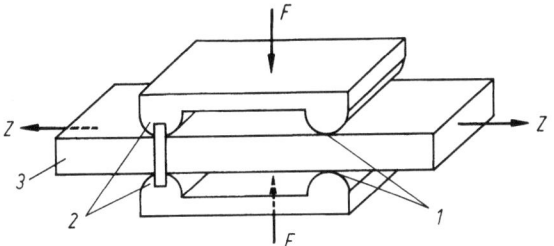

Bild 111. Schematische Darstellung der Versuchseinrichtung für die Grundlagenversuche von Funk [53]. F Anpreßkraft, Z Zugkraft, 1 Reibstelle, 2 Reibkufe, 3 Flachprobe

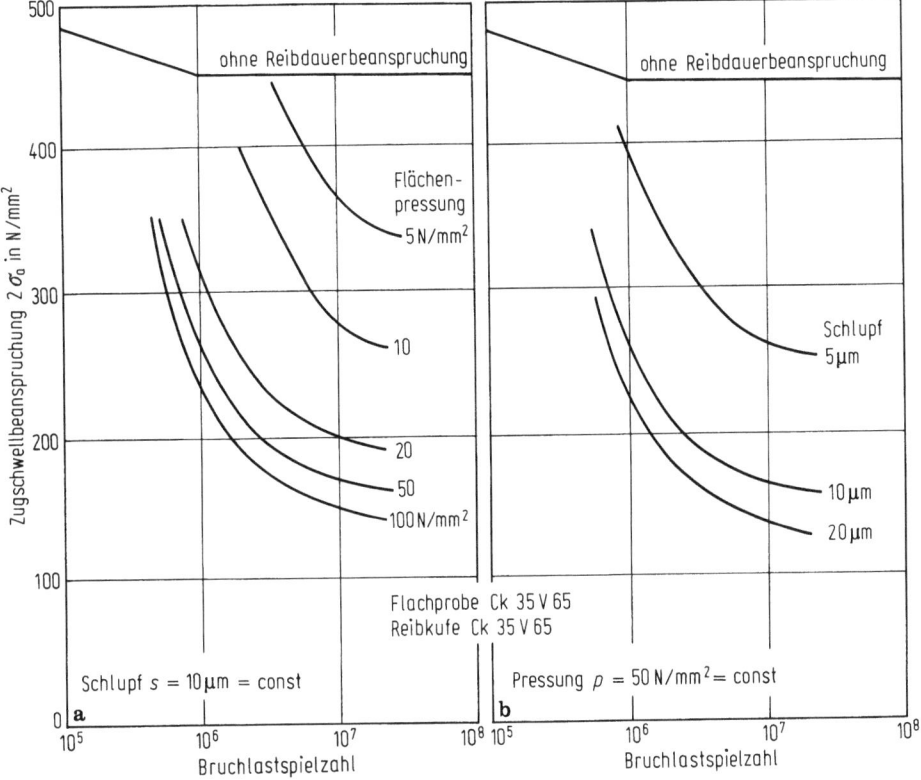

Bild 112a. Einfluß einer Reibdauerbeanspruchung aus konstantem Schlupf und variablen Flächenpressungen auf die Ermüdungsfestigkeit des Vergütungsstahls Ck 35; **b** Einfluß einer Reibdauerbeanspruchung aus konstanter Pressung und variablem Schlupf auf die Ermüdungsfestigkeit des Vergütungsstahls Ck 35 [53]

der Flächenpressung ab. Der Abfall ist anfangs stark, wird mit wachsender Bruchlastspielzahl allerdings schwächer. Eine entsprechende Tendenz liegt bei Variation des Reibwegs vor (Bild 112a, b).

Als weitere Einflußgrößen erwiesen sich Werkstoffkombination, Oberflächenbehandlung, Sauerstoff- und Feuchteangebot etc. (Näheres siehe [53]).

Die Ursachen für die Beeinträchtigung des Ermüdungsverhaltens durch die Reibkorrosion sind außerordentlich komplex und noch nicht eindeutig geklärt. Grundlegende Arbeiten zu diesem Fragenkreis sind [100, 101]. An den Kontaktstellen entstehen infolge hoher Schubspannungen, verursacht durch den Anstieg des Reibungsbeiwerts, in Zusammenwirkung mit hohen Normalspannungsamplituden, geneigte Anrisse. Weitere Schädigungen des Stahls werden auf Oxidationsvorgänge an den außerordentlich reaktionsfähigen Reibstellen zurückgeführt. In [53] wird der Hinweis gegeben, daß der dazu benötigte Sauerstoff im Bereich der Kontaktstellen auch durch Aufspalten von Wasser gewonnen werden kann. Dabei kann auch atomarer Wasserstoff freigesetzt werden, der zu einer zusätzlichen Schädigung des Stahls führen kann (Wasserstoffversprödung).

Da in Spannbetonüberbauten, die sich im Zustand I befinden, jegliche festigkeitsmindernde Reibdauerbeanspruchung an der Spannstahloberfläche fehlt, kann dort von den relativ hohen Dauerschwingfestigkeitswerten des unbehindert frei schwingenden Spannstahls ausgegangen werden. Diese liegen für die meisten der bauaufsichtlich zugelassenen Spannstähle über 200 N/mm², bei einigen Spannstahlsorten sogar noch weit darüber. Demgegenüber sind die auftretenden Schwingbreiten im ungerissenen Zustand I so gering, daß keinerlei Gefahr eines Ermüdungsbruchs besteht.

Hingegen treten im Bereich von Rissen, wo also der Zustand II vorliegt, einerseits größere Schwingbreiten bei den Spannstahlspannungen unter den einwirkenden Verkehrslasten auf, denen andererseits geringere ertragbare Schwingbreiten wegen der größeren Reibwege gegenüberstehen. Bei gekrümmt geführten Spanngliedern ist durch die gleichzeitige Wirkung von

– Scheuerbewegungen der Spannglieder beim wiederholten Öffnen und Schließen der Risse und von
– Umlenkpressungen insbesondere zwischen Spannstählen und Hüllrohren, aber auch zwischen den Einzelstählen eines Bündels

die Dauerschwingfestigkeit unter dieser Reibdauerbeanspruchung geringer als bei freischwingenden Spannstahlproben.

Die Umlenkkräfte, deren Größe vom Krümmungsradius der Spannglieder abhängt, werden zwischen den Einzelstählen eines Bündels annähernd linienförmig übertragen. Zwischen den Kontaktstellen von Einzelstahl und Hüllrohrrippen entstehen dagegen punktförmige sehr hohe Lastkonzentrationen. Bei den bisher durchgeführten Ermüdungsversuchen sind die Spannstahlbrüche, mit Ausnahme der Einzelstabspannglieder, fast ausschließlich von diesen Punkten ausgegangen.

Die Größe der Scheuerbewegungen hängt von den Rißuferverschiebungen unter dynamischer Belastung ab. Eine obere Abschätzung der Rißuferverschiebungen stellt die halbe Rißbreite an der Bauteiloberfläche dar. Da die Rißbreiten im Hinblick auf den Korrosionsschutz der Spannstähle ohnehin auf eine Größe von $w = 0,2$ bis $0,3$ mm beschränkt werden müssen, ergibt sich als obere Abschätzung eine maximale Scheuerbewegung von 0,15 mm.

In Wirklichkeit nimmt die an der Betonoberfläche sichtbare Rißbreite zum Betonstahl und zum Spannglied hin erheblich ab. Im Inneren des Hüllrohrs setzt sich der Riß im Beton in einer Reihe noch feinerer Folgerisse im Einpreßmörtel fort.

12.2 Risse im Beton

Zur Bestimmung des Abfalls der Dauerschwingfestigkeit infolge Reibdauerbeanspruchung und Reibkorrosion wurden Versuche mit einbetonierten Spanngliedern durchgeführt, die im Riß einem Schlupf von 0,15 mm unterworfen worden sind. Die Querpressung an der Reibstelle zwischen Spannstahl und Hüllrohr wurde entsprechend einem 1,5 MN Bündelspannglied bei minimal zulässigem Krümmungsradius gewählt. Bei einer Lastspielzahl von $2 \cdot 10^6$ ergaben sich mittlere Dauerschwingfestigkeiten von 150 bis 170 N/mm². Die so ermittelten Werte entsprechen 40 bis 70% der Dauerschwingfestigkeiten der entsprechenden freischwingend geprüften Proben.

Im Rahmen von Messungen an beschränkt vorgespannten Spannbetonbrücken konnten folgende Rißbreitenänderungen unter Verkehr festgestellt werden (angegeben sind die maximal gemessenen Werte in den Bodenplatten):

Lahntalbrücke Limburg $\Delta w = 0{,}11$ mm   (bedeckter Himmel)
$\Delta w = 0{,}18$ mm   (Sonnenstrahlung)
Talbrücke Sterbecke $\Delta w = 0{,}03$ mm
Talbrücke Büschergrund $\Delta w = 0{,}07$ mm
Hochstraße Lenneberg $\Delta w = 0{,}03$ mm

Hieraus ergäbe sich als obere Abschätzung für den Schlupf ein Wert von 0,09 mm. Der tatsächliche Schlupf am Spannstahl wird jedoch wegen der Abnahme der Rißbreite zum Spannstahl hin kleiner sein. Da die Schwingbreite unter Verkehrsbelastung in der Regel 100 N/mm² nicht überschreitet [54], ist bei ausreichendem Korrosionsschutz der Spannstähle in den Hüllrohren ein Versagen durch Dauerbruch nicht zu befürchten.

Zum Schutz vor Dauerbrüchen im Spannstahl infolge Reibbeanspruchung werden daher in [53] für die Verhältnisse der teilweisen Vorspannung als Vorschlag für die zulässige Schwingbreite je nach Spannstahlsorte auch Werte zwischen 100 und 130 N/mm² genannt.

Diese Vorschläge erfolgen jedoch unter einigen Vorbehalten:

- An den Reibstellen kann sich auf der Spannstahloberfläche keine Passivschicht ausbilden. Dadurch treten in beschränktem Maße Oxidationsvorgänge auf. Inwieweit diese das Dauerfestigkeitsverhalten tatsächlich beeinflussen können, ist aufgrund der zur Zeit vorliegenden Erkenntnisse aus Kurzzeitversuchen noch nicht eindeutig zu beantworten. Mit weiteren Langzeitversuchen muß hierfür noch die nötige Klärung geschaffen werden.
- Bei Versuchen ereigneten sich teilweise Dauerbrüche der Hüllrohre. Der Austausch von Luft und Feuchtigkeit bis an den Spannstahl – möglicherweise verstärkt durch den Pumpeffekt der arbeitenden Risse – wird in diesen Fällen durch das Hüllrohr nicht mehr behindert. Das Problem der Ermüdungsrisse an den Hüllrohren muß in Zukunft ausreichend gelöst werden.
- Nach allgemeinen Erfahrungen auf dem Gebiet der Ermüdung von Metallen tritt unter normalen Bedingungen oberhalb der Grenzlastspielzahl $N_G = 2 \cdot 10^6$ kein nennenswerter Abfall der Ermüdungsfestigkeit mehr auf. Im Fall spezieller Zusatzbeanspruchungen wie Korrosion und Reibung wurde aber im Stahlbau und im Maschinenbau ein eindeutiger Abfall der Dauerfestigkeit festgestellt. Für die Spannstähle liegen derartige Erkenntnisse nicht vor, da die Versuche bei $N_G = 2 \cdot 10^6$ abgebrochen wurden. Die vorliegenden Versuchsergebnisse bedürfen daher noch der Absicherung durch einige Langzeitversuche.

Brüche von Spannstählen infolge von Reibdauerbeanspruchung und Reibkorrosion führen i. d. R. nicht zum plötzlichen Versagen des Bauteils, da sich die durch den Bruch freigesetzte Stahlzugkraft auf die übrigen Stähle des Querschnitts umlagern kann. Die damit verbundenen Spannungserhöhungen bewirken eine Zunahme der Rißbreiten bzw. führen bei entsprechender Größe mit hoher Wahrscheinlichkeit zu Rißbildungen. In [53] wird von Versuchen berichtet, wo mehrere Spannstähle nacheinander durch Ermüdung brachen, was immer größer werdende Rißbildungen und Durchbiegungen zur Folge hatte. Das Versagen trat somit unter Vorankündigung auf. Versuche mit Spanngliedern aus mehreren Drähten zeigten, daß beim Bruch einzelner Stähle eines Bündels an besonders ungünstigen Stellen unter Reibdauerbeanspruchung die freiwerdende Stahlzugkraft durch Nachbarstähle übernommen wurde, die nicht punktförmig anlagen und infolgedessen eine höhere Ermüdungsfestigkeit aufwiesen.

Hinzu kommt, daß bei Rißbildung in Brücken Spannstahl und Betonstahl gemeinsam die Zugkräfte über den Riß übertragen. Dies bedeutet wegen der besseren Verbundeigenschaften des Betonstahls im Vergleich zum Spannstahl, daß sich der Betonstahl stärker an der Zugkraftabtragung beteiligt als sich rechnerisch über den Dehnungsvergleich von Betonstahl und Spannstahl ergibt. Der Spannstahl hat also in Wirklichkeit noch Reserven, die wir bisher bei der Auslegung nicht nutzen.

Aufgrund des beschriebenen Kenntnisstands kann davon ausgegangen werden, daß – Rißbreitenbeschränkung, ausreichend dicke Betondeckung und einwandfrei verpreßte Hüllrohre vorausgesetzt – keine Gefahr für die Standsicherheit von Spannbetonbrücken aus der Reibdauerbeanspruchung durch Risse im Beton besteht. Zur vollständigen Bestätigung dieser Aussage bedarf es noch der Klärung der angesprochenen offenen Fragen. Die dazu notwendigen Untersuchungen sind eingeleitet.

Während die für die freie Strecke maßgebenden ertragbaren Dauerschwingfestigkeiten unter Reibdauerbeanspruchung in Versuchen in Abhängigkeit von der Spannstahlsorte zu 150 bis 170 N/mm² ermittelt wurden, betragen die ertragbaren Dauerschwingbeanspruchungen in den Koppelankern im nicht einbetonierten Zustand nur 70 bis 100 N/mm². Da mit dem Aufreißen von Koppelfugen gerechnet werden muß (Abschnitt 12.2.1.2 und 12.2.2.2), kommt der Beurteilung der Materialermüdung in Koppelfugen für die dauerhafte Standsicherheit der Bauwerke große Bedeutung zu.

Durch den in Abschnitt 3.5 beschriebenen Schadensfall an der Hochstraße Prinzenallee und die an älteren Spannbetonbrücken im Bereich von Koppelfugen häufig beobachteten unplanmäßig breiten Risse, wurden umfangreiche Untersuchungen ausgelöst, die teilweise noch nicht zum Abschluß gekommen sind. Dabei lassen sich im wesentlichen drei Phasen unterscheiden: Zunächst wurden die Ursachen für Rißbildungen an Koppelfugen intensiv erforscht (Abschnitt 12.2.1.2), um die Grundlagen für die Ausarbeitung wirkungsvoller Gegenmaßnahmen bereitzustellen, Instandsetzungsmaßnahmen für gerissene Koppelfugen erarbeitet, um den Bestand der vorhandenen Bauwerke sichern zu können und Sofortmaßnahmen im Rahmen der Bemessungsgrundlagen (Zulassungen, Vorschriften) ergriffen, um das Rißverhalten neuer Spannbetonkonstruktionen zu verbessern. In der zweiten Phase wurde damit begonnen, die Ermüdungsfestigkeit einbetonierter Spanngliedkopplungen unter wirklichkeitsnahen Bedingungen genauer zu untersuchen und die tatsächlich auftretende ermüdungswirksame Belastung besser zu erfassen. Obwohl die Arbeiten der zweiten Phase noch nicht abgeschlossen sind, zeichnen sich bereits erste Ergebnisse für die

12.2 Risse im Beton

Bemessung neuer Brücken hinsichtlich einer zutreffenderen Erfassung der einzelnen Einflüsse ab. Zur dritten Phase gehörende Untersuchungen, die die Wechselwirkung der Ermüdungsfestigkeit einbetonierter Spanngliedkopplungen mit weiteren Einflüssen, insbesondere der Korrosion, betreffen, sind derzeit noch nicht in Angriff genommen.

Wie bereits erwähnt, ist die Ermüdungsfestigkeit von Spanngliedkopplungen bzw. -verankerungen deutlich geringer als die der verwendeten Spannstähle auf freier Strecke. Die Abnahme ist in erster Linie ebenfalls auf Reibkorrosion zurückzuführen [55]. Auswirkungen der Reibkorrosion sind umso größer, je größer die dabei wirksame Querpressung und je größer der Reibweg ist [53].

Die Ermüdungsfestigkeit der Koppelkonstruktionen wird im Rahmen von Zulassungsversuchen derzeit an geraden, nicht einbetonierten Spanngliedproben ermittelt. Zur Untersuchung von eventuellen Abweichungen gegenüber den Zulassungsversuchen wurden weitere Bauteilversuche mit einbetonierten Koppelankern durchgeführt [56-58].

Dabei wurden vier typische Methoden der Spanngliedkopplung untersucht: Ein Spannverfahren mit kurzem geschraubten Muffenstoß, ein Spannverfahren mit verhältnismäßig langer Koppelstange mit Gewinde, ein Spannverfahren mit kurzer, steifer Kopplung durch eine Kupplungsbüchse und ein Spannverfahren mit einer Klemmkopplung.

Die Ergebnisse sind in Bild 113 zusammengefaßt. Die auf der Grundlage der Versuchsergebnisse mit Hilfe der linearen Regression ermittelte Wöhlerlinie ist in Bild 114 eingetragen.

Mit Hilfe dieser Regressionsgeraden ergibt sich für eine Lastspielzahl von $N = 2 \cdot 10^6$ eine ertragbare Schwingbreite von etwa 65 N/mm², also ein Wert, der spürbar unterhalb der in den Zulassungen genannten Werte liegt.

Dies könnte u.U. darauf hindeuten, daß ein Lösen des Verbunds im Bereich der Kopplungen eine zusätzliche Reibung zwischen Spannstahl und Einpreßmörtel be-

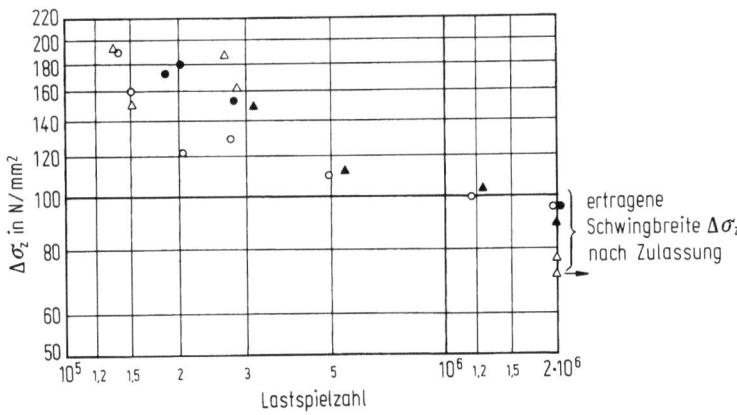

Bild 113. Ertragbare Schwingbreiten von Spanngliedkopplungen. Versuchsergebnisse nach [57, 58]. ○ Spannverfahren mit kurzem geschraubten Muffenstoß, △ Spannverfahren mit verhältnismäßig langer Koppelstange mit Gewinde, □ Spannverfahren mit Klemmkopplung, + Spannverfahren mit kurzer steifer Kopplung durch eine Kopplungsbüchse

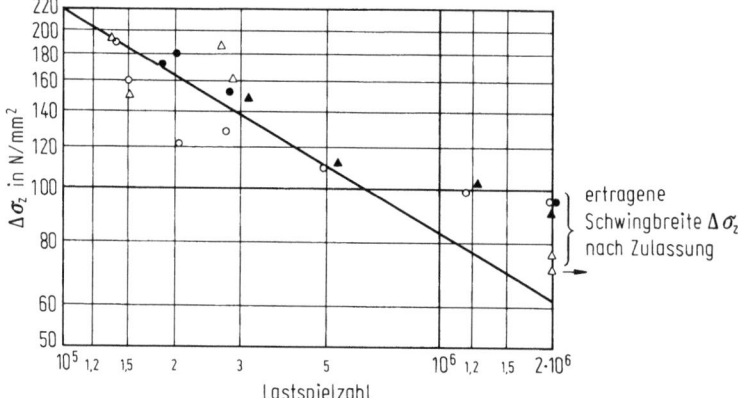

Bild 114. Wöhlerlinie für einbetonierte Spanngliedkopplungen. ○ Spannverfahren mit kurzem geschraubten Muffenstoß, △ Spannverfahren mit verhältnismäßig langer Koppelstange mit Gewinde, □ Spannverfahren mit Klemmkopplung, + Spannverfahren mit kurzer, steifer Kopplung durch eine Kopplungsbüchse

wirkt und das Verhalten des Spannstahls ungünstig beeinflußt. Dem sind folgende Überlegungen entgegenzustellen [59]:

1. Aufgrund der geringen Zahl der Versuche und der Konzentration in einem engen Bereich ($10^5 < N < 2 \cdot 10^6$) kann die Steigung der Wöhlerlinie nur ungenau bestimmt werden. Es ist denkbar, daß die Gerade flacher geneigt ist als in Bild 114 dargestellt und daß sich daher eine größere Dauerfestigkeit ergibt.
2. Auf der Grundlage der vorliegenden Versuchsergebnisse läßt sich nicht angeben, wo für einbetonierte Kopplungen der Dauerfestigkeitsbereich beginnt. Es ist nicht auszuschließen, daß die Wöhlerlinie bereits bei etwa $5 \cdot 10^5$ Lastwechseln einen Knick aufweist und für größere Lastspielzahlen flacher verläuft als dargestellt.
3. Bedingt durch die im Vergleich zu Brückenbauwerken geringe Bauhöhe der Versuchsbalken könnten Biegebeanspruchungen des Spannstahls im Bereich der Koppelkonstruktionen aufgetreten sein und zu einer Reduktion der Ermüdungsfestigkeit geführt haben, die in Brückenträgern mit größerer Bauhöhe nicht zu erwarten ist.
4. Wie aus Bild 115 hervorgeht, wurden die untersuchten Koppelfugen von keinerlei Betonstahlbewehrung gekreuzt. Die dadurch verursachten relativ großen Rotationen der Koppelfugenquerschnitte könnten den unter 3. genannten Effekt verstärkt haben.
5. Bei den Versuchen an einbetonierten Kopplungen traten die Brüche i. w. an den gleichen bzw. an vergleichbaren Stellen wie bei den Zulassungsversuchen im nicht einbetonierten Zustand auf. Zumindest bei einigen dieser Bruchstellen ist nicht zu erwarten, daß dort im einbetonierten Zustand Einpreßmörtel vorhanden ist, so daß dort weitere Reibkorrosionseinflüsse ausgeschlossen werden können.

Zusammenfassend kann festgestellt werden, daß die Ermüdungsfestigkeit einbetonierter Spanngliedkopplungen und die zugehörigen Bruchursachen noch nicht vollständig abgeklärt sind. Die vorliegenden Ergebnisse gestatten zwar eine konservative

12.2 Risse im Beton

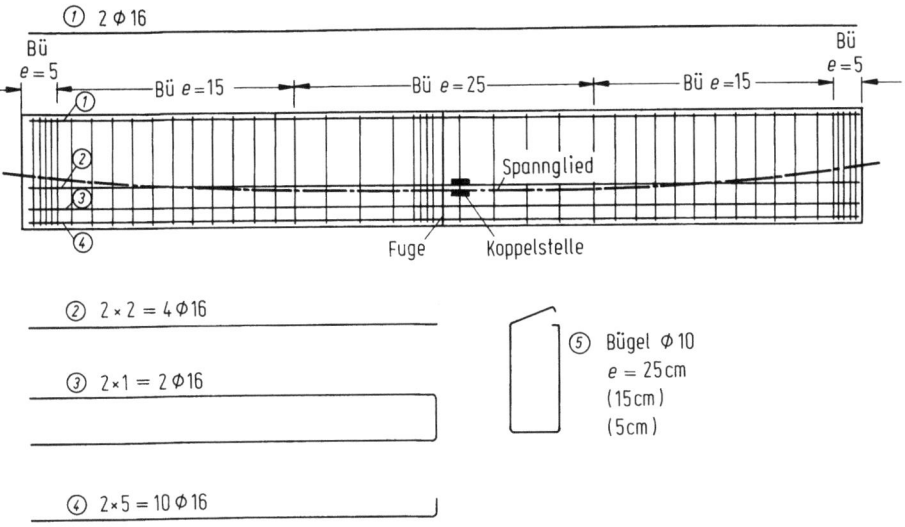

Bild 115. Spannglied- und Bewehrungsführung nach [57]

Festlegung von Materialkennwerten für die Bemessung, sie sind jedoch ergänzungsbedürftig im Hinblick auf die Beurteilung bestehender Bauwerke, eine wirtschaftlichere Bemessung und die Verfeinerung der Berechnungsmethoden. Die dazu notwendigen Untersuchungen laufen derzeit; die Simulation wirklichkeitsnaher Verhältnisse wird dabei angestrebt [98].

Die bisher verfügbaren Versuchsergebnisse können jedoch dazu herangezogen werden, um eine ingenieurmäßige Beurteilung der Koppelfugenbereiche auf der Grundlage folgender Arbeitshypothesen vorzunehmen:

- Die Wöhlerlinien der einbetonierten Spanngliedkopplungen der verschiedenen Spannverfahren verlaufen parallel, der gemeinsame Steigungskoeffizient beträgt $k = 2,5$.
- Die Dauerfestigkeit der einbetonierten Kopplungen entspricht den in den jeweiligen Zulassungsbescheiden genannten Werten.

Mit Hilfe der 1. Arbeitshypothese wurden die in [59] in Abhängigkeit von den Spannweiten angegebenen ermüdungswirksamen Verkehrslastanteile ermittelt. Die 2. Arbeitshypothese stellt die Grundlage für den Nachweis der Dauerschwingfestigkeit nach DIN 4227 dar.

Der bisher einzige Schadensfall, bei dem an einer Koppelfuge Spannglieder auf Ermüdung brachen, ist der in Abschnitt 3.5 beschriebene Schadensfall an der Hochstraße Prinzenallee im Heerdter Dreieck bei Düsseldorf. Der Bruch der Spannglieder hatte sich jedoch durch breite Risse angezeigt, die durch die Brückenüberwachung rechtzeitig bemerkt werden konnten.

Bei neuen Spannbetonbrücken muß seither im Bereich der Koppelfugen der Nachweis der Dauerschwingfestigkeit gemäß DIN 4227 nach Zustand II geführt werden.

Für die festgestellten Risse an Koppelfugen an zahlreichen bestehenden, älteren Brücken wurden Sanierungskonzepte ausgearbeitet. Die bisherigen Erfahrungen mit durchgeführten Sanierungsmaßnahmen haben gezeigt, daß eine nachträgliche wirkungsvolle Begrenzung der Spannungsschwingbreiten mit vertretbarem Aufwand möglich ist. Näheres siehe [39] und [59].

12.2.1.5 Wertung, Zusammenfassung

Die Entscheidung, ob Risse in Spannbetonbrücken als Schäden oder Mängel anzusehen sind, ist eine Ingenieuraufgabe, die in jedem Einzelfall gelöst werden muß; sie kann keinesfalls den Juristen allein überlassen werden.

Risse im Beton können beim Bau von Spannbetonbrücken mit vertretbarem Aufwand praktisch nicht mit Sicherheit vermieden werden. Sie können sich auswirken auf den Korrosionsschutz und auf die Gefahr von Ermüdungsbrüchen der Stahleinlagen.

In *Stahlbetonbauteilen* haben Querrisse gemäß [41] mit Breiten bis etwa 0,4 mm bei dauernd depassivierter Stahloberfläche keinen Einfluß auf die Korrosionsintensität. Sie sind ohne Bedeutung für den Korrosionsschutz der Bewehrung. Die maßgebenden Parameter sind die Dicke und Dichtigkeit der Betondeckung. Bei ausreichend dicker und dichter Betondeckung bleiben die Korrosionsabtragungen auch im Bereich von Querrissen im Beton mit Breiten bis zu 0,4 mm so gering, daß innerhalb der üblichen zu erwartenden Nutzungsdauer von 50 bis 80 Jahren keine Gefahr für die Standsicherheit daraus erwächst, selbst bei Einwirkung von Chloriden. Ein Einfluß der Rißbreite ist nur auf den Einleitungszeitraum bis zur Depassivierung der Stahloberfläche gegeben. Der Einleitungszeitraum ist aber im Vergleich zur Lebensdauer vernachlässigbar kurz.

Für die Korrosion an Rissen unter Chlorideinwirkung ist die Dicke und Dichtigkeit der Betondeckung in verstärktem Maß von Bedeutung. Bei ausreichender Qualität tritt an der Stahloberfläche bei Rißbreiten im Bereich von 0,4 mm keine die Dauerhaftigkeit und Standsicherheit beeinträchtigende Lochfraßkorrosion auf, auch wenn es zu einer Anreicherung von Chloriden im Rißbereich kommt. Bei sehr starkem Chloridangriff (z. B. Spritzwasser) werden mindestens 4 cm Betondeckung und ein w/z-Wert von 0,5 empfohlen.

„Starke Korrosionserscheinungen treten insbesondere bei Chloridangriff immer dann auf, wenn durch Schwachstellen in der Konstruktion starke Chloridanreicherungen und häufige Durchfeuchtungen einzelner Bauteile auftreten, Betonierfehler vorliegen oder die Qualität der Betondeckung den Mindestanforderungen nicht genügt. Risse im Beton können in allen diesen Fällen Korrosionserscheinungen bereits zu einem früheren Zeitpunkt als im ungerissenen Bereich des Betons zur Folge haben, in größerem Bauwerksalter ist großflächige Korrosion aber auch im ungerissenen Bereich zu erwarten. Risse sind dann ohne Belang" [41].

Wenn die Betondeckung den Anforderungen nicht entspricht, ist auch durch das Verpressen von Rissen keine ausreichende Dauerhaftigkeit zu gewährleisten.

Bei ausreichender Qualität der Betondeckung ist eine Korrosionsgefahr an der Bewehrung, die ein Schließen von Rissen bis zu etwa 0,4 mm Breite fordern würde, auch bei Chlorideinwirkung nicht gegeben.

Bei *Spannbetonbauteilen* liegen grundsätzlich andere Verhältnisse vor. Bei Spannstählen kann nach einer Depassivierung der Stahloberfläche ein Totalversagen durch Wasserstoffversprödung oder Spannungsrißkorrosion nicht mit Sicherheit ausge-

12.2 Risse im Beton

schlossen werden. Wegen der ungleich höheren Korrosionsempfindlichkeit der Spannstähle muß bei Spannbetonbauteilen im Gegensatz zu Stahlbetonbauteilen, bei denen es genügt, die Korrosion zu begrenzen, jegliche Korrosion der Spannstähle als Bemessungsprinzip ausgeschlossen werden.

Bei Vorspannung mit nachträglichem Verbund kann bei ordnungsgemäß verpreßten Hüllrohren und unter normalen Umweltbedingungen eine dauerhafte Passivierung der Spannstahloberflächen unter folgenden Bedingungen als gesichert angenommen werden:

- Rißbreite < 0,25 mm (an der Betonoberfläche, Zugseite)
- Betondeckung > 5 cm (dichter Beton).

Während unter normalen Umwelteinflüssen eine Depassivierung der Spannstahloberflächen durch Begrenzung der Rißbreiten bei ausreichend dicker und dichter Betondeckung vermieden werden kann, sind unter Einwirkung von Tausalzlösungen (Chloride) bei Straßenbrücken zusätzliche Maßnahmen erforderlich. Durch eine einwandfrei verklebte Abdichtung, eine einwandfrei funktionierende Entwässerung und wasserdichte Fahrbahnübergänge ist zu verhindern, daß tausalzhaltiges Wasser an den Konstruktionsbeton von Spannbetonüberbauten gelangen kann.

Auf der freien Spanngliedlänge zwischen den Koppelankern ist für beschränkt vorgespannte Straßenbrücken infolge von Rissen im Beton, welche die Spannglieder mit Breiten bis zu 0,3 mm kreuzen, bei ausreichend korrosionsgeschützten Spannstählen, aufgrund der von Cordes [53] durchgeführten Untersuchungen, nach dem derzeitigen Kenntnisstand eine Ermüdungsbruchgefahr für die Spannstähle infolge Reibdauerbeanspruchung nicht zu befürchten. Die noch offenen Fragen sollten möglichst rasch einer Klärung zugeführt werden. Die Untersuchungen ergaben für ungünstige Schlupfwerte von 0,15 mm Dauerschwingfestigkeiten unter Reibdauerbeanspruchung zwischen ca. 150 und 170 N/mm^2. Demgegenüber wird gemäß [54] unter Verkehrslasten eine Schwingbreite von 100 N/mm^2 in der Regel nicht überschritten.

Kritischer sind dagegen die Verhältnisse in den Koppelfugen zu beurteilen, da im Bereich der Koppelanker der Spannstahl eine wesentlich geringere Dauerschwingfestigkeit besitzt als auf der freien Strecke. Die im Bereich der Koppelanker im Rahmen der Zulassungsversuche ermittelten Dauerschwingfestigkeiten liegen zwischen ca. 70 bis 100 N/mm^2. Es bleibt jedoch noch durch zusätzliche Versuche zu klären, ob sich möglicherweise im einbetonierten Zustand niedrigere Werte ergeben. Zur Vermeidung eines Ermüdungsbruchs der Spannglieder in den Koppelfugen werden diese konstruktiv so ausgebildet, daß die nach Zustand II auftretenden Schwingbreiten im Bereich der Koppelanker die zulässigen Werte nicht überschreiten.

An allen alten Spannbetonbrücken, deren Koppelfugen nicht durch eine ausreichende Bewehrungsmenge gekreuzt wurden, sind inzwischen mit Hilfe der entwickelten Sanierungsverfahren die Koppelfugen verstärkt worden, so daß an den bestehenden Spannbetonbrücken keine Ermüdungsbruchgefahr der Spannstähle in den Koppelfugen zu befürchten ist.

Bis zur endgültigen Klärung der noch offenen Fragen ist es angezeigt, ältere Brücken mit Schwächen im Bereich der Koppelfugen dort mit der gebotenen Sorgfalt zu überwachen, was nach der Prüfungspraxis der Straßenbauverwaltungen auch sichergestellt wird.

12.2.2 Auswertung der Risse der 76 Spannbetonüberbauten

12.2.2.1 Vorbemerkungen

Für die Auswertung der Risse an den hier untersuchten 76 Spannbetonüberbauten standen als Grundlage die Rißpläne, Prüfberichte und Rißerfassungsbögen der BAST, Bundesanstalt für Straßenwesen, die aufgrund systematischer Untersuchungen von den Brückenprüftrupps der Straßenbauverwaltungen angefertigt wurden, zur Verfügung.

In den Rißplänen, Prüfberichten und Rißerfassungsbögen werden grundsätzlich alle Risse, alleine wegen ihres Auftretens, festgehalten. Daraus ist jedoch gemäß Abschnitt 12.2.1 nicht abzuleiten, daß jeder Riß ein Schaden oder Mangel ist, der zu einer Beeinträchtigung der Dauerhaftigkeit und Standsicherheit der Bauwerke führt.

Aus den genannten Unterlagen können nur die Rißbreiten und der Bereich, in dem die Risse aufgetreten sind, entnommen werden. Die Größe der Betondeckung, der eine sehr große Bedeutung zukommt, die aber nicht direkt beobachtet werden kann, geht aus den Unterlagen nicht hervor.

Aufgrund der in Abschnitt 12.2.1 dargestellten Ergebnisse wird hier in Zukunft ein Umdenken erforderlich sein. In der Vergangenheit wurde im Hinblick auf eine mögliche Gefährdung des Korrosionsschutzes der Stahleinlagen in der Regel der Rißbreite das Hauptaugenmerk gewidmet. Wie die Arbeiten von P. Schießl und anderen erwiesen haben, stellt aber nicht die Rißbreite den entscheidenden Parameter dar. Vielmehr stellt im üblichen Bereich der Rißbreiten bis etwa 0,4 mm bei Stahlbeton und etwa 0,25 mm bei Spannbeton die Betondeckung die entscheidende Kenngröße dar. Die Rißbreite muß im Zusammenhang mit der Betondeckung gesehen werden. Letztere wurde bisher im Zuge der Bauwerksüberwachung aber kaum gemessen. Hier besteht ein Nachholbedarf. Kostengünstige und zuverlässige Verfahren zur Messung der Betondeckung fehlen bisher, befinden sich aber in der Entwicklung.

56% (= 8,7% + 47,3%) aller festgestellten Risse waren in den Bodenplatten von Hohlkästen bzw. Untergurten von Plattenbalken aufgetreten (Tabelle 14). Zusammen mit den Rissen in den Stegen befinden sich 91,8% (= 56% + 35,8%) aller Risse in Querschnittsbereichen, die üblicherweise normalen Umwelteinflüssen ausgesetzt sind. Eine Ausnahme davon sind lediglich die Untersichten und Stege von Brücken im Sprühnebelbereich über tausalzbehandelten Straßen. Nur 8,2% aller festgestellten Risse waren in den Fahrbahnplatten aufgetreten. Von diesen Rissen sind wegen möglicher Fehlstellen in den Fahrbahnabdichtungen insbesondere die kritisch zu bewerten, die Spannglieder kreuzen.

Tabelle 14. Verteilung der festgestellten Risse auf die Querschnittsteile der Überbauten [1 b]

Bauteilbereich	%
Fahrbahnplatte	7,8
Fahrbahnplatte + Steg	0,4
Steg	35,8
Bodenplatte bzw. Untergurt + Steg	8,7
Bodenplatte bzw. Untergurt	47,3

12.2 Risse im Beton

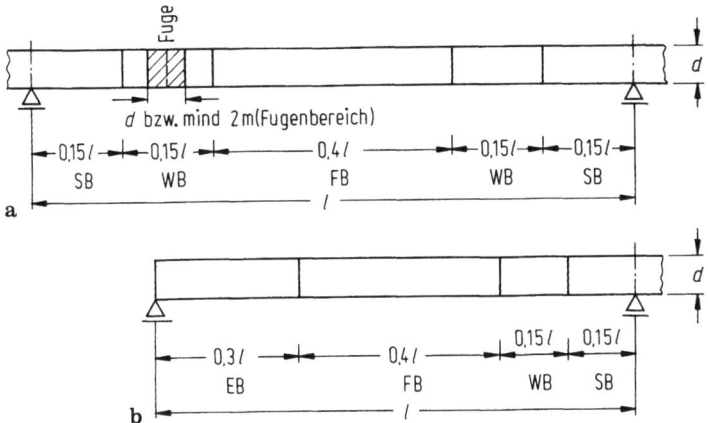

Bild 116a und b. Einteilung der Überbauten in verschiedene Bereiche. **a** Innenfeld; **b** Randfeld. FB Feldbereich, WB Wechselbereich, SB Stützbereich, EB Endbereich

Tabelle 15. Verteilung der festgestellten Risse auf die verschiedenen Rißrichtungen [1 b]

Rißrichtung	%
Quer	54,0
Schräg	28,1
Längs	17,9

Tabelle 16. Rißbreiten der festgestellten Risse [1 b]

Rißbreiten in mm	%
$w \leq 0,3$	70,5
$0,3 < w \leq 0,5$	19,6
$0,5 < w$	9,9

Bei den Rissen in den Fahrbahnplatten ist zu bedenken, daß diese in der Regel nur von unten aufgenommen werden. Etwaige Oberflächenrisse unterhalb des Belags können daher nicht miterfaßt werden.

Für die Auswertung der Risse in den einzelnen Überbauten werden verschiedene Bereiche (Koppelfugen-, Stützen-, Wechsel, Feld- und Endbereiche, s. Bild 116) gebildet.

Die meisten Querrisse wurden in den Feld- und Wechselbereichen angetroffen. Bei den Längsrissen handelte es sich hauptsächlich um sehr kurze Risse, die bevorzugt in den Bodenplatten der Hohlkästen im Bereich der Arbeitsfugen auftraten (Hydratationswärme, Spaltzugkräfte). Die Schrägrisse waren in der Regel den Stegen zuzuordnen. Die Anteile der verschiedenen Rißrichtungen sind in Tabelle 15 dargestellt.

Bei 70% aller festgestellten Risse wurde die für den Korrosionsschutz der Spannglieder als kritisch anzusehende Rißbreite von etwa 0,3 mm (0,25 mm bei 5 cm Betondeckung gemäß [41]) nicht überschritten (Tabelle 16). Es kreuzen jedoch längst nicht alle Risse Spannglieder.

Da die Rißbildungen bei den einzelnen Bauwerken der untersuchten Stichprobe sehr unterschiedlich sind, sowohl hinsichtlich der Rißhäufigkeit als auch der Rißbreiten, wird im folgenden versucht, durch Bildung von Teilkollektiven, in denen vergleichbare Bauwerke zusammengefaßt werden, Zusammenhänge zwischen den Rissen im Beton und Merkmalen der Bauwerke herzustellen. Da die bautechnischen Vorschriften mit der Zeit an neue Erkenntnisse angepaßt wurden, ist das Jahr des Baubeginns ebenfalls bei den Auswertungen angegeben.

12.2.2.2 Gerissene Koppelfugenbereiche

Die Ursachen für Risse in Koppelfugenbereichen wurden bereits in Abschnitt 12.2.1.2 angesprochen. Im folgenden werden Zusammenhänge zwischen Rissen in Koppelfugenbereichen und Konstruktionsmerkmalen von Spannbetonüberbauten, wie Querschnittsform, Bauverfahren, Spannverfahren sowie dem Einfluß des Herstellungszeitpunkts untersucht. Dabei werden nur die Querrisse in den Koppelfugenbereichen berücksichtigt.

Unter den insgesamt 76 untersuchten Spannbetonüberbauten befinden sich 67 abschnittsweise hergestellte durchlaufende Überbauten mit Spanngliedkopplungen in den Arbeitsfugen. Bei 58 von diesen 67 Überbauten sind Querrisse in den Koppelfugenbereichen aufgetreten bzw. von den insgesamt 720 Koppelfugenbereichen dieser 67 Überbauten weisen 575 Querrisse auf.

Als Koppelfugen werden nur solche Arbeitsfugen bezeichnet, in denen an zwischenverankerten Spanngliedern fortlaufende Spannglieder angekoppelt werden. Arbeitsfugen, in denen Spannglieder nur endverankert oder ohne Kopplung durchgeführt werden, wie z. B. beim Freivorbau, sind in den folgenden Auswertungen nicht enthalten.

Im Rahmen dieser Untersuchung wird zum Koppelfugenbereich der Bereich beidseits der eigentlichen Koppelfuge mit einer Ausdehnung entsprechend der Konstruktionshöhe des Überbaus bzw. mindestens 2 m gezählt. Alle Querrisse in diesem Bereich werden zu „einer gerissenen Koppelfuge" zusammengefaßt (Bild 117). Dabei wird als Rißbreite der größte vorhandene Wert angegeben.

Bei Querrissen im Bereich der Koppelanker sind, sofern diese die Spannglieder kreuzen, sowohl eine mögliche Beeinträchtigung des Korrosionsschutzes der Stahleinlagen als auch eine mögliche Gefahr von Ermüdungsbrüchen der Spannstähle zu beachten. Nach dem Schadensfall an der Hochstraße Prinzenallee im Jahr 1976 wurden aber (Abschnitt 3.5) alle Koppelfugen der bestehenden Bauwerke im Hinblick auf die Gefahr von Ermüdungsbrüchen der Spannstähle untersucht und ggf. verpreßt bzw. durch Beton- oder Stahllaschen verstärkt. Außerdem muß seit 1977 bei Brückenneubauten in den Koppelfugen der Nachweis der Dauerschwingfestigkeit unter Gebrauchslast nach Zustand II mit Ansatz des Lastfalls $\Delta \vartheta$ geführt werden, so daß zur Zeit keine Gefahr von Ermüdungsbrüchen in Koppelfugenbreichen gegeben ist. Aus diesem Grund erfolgt die Auswertung der Koppelfugenrisse im folgenden nur im Hinblick auf die Beeinträchtigung des Korrosionsschutzes. Gemäß [41] kann von einer dauerhaften Passivierung der Spannstahloberfläche ausgegangen werden, sofern die Rißbreite an der Betonoberfläche einen Wert von 0,25 mm nicht überschreitet, wenn gleichzeitig die Betondeckung mindestens 5 cm beträgt und die Hüllrohre ordnungsgemäß verpreßt sind (normale Umwelteinwirkungen, Chloridangriffe durch konstruktive Maßnahmen ausgeschlossen). Obwohl die Dicke der Betondeckung für die dauerhafte Passivierung der Spannstahloberflächen von ganz erheblicher Bedeutung ist, von den Koppelfugenrissen aber nur die Rißbreiten bekannt sind, erfolgt die Auswertung allein auf der Grundlage von drei Rißbreitenbereichen.

$$w \leq 0{,}3 \text{ mm}$$
$$0{,}3 \text{ mm} < w \leq 0{,}5 \text{ mm}$$
$$0{,}5 \text{ mm} < w.$$

12.2 Risse im Beton

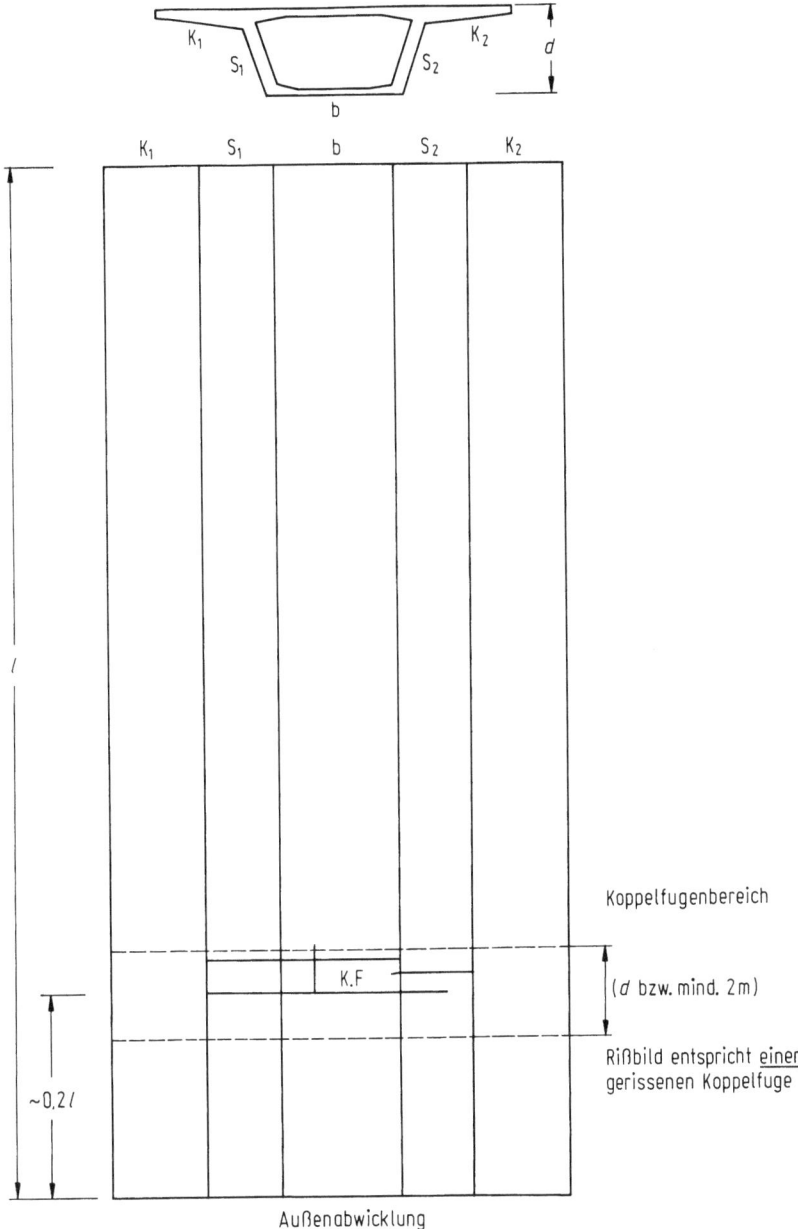

Bild 117. Ein gerissener Koppelfugenbereich. *K* Kragarm, *S* Steg, *b* Breite der Bodenplatte

Selbstverständlich sind die Rißbreiten auch von der Größe des Temperaturunterschieds im Überbau zur Zeit der Rißaufnahme abhängig. Dieser Einfluß kann jedoch nicht erfaßt werden und muß daher unberücksichtigt bleiben. Er wird sich jedoch bei Vergleichen, in die eine größere Anzahl von Bauwerken eingeführt wird, herausmitteln.

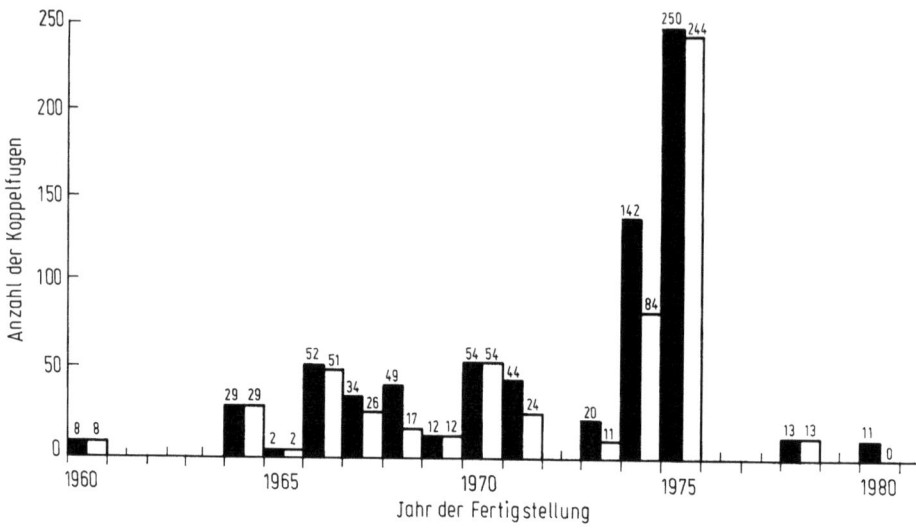

Bild 118. Anzahl der hergestellten und der davon in der Folgezeit gerissenen Koppelfugen der 67 untersuchten Spannbetonbrücken mit Koppelfugen in Abhängigkeit vom Jahr der Fertigstellung. ■ Anzahl der hergestellten Koppelfugen, □ Anzahl der davon in der Folgezeit gerissenen Koppelungen

In Bild 118 sind für die hier untersuchten 67 Spannbetonbrücken mit Koppelfugen über der Zeitachse die Anzahl der in den einzelnen Jahren hergestellten und die Anzahl der davon in der Folgezeit gerissenen Koppelfugen aufgetragen. Dabei läßt sich für diese Bauwerke keine eindeutige Tendenz für den Anteil an ungerissenen Koppelfugen in Abhängigkeit vom Jahr der Fertigstellung erkennen.

Bei der Auswertung der Prüfberichte der 67 Überbauten ist festzustellen, daß 1977 im Vergleich zu anderen Jahren auffallend viele Koppelfugenrisse festgestellt wurden (Bild 119). Dies ist einerseits auf die verstärkten Kontrollen der Koppelfugen nach dem Schadensfall an der Hochstraße Prinzenallee 1976 zurückzuführen. Andererseits gehören aber von den 720 in der Stichprobe enthaltenen Koppelfugen 392 zu den 1974–1975 fertiggestellten Bauwerken.

Bei der Betrachtung aller 67 Überbauten mit Koppelfugen fällt auf, daß sich die Plattenbalken in bezug auf Rißbreite und Häufigkeit der Rißbildung im Koppelfugenbereich deutlich von den Hohlkästen unterscheiden. Unter den 67 Überbauten befinden sich zehn mit Plattenbalkenquerschnitt (Tabelle 17), deren Baubeginn zwischen 1966 und 1973 lag. Die Herstellung erfolgte auf konventionellem Traggerüst oder auf Vorschubrüstung.

Von diesen zehn Überbauten weisen nur drei (30%) Querrisse in den Koppelfugenbereichen auf, bzw. von 97 vorhandenen Koppelfugenbereichen sind nur 17 (17%) gerissen. Dabei wurde in allen Fällen die Rißbreite von $w = 0{,}3$ mm nicht überschritten (Bild 120). Die hier untersuchten Plattenbalken besitzen somit in bezug auf Koppelfugenrisse ein ausgesprochen günstiges Verhalten. Es sind in keinem Fall als schädlich anzusehende Rißbildungen in den Koppelfugen aufgetreten.

12.2 Risse im Beton

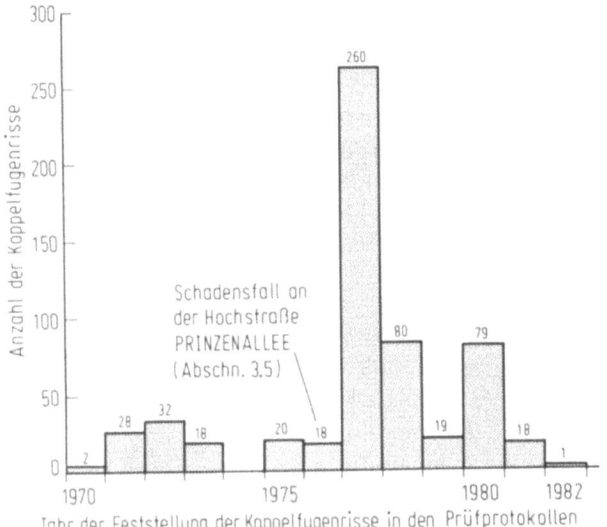

Bild 119. Auftreten des Phänomens „Koppelfugenriß"

Tabelle 17. Quergerissene Koppelfugenbereiche von zehn durchlaufenden Plattenbalken

Quergerissene Koppelfugen

Plattenbalken

Nr.	Bauverfahren	Baubeginn	Anzahl Koppelfugen vorhanden	gerissen	Rißbreiten in mm $w \leq 0{,}3$	$w \genfrac{}{}{0pt}{}{>0{,}3}{\leq 0{,}5}$	$w > 0{,}5$
58	Traggerüst	1970	10	0			
59		1970	10	0			
42		1973	8	8	8		
43		1973	8	8	8		
5	Vorschubrüstung	1966	17	1	1		
6		1966	16	0			
62		1971	7	0			
63		1971	7	0			
28		1972	7	0			
29		1972	7	0			
			97	17	17	0	0

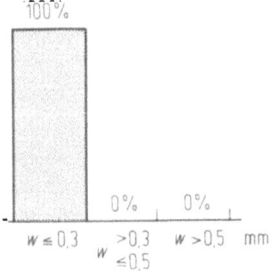

Bild 120. Histogramm der Rißbreiten der quergerissenen Koppelfugenbereiche von zehn durchlaufenden Plattenbalken. Rißbreiten w in mm. 100% ≙ 17 gerissenen Koppelfugenbereichen

Ein Einfluß des Bauverfahrens oder der Art der Spanngliedkopplung läßt sich aufgrund der geringen Anzahl von zehn Brücken nicht erkennen. Ein Einfluß des Baubeginns ist ebenfalls nicht feststellbar.

Die bei Hohlkästen in den Koppelfugenbereichen festgestellten Rißbreiten hängen sehr stark von der Lage der Koppelfugen in Längsrichtung und deren konstruktiver Gestaltung (Spanngliedführung, Anteil der gekoppelten Spannglieder, Durchdringung mit Betonstahlbewehrung usw.) ab. Diese sind bei den einzelnen Bauverfahren, die zur abschnittsweisen Herstellung von Spannbetonbrücken entwickelt wurden, unterschiedlich.

Die weitaus meisten Fälle mit den ausgeprägtesten Rißbildern sind bei Bauwerken, die auf konventionellem Traggerüst oder Vorschubrüstung hergestellt wurden, zu beobachten. Von den untersuchten Überbauten sind 17 auf konventionellem Traggerüst und 33 auf Vorschubrüstung errichtet worden. Charakteristisch für die konstruktive Gestaltung der Überbauten ist, daß die Koppelfuge in der Regel im Bereich des Momentennullpunkts angeordnet ist, die Spannglieder in der Vergangenheit häufig zu 100% gekoppelt wurden und bei den älteren Bauwerken eine viel zu geringe „schlaffe" Bewehrung (Betonstahlbewehrung) die Koppelfuge kreuzt. Bild 121 zeigt mehrere negative Beispiele der früher gewählten Spanngliedführung im Bereich der Koppelfuge. Ungünstig wirken sich hierbei neben der geringen Spreizung der Spannglieder die in der Koppelfuge endenden Spannglieder aus. Auf diese Weise kann Wechselmomenten kein ausreichender Widerstand entgegengesetzt werden; an den Spanngliedenden auftretende Zugkräfte können ohne Zusatzbewehrung nicht über die Fuge übertragen werden. Die Stege waren mit Verankerungen förmlich „zugepflastert" (Bild 122).

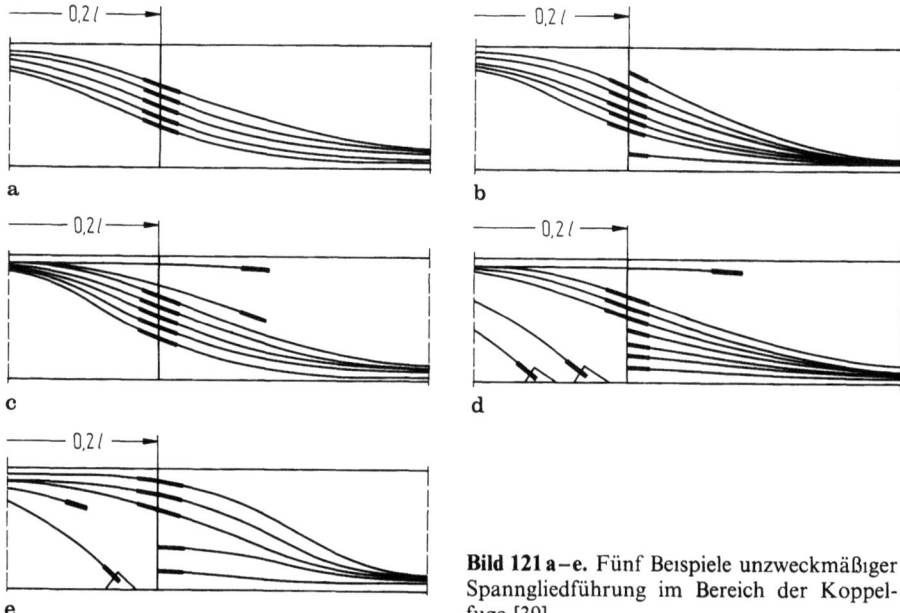

Bild 121 a–e. Fünf Beispiele unzweckmäßiger Spanngliedführung im Bereich der Koppelfuge [39]

12.2 Risse im Beton

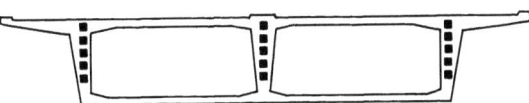

Bild 122. Querschnitt, Zwischenverankerungen gekoppelter Spannglieder [39]

Tabelle 18. Quergerissene Koppelfugenbereiche von 17 auf konventionellem Traggerüst hergestellten durchlaufenden Hohlkästen

Quergerissene Koppelfugen
Bauverfahren: Herstellung auf Traggerüst

Nr.	Baubeginn	Querschnitt	Anzahl Koppelfugen vorhanden	gerissen	Rißbreiten in mm $w \leq 0{,}3$	$w^{> 0,3}_{\leq 0,5}$	$w > 0{,}5$
10	1958		4	4	1	3	
11	1958	"	4	4	2	2	
32	1962	"	1	1			1
33	1962	"	1	1			1
1	1966		5	5			5
2	1966	"	5	5			5
52	1966		4	4		2	2
53	1966	"	4	4		3	1
66	1966	"	4	4		3	1
67	1966	"	4	4			4
68	1968	"	5	5			5
69	1968	"	5	5			5
70	1968	"	6	6			6
71	1968	"	6	6			6
72	1969	"	4	4		4	
73	1969	"	4	4		4	
34	1973	"	11	8	7		1
			77	74	10	21	43

Der Baubeginn der hier untersuchten Überbauten, die auf konventionellen Traggerüsten hergestellt wurden, liegt zwischen 1958 und 1969 (Tabelle 18). Lediglich ein Bauwerk wurde 1973 begonnen. Diese 17 Bauwerke sind somit gemessen an der technischen Entwicklung der Spannbetonbrücken relativ alt.

Bei 16 dieser Bauwerke, die zwischen 1958 und 1969 hergestellt wurden, sind alle Koppelfugenbereiche gerissen. Das andere, mit Baubeginn im Jahre 1973, weist in 8 von 11 Koppelfugenbereichen Risse auf. Von den insgesamt 77 vorhandenen Koppelfugenbereichen sind 74 gerissen. Dabei sind in 86% aller Fälle Risse aufgetreten, die wegen ihrer Breite > 0,3 mm eine Beeinträchtigung des Korrosionsschutzes der Bewehrung bedeuten können. 58% der Risse wiesen sogar Breiten von über 0,5 mm auf (Bild 123).

Die hohe Rißhäufigkeit kann im wesentlichen darauf zurückgeführt werden, daß bei diesen Überbauten noch kein Temperaturunterschied infolge ungleichmäßiger Erwärmung bei Sonneneinstrahlung und noch keine erhöhten Spannkraftverluste im Kopplungsbereich infolge von Kriechen und Schwinden berücksichtigt wurden. Die großen Rißbreiten deuten auf eine zu geringe Durchdringung der Fugen mit Betonstahlbewehrung hin, die zudem häufig noch aus glattem Betonstahl I bestand.

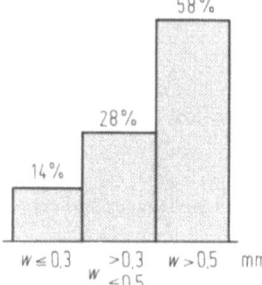

Bild 123. Histogramm der Rißbreiten der quergerissenen Koppelfugenbereiche von 17 auf konventionellem Traggerüst hergestellten durchlaufenden Hohlkästen. Rißbreiten w in mm. 100% ≙ 74 gerissenen Koppelfugenbereichen

1969 wurden die bautechnischen Vorschriften verschärft. So wurde z. B. mit den „Zusätzlichen Bestimmungen zu DIN 4227 für Brücken aus Spannbeton, Fassung Nov. 1969" eine Erhöhung der Mindestbewehrung vorgeschrieben. In Übereinstimmung damit befindet sich die in Abschnitt 11.2.3 bei der Auswertung der Bauwerksdaten festgestellte Zunahme der bezogenen Betonstahlbewehrung in den siebziger Jahren gegenüber den sechziger Jahren.

Bei dem 1973 hergestellten Bauwerk wird in sieben von acht gerissenen Koppelfugenbereichen die Rißbreite 0,3 mm nicht überschritten. Dieses Bauwerk verhält sich somit günstiger als die anderen Bauwerke mit Baubeginn in den sechziger Jahren. Allerdings kann von 11 Koppelfugen an einem einzelnen Bauwerk noch keine gesicherte statistische Aussage abgeleitet werden.

Alle 33 auf Vorschubrüstung hergestellten Überbauten weisen Koppelfugenrisse auf. Von 449 vorhandenen Koppelfugenbereichen weisen 434 Querrisse auf, d. h. nahezu alle Koppelfugen sind gerissen (Tabelle 19).

Bei 57% aller gerissenen Koppelfugenbereiche haben die Risse Breiten von über 0,3 mm, bei rund einem Viertel (23%) sind sogar grobe Risse mit Breiten über 0,5 mm vorhanden (Bild 124).

Wertet man diese 33 Bauwerke in Abhängigkeit vom Jahr des Baubeginns aus, ergibt sich für die Bauwerke mit Baubeginn in den sechziger Jahren, daß 156 von 157 Koppelfugenbereiche gerissen sind, wobei in 62% aller gerissenen Bereiche Rißbreiten größer 0,3 mm und in 44% sogar Rißbreiten größer 0,5 mm aufgetreten sind (Bild 125a). Demgegenüber sind an den Überbauten mit Baubeginn in den siebziger Jahren 95% aller Koppelfugenbereiche gerissen, wobei sich in 54% aller Fälle Risse mit Breiten größer als 0,3 mm einstellten. Der Anteil an Rissen mit Breiten größer als 0,5 mm beträgt nur noch 11% (Bild 125b). Diese zu beobachtende Abnahme der Rißbreiten steht in Übereinstimmung mit der bereits erwähnten Zunahme der Bewehrungsgehalte durch die Änderungen in den bautechnischen Bestimmungen.

Der Baubeginn aller 33 Bauwerke liegt mit Ausnahme eines Bauwerks vor dem Jahr 1976, in dem sich der Schadensfall an der Hochstraße Prinzenallee (Abschnitt 3.5) ereignete. Bei diesem Bauwerk, mit Baubeginn 1977, dem Jahr, in dem aufgrund des besagten Schadensfalls die bautechnischen Vorschriften erneut verschärft wurden, sind zwar ebenfalls alle Koppelfugen gerissen, jedoch treten in 12 von 13 Koppelfugenbereichen keine Risse mit Breiten über 0,3 mm auf. Lediglich ein Bereich weist einen Riß mit maximaler Breite zwischen 0,3 und 0,5 mm auf (Tabelle 19).

12.2 Risse im Beton

Tabelle 19. Quergerissene Koppelfugenbereiche von 33 auf Vorschubrüstung hergestellten durchlaufenden Hohlkästen

Quergerissene Koppelfugen

Bauverfahren: Herstellung mittels Vorschubrüstung

Nr.	Baubeginn	Querschnitt	Anzahl Koppelfugen vorhanden	gerissen	Rißbreiten in mm $w \leq 0{,}3$	$w \leq 0{,}5 \atop > 0{,}3$	$w > 0{,}5$
48	1962	⊔⊔	18	18	17	1	
49	1962	"	11	11	6	5	
74	1964	⊔	14	14	5	9	
75	1964	"	14	14	7	7	
76	1964	"	12	12		2	10
77	1964	"	12	11	1	2	8
50	1966	⊔	8	8			8
51	1966	"	8	8			8
55	1968	"	9	9	9		
56	1968	"	9	9	9		
64	1968	"	13	13	3	2	8
65	1968	"	13	13	2	1	10
12	1969	⊔	8	8			8
13	1969	"	8	8			8
36	1971	⊔	10	10	10		
37	1971	"	10	1	1		
14	1972	"	18	18	15	3	
15	1972	"	18	18	1	17	
16	1972	"	13	12	6	3	3
17	1972	"	13	13	3	10	
35	1972	⊔⊔	10	10		1	9
38	1972	⊔	14	14	1	13	
39	1972	"	14	14		14	
46	1972	"	30	30	5	20	5
47	1972	"	30	30	20	9	1
22	1973	⊔	20	20	4	16	
23	1973	"	20	20	7	13	
26	1973	⊔	14	11	10		1
27	1973	"	14	14	14		
44	1973	⊔	9	9	9		
45	1973	"	9	8	8		
54	1973	"	13	13	2		11
57	1977	"	13	13	12	1	
			449	434	187	149	98

Bei einer Auswertung der Koppelfugenrisse getrennt nach einzelligen und zweizelligen Hohlkästen, ergeben sich für die zweizelligen Hohlkästen in der Tendenz größere Rißbreiten.

Bei den im Taktschiebeverfahren hergestellten Brücken weisen die Koppelfugen ein wesentlich günstigeres Rißverhalten auf. Die Gründe dafür sind in der günstigeren Lage der Koppelfugen und in der durch das Bauverfahren bedingten Spanngliedfüh-

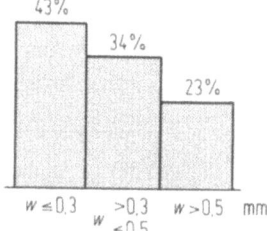

Bild 124. Histogramm der Rißbreiten der quergerissenen Koppelfugenbereiche von 33 auf Vorschubrüstung hergestellten durchlaufenden Hohlkästen. Rißbreiten w in mm. 100% ≙ 434 Koppelfugenbereichen mit Querrissen

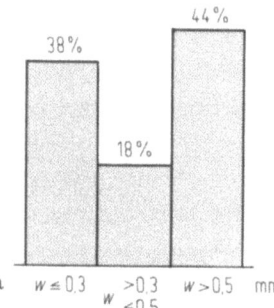 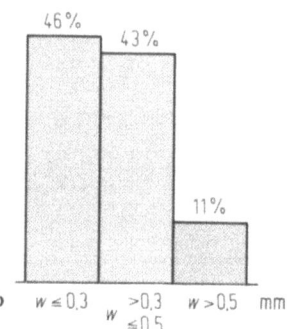

Bild 125a und b. Histogramm der Rißbreiten der quergerissenen Koppelfugenbereiche von 33 auf Vorschubrüstung hergestellten durchlaufenden Hohlkästen, aufgeschlüsselt nach dem Jahr des Baubeginns. **a** Baubeginn sechziger Jahre; **b** Baubeginn siebziger Jahre. Rißbreiten w in mm

rung zu sehen, möglicherweise auch darin, daß die sechs Taktschiebebrücken zwischen 1972 und 1978 hergestellt wurden und damit bereits in den Genuß einer höheren Mindestbewehrung im Bereich der Koppelfugen kamen.

Während des Einschiebens ist eine mittige Vorspannung erforderlich, die für den Endzustand durch gekrümmt geführte Spannglieder ergänzt wird. Die geraden Spannglieder der zentrischen Vorspannung liegen vornehmlich in der Boden- und Fahrbahnplatte und haben somit einen großen inneren Hebelarm. Gleichzeitig sind die Spannglieder besser über den Querschnitt verteilt als bei den Überbauten, die auf Vorschubrüstung oder Traggerüst hergestellt werden. Bei diesen sind die Spannglieder fast ausschließlich in den Stegen angeordnet. Die Spannglieder der zentrischen Vorspannung werden vollständig bzw. etwa zur Hälfte in den Arbeitsfugen gekoppelt. Die gekrümmten Spannglieder werden von Lisenen aus gespannt und laufen in den Koppelfugen durch. Im Endzustand sind dadurch in günstigen Fällen etwa nur ein Drittel aller Spannglieder in den Arbeitsfugen gekoppelt. Günstig wirkt sich zusätzlich aus, daß die Koppelfugen in der Regel nicht mit dem Momentennullpunkt zusammenfallen; damit reagiert dieser Querschnitt weniger empfindlich auf Zusatzbeanspruchungen.

Unter den sechs Überbauten, die im Taktschiebeverfahren hergestellt wurden, befindet sich der einzige durchlaufende Hohlkasten, der von den hier untersuchten 67 Überbauten keine Risse in den Koppelfugen (Tabelle 20) besitzt. Dieser Hohlkasten wurde 1978 begonnen. Bei den restlichen fünf Überbauten wurde in 92% aller Fälle

12.2 Risse im Beton

Tabelle 20. Quergerissene Koppelfugenbereiche von sechs mit dem Taktschiebeverfahren hergestellten durchlaufenden Hohlkästen

Quergerissene Koppelfugen
Bauverfahren: Taktschiebeverfahren

Nr.	Baubeginn	Querschnitt	Anzahl Koppelfugen		Rißbreiten in mm		
			vorhanden	gerissen	$w \leq 0{,}3$	$w \genfrac{}{}{0pt}{}{\geq 0{,}3}{\leq 0{,}5}$	$w > 0{,}5$
18	1972	⊔	21	7	6	1	
19	1972	"	21	18	17	1	
40	1972	"	12	11	10	1	
41	1972	"	12	11	11		
9	1973	"	12	3	2	1	
25	1978	"	11	0			
			89	50	46	4	

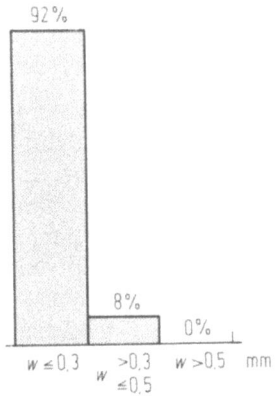

Bild 126. Histogramm der Rißbreiten der quergerissenen Koppelfugenbereiche von sechs mit dem Taktschiebeverfahren hergestellten durchlaufenden Hohlkästen. Rißbreiten w in mm. 100% ≙ 50 Koppelfugenrissen

die Rißbreite $w = 0{,}3$ mm nicht überschritten (Bild 126). Die Rißbreite $w = 0{,}5$ mm wurde in keinem Fall erreicht.

Das hier festgestellte günstigere Rißverhalten der Plattenbalken gegenüber den Hohlkästen geht auch aus der von der BAST durchgeführten Auswertung [60] der Risse in den Koppelfugenbereichen von 933 erfaßten Spannbetonbrücken hervor. Als Koppelfugenbereich ist dort einheitlich ein 4 m breiter Streifen an der Koppelfuge definiert. Die 993 Bauwerke stellen nahezu den gesamten Bestand von Spannbetonbrücken mit Koppelfugen im Zuge von Bundesfernstraßen dar. Bei der von der BAST durchgeführten Auswertung ist jedoch zu bedenken, daß alle im Bereich der Koppelfugen festgestellten Risse in die Auswertung einbezogen wurden, also nicht nur die Querrisse, die Spannglieder kreuzen. Nur letztere sind allerdings als echte Koppelfugenrisse anzusehen.

Von den 993 Bauwerken hatten 302 (= 30%) Risse mit Breiten $w \geq 0{,}2$ mm, bzw. in 2.318 (= 30%) von 7.776 Feldern besaßen die Koppelfugenbereiche Risse mit Breiten $w \geq 0{,}2$ mm. *Bei 129 Bauwerken (= 13%) kreuzten Risse mit Breiten $w \geq 0{,}2$ mm die Koppelanker.*

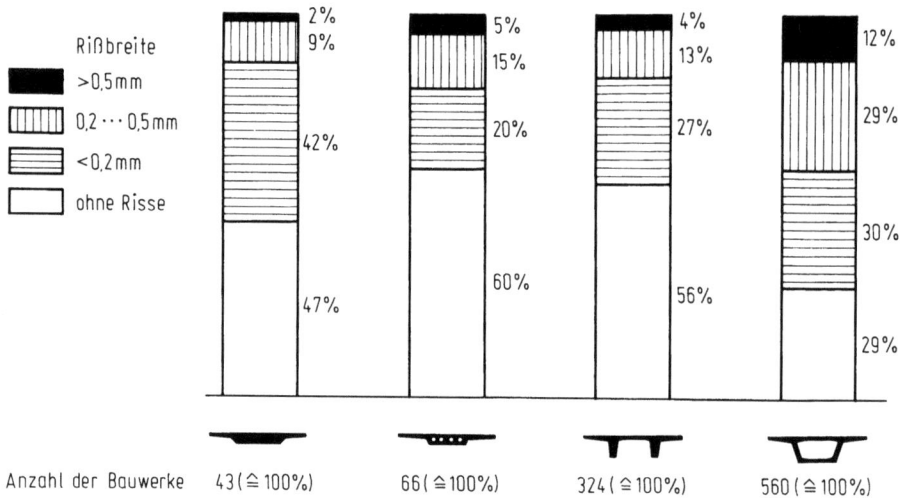

Bild 127. Bauwerke ohne und mit Rissen in Koppelfugenbereichen, aufgeschlüsselt nach der Querschnittsform (Prüfjahr 1966–1984) (nach [60])

Bei der Aufschlüsselung nach Querschnittsform ergaben sich für Hohlkästen im Vergleich zu anderen Querschnittsformen in der Tendenz eine eindeutig höhere Rißhäufigkeit und größere Rißbreiten (Bild 127). Während bei den Plattenbalken nur an 17% aller Bauwerke in den Koppelfugenbereichen Risse mit Breiten $w \geqq 0,2$ mm festgestellt wurden, waren es bei den Hohlkästen 41%. Risse mit Breiten über 0,5 mm wurden an 4% der Plattenbalken und an 12% der Hohlkästen gemessen. An 181 von 324 Plattenbalken und an 164 von 560 Hohlkästen wurden keine Risse in den Koppelfugenbereichen beobachtet. Der recht hohe Anteil der durchlaufenden Hohlkästen ohne Koppelfugenrisse im Vergleich zu den hier untersuchten 57 Hohlkästen kann auf die unterschiedlichen Altersstrukturen – bei den 57 Hohlkästen sind die Bauwerke mit Baubeginn nach 1976 stark unterrepräsentiert – und auf die nur aus großen Talbrücken bestehende Stichprobe zurückzuführen sein.

In 86% aller Felder mit Plattenbalkenquerschnitt und in 60% aller Felder mit Hohlkastenquerschnitt traten bei der BAST-Studie keine Risse mit Breiten $w \geqq 0,2$ mm auf.

An den hier untersuchten 67 Überbauten mit Koppelfugen zeigte bei den Bauwerken mit Baubeginn ab 1970 im Vergleich zu den Bauwerken mit Baubeginn in den sechziger Jahren die Anzahl der Risse mit Breiten über 0,5 mm bzw. 0,3 mm eine deutlich abnehmende Tendenz. In der Stichprobe sind jedoch nur zwei durchlaufende Hohlkästen mit Baubeginn nach dem Schadensfall an der Hochstraße Prinzenallee im Jahre 1976 (Abschnitt 3.5) enthalten, in dessen Folge 1977 eine erneute Verschärfung der bautechnischen Vorschriften vorgenommen wurde. Diese beiden Bauwerke mit Baubeginn 1977 bzw. 1978 (Tabelle 20) sind zwar bezüglich der Koppelfugenrisse positiv zu beurteilen, sie reichen aber für eine statistisch gesicherte Aussage über die Wirksamkeit der 1977 zusätzlich in die Vorschriften eingeführten Forderungen nicht aus.

Der Einfluß des Baubeginns auch über 1977 hinaus läßt sich dagegen an den 993 von der BAST [60] erfaßten Bauwerken mit Koppelfugen deutlich erkennen. Bild 128

12.2 Risse im Beton

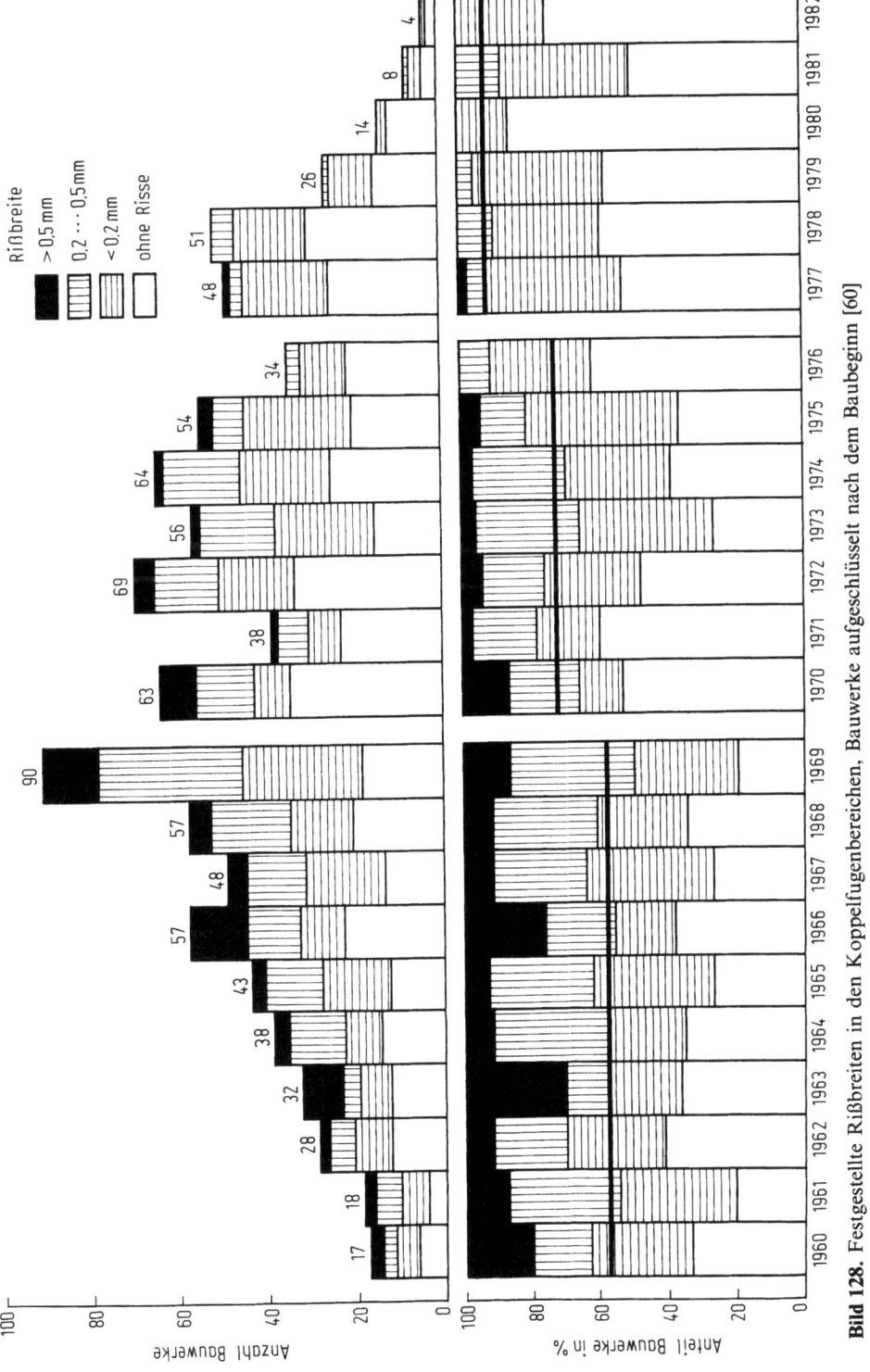

Bild 128. Festgestellte Rißbreiten in den Koppelfugenbereichen, Bauwerke aufgeschlüsselt nach dem Baubeginn [60]

enthält die Auswertung der Risse – ebenfalls aller Risse – dieser Bauwerke in den Koppelfugenbereichen in Abhängigkeit vom Jahr des Baubeginns. Dabei lassen sich drei Niveaus in den relativen Häufigkeiten der Bauwerke mit Rißbreite $w < 0,2$ mm unterscheiden. Die Sprungstellen in den Jahren 1970 und 1977 fallen mit den erwähnten Anpassungen der bautechnischen Vorschriften an neuere Erkenntnisse zusammen.

Die Häufigkeit von Rissen, die mit einer Breite von 0,2 mm die Koppelanker kreuzen, hat gemäß [60] ebenfalls ab 1970 stark abgenommen. An den Bauwerken mit Baubeginn ab 1977 und später wurden keine Risse mehr festgestellt, die mit einer Breite von $w \geq 0,2$ mm die Koppelanker kreuzen.

Bei 140 der 151 erfaßten Bauwerke, die nach 1976 begonnen wurden, sind in den Koppelfugenbereichen keine „echten Koppelfugenrisse", bei denen ein wesentlicher Teil des Querschnitts in der Koppelfuge aufreißt, mehr aufgetreten. Die Risse in den Koppelfugenbereichen von 11 dieser 151 Bauwerke mit einer Breite $w \geq 0,2$ mm konnten entweder auf Herstellungsfehler zurückgeführt werden oder die Risse verliefen senkrecht oder diagonal zur Koppelfuge und lagen entweder nur im Steg oder nur in der Bodenplatte, bzw. bei einigen Bauwerken betrug die Rißbreite gerade 0,2 mm [60].

Bei den hier untersuchten 67 Überbauten mit Koppelfugen wurden 12 verschiedene Spannverfahren benutzt. Ein Einfluß der Spannverfahren auf die Rißhäufigkeit im Bereich der Koppelfugen ist dadurch gegeben, daß im Bereich der Spanngliedkopplungen erhöhte Spannkraftverluste infolge von Kriechen und Schwinden auftreten. Diese fallen in Abhängigkeit vom jeweiligen Spannverfahren sehr unterschiedlich aus.

Die auftretenden Rißbreiten hängen dagegen sehr stark von der konstruktiven Durchbildung der Koppelfugen ab, d. h. von der Spanngliedführung, dem Anteil an gekoppelten Spanngliedern und insbesondere der Menge an Betonstahlbewehrung, welche die Koppelfuge kreuzt.

Die konstruktive Durchbildung der Koppelfugen weicht bei den einzelnen Bauwerken mehr oder weniger stark voneinander ab, so daß für die Spanngliedkopplungen keine einheitlichen Randbedingungen vorliegen. Von den Ergebnissen der folgenden Auswertung für drei verschiedene Spannverfahren soll und kann daher nicht auf deren Qualität geschlossen werden.

Bei 85% aller gerissenen Koppelfugenbereiche, in denen das Spannverfahren A zum Einsatz kam, wurde die Rißbreite von 0,3 mm nicht überschritten (Tabelle 21, Bild 129). Jedoch befinden sich unter den 14 Überbauten sechs Plattenbalken und zwei Überbauten, die im Taktschiebeverfahren hergestellt wurden. Die auf Traggerüst oder Vorschubrüstung hergestellten Überbauten sind zwar bis auf eine Ausnahme ebenfalls positiv zu beurteilen, sie wurden aber alle in den siebziger Jahren ausgeführt, so daß insgesamt für das Spannverfahren A günstige Randbedingungen vorliegen. Dennoch sind bei einem Überbau mit Baubeginn 1973 in 11 von 13 gerissenen Koppelfugenbereichen Risse mit Breiten über 0,5 mm aufgetreten.

Das Spannverfahren B steht zunächst mit sehr ungünstigen Ergebnissen in Verbindung (Tabelle 22, Bild 130). Es ist jedoch zu beachten, daß 8 von 13 Überbauten in den sechziger Jahren mit Hohlkastenquerschnitt auf Traggerüst oder Vorschubrüstung hergestellt wurden. Bei den beiden Plattenbalken und der Taktschiebebrücke hingegen traten kaum Risse auf. Dies steht jedoch in Übereinstimmung mit dem zuvor gewonnenen Ergebnis, daß die Überbauten mit Plattenbalkenquerschnitt und die im Taktschiebeverfahren hergestellten Kastenträger nur wenige Koppelfugenrisse aufweisen.

12.2 Risse im Beton

Tabelle 21. Quergerissene Koppelfugenbereiche von 14 durchlaufenden Überbauten mit Spannverfahren A

Spannverfahren A:

Nr.	Bauverfahren	Baubeginn	Querschnitt	Anzahl Koppelfugen vorhanden	gerissen	$w \leq 0{,}3$	$w > 0{,}3$ $\leq 0{,}5$	$w > 0{,}5$
58	Traggerüst	1970	⊓⊓	10	0			
59	Traggerüst	1970	"	10	0			
42	Traggerüst	1973	"	8	8	8		
43	Traggerüst	1973	"	8	8	8		
28	Vorschubrüstung	1972	⊓⊓⊓	7	0			
29	Vorschubrüstung	1972	"	7	0			
34	Traggerüst	1973	⊔	11	8	7		1
36	Vorschubrüstung	1971	"	10	10	10		
37	Vorschubrüstung	1971	"	10	1	1		
26	Vorschubrüstung	1973	⊔⊔	14	11	10		1
27	Vorschubrüstung	1973	"	14	14	14		
54	Vorschubrüstung	1973	⊔	13	13	2		11
18	Taktschiebeverfahren	1972	"	21	7	6	1	
19	Taktschiebeverfahren	1972	"	21	18	17	1	
				164	98	83	2	13

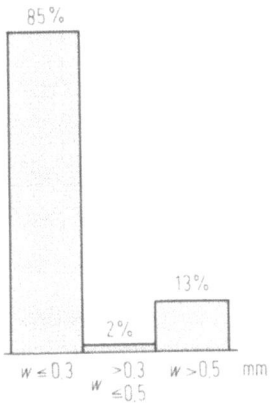

Bild 129. Histogramm der Rißbreiten der quergerissenen Koppelfugenbereiche von 14 durchlaufenden Überbauten mit Spannverfahren A. Rißbreiten w in mm. 100% ≙ 98 gerissenen Koppelfugenbereichen

Mit dem Spannverfahren C wurde der einzige durchlaufende Hohlkasten ohne Koppelfugenrisse hergestellt. Bei diesem Spannverfahren treten insgesamt nur selten Risse auf, allerdings wurde es bei den hier untersuchten Bauwerken nur in fünf Fällen eingesetzt (Tabelle 23, Bild 131).

Tabelle 22. Quergerissene Koppelfugenbereiche von 13 durchlaufenden Überbauten mit Spannverfahren B

Spannverfahren B:

Nr.	Bau-verfahren	Baubeginn	Querschnitt	Anzahl Koppelfugen vorhanden	gerissen	Rißbreiten in mm $w \leq 0{,}3$	$w_{\leq 0{,}5}^{> 0{,}3}$	$w > 0{,}5$
1	Traggerüst	1966	⊔	5	5			5
2	Traggerüst	1966	"	5	5			5
52	Traggerüst	1966	⊔	4	4		2	2
53	Traggerüst	1966	"	4	4		3	1
68	Traggerüst	1968	"	5	5			5
69	Traggerüst	1968	"	5	5			5
50	Vorschub-rüstung	1966	"	8	8			8
51	Vorschub-rüstung	1966	"	8	8			8
62	Vorschub-rüstung	1971	⊓⊓	7				
63	Vorschub-rüstung	1971	"	7				
16	Vorschub-rüstung	1972	⊔	13	12	6	3	3
17	Vorschub-rüstung	1972	"	13	13	3	10	
9	Taktschie-beverfahren	1973	"	12	3	2	1	
				96	72	11	19	42

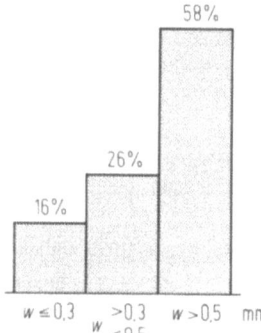

Bild 130. Histogramm der Rißbreiten der quergerissenen Koppelfugenbereiche von 13 durchlaufenden Überbauten mit Spannverfahren B. Rißbreiten w in mm. 100% ≙ 72 gerissenen Koppelfugenbereichen

Zusammenfassend kann festgestellt werden, daß von den in der Stichprobe enthaltenen Überbauten die Plattenbalken und die im Taktschiebeverfahren hergestellten Hohlkästen die wenigsten Koppelfugenrisse aufweisen. Bei den Rißbreiten, die entscheidend von der Menge an Betonstahlbewehrung im Bereich der Koppelfugen bestimmt werden, zeigte sich ein deutlicher Einfluß des Jahrs des Baubeginns. Die Anpassungen der bautechnischen Vorschriften an neuere Erkenntnisse hatten positive Auswirkungen zur Folge. An Spannbetonbrücken mit Baubeginn nach 1976 sind keine systembedingten Koppelfugenrisse mit Breiten über 0,2 mm mehr aufgetreten [60].

12.2 Risse im Beton

Tabelle 23. Quergerissene Koppelfugenbereiche von 5 durchlaufenden Überbauten mit Spannverfahren C

Spannverfahren C:

Nr.	Bauverfahren	Baubeginn	Querschnitt	Anzahl Koppelfugen vorhanden	gerissen	Rißbreiten in mm $w \leq 0,3$	$w \overset{>}{\leq} \overset{0,3}{0,5}$	$w > 0,5$
25	Taktschiebeverfahren	1978	⊔	11	0			
44	Vorschubrüstung	1968	"	9	9	9		
45	Vorschubrüstung	1968	"	9	9	9		
55	Vorschubrüstung	1973	"	9	9	9		
56	Vorschubrüstung	1973	"	9	8	8		
				47	35	35	0	0

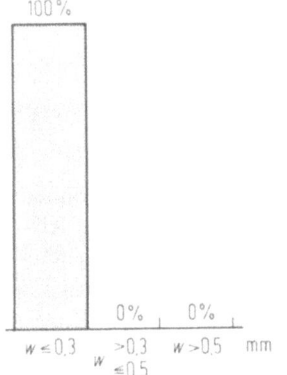

Bild 131. Histogramm der Rißbreiten der quergerissenen Koppelfugenbereiche von fünf durchlaufenden Überbauten mit Spannverfahren C. Rißbreiten w in mm. 100% ≙ 35 gerissenen Koppelfugenbereichen

Auch durch das derzeitige Bemessungskonzept können Koppelfugenrisse nicht generell verhindert werden; jedoch ist sichergestellt, daß im Falle einer Rißbildung ausreichend Bewehrung vorhanden ist, um die Schwingbreiten der Stahlspannungen in den Spanngliedkopplungen so zu begrenzen, daß eine Ermüdungsbruchgefahr nicht mehr besteht, und um die Rißbreiten in einer für den Korrosionsschutz der Stahleinlagen unschädlichen Größe zu halten.

12.2.2.3 Risse außerhalb der Koppelfugenbereiche

Für die in den Überbauten festgestellten Risse außerhalb der Koppelfugenbereiche bilden die Erfassungsbögen der BAST, die vom Bundesminster für Verkehr im Zuge einer umfassenden und systematischen statistischen Erhebung aller Risse in Spannbetonüberbauten an die obersten Straßenbehörden der Länder ausgegeben wurden, die Grundlage.

Die Beschreibung der Rißhäufigkeit erfolgt durch die Anzahl gerissener Bereiche, die entsprechend der unterschiedlichen statischen Beanspruchung gemäß Bild 116

Tabelle 24. Risse in zehn durchlaufenden Plattenbalken

Plattenbalken					Feldbereiche			
Nr.	Bau-verfahren	Bau-beginn	Anzahl Felder	Gesamt-länge m	Anzahl	Anzahl der Feldbereiche mit Rißbreite		
						$w < 0{,}2$	$w \gtreqless {0{,}2 \atop 0{,}5}$	$w > 0{,}5$
58	Traggerüst	1970	11	245	11			
59	Traggerüst	1970	11	245	11			
42	Traggerüst	1973	9	303	9			
43	Traggerüst	1973	9	303	9			
5	Vorschubrüstung	1966	19	944	19			
6	Vorschubrüstung	1966	18	916	18			
62	Vorschubrüstung	1971	8	302	8		1	
63	Vorschubrüstung	1971	8	302	8		1	
28	Vorschubrüstung	1972	8	241	8			
29	Vorschubrüstung	1972	8	241	8			
				Summe:	109		2	

definiert sind. Es werden also nicht einzelne Risse gezählt. Gerissene Bereiche können eine sehr unterschiedliche Anzahl von Rissen enthalten, im Extremfall nur ein Riß. Bei den Wechselbereichen werden nur die Abschnitte außerhalb der Arbeitsfugenbereiche berücksichtigt. Als Rißbreite wird der maximale Wert innerhalb eines Bereiches gewertet. Erfaßt werden alle Risse, auch die, die bereits wieder z. B. durch Injektion geschlossen wurden.

Da die untersuchten Bauwerke auch außerhalb der Koppelfugenbereiche kein einheitliches Rißverhalten aufweisen, erfolgt hier ebenfalls eine Aufgliederung der Bauwerke in Teilkollektive, Plattenbalken und Hohlkästen. Bei den Hohlkästen erfolgt wegen der unterschiedlichen Spanngliedführung eine zusätzliche Unterscheidung nach Bauverfahren: Herstellung auf Traggerüst bzw. Vorschubrüstung und Herstellung im Taktschiebeverfahren.

Die in der Stichprobe enthaltenen zehn durchlaufenden Plattenbalken weisen eine sehr geringe Rißhäufigkeit auf. Die Rißbreite $w = 0{,}2$ mm wurde in keinem Fall überschritten (Tabelle 24, Bild 132).

Die 14 durchlaufenden Bauwerke mit Hohlkastenquerschnitt und Herstellung auf Traggerüst wurden zwischen 1958 und 1969 begonnen (Tabelle 25). Bei diesen Tragwerken waren die größten Rißhäufigkeiten und Rißbreiten festzustellen. Rund die Hälfte aller Stütz-, Wechsel- und Feldbereiche wiesen Risse mit Breiten über 0,2 mm auf (Bild 133). Am stärksten betroffen waren die Feld- und Wechselbereiche, wo ein besonders hoher Anteil an Rissen mit Breiten über 0,5 mm gefunden wurde. Lediglich zwei der 14 Überbauten hatten außerhalb der Koppelfugenbereiche keine Risse mit Breiten über 0,2 mm. Am günstigsten verhielten sich die Endbereiche, von denen 78% keine Rißbreiten > 0,2 mm zeigten.

12.2 Risse im Beton

Wechselbereiche				Stützbereiche				Endbereiche			
Anzahl	Anzahl der Wechselbereiche mit Rißbreite			Anzahl	Anzahl der Stützbereiche mit Rißbreite			Anzahl	Anzahl der Endbereiche mit Rißbreite		
	$w<0,2$	$w\genfrac{}{}{0pt}{}{\geq 0,2}{\leq 0,5}$	$w>0,5$		$w<0,2$	$w\genfrac{}{}{0pt}{}{\geq 0,2}{\leq 0,5}$	$w>0,5$		$w<0,2$	$w\genfrac{}{}{0pt}{}{\geq 0,2}{\leq 0,5}$	$w>0,5$
20	10							2			
20	10							2			
16	8							2			
16	8				1			2			
34	17							4			
32	16							4			
14	7							2			
14	7							2			
14	7							2			
14	7							2			
194	97				1			24			

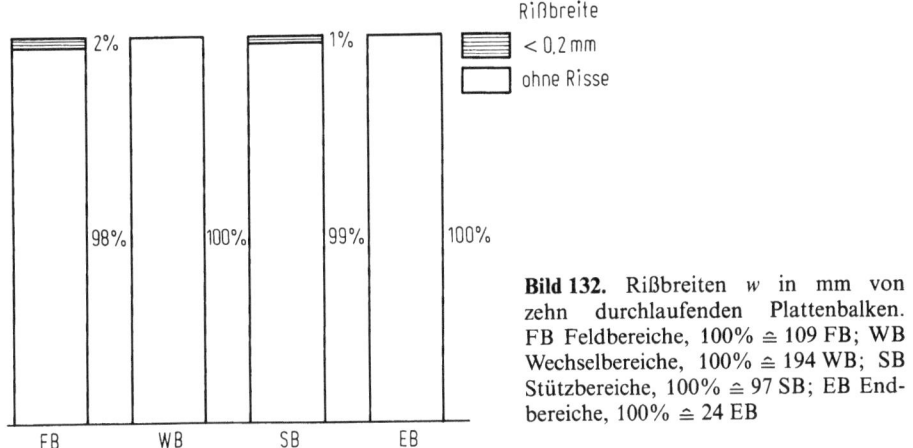

Bild 132. Rißbreiten w in mm von zehn durchlaufenden Plattenbalken. FB Feldbereiche, 100% ≙ 109 FB; WB Wechselbereiche, 100% ≙ 194 WB; SB Stützbereiche, 100% ≙ 97 SB; EB Endbereiche, 100% ≙ 24 EB

Nur bei einer Brücke lagen für die getrennten Überbauten auch getrennte Rißerfassungsbögen vor. In allen anderen Fällen sind die gerissenen Bereiche in Tabelle 25 für beide Überbauten summarisch angegeben.

Von den insgesamt 33 Überbauten mit Herstellung auf Vorschubrüstung wurden 14 Überbauten in den sechziger Jahren begonnen (Tabelle 26). Diese verhielten sich im Vergleich zu den 14 auf Traggerüst hergestellten Hohlkästen sowohl im Hinblick auf Rißhäufigkeit als auch Rißbreiten in der Tendenz günstiger. Der Anteil an Rissen mit Breiten über 0,5 mm ist deutlich geringer (Bild 133 und 134). Diese wurden überwiegend an den zweizelligen Querschnitten angetroffen.

12 Auswertung der Riß- und Schadensdaten

Tabelle 25. Risse in 14 durchlaufenden Hohlkästen mit Herstellung auf konventionellem Traggerüst

Bauverfahren: Herstellung auf Traggerüst

Nr.	Bau-beginn	Quer-schnitts-form	Anzahl Felder	Gesamt-länge m	Feldbereiche			
					Anzahl	Anzahl der Feldbereiche mit Rißbreite		
						$w < 0{,}2$	$w \genfrac{}{}{0pt}{}{\geq 0{,}2}{\leq 0{,}5}$	$w > 0{,}5$
10	1958	⊔	5	232	5		1	1
11	1958	"	5	232	5		2	
1	1966	⊔⊔	8	349	16		3	8
2	1966	"	8	357				
52	1966	⊔	5	262	10	6		
53	1966	"	5	259				
66	1966	"	5	181	10		1	8
67	1966	"	5	181				
68	1968	"	6	245	12			12
69	1968	"	6	245				
70	1968	"	7	301	14		10	
71	1968	"	7	301				
72	1969	"	5	190	10		6	
73	1969	"	5	190				
				Summe:	82	6	23	29

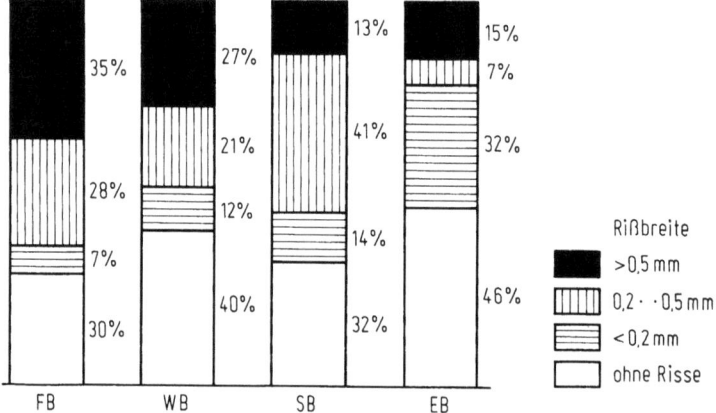

Bild 133. Rißbreiten von 14 durchlaufenden Hohlkästen mit Herstellung auf Traggerüst (Baubeginn 1958–1969). FB Feldbereiche, 100% ≙ 82 FB; WB Wechselbereiche, 100% ≙ 136 WB; SB Stützbereiche, 100% ≙ 68 SB; EB Endbereiche, 100% ≙ 28 EB

12.2 Risse im Beton

Wechselbereiche				Stützbereiche				Endbereiche			
Anzahl	Anzahl der Wechselbereiche mit Rißbreite			Anzahl	Anzahl der Stützbereiche mit Rißbreite			Anzahl	Anzahl der Endbereiche mit Rißbreite		
	$w<0{,}2$	$w \gtreqless {0{,}2 \atop 0{,}5}$	$w>0{,}5$		$w<0{,}2$	$w \gtreqless {0{,}2 \atop 0{,}5}$	$w>0{,}5$		$w<0{,}2$	$w \gtreqless {0{,}2 \atop 0{,}5}$	$w>0{,}5$
8	1			4			2	2			
8				4		1		2	1		
28	8	3	6	14	6	4		4	4		
16	4			8	3			4	1		
16		10	6	8		8		4		2	
20	2		17	10		9		4			4
24		15		12		6		4	1		
16		1	8	8			7	4	2		
136	15	29	37	68	9	28	9	28	9	2	4

Da von den 33 auf Vorschubrüstung hergestellten Überbauten 14 in den sechziger Jahren und 19 in den siebziger Jahren begonnen wurden, läßt sich auch der Einfluß des Baubeginns untersuchen. Danach zeigen die jüngeren Bauwerke – mit Ausnahme der Stützbereiche – in der Tendenz eine deutlich geringere Rißhäufigkeit und kleinere Rißbreiten als die älteren Bauwerke (Bild 134 und 135). Die Endbereiche weisen ohnehin nur wenige Risse auf. Die Abnahme der Risse mit Breiten über 0,5 mm steht in Übereinstimmung mit der bei der Auswertung der Bauwerksdaten festgestellten Zunahme der Betonstahlbewehrung, die im Mittel 30% betrug (Bild 81).

Diese konstruktive Änderung wird ein wesentlicher, wenn auch nicht der alleinige Grund für die Verminderung der Rißbreiten sein. Weiterhin sind für die größere Rißhäufigkeit und die größeren Rißbreiten bei den älteren Bauwerken sicherlich die folgenden Punkte von Bedeutung:

– Zwängungsmomente aus ungleichmäßiger Erwärmung der Überbauten infolge Sonneneinstrahlung wurden nicht berücksichtigt.
– Die Überbauten weisen eine vergleichsweise geringe Betonstahlbewehrung, z.T. aus glattem Stahl I, auf.

Tabelle 26. Risse in 33 durchlaufenden Hohlkasten mit Herstellung auf Vorschubrustung Bauverfahren. Herstellung auf Vorschubrüstung

Nr.	Baubeginn	Querschnittsform	Anzahl Felder	Gesamtlänge m	Feldbereiche Anzahl	Anzahl der Feldbereiche mit Rißbreite $w < 0,2$	$w \gtreqless {}^{0,2}_{0,5}$	$w > 0,5$
48	1962	⊔⊔	19	597	19		8	
49	1962	"	12	353	12		4	
74	1964	⊔⊔⊔	15	480	30		9	17
75	1964	"	15	480				
76	1964	"	13	478	26	20		
77	1964	"	13	478				
50	1966	⊔	9	392	18		7	
51	1966	"	9	387				
55	1968	"	10	390	10		1	
56	1968	"	10	390	10	2		
64	1968	"	14	578	28	12	8	
65	1968	"	14	578				
12	1969	⊔⊔⊔	9	404	18		1	9
13	1969	"	9	404				
				Summe:	171	34	38	26
36	1971	⊔	11	500	11			
37	1971	"	11	500	11			
14	1972	"	19	968	19	17		
15	1972	"	19	968	19	3		
16	1972	"	14	703	14	2		
17	1972	"	14	703	14			2
35	1972	⊔⊔	14	987	14		5	
38	1972	⊔⊔⊔	15	692	15			
39	1972	"	15	692	15		2	
46	1972	"	34	1472	34		7	7
47	1972	"	34	1472	34	7		12
22	1973	⊔	22	1522	22	2	7	
23	1973	"	22	1522	22		16	
26	1973	⊔⊔⊔	15	550	15			
27	1973	"	15	550	15			
44	1973	⊔	10	390	10		7	
45	1973	"	10	390	10			
54	1973	"	14	645	14			
57	1977	"	14	672	14			
				Summe:	322	31	44	21

12.2 Risse im Beton

Bauverfahren: Herstellung auf Vorschubrüstung

Wechselbereiche				Stützbereiche				Endbereiche			
Anzahl	Anzahl der Wechselbereiche mit Rißbreite			Anzahl	Anzahl der Stützbereiche mit Rißbreite			Anzahl	Anzahl der Endbereiche mit Rißbreite		
	$w<0{,}2$	$w \genfrac{}{}{0pt}{}{\geq 0{,}2}{\leq 0{,}5}$	$w>0{,}5$		$w<0{,}2$	$w \genfrac{}{}{0pt}{}{\geq 0{,}2}{\leq 0{,}5}$	$w>0{,}5$		$w<0{,}2$	$w \genfrac{}{}{0pt}{}{\geq 0{,}2}{\leq 0{,}5}$	$w>0{,}5$
36	2			18	1			2			
22	5			11	3			2			
56	11	14		28	1	2	10	4			
48	20			24				4			
32	1	9		16		8		4			
18				9	2			2			
18		4		9	4	3		2			
52	24		4	26	2			4			
32			15	16			1	4			1
314	63	27	19	157	13	13	11	28			1
20				10				2			
20				10				2			
36	32			18	18			2			
36	20			18	17			2	2		
26	13			13	6			2			
26	8	8		13	8			2			
26		5		13	6			2			2
28				14				2			
28				14	1			2			
60	1		9	30	10		14	8			
60		8		30	2	17		8			2
40		7		20		17	3	4			3
40		6		20		20		4			1
28	1			14				2			
28				14				2			
18				9				2			
18				9				2			
26				13				2			
26				13	5			2			
590	75	34	9	295	73	54	17	54	2		8

Tabelle 27. Risse in sechs durchlaufenden Hohlkästen mit Herstellung mit dem Taktschiebeverfahren

Bauverfahren. Taktschiebeverfahren

Nr.	Baubeginn	Querschnittsform	Anzahl Felder	Gesamtlänge m	Feldbereiche Anzahl	Anzahl der Feldbereiche mit Rißbreite $w < 0{,}2$	$w \gtreqless {}^{0,2}_{0,5}$	$w > 0{,}5$
18	1972	⊔	11	507	11			
19	1972	"	11	507	11	1		
40	1972	"	12	602	12		11	
41	1972	"	12	602	12	7	4	
9	1973	"	12	388	12	2		
25	1978	"	11	512	11			2
				Summe:	69	10	15	2

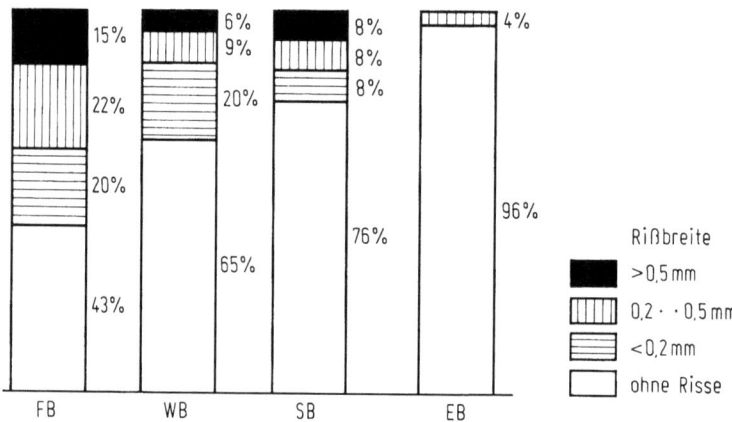

Bild 134. Rißbreiten von 14 durchlaufenden Hohlkästen mit Herstellung auf Vorschubrüstung (Baubeginn 1962–1969). FB Feldbereiche, 100% ≙ 171 FB; WB Wechselbereiche, 100% ≙ 314 WB; SB Stützbereiche, 100% ≙ 157 SB; EB Endbereiche, 100% ≙ 28 EB

- Die Betonzugspannungen an den Querschnittsrändern wurden auf Werte entsprechend der Betonbiegezugfestigkeit begrenzt, was jedoch nur bei Balken mit geringer Bauhöhe gerechtfertigt ist. Fahrbahnplatten und Bodenplatten von Hohlkästen sind Querschnittsteile, die bei Biegung praktisch zentrisch auf Zug beansprucht werden. Die Forderung, daß die in Trägerlängsrichtung rechnerisch auftretenden Zugspannungen in den Mittelflächen der Fahrbahnplatten und Bodenplatten die zulässigen Werte für die kleinere zentrische Betonzugfestigkeit nicht überschreiten dürfen, wurde erst mit den zusätzlichen Bestimmungen zu DIN 4227 für Brücken aus Spannbeton vom Februar 1966 eingeführt.

12.2 Risse im Beton

Bauverfahren: Taktschiebeverfahren								
Wechselbereiche			Stützbereiche			Endbereiche		
Anzahl	Anzahl der Wechselbereiche mit Rißbreite		Anzahl	Anzahl der Stützbereiche mit Rißbreite		Anzahl	Anzahl der Endbereiche mit Rißbreite	
	$w < 0{,}2$	$w \genfrac{}{}{0pt}{}{\geq 0{,}2}{\leq 0{,}5}$ $\ w > 0{,}5$		$w < 0{,}2$	$w \genfrac{}{}{0pt}{}{\geq 0{,}2}{\leq 0{,}5}$ $\ w > 0{,}5$		$w < 0{,}2$	$w \genfrac{}{}{0pt}{}{\geq 0{,}2}{\leq 0{,}5}$ $\ w > 0{,}5$
20	1		10			2		
20			10			2		
22	10		11	3		2		
22	12		11	1		2		
22	1		11	4		2		
20			10			2		
126	24		63	8		12		

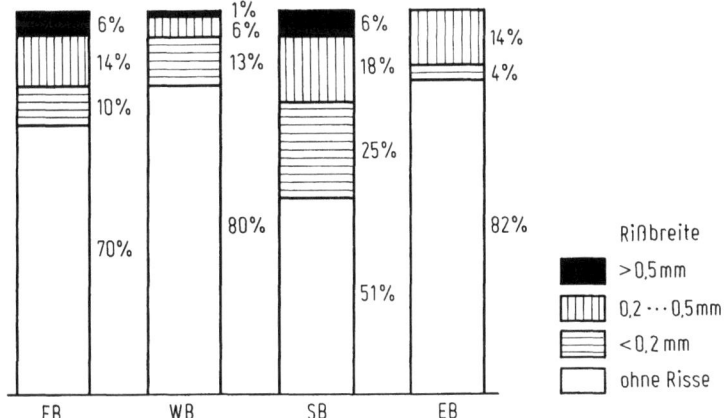

Bild 135. Rißbreiten von 19 durchlaufenden Hohlkästen mit Herstellung auf Vorschubrüstung (Baubeginn 1971–1973 bzw. ein Bauwerk 1977). FB Feldbereiche, 100% ≙ 322 FB; WB Wechselbereiche, 100% ≙ 590 WB; SB Stützbereiche, 100% ≙ 295 SB; EB Endbereiche, 100% ≙ 54 EB

Von den Brücken mit Hohlkastenquerschnitt zeigen die im Taktschiebeverfahren hergestellten Bauwerke die wenigsten Risse (Tabelle 27 und Bild 136). Dies kann in der im Vergleich zu den anderen Bauverfahren höheren Vorspannkraft und der gleichmäßigeren Verteilung der Spannglieder über den Querschnitt begründet sein.

Zu ähnlichen wie den aufgezeigten Ergebnissen führen auch die von der BAST erhobenen Daten [60]. Das in Bild 137a dargestellte Rißverhalten der Bauwerke, bei denen es sich ausschließlich um Überbauten mit Koppelfugen handelt, zeigt einen etwas weniger gravierenden Unterschied zwischen Plattenbalken und Hohlkästen, was möglicherweise auf die größere Stichprobe zurückzuführen ist. Die in der Ten-

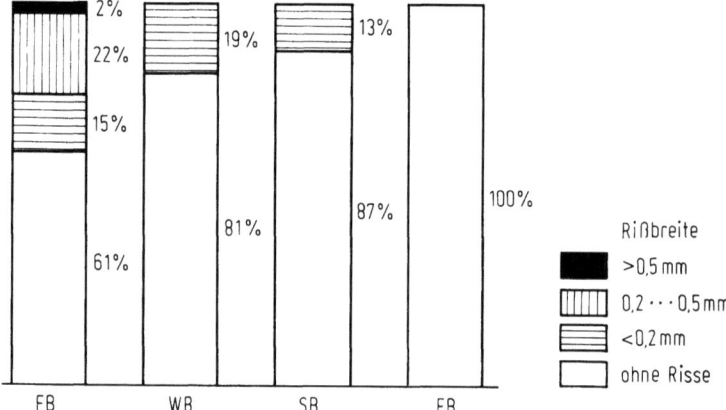

Bild 136. Rißbreiten von sechs durchlaufenden Hohlkästen mit Herstellung mit dem Taktschiebeverfahren (Baubeginn 1972–1978). FB Feldbereiche, 100 % ≙ 69 FB; WB Wechselbereiche, 100 % ≙ 126 WB; SB Stützbereiche, 100 % ≙ 63 SB; EB Endbereiche, 100 % ≙ 12 EB

denz festgestellte Abnahme der Rißhäufigkeiten und Rißbreiten mit zunehmend späterem Baubeginn geht jedoch ebenfalls sehr deutlich aus Bild 137b hervor.

Die sehr stark ausgeprägte Rißbildung im Feld von einem der untersuchten durchlaufenden Überbauten mit Hohlkastenquerschnitt ist in Bild 138 dargestellt.

Von den in der Stichprobe enthaltenen Einfeldsystemen lagen keine Rißerfassungsbögen vor. Aus den allgemeinen Prüfberichten geht jedoch hervor, daß auch an diesen Bauwerken Rißschäden aufgetreten waren.

So wurden z. B. bei einem Einfeldsystem an einer größeren Zahl der Fertigteilhauptträger infolge zu geringer Betondeckung längslaufende Risse entlang der Spannglieder festgestellt. Die gemessenen Rißbreiten lagen in Feldmitte zwischen 0,35 und 0,70 mm. Dagegen zeigten sich auch unter der 4 + 0 Verkehrsführung während der Instandsetzung des Bauwerks keine Biegezugrisse an der Unterseite der Fertigteilhauptträger.

12.3 Nester und Fehlstellen im Beton

Für die Dauerhaftigkeit von Massivbrücken kommt einem dichten Beton mit geschlossenem Gefüge ein sehr hoher Stellenwert zu. Die Bedeutung eines dichten Betons für den Korrosionsschutz der Stahleinlagen wurde bereits in Abschnitt 12.2.1.3 herausgestellt. An das Konzept der Beschränkung der Rißbreiten zur Sicherstellung eines ausreichenden Korrosionsschutzes der Stahleinlagen ist immer die Voraussetzung ihrer Umhüllung mit einem dichten Beton in ausreichender Dicke gebunden.

Nester und Fehlstellen, die auf ungeeignete Betonzusammensetzung und Betonierfehler zurückzuführen sind und im Bereich von eng liegender Bewehrung besonders häufig auftreten, wurden – wenn auch in unterschiedlicher Häufigkeit und wechselndem Ausmaß – mehr oder weniger an allen untersuchten Brücken festgestellt.

12.3 Nester und Fehlstellen im Beton

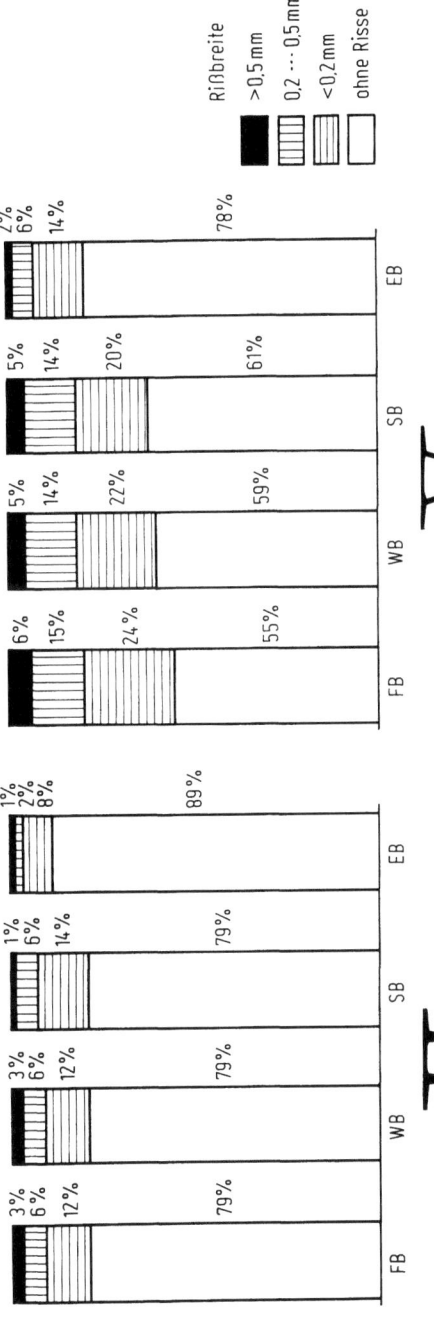

Bild 137a. Risse in Spannbetonüberbauten mit Koppelfugen außerhalb der Koppelfugenbereiche. Auswertung getrennt nach Plattenbalken- (ca. 310 Bauwerke) und Hohlkästenquerschnitt (ca. 530 Bauwerke) (nach [60]). FB Feldbereiche, WB Wechselbereiche, SB Stützbereiche, EB Endbereiche

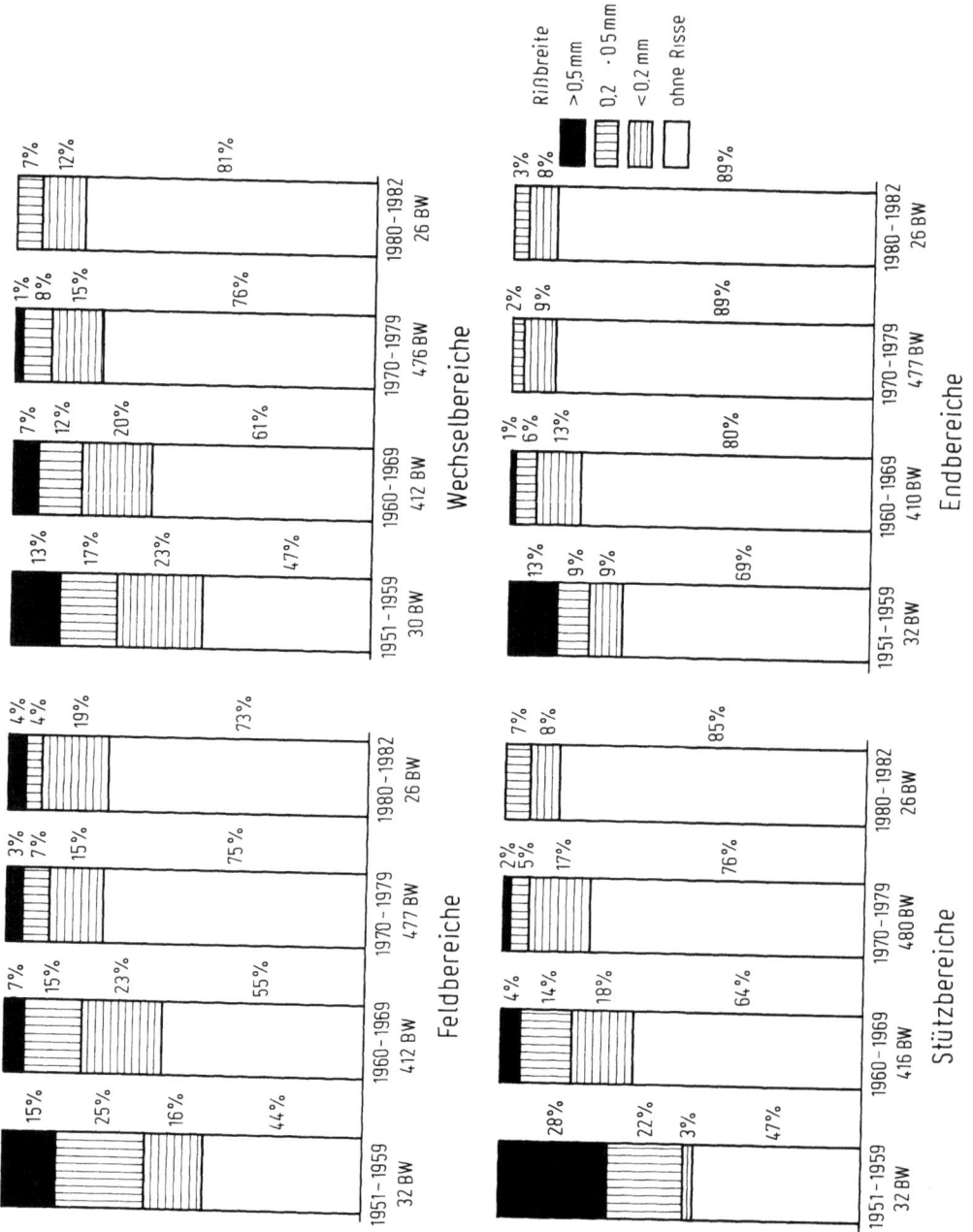

Bild 137b. Risse in Spannbetonüberbauten mit Koppelfugen außerhalb der Koppelfugenbereiche in Abhängigkeit vom Jahr des Baubeginns (nach [60]) getrennt nach Feldbereichen; Wechselbereichen; Stützbereichen; Endbereichen. BW Bauwerke

12.3 Nester und Fehlstellen im Beton

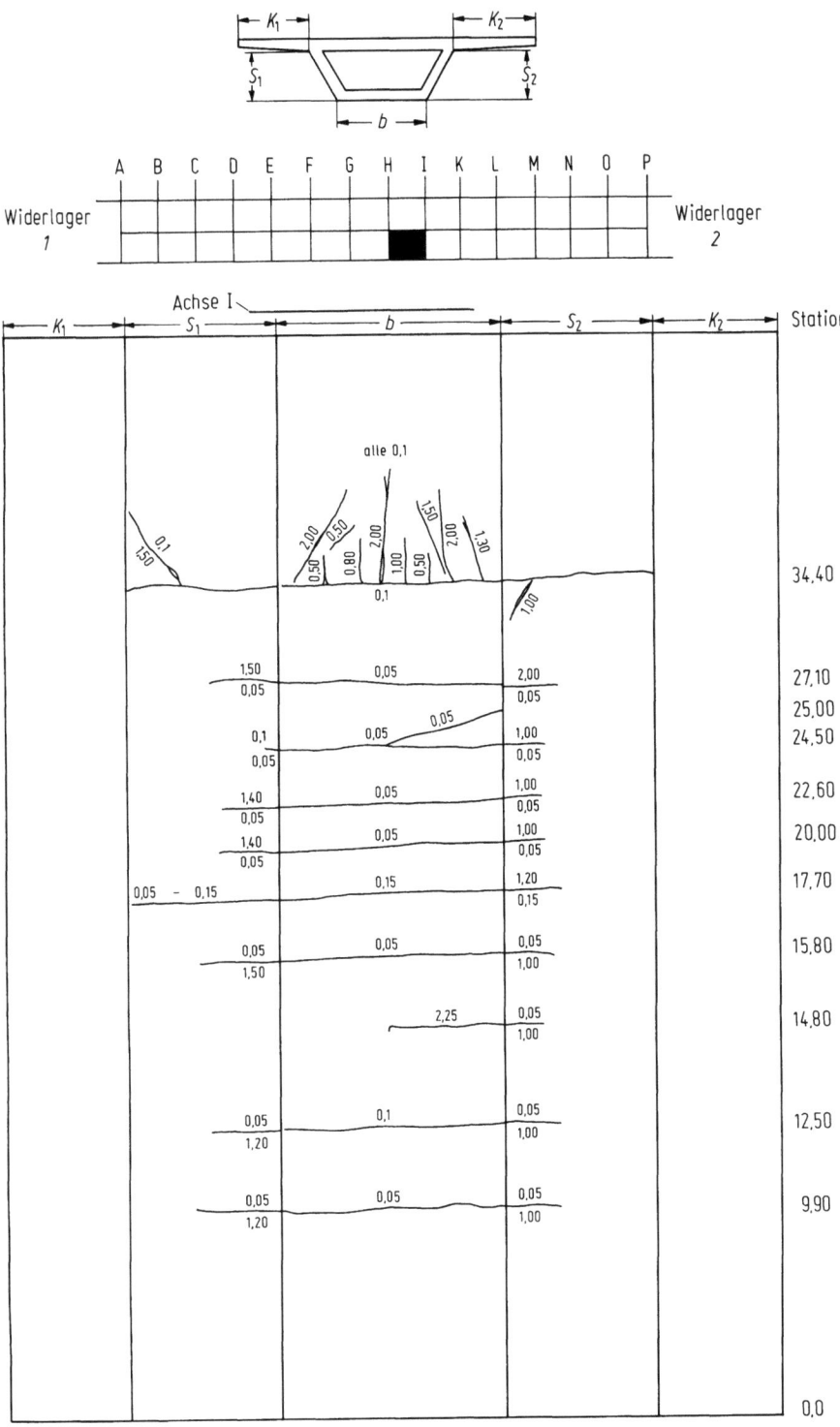

Bild 138. Ausgeprägte Rißbildung

Bild 139. Nachträgliche Injektion eines Spannglieds mit dem Vakuumverfahren. Abdichtung der Oberfläche des örtlich unzureichend verdichteten Betons durch eine Epoxidharzschicht, um das Nachströmen von Luft ins Hüllrohr zu unterbinden

Wegen der großen Streuung hinsichtlich des Ausmaßes dieser Mängel bei den einzelnen Bauwerken und der daher nur geringen Aussagekraft soll auf eine Auswertung verzichtet werden. Statt dessen soll im folgenden ein besonders drastischer Fall geschildert werden, um die Notwendigkeit der Erzielung eines dichten Betons zu unterstreichen. Es handelt sich dabei um einen lokal begrenzten Bereich sehr porösen Betons bei einem anfangs der sechziger Jahre hergestellten Hohlkasten der untersuchten Stichprobe.

Bild 139 entstand im Inneren des Hohlkastens. Ein unverpreßtes Spannglied – der Spanngliedverlauf wird im Bild durch den Zollstock angezeigt – sollte nachträglich im Vakuumverfahren mit Einpreßmörtel injiziert werden. Zunächst gelang es nicht, im unverpreßten Hüllrohr ein Vakuum aufzubauen, da ständig Luft von der Betonoberfläche durch den unzureichend verdichteten Beton in das Hüllrohr nachströmte. Die Stellen der Betonoberfläche, von denen ausgehend eine Verbindung mit dem Hüllrohrinneren bestand, wurden ermittelt, indem Preßluft in das Hüllrohr eingeblasen wurde. Anschließend wurde der entsprechende Bereich mit Epoxidharz abgedichtet. Bild 139 wurde aufgenommen, als nach erfolgter Abdichtung erneut Preßluft in das Hüllrohr geblasen wurde. Die Luftblasen unter der Epoxidharzschicht zeigen die Stellen der Betonoberfläche an, durch die das Hüllrohr mit der Außenluft Verbindung hatte.

Durch derartige Fehlstellen wird der Korrosionsschutz der Stahleinlagen u. U. in größerem Maße gefährdet, als durch Risse im Beton. Es ist daher von großer Bedeutung, bei der Ausführung einen gleichmäßig dichten Beton mit geschlossenem Gefüge zu erreichen.

12.4 Freiliegende Bewehrung

Bei zu geringer Betondeckung, die vor Eintritt von Schäden kaum bemerkbar ist, kann es auch in Bereichen, in denen der Beton nicht gerissen ist, zur Korrosion der

12.4 Freiliegende Bewehrung

Bewehrung kommen (vgl. Abschnitt 12.2.1.3). Durch die mit der Rostbildung einhergehende Volumenvergrößerung des Stahls wird die Betondeckung schließlich, oft erst nach mehreren Jahren, abgesprengt. Die dann freiliegende Bewehrung ist völlig ungeschützt und in der Folge einer beschleunigten Korrosion ausgesetzt.

Die Ursache für eine zu geringe Betondeckung liegt meist in einer fehlerhaften, zu geringen bzw. völlig fehlenden Anordnung von Abstandhaltern, in einer Überbeanspruchung der Abstandhalter beim Betoniervorgang oder in herabgedrückter Bewehrung. Im Extremfall liegt die Bewehrung beim Betonieren sogar direkt an der Schalung an. Zu geringe Betondeckung kann aber auch eine Folge von Abweichungen der Sollmaße von Schalung und Bewehrung sein, wenn keine angemessenen Maßtoleranzen berücksichtigt wurden. Ebenso können beim Ausschalen örtlich Beschädigungen an der Betondeckung auftreten.

Sehr hohe Bewehrungskonzentrationen, mangelhafte Verdichtung des Betons sowie ungeeignete Betonzusammensetzung können dazu führen, daß die Bewehrung beim Betonieren nicht vollständig vom Beton umschlossen wird. Derartige Fehlstellen sind bei Brückenprüfungen in Bereichen dichter Bewehrungslagen gehäuft zu beobachten.

Die Ursachen für den Schadensfall „freiliegende Bewehrung" sind somit sowohl im Konstruktions- als auch im Ausführungsbereich zu finden. Die Häufigkeiten, mit denen dieser Schadensfall in den Prüfberichten der einzelnen Brückenüberbauten festgehalten wurde, sind in Bild 140 bis 143 in Abhängigkeit von den Überbauoberflächen dargestellt. Dabei sind bei den Hohlkästen in den Oberflächen auch die Innenflächen enthalten. Die Flächen unter den Fahrbahnbelägen sind dagegen nicht in den Oberflächen enthalten.

Die Auswertungen wurden für ein- und zweizellige Hohlkästen sowie für Plattenbalken in Ortbetonbauweise bzw. mit Fertigteilhauptträgern getrennt durchgeführt. Bei den Hohlkästen wurden nur die Bauwerke berücksichtigt, für die Prüfberichte sowohl von den Innenseiten als auch von den Außenseiten vorlagen.

Die Häufigkeiten dieser Schäden sind erwartungsgemäß bei den einzelnen Bauwerken sehr unterschiedlich. Bei den Bauwerken mit sehr großen Häufigkeiten liegen

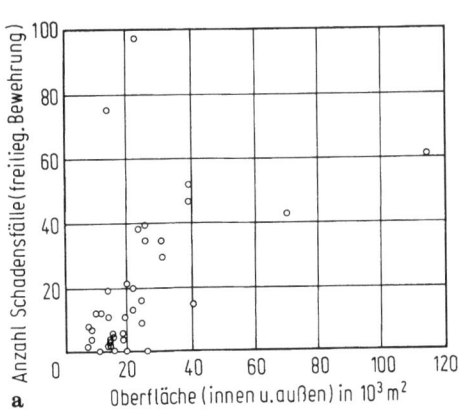
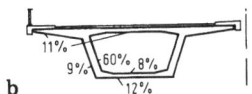

Bild 140a und b. Schadensfall „freiliegende Bewehrung" bei den untersuchten einzelligen Hohlkästen. **a** Anzahl der Schadensfälle; **b** Verteilung der Schadensfälle auf die Oberflächenbereiche der Überbauten (im Mittel)

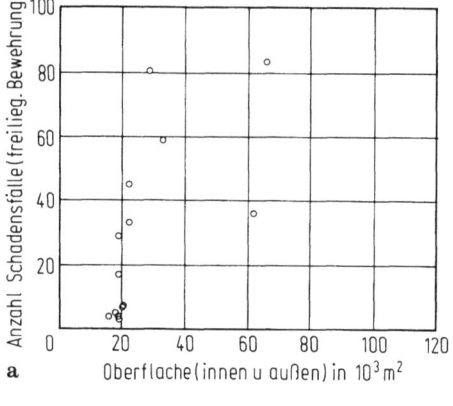

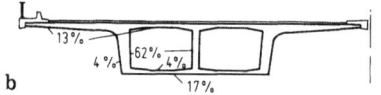

Bild 141 a und b. Schadensfall „freiliegende Bewehrung" bei den untersuchten zweizelligen Hohlkästen **a** Anzahl der Schadensfälle; **b** Verteilung der Schadensfälle auf die Oberflächenbereiche der Überbauten (im Mittel)

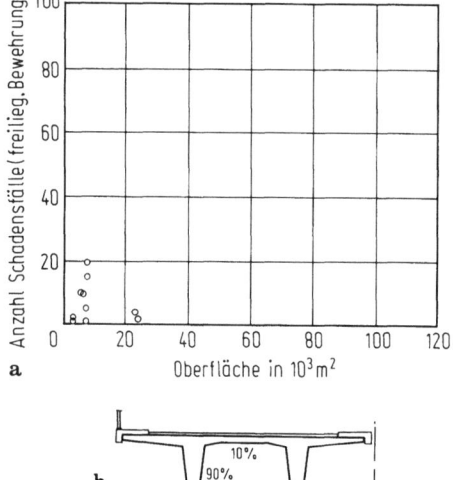

Bild 142 a und b. Schadensfall „freiliegende Bewehrung" bei den untersuchten Plattenbalken (Ortbeton). **a** Anzahl der Schadensfälle; **b** Verteilung der Schadensfälle auf die Oberflächenbereiche der Überbauten (im Mittel)

wahrscheinlich systematische Fehler vor, wie beispielsweise vor allem bei den älteren Bauwerken eine bereits in den Plänen generell zu gering vorgesehene Betondeckung, keine Berücksichtigung angemessener Maßtoleranzen bei kritischen Biegeformen der Bewehrungsstäbe oder Ausführungsfehler – z. B. generell zu wenig Abstandhalter.

Bezieht man die Summe der in den Prüfberichten festgehaltenen freiliegenden Bewehrungen auf die Summe der Oberflächen aller Überbauten, ergibt sich als Mittelwert ein Schadensfall pro ca. 1.000 m² Oberfläche. Dieser Wert darf aber nicht als exakte Flächenangabe mißverstanden werden, da die Prüfberichte nicht immer präzise Angaben über die genaue Anzahl an Stellen mit freiliegender Bewehrung enthalten. So können beispielsweise mehrere lokal begrenzte Stellen mit freiliegender Bügelbewehrung an der Steginnenseite eines Felds im Prüfbericht mit „Bügelbewehrung,

12.4 Freiliegende Bewehrung

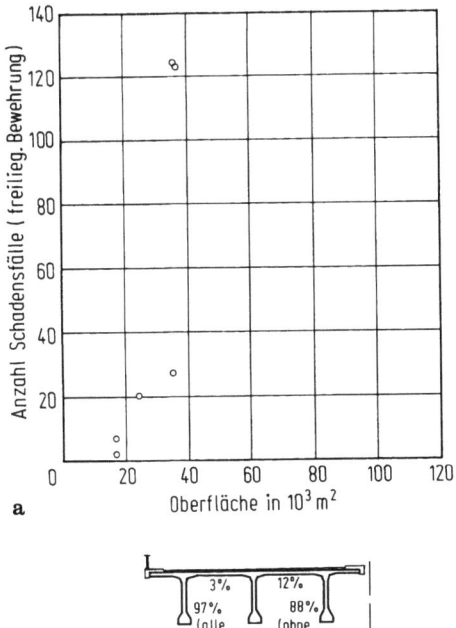

Bild 143 a und b. Schadensfall „freiliegende Bewehrung" bei den untersuchten Plattenbalken (Fertigteile). a Anzahl der Schadensfälle; b Verteilung der Schadensfälle auf die Oberflächenbereiche der Überbauten (im Mittel)

örtlich begrenzt freiliegend" erfaßt worden sein. Weiterhin ist durch diese Zahl noch nichts über die flächenmäßige Ausdehnung der Schadstellen gesagt, die erfahrungsgemäß sehr unterschiedlich sein kann.

Aus Bild 140 bis 143 ergibt sich, daß die Anzahl der Schadensfälle „freiliegende Bewehrung" mit wachsender Oberfläche zunimmt. Bauwerke mit Querschnittsformen, zu denen eine große Oberfläche gehört, lassen daher eine größere Anzahl Schadensfälle pro Meter Bauwerkslänge erwarten.

Bei allen Querschnittsformen wurden rund 10% aller freiliegenden Bewehrungen an den Unterseiten der Fahrbahnplatten festgestellt (Bild 140 bis 143).

Mit rund 60% wurde bei den Hohlkästen der weitaus größte Anteil an den Steginnenseiten festgestellt. Hier scheint der Bauablauf eine wesentliche Rolle zu spielen: Die Innenschalung wird als letztes Schalungsteil sozusagen „blind" gegen die Bewehrung gesetzt. Eine weitere Ursache kann in der Überbeanspruchung der Abstandshalter infolge des Betonierdrucks beim Betoniervorgang von geneigten Stegen gesehen werden. Durch die Last des Frischbetons, die sich teilweise in die Bewehrung hängt, übt die Stegbewehrung oben nach außen gerichtete und unten nach innen gerichtete Horizontalkräfte aus (Bild 144). Diese können zu einer Überbeanspruchung der Abstandshalter führen und damit zu einem Anliegen der Bewehrung an die Schalung. Gegebenenfalls sind besondere Vorkehrungen zur Aufnahme dieser Kräfte notwendig.

Bei den Bodenplatten sind die Schäden an der Außenseite etwa doppelt so hoch wie an der Innenseite. Der Grund dafür wird hauptsächlich im Umkippen von Abstandshaltern und im Niedertreten der Bewehrung liegen.

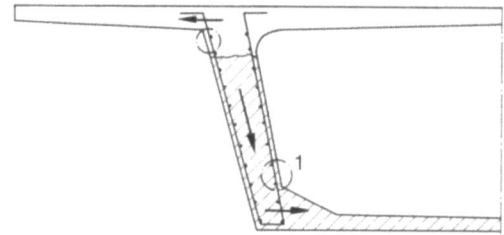

Bild 144. Horizontale Kraftkomponenten in der Stegbewehrung beim Betoniervorgang können zu einem Anliegen der Bewehrung an die Schalung führen. *1* Kritischer Bereich (Anliegen der Bewehrung)

Bild 145. Freiliegende Hüllrohre

Tabelle 28. Schadensfall „freiliegende Hüllrohre" bei 14 betroffenen Überbauten

Nr. des betroffenen Überbaus	Anzahl der Schadensfälle „freiliegende Hüllrohre von Spanngliedern"
7	2
8	6
16	2
18	1
26	1
27	1
32	3
35	3
40	4
41	2
47	3
48	6
49	2
51	1
$\sum$ 14 Überbauten	$\sum$ 37 Schadensfälle

Bei den Plattenbalken wurden 90% der freiliegenden Bewehrungen in den Stegen festgestellt (Bild 142 und 143). Da die Stegbewehrung in der Regel von oben in die Schalung eingeführt wird, werden hier die Abweichungen der Sollmaße von Schalung und Bewehrung die Hauptursache darstellen.

Unter den Plattenbalken mit Spannbeton-Fertigteilträgern befinden sich die beiden Überbauten einer Talbrücke mit im Grundriß gekrümmten Fertigteilträgern, an denen zusammen 245 derartige Schadstellen festgestellt wurden. Diese beiden Überbauten sind jedoch nicht repräsentativ, sondern als „Ausreißer" anzusehen (Bild 143).

Freiliegende, bereits korrodierte Hüllrohre von Spanngliedern wurden bei den hier untersuchten Bauwerken in insgesamt 37 Fällen festgestellt. In dieser Zahl sind auch diejenigen enthalten, bei denen Hüllrohre in Hohlstellen des Betons lagen, die bei den Brückenprüfungen durch Aufschlagen freigelegt wurden (Bild 145). Auch in diesen Fällen waren die Hüllrohre korrodiert.

Die 37 Schadstellen waren auf 14 verschiedene Überbauten verteilt (Tabelle 28).

12.5 Unzureichend verpreßte Spannglieder

Bei den hochfesten Spannstählen handelt es sich um sehr korrosionsempfindliche Werkstoffe, die im Bauwerk ständig unter hohen Zugspannungen stehen. Unverpreßte bzw. nur teilweise verpreßte Spannglieder stellen daher Ausführungsmängel dar, die sehr ernst zu nehmen sind. Dies gilt insbesondere bei den hohen Spannstahlgüten.

Unverpreßte bzw. nur auf einem Teil ihrer Länge verpreßte Spannglieder – beispielsweise aufgrund von Verstopfern – bewirken zum einen einen Verlust an Tragfähigkeit: Im gerissenen Zustand II, für den der Bruchsicherheitsnachweis geführt wird, kann wegen des fehlenden Verbunds nicht mehr die rechnerisch ermittelte Tragfähigkeit erreicht werden. Die Abminderung ist umso größer, je höher der Anteil an unverpreßten Spanngliedern im Querschnitt ist. Der rechnerische Bruchsicherheitsfaktor kann dadurch kleiner als 1,75 werden.

Zum anderen fehlt in unverpreßten Spanngliedern, aber auch im Bereich von Fehlstellen im Einpreßmörtel, der durch die Alkalität des umhüllenden Einpreßmörtels gegebene Korrosionsschutz des Spannstahls. Feuchtigkeit auf der ungeschützten Spannstahloberfläche, beispielsweise bereits durch Kondensation der im Hüllrohr enthaltenen Luftfeuchtigkeit, kann zu abtragender Korrosion oder auch zu der wesentlich gefährlicheren Spannungsrißkorrosion bzw. Wasserstoffversprödung mit Spannstahlbrüchen führen.

Im Gegensatz zu vielen anderen Korrosionserscheinungen ist das Versagen des Spannstahls durch Spannungsrißkorrosion oder Wasserstoffversprödung nicht unbedingt an einen vorherigen, mit dem Auge erkennbaren Korrosionsangriff gebunden.

Vorschädigungen durch Korrosion während des Zeitraums, in dem der Spannstahl noch nicht mechanisch belastet wird (Transport, Lagerung, Verweilzeit in der Schalung und ungespannt im Bauwerk) können nach dem Anspannen Keime für Spannungsrißkorrosion bilden, falls im vorgespannten Zustand zusätzlich korrosionsbegünstigende Umstände wirksam werden. Ein Korrosionsbefall der Spannstähle bereits vor dem Einbau erhöht das Versagensrisiko [17].

Wenn dagegen verpreßter Spannstahl lückenlos von ordnungsgemäßem, alkalischem Mörtel umgeben ist, kann er nicht korrodieren (Angriff von Chloriden ausgeschlossen). Dieser Korrosionsschutz geht darauf zurück, daß der alkalische Mörtel infolge Passivschichtbildung auf der Stahloberfläche auch bei hohem Feuchtigkeitseinfluß und hohem Sauerstoffangebot jegliche Metallauflösung verhindert. In diesem Fall kann auch keine Schädigung des Spannstahls durch Wasserstoff-Einwirkung eintreten, da die Wasserstoffbildung eine Stahlkorrosion voraussetzt [62].

In [63] wird darauf hingewiesen, daß bei den in Deutschland zuletzt aufgetretenen Schadensfällen ausschließlich Stähle im nicht mit Zementstein umhüllten Zustand betroffen waren (s. auch [94]).

Unzureichend verpreßte Spannkanäle können nicht ohne weiteres erkannt werden. Zur Feststellung des Verpreßzustands ist es erforderlich, die Hüllrohre vorsichtig z. B. mittels Bohrgerät mit Abschaltautomatik anzubohren. Weitere Möglichkeiten stellen das Ultraschallverfahren sowie die Anwendung von Kobaltstrahlen dar.

Von den hier untersuchten 76 Überbauten liegen lediglich von zwei Bauwerken die Ergebnisse von Kernbohrungen zur Feststellung der Verpreßzustände der Spannglieder vor.

Bei der ersten Talbrücke handelt es sich um ein 10-feldriges Einfeldsystem mit zwei getrennten Überbauten, das zu Beginn der sechziger Jahre errichtet worden war. Ein Überbaufeld besteht aus drei Spannbeton-Fertigteilträgern. Die Querträger über den Stützen und in den Drittelspunkten der Feldlängen sowie die Fahrbahnplatte wurden nach dem Verlegen der Längsträger in Ortbetonbauweise ergänzt.

An dieser Talbrücke wurden alle Spannglieder der Fertigteilträger angebohrt. Dabei stellte sich heraus, daß in Überbau 1 insgesamt 17% aller Spannglieder Verpreßmängel aufwiesen: 9% der Spannkanäle waren unverpreßt, 8% waren nur teilweise mit Einpreßmörtel gefüllt oder wiesen Fehlstellen im Einpreßmörtel auf. In Überbau 2 wiesen 12% der Spannglieder Verpreßmängel auf. Der Anteil der unverpreßten Spannglieder betrug 6%.

Diese Werte stellen zunächst Mittelwerte über alle Spannglieder dar. Für Sicherheitsüberlegungen kommt es jedoch auf die Konzentration der Verpreßmängel in einzelnen Bereichen an. Bei einzelnen Trägern können nämlich durchaus ungünstigere Verhältnisse vorliegen. Im vorliegenden Fall wurden in einzelnen Längsträgern, von denen die beiden Randträger eines Überbaufelds je 25 und der Innenträger 21 Spannglieder aufweisen, in Extremfällen bis zu ca. 25% der Spannglieder unverpreßt angetroffen.

Dieser Befund ist jedoch nicht ohne weiteres auf andere Bauwerke übertragbar. Vielmehr wurde im vorliegenden Fall bedingt durch den Bauablauf ein systematischer Fehler begünstigt. Die Herstellung der Fertigteilträger erfolgte hinter einem der Widerlager. Anschließend wurden die Fertigteilträger in ihre endgültige Lage versetzt. Um die zulässigen Betonzugspannungen am oberen Trägerrand einhalten zu können, durften die letzten vier Spannglieder erst nach Herstellung der Querträger in der endgültigen Lage angespannt werden. Aufgrund dieses Arbeitsablaufs, möglicherweise in Verbindung mit Termindruck, wurden eben diese vier Spannglieder später häufig nicht verpreßt.

So wurden in Überbau 1 35% dieser Spannglieder nicht verpreßt bzw. ein Anteil von 47% dieser Spannglieder wies Verpreßmängel auf. In Überbau 2 beliefen sich diese Anteile auf 30% bzw. 42%. Dagegen lag der Anteil der Spannglieder mit Verpreßmängeln bei den restlichen Spanngliedern der beiden Überbauten mit 11% bzw. 6% in der Größenordnung von 5 bis 10%, die auch schon bei anderen Spannbetonbrücken festgestellt wurde.

Bei der zweiten Brücke handelt es sich um eine rund 1.000 m lange Hochstraße, bestehend aus durchlaufenden einzelligen Hohlkästen sowie mehreren Rampen, ebenfalls durchlaufende einzellige Hohlkästen mit insgesamt ca. 900 m Länge. Das Bauwerk war ebenfalls anfangs der sechziger Jahre errichtet worden. Nachdem zunächst

12.6 Durchfeuchtungen

infolge Durchstrahlen von 1% der Längsspannglieder einige unverpreßte Spannglieder entdeckt worden waren, wurden auch bei diesem Bauwerk nahezu alle Längsspannglieder angebohrt. Im Mittel waren 9% dieser Spannglieder unverpreßt oder nur teilweise verpreßt bzw. wiesen Fehlstellen im Einpreßmörtel auf. Die Verpreßmängel konzentrierten sich bei diesem Bauwerk jedoch auf zwei Baulose, in denen 25% der Spannglieder betroffen waren. Im übrigen Bereich, der mit sechs Baulosen den weitaus größten Teil des Bauwerks repräsentiert, lag der Anteil der Spannglieder mit Verpreßmängeln im Mittel bei ca. 5%.

Von den Spanngliedern in den Querträgern wurden rund die Hälfte angebohrt. Hier lag der Anteil der Spannglieder mit Verpreßmängeln im Mittel ebenfalls bei 9%.

Bei beiden Bauwerken wurden inzwischen die unzureichend verpreßten Spannglieder nachträglich mit Einpreßmörtel injiziert.

Sowohl bei den Bauherren als auch bei der Bauindustrie hat inzwischen das Bewußtsein für die Notwendigkeit einer qualitativ einwandfreien Ausführung der Verpreßarbeiten von Spanngliedern zugenommen. Man kann daher bedingt hoffen, daß völlig unverpreßte Spannglieder in Zukunft die Ausnahme darstellen werden.

12.6 Durchfeuchtungen

Mögliche Folgen von Durchfeuchtungen sind Korrosion der Stahleinlagen sowie Zerstörung des Betons durch Frost-Tau-Wechsel bzw. Frost-Tausalz-Einwirkung.

Durchfeuchtungen im Bereich von Übergangskonstruktionen

Eine häufige Ursache für Durchfeuchtungen des Konstruktionsbetons sind nicht mehr wasserdichte sowie umläufige Übergangskonstruktionen. Eindringendes Wasser fließt dann an der Kammerwand und über die Stirnflächen des Tragwerks, in denen die Anker der Spannbewehrung sitzen, ab. Sind die Spannischen nach dem Verpressen der Spannglieder nicht richtig mit verdichtetem Beton ausgefüllt worden, oder hat sich die Betonplombe durch Schwinden vom Tragwerksbeton abgelöst, kann das Wasser bis zu den Ankerkörpern vordringen. Besonders in der kalten Jahreszeit, wenn die Brückenfahrbahnen mit Tausalz beaufschlagt werden, ergibt sich daraus eine erhöhte Korrosionsgefahr. Daher sollten Übergangskonstruktionen grundsätzlich dauerhaft wasserdicht sein.

Bei den 76 untersuchten Überbauten wurden an 43 Durchfeuchtungen infolge nicht mehr wasserdichter oder umläufiger Übergangskonstruktionen festgestellt. Unter diesen 43 Überbauten befinden sich die sieben Einfeldsysteme, die besonders stark betroffen waren, da fünf dieser Bauwerke über jeder Stütze eine Übergangskonstruktion aufweisen. Etwa die Hälfte aller den Prüfberichten entnommenen Durchfeuchtungen des Konstruktionsbetons infolge undichter Übergangskonstruktionen gehörten zu den sieben Einfeldträgerbrücken. Dabei waren auch Korrosionsangriffe infolge tausalzhaltigen Wassers an den Ankerkörpern der Längsvorspannung festgestellt worden, die teilweise keine oder nur ungenügende Überdeckung hatten. Dies kann insbesondere bei unverpreßten Spanngliedern kritisch sein, wenn das Wasser von den Ankerkörpern in die Spannkanäle gelangen kann. Die Betondeckungen waren in diesen Bereichen stark mit Chloriden angereichert.

Dagegen waren diese Schäden bei den untersuchten Durchlaufträgern wesentlich seltener gegeben, da diese in der Regel – außer bei sehr langen Bauwerken – nur zwei Übergangskonstruktionen an den Widerlagern besitzen. Bei 36 der 69 Durchlaufträger waren in den Prüfberichten Durchfeuchtungen in diesen Bereichen festgehalten worden.

Bei den Einfeldsystemen liegt aufgrund der hohen Anzahl an Übergangskonstruktionen eine echte systembedingte Schwäche vor.

Durchfeuchtungen infolge defekter Abdichtungen und Entwässerungseinrichtungen

Abdichtung und Entwässerungseinrichtungen sind Schutzvorkehrungen, die den Konstruktionsbeton vor dem Zutritt von Wasser und den darin enthaltenen aggressiven Stoffen schützen sollen.

Belag und Abdichtung – wesentliche Bestandteile von Brücken im Hinblick auf ihre Dauerhaftigkeit – sind sehr hohen Beanspruchungen ausgesetzt. Oberflächenwasser und Tausalz sowie örtlich hohe mechanische Beanspruchungen infolge von Druck- und Schubkräften (z. B. Bremskräfte, Schubkräfte aus den Radlasten im Bereich von Steigungsstrecken) durch den Verkehr stellen Beanspruchungen dar, die einen Alterungsprozeß bedingen und nur eine begrenzte Lebensdauer zulassen. Die hohen mechanischen Beanspruchungen aus den Radlasten der LKWs wirken sich insbesondere in der heißen Jahreszeit gravierend aus, wenn der Belag infolge der Sonneneinstrahlung stark aufgeheizt ist. Bei sehr biegeweichen und damit schwingungsanfälligen Spannbetonüberbauten können zusätzlich infolge von Schwingungen, hervorgerufen durch die Fahrzeugüberfahrten, Wechselbeanspruchungen auftreten, die möglicherweise mit der Zeit zu einer Schädigung bei Belag und Abdichtung in Form einer Materialermüdung führen und mithin ebenfalls zu einer Verkürzung der Lebensdauer beitragen. Insgesamt gesehen gehören Belag und Abdichtung zu den Verschleißteilen, die zwangsläufig in gewissen Zeitabständen erneuert werden müssen.

Durch schadhafte Abdichtungen sowie Undichtigkeiten bei den Anschlüssen der Abdichtungen an die Einläufe kann Wasser eindringen und zu Durchfeuchtungen des Fahrbahnplattenbetons führen. Bei 38 der 76 untersuchten Spannbetonbrücken waren in den Prüfberichten örtliche Durchfeuchtungen in den Fahrbahnplatten festgehalten worden (insgesamt 82 Schadensfälle).

Um die Verweildauer des Wassers auf den Brückenfahrbahnen möglichst kurz zu halten, sind neben ausreichendem Gefälle und Ebenheit des Fahrbahnbelags, einwandfrei funktionierende und ausreichend dimensionierte Entwässerungsleitungen von Bedeutung. Undichtigkeiten an den Einläufen und undichte Stellen in den Entwässerungsleitungen, wie etwa undichte Rohrmuffen, desweiteren Rohre, die im freien Fall entwässern und nicht weit genug unter die Tragwerksunterkante geführt sind, können ebenfalls zu Durchfeuchtungen des Konstruktionsbetons führen (vgl. Abschnitt 8.2, 1. Beispiel).

An 11 der 76 untersuchten Überbauten waren örtlich Durchfeuchtungen an den Stegen festgestellt worden (insgesamt 27 Schadensfälle), fünf Bauwerke hatten örtlich Durchfeuchtungen in den Bodenplatten (insgesamt zehn Schadensfälle).

Durch regelmäßige Kontrolle und Wartung können bei eventuell auftretenden Schäden rechtzeitig die notwendigen Gegenmaßnahmen ergriffen werden, bevor Gefahr für den Bestand der Tragwerke daraus erwachsen kann.

12.7 Kappen

Kappen – vor allem auf Autobahnbrücken – sind besonders starkem Tausalzangriff ausgesetzt. Dadurch kommt es bei mangelhafter Betondeckung oder bei breiten Rissen im Kappenbeton zu starker Korrosion unter Chlorideinwirkung (Lochfraß) an der Kappenbewehrung. Betonabplatzungen und freiliegende Bewehrung können die Folge sein.

Durch ihre exponierte Lage sind die Kappen häufig extremen Frost-Tau-Wechseln bzw. Frost-Tausalz-Einwirkung ausgesetzt, was bei nicht ausreichendem Frost-Tausalz-Widerstand zu erheblichen Schäden am Kappenbeton führen kann. Neben Bewehrungskorrosion kann also auch Betonkorrosion infolge Tausalzeinwirkung an den Kappen zu Schäden führen.

Frostschäden an erhärtetem Beton, der im durchfeuchteten Zustand häufigen und schroffen Frost-Tau-Wechseln ausgesetzt ist, entstehen durch die mit dem Gefrieren einhergehende ca. 9%ige Volumenvergrößerung des Wassers in den Kapillaren des Betons, sofern der Beton nicht dicht genug ist ($w/z > 0,6$) oder die Zuschläge nicht frostbeständig sind.

Wirken Tausalze auf den Beton ein, ist die Gefahr von Frostschäden verstärkt gegeben. Die Schadensursachen bei Frost-Tausalz-Einwirkung sind vielfältiger Natur. Eine umfangreiche Analyse enthält [103]. Wesentlich tragen zur Schädigung sicherlich die folgenden Effekte bei:

- *Eigenspannungen durch Temperaturgefälle infolge Entzugs der Schmelzwärme.* Beim Auftauen von Schnee und Eis durch das hochhygroskopische Chlorid wird das Wasser infolge der nötigen Schmelzwärme (80 kcal/l = 335 J/l) auf -20 bis $-30°C$ unterkühlt. Diese Temperatur teilt sich der Oberfläche des Betons mit, wodurch ein großes Temperaturgefälle mit Zugspannungen in der obersten Schicht entsteht und gleichzeitig das Kapillarwasser gefriert (besonders bei Sättigung gefährlich) [104–106].
- *Gefälle der Salzkonzentration im Porenwasser und damit zeitlich unterschiedliches Gefrieren der oberflächennahen Betonschichten.* Bei Anwesenheit von Taumitteln wird der Gefrierpunkt der Porenflüssigkeit in dem Maß herabgesetzt, wie sie in den Beton eindringen können. Bei Anwendung von Tausalz z. B. wird die Salzkonzentration und damit die Gefrierpunkterniedrigung umso größer sein, je geringer der Abstand von der Oberfläche ist. Das sich beim Abkühlen einstellende Temperaturgefälle zwischen Oberfläche und Kern kann bewirken, daß sich sowohl an der Oberfläche als auch in einer tieferliegenden Schicht Eis bildet, während die Temperatur im dazwischenliegenden Bereich den Gefrierpunkt noch nicht erreicht hat. Bei weiterer Abkühlung gefriert dann auch die dazwischenliegende Zone. Ein Druckausgleich ist jetzt wegen der oben und unten anschließenden gefrorenen Schicht nicht mehr möglich. Die obere Schicht wird abgesprengt. Dieses Modell steht in Einklang mit praktischen Beobachtungen, wobei sich Tausalzschäden häufig durch oberflächennahe Abplatzungen bemerkbar machen [103, 107].

Daneben sind noch weitere Einflüsse vorhanden, wie z. B. unterschiedliche Temperaturdehnzahlen von Zuschlagsstoffen, Zementstein und Eis oder der Kristallisationsdruck der wachsenden Kristalle der Salze, die aus der übersättigten Lösung ausscheiden und in den festen Zustand übergehen. Eine quantitative Aussage über die

Bedeutung der einzelnen Einflüsse auf den Schädigungsvorgang konnte bisher noch nicht gemacht werden.

Weiterhin können mechanische Beanspruchungen, z. B. durch militärische Kettenfahrzeuge, zu Beschädigungen am Kappenbeton führen.

Bezüglich der Risse in den Kappen lagen zwar keine so detaillierten Angaben vor wie zu den Rissen im Konstruktionsbeton der Überbauten, dennoch ging aus den allgemeinen Prüfprotokollen hervor, daß nahezu alle Kappen Risse aufwiesen. Da Kappen Stahlbetonbauteile sind, ist dies jedoch nicht weiter verwunderlich.

Die Kappen sind durch die Anschlußbewehrung schubfest mit dem Überbau verbunden. Ursachen für die Risse in den Kappen, die nachträglich auf den Überbau aufbetoniert werden, sind im wesentlichen Zwang infolge von Hydratationswärme und von Schwinddifferenzen zwischen dem unterschiedlich alten Kappen- und Überbaubeton. Auch wirkt häufig Zwang aus Temperaturunterschied, da die dünnen Kappen auf Temperaturänderungen wesentlich schneller reagieren als der Überbau.

Durchbiegungen des Überbaus können zu einer zentrischen Zugbeanspruchung der Kappen führen, insbesondere bei stark vorgespannten Einfeldträgern, die sich am oberen Querschnittsrand verlängern, wenn durch Kriechen negative Durchbiegungen auftreten und bei sehr weichen Durchlaufträgern, bei denen die Kappen über den Stützen durch die Verkehrslasten zentrisch auf Zug beansprucht werden können (siehe auch [64]).

Durch Wahl einer geeigneten Betondeckung und Begrenzung der Rißbreiten kann jedoch die Korrosion an der Bewehrung begrenzt werden. Die Risse sind dann unschädlich (Abschnitt 12.2.1.3).

Zu fast allen Kappen waren in den Schadensprotokollen Angaben über Betonabplatzungen und freiliegende Bewehrungen enthalten. Die Häufigkeiten dieser Schäden waren bei den einzelnen Bauwerken naturgemäß sehr unterschiedlich. Ursache dürfte im wesentlichen eine unzureichende Betondeckung gewesen sein.

Starke Frost-Tausalz-Schäden am Kappenbeton waren bei den hier untersuchten Bauwerken insbesondere bei den Talbrücken im Zuge der Sauerlandlinie aufgetreten. Bei der Sauerlandlinie handelt es sich um eine Mittelgebirgsstrecke mit sehr hoher Tausalzbeaufschlagung in den Wintermonaten.

Außer den üblichen Regeln zur Erzielung eines Betons mit hohem Frost-Tausalz-Widerstand, wie die Verwendung frostbeständiger Zuschläge, die Begrenzung des Wasserzementwerts auf rund 0,5 zur Erzielung eines möglichst wasserdichten Betons und LP-Zusatz (LP = Luftporenbildner), stellt die seit einiger Zeit angewendete Imprägnierung der Oberfläche mit Kunstharzen oder hydrophobierenden Mitteln, die eine wasserabweisende Wirkung haben, eine zusätzliche direkte Schutzvorkehrung zur Erhöhung des Frost-Tausalz-Widerstands dar.

Die Kappen sind nicht Bestandteil des eigentlichen, tragenden Überbauquerschnitts. Sie werden nachträglich auf die Überbauten aufbetoniert und haben nur funktionellen Charakter. Sie sind als Verschleißteile mit im Vergleich zum Gesamtbauwerk geringerer Nutzungsdauer zu betrachten.

12.8 Lager

Lager sind ebenfalls Verschleißteile, von denen gemessen am Gesamtbauwerk nur eine begrenzte Lebensdauer erwartet wird. Die untersuchte Stichprobe enthielt insgesamt

12.8 Lager

2.698 Lager. Die Anteile der einzelnen Lagerarten gehen aus Abschnitt 11.7 hervor.

Die häufigste Schadensart an den Lagern ist Korrosion. In den Prüfprotokollen wurden bei 589 von den 2.698 Lagern Korrosionserscheinungen festgehalten (Bild 146). Dabei ist allerdings die Korrosionsintensität zu beachten. Bei den Lagern mit schwachem Korrosionsbefall handelt es sich lediglich um leichten Oberflächenrost oder um einige lokale Roststellen, welche die Funktionsfähigkeit in der Regel noch nicht beeinträchtigen. Mittleren Korrosionsbefall wiesen 7% der Lager (18 von 76 Überbauten) auf. Starker Korrosionsbefall war nur an 0,5% der Lager (2 von 76 Überbauten) vorhanden. Dieser Schadensart kann durch entsprechende Wartung von Beginn an leicht begegnet werden.

32 Lager wiesen Durchfeuchtungen auf, 13 stärkere Verschmutzungen, wodurch Dauerhaftigkeit und Funktionsfähigkeit beeinträchtigt werden. Bei 6 verschieblichen Lagern an drei Überbauten war eine Blockierung eingetreten.

Eine Auswertung der Schäden getrennt für die einzelnen Lagerarten ergibt folgendes Bild:

Bei 44 der 76 untersuchten Überbauten waren Rollenlager eingebaut worden. Insgesamt umfaßt die untersuchte Stichprobe 770 Rollenlager (Tabelle 29).

Durch Verschmutzung und Korrosion kann die Funktionsfähigkeit dieser Lagerart stark beeinträchtigt werden. Der Bewegungswiderstand, der bei Rollenlagern üblicherweise mit 1 bis 2% der Auflagerkraft angenommen wird, steigt bei korrodierten Lagern auf wesentlich höhere Werte an. Im Extremfall kann es sogar zur Blockierung eines Lagers kommen. Durch die Erhöhung des Bewegungswiderstands oder die Blockierung eines Lagers werden unplanmäßig große Horizontalkräfte in die Unterbauten eingeleitet, wodurch u.U. die Standsicherheit des Bauwerks berührt werden kann (vgl. Abschnitt 8.2, 3 Beispiel, und Abschnitt 8.5.2.3) Eine Blockierung war in der untersuchten Stichprobe bei sechs Rollenlagern eingetreten. Betroffen waren davon drei Überbauten.

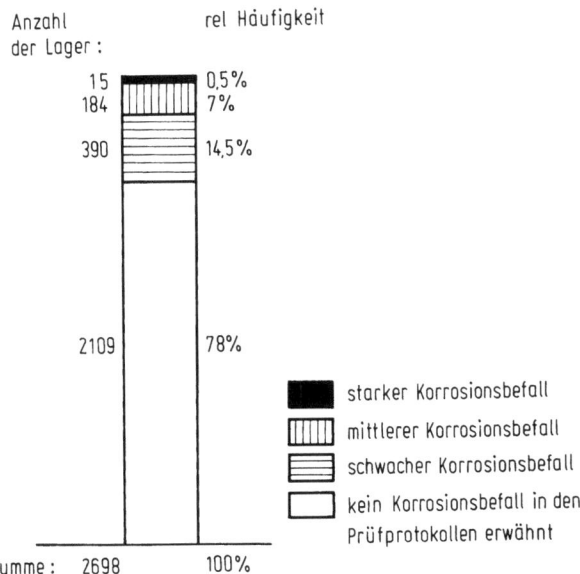

Bild 146. Korrosionsbefall an den insgesamt 2.698 Lagern der untersuchten Bauwerke

Tabelle 29. Anzahl der verschiedenen Rollenlagertypen in der untersuchten Stichprobe

Lagertyp	Anzahl der Lager	Anzahl der Überbauten
Stahlrollen aus Edelstahl	448	23
Stahlrollen mit Auftragschweißung (z. B. Corroweld)	168	12
Stahlrollen oberflächengehärtet (z. B. Kreutz Panzerstahl)	106	4
sonstige Rollenlager	48	5
	770	44

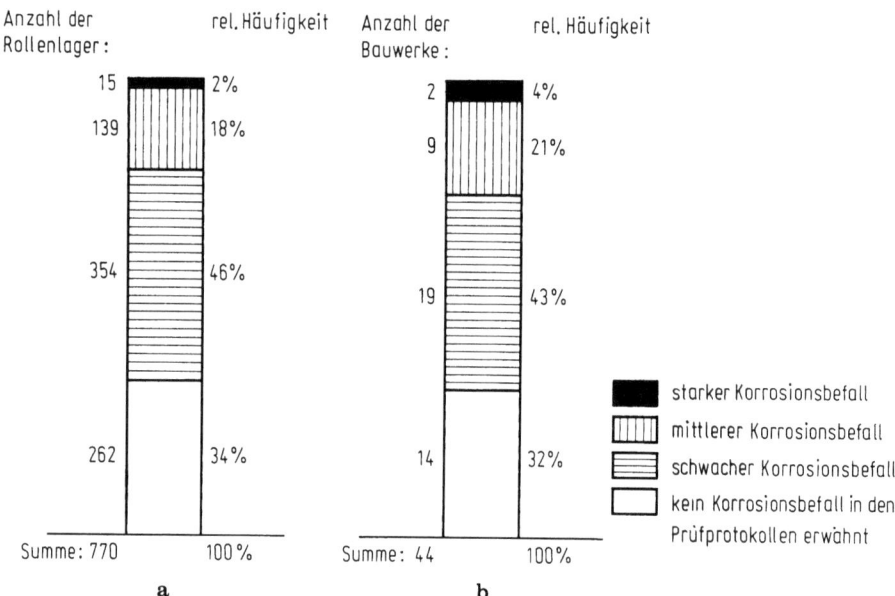

Bild 147a und b. Korrosionsbefall an Rollenlagern. **a** aufgeschlüsselt nach Lagern; **b** aufgeschlüsselt nach Bauwerken

Die Häufigkeit des Korrosionsbefalls an Rollenlagern geht aus Bild 147 hervor. Im Vergleich zu Bild 146 fällt auf, daß die Rollenlager besonders häufig von Korrosion betroffen sind. Hierbei ist allerdings zu bedenken, daß die Rollenlager der Stichprobe im Mittel mehrere Jahre älter sind als die anderen Lagerarten (Abschnitt 11.7). Nach Bild 147a wiesen 20% der Rollenlager mittlere bis stärkere Korrosionserscheinungen auf; davon waren 25% der untersuchten Überbauten mit Rollenlagern betroffen (Bild 147b). In diesen Zahlen sind die in Kombination mit den Rollenlagern als Festlager eingebauten Punkt- und Linienkipplager der Bauwerke mit enthalten.

Bei sieben Talbrücken mit getrennten Überbauten waren in den Prüfprotokollen Korrosionserscheinungen direkt an den Lagerrollen und Wälzflächen festgehalten worden. Darunter befanden sich fünf Talbrücken mit Lagerrollen aus Edelstahl und je eine Talbrücke mit oberflächengehärteten Lagerrollen bzw. Lagerrollen mit Auf-

12.8 Lager

tragsschweißung. Der Anteil an betroffenen Lagern war bei den einzelnen Bauwerken sehr unterschiedlich, er schwankte zwischen 5 und 100%. Der Mittelwert lag bei 64%, d.h. meist war bei diesen Bauwerken gleichzeitig eine größere Anzahl von Lagern betroffen.

Insgesamt wiesen 35% aller Lagerrollen der Stichprobe aus Edelstahl, 29% der Lagerrollen mit Auftragsschweißung und 43% aller Lagerrollen mit Oberflächenhärtung (z. B. Kreutz- Panzerstahl) Korrosionsbefall an Rollen und Walzflächen auf, wobei es sich jedoch meist nur um einige Roststellen und Oberflächenrost handelte. Risse in den Lagerrollen waren bei drei Brücken festgestellt worden.

Bei einer in den Jahren 1973–1974 errichteten Talbrücke mit zwei getrennten Überbauten, die mit Edelstahlrollen ausgerüstet war, wurden anläßlich einer Überprüfung der Lagerrollen mittels Ultraschalluntersuchung bei mehreren Rollen Risse bzw. Anrisse festgestellt. Daher mußten die Lager an diesem Bauwerk im Jahr 1982 teilweise durch Gleitlager ersetzt werden. Die Edelstahlrollen dieses Bauwerks hatten mithin eine Lebensdauer von nur neun Jahren erreicht.

Bei zwei in den Jahren 1972–1975 errichteten Talbrücken wurden 1984 und 1985 ebenfalls an mehreren Lagerrollen aus Edelstahl Risse festgestellt, so daß ein Austausch der Lager erfolgen muß. Insgesamt ist festzustellen, daß in der untersuchten Stichprobe bei den Edelstahlrollenlagern gehäuft Schäden festgestellt wurden.

Die oberflächengehärteten Stahlrollen und Lagerplatten (Kreutz-Panzerstahl) einer in den Jahren 1962–1964 errichteten Hochstraße mußten im Jahr 1984 ausgetauscht werden. Bei 11 von 56 Rollen gingen makroskopische Risse von einem feinen Rißnetzwerk auf der Oberfläche aus (vermutlich Härterisse). Es mußte davon ausgegangen werden, daß die Risse unter Betriebsbeanspruchung nicht zum Stillstand gekommen, sondern weiter in Richtung Grundwerkstoff eingedrungen wären, was letztlich zum Bruch der Lagerrolle geführt hätte. Dadurch hätten möglicherweise sehr schwerwiegende Schäden am Überbau entstehen können. Die Rollenlager dieses Bauwerks hatten eine Lebensdauer von 22 Jahren erreicht.

Die Rollenlager weisen bei Massivbrüchen aufgrund des hohen Überbaugewichts ständig ein relativ hohes Spannungsniveau auf. Durch die veränderlichen Verkehrslasten ergibt sich eine schwellende Beanspruchung bei hoher Mittelspannung, unter der eine Materialermüdung stattfindet, u. U. in Verbindung mit von Spannungsspitzen ausgehenden Rißbildungen und anschließendem Rißwachstum. Hiervon sind insbesondere die sprödbruchempfindlichen Edelstahlrollenlager betroffen. Dies sowie Korrosionsschäden können dazu führen, daß die Rollenlager gemessen am Gesamtbauwerk nur eine begrenzte Lebensdauer erreichen, und nach einer gewissen Nutzungsdauer ausgetauscht werden müssen. Dies führt zu regelmäßigen Überprüfungen im Rahmen der DIN 1076 durch Ultraschall.

Bei 83 Lagern bestand eine Abrollgefahr. Betroffen waren davon zehn Überbauten, die zwischen 1962 und 1967 fertiggestellt worden waren. Bei der im Zuge von [1] durchgeführten Datenerfassung wurde eine Lagerrolle dann als abrollgefährdet eingestuft, wenn der rechnerisch ermittelte Restrollweg einer Lagerrolle unter Zugrundelegung einer Bauwerkstemperatur von $+50°C$ bzw. $-40°C$ kleiner als 2 cm war (vgl. Abschnitt 8.2, 4. Beispiel).

Dem Jahr 1967 kommt hinsichtlich der Abrollgefährdung von Rollenlagern aus zwei Gründen besondere Bedeutung zu. Erstens wurden im November 1967 die Bemessungsgrundlagen in der DIN 1072 für Rollenlager nach 15 Jahren erstmals

Tabelle 30. Zeitliche Entwicklung der Bemessungsgrundlagen für die Ermittlung der Lagerwege von Rollenlagern (massive Brücken)

Vorschrift	Grundlagen für die Ermittlung der Bewegungen an Lagern und Fahrbahnübergängen			
	höchste Temperatur	tiefste Temperatur	Faktor für die Einflüsse infolge Schwindens und Kriechens	Sicherheitszuschlag
DIN 1072 – 6/1952	+ 30 °C	– 10 °C	–	–
DIN 1072 – 11/1967	+ 40 °C	– 20 °C	1,3	± 2 cm
Rundschreiben BMV 4/1968	+ 45 °C	– 32 °C	1,3	± 2 cm
DIN 1072 Ergänzende Bestimmungen 1/1972	+ 50 °C	– 40 °C	1,3	± 2 cm
DIN 1072 Ergänzende Bestimmungen 1/1976	+ 50 °C	– 40 °C	1,3	± 2 cm

verschärft, und zweitens wurden nach dem Lagerabsturz der Autobahnbrücke „Block-Heide" bei Schwerte [65] im Januar 1968 durch Rundschreiben des Bundesminister für Verkehr im April 1968 die Grundlagen noch einmal geändert. Die Zusammenstellung in Tabelle 30 der Bemessungsgrundlagen in den technischen Vorschriften für die Ermittlung der Lagerwege gibt eine Übersicht über die Entwicklung. Schadensfälle lösten wesentliche Schritte zur Verbesserung der Sicherheit aus. Der kontinuierliche Prozeß führte im Laufe der Zeit zu immer sichereren Auslegungen.

Da die hier untersuchten Rollenlager, die nach 1967 eingebaut wurden, keine Abrollgefährdung mehr zeigen, kann also festgestellt werden, daß der Eingriff in die Norm eine positive Veränderung gebracht hat.

Zusammenfassend kann festgestellt werden, daß die Funktionsfähigkeit von Rollenlagern durch Korrosion und Schmutzablagerungen stark herabgesetzt werden kann, was aber durch regelmäßige Wartung verhältnismäßig einfach vermieden werden kann.

Rollenlager werden wegen ihrer technischen Nachteile – nur eine Verschieberichtung, keine Kippung in Querrichtung – und ihrer konstruktionsbedingten relativ hohen Schadensanfälligkeit heute bei Brückenneubauten praktisch nicht mehr eingebaut (vgl. Abschnitt 11.7).

Stählerne Linien- und Punktkipplager sind im Vergleich zu den Rollenlagern relativ unempfindlich. Diese Lagerarten wurden bei den Bauwerken in Kombination mit Rollenlagern als Festlager eingebaut. Schäden wurden bei diesen Lagern lediglich in Gestalt von Korrosionserscheinungen oder Verschmutzungen festgestellt.

Rollenlager und Linienkipplager sind zunehmend durch Neotopf- und Kalottenlager sowie durch bewehrte Elastomerlager verdrängt worden. Diese können sowohl als

Festlager als auch ein- oder zweiachsig verschieblich ausgebildet werden. Bei den Neotopf- und Kalottenlagern geschieht dies durch Anordnung einer Gleitschicht, für die heute praktisch ausschließlich PTFE als Gleitwerkstoff und Blech aus nichtrostendem Stahl als Gleitpartner verwendet werden.

Schäden an Gleitlagern, die zu einer Beeinträchtigung der Funktionsfähigkeit führen, können im wesentlichen an der Gleitfläche sowie durch Verkantungen bei einseitig verschieblichen Lagern infolge von Einbaufehlern auftreten.

An acht Stahlpunktkipplagern mit Gleitflächen hatten sich die PTFE-Gleitplatten abgelöst, an 12 Lagern waren Verkantungen aufgetreten. Die acht Lager mit abgelösten Gleitplatten gehörten ausschließlich zu den zwei Überbauten einer Talbrücke. Insgesamt enthält die Stichprobe 354 Stahlpunktkipplager mit Gleitflächen.

Bei den 400 Neotopflagern der Stichprobe wurden an zwei Lagern (0,5%) eines Überbaus Schäden im Bereich der Gleitfläche festgestellt. Bei diesem Lagertyp kann es darüber hinaus als weiterer Schadensart zu einem Herausquetschen des Elastomers kommen. Hiervon waren in der Stichprobe sechs Lager (1,5%), die zu vier verschiedenen Überbauten gehörten, betroffen.

Mögliche Schäden an bewehrten Elastomerlagern sind Versprödung des Elastomers durch Alterungseffekte und Risse im Elastomer. Unter den 590 bewehrten Elastomerlagern der Stichprobe befanden sich zwei Lager (0,3%) eines Überbaus mit Rissen im Elastomer.

Zu den 32 Kalottenlagern der Stichprobe waren in den Prüfprotokollen keine Angaben über Schäden, die eine Beeinträchtigung der Funktionsfähigkeit bedeuten, enthalten.

12.9 Übergangskonstruktionen

Übergangskonstruktionen gehören ebenfalls zu den Verschleißteilen einer Brücke. Aufgrund ihrer extrem hohen dynamischen Belastung unterliegen sie einer weitaus höheren Abnutzung als die Lager. Wie Schweißnaht- und Profilbrüche belegen, spielt auch hier das Problem der Materialermüdung eine Rolle. Ein weiteres wichtiges Problem stellt die dauerhafte Wasserdichtigkeit dar (vgl. Abschnitt 12.6).

Insgesamt wurden in der Stichprobe 212 Übergangskonstruktionen erfaßt. Davon befinden sich 152 an Brückenenden und 60 innerhalb der Bauwerke.

Tabelle 31. Übergangskonstruktionen der untersuchten Bauwerke

Übergangskonstruktionstyp	Anzahl	%
Stahllamellen mit Dehnprofilen (Hohlprofile aus Neoprene)	119	56,1
Rollverschlußsystem	59	27,8
Schleppblechkonstruktion (eine Seite gleitend)	20	9,4
waagerechte Gummiplatte	6	2,8
Fingerkonstruktion	5	2,4
einfaches Abschlußprofil	2	0,9
Transflex-Übergang	1	0,5

Hauptsächlich handelt es sich dabei um Stahllamellenkonstruktionen mit Kunststoffhohlprofilen und um Rollverschlußkonstruktionen (Tabelle 31).

An diesen Fahrbahnübergängen wurden insgesamt 329 Schadensfälle unterschiedlicher Schwere erfaßt, die sich nach Schadensarten differenziert folgendermaßen aufteilen [1b]:

- Durchfeuchtung, Verschmutzung   34%
- Funktionsbeeinträchtigungen, (z. B. aus Verformungen resultierende Funktions- beeinträchtigungen einzelner Übergangskonstruktionsteile, Bruch einiger Teile, abgerissene Profile)   28%
- Funktion überhaupt nicht wirksam (dito)   8%
- Korrosion (korrodierte Teile der Übergangskonstruktion)   10%
- Klappern der Übergangskonstruktion (evtl. Lärmbelastung von Anwohnern)   9%
- Materialverlust (fehlende Profile, Schrauben etc.)   6%
- Sonstiges   5%

Da die Lamellen- und Rollverschlußkonstruktionen am häufigsten Verwendung fanden, werden diese im folgenden noch etwas detaillierter betrachtet.

Der Anteil an den Schadensfällen dieser beiden Bautypen ergibt sich aus Tabelle 32. Die Lamellenkonstruktionen waren also relativ häufig beschädigt. Der Hauptanteil der erfaßten Schäden bei den Lamellenkonstruktionen lag in Funktionsbeeinträchtigungen, was überwiegend auf Schäden an den Kunststoffprofilen (Dichtung) zurückgeführt werden muß. Häufig trat bei diesem Konstruktionstyp auch eine Behinderung bzw. Erschöpfung der Dehnmöglichkeit auf. Ebenso wurde bei Stahllamellenkonstruktionen ungenügende Wirkungsweise der Dämpfungselemente des Auflager- und Steuerungsmechanismus festgestellt. Bei Rollverschlüssen war demgegenüber die Häufigkeit der Funktionsstörungen sehr gering.

Neben den Funktionsbeeinträchtigungen sind bei den Lamellenkonstruktionen Durchfeuchtung und Korrosion zu nennen. Bei diesem Konstruktionstyp ist die hohe Anzahl der Korrosionsschäden im Zusammenhang mit den Durchfeuchtungen zu sehen, da diese Bauart nicht dafür ausgelegt ist, häufig mit Feuchtigkeit bzw. tausalzhaltigem Wasser benetzt zu werden.

Anders liegt der Fall bei den Rollverschlußkonstruktionen, deren innere Teile zum größten Teil planmäßig mit Wasser in Berührung kommen dürfen und dafür ausgelegt sind. Dennoch treten Korrosionsschäden auch an solchen Konstruktionen auf, wenn eine regelmäßige Wartung des Korrosionsschutzes unterbleibt.

Tabelle 32. Anteil der Stahllamellenkonstruktionen und Rollverschlußkonstruktionen an den festgestellten Schadensfällen

Konstruktionstyp	Anteil der vorhandenen Übergangskonstruktionen	Anteil an den Schadensfällen
Stahllamellenkonstruktion	56,1%	78%
Rollverschlußkonstruktion	27,8%	11%

12.10 Schäden an Pfeilern und Widerlagern

Bisher wurden ausschließlich die Schäden an den Spannbetonüberbauten und an den Zusatzeinrichtungen behandelt. Pfeiler und Widerlager sind robuste Stahlbetonkonstruktionen, die weniger empfindlich sind als Spannbetonüberbauten, ihrem baulichen Zustand kommt jedoch für die dauerhafte Tragwerkssicherheit ebenfalls große Bedeutung zu.

An den Pfeilern und Widerlagern der hier untersuchten Bauwerke waren die für Stahlbetonkonstruktionen typischen Schäden und Mängel anzutreffen: Bewehrungskorrosion infolge unzureichender Betondeckung in Verbindung mit Betonabplatzungen und freiliegender Bewehrung sowie Kiesnester und Fehlstellen im Beton.

Von Durchfeuchtungsschäden waren insbesondere die Pfeiler und Widerlager unter nicht mehr wasserdichten Übergangskonstruktionen betroffen. Hier war die Betondeckung teilweise stark mit Chloriden angereichert. In einigen Fällen waren Durchfeuchtungen auch auf schadhafte Entwässerungen zurückzuführen.

Schließlich sind noch die teilweise sehr breiten Risse in einigen Widerlagern zu erwähnen. Die in einigen Pfeilerköpfen aufgetretenen Risse unter den Lagern dürften auf Spaltzugkräfte zurückzuführen sein.

Insgesamt gesehen handelt es sich um eine Vielzahl kleinerer Schäden, die nicht unmittelbar die Standsicherheit berühren. Die Schäden stellen im wesentlichen eine Beeinträchtigung der Dauerhaftigkeit dar.

Schäden an den Pfeilern und Widerlagern, die unmittelbar die Standsicherheit berührten, wurden bei der hier untersuchten Stichprobe nicht festgestellt.

IV Risikoorientierte Aussagen

13 Risiko und Fortschritt

13.1 Risiken beim menschlichen Handeln

Risiko ist ganz allgemein definiert als das Produkt aus der Wahrscheinlichkeit (= Häufigkeit) des Eintretens eines Schadens und dem zu erwartenden Schadensumfang.

„Risiko entsteht aus menschlichem Handeln, aus dem Plan, eine sich abzeichnende Chance zur Erreichung eines angestrebten Nutzens zu ergreifen. Jegliches menschliche Handeln ist aber dadurch geprägt, daß der Chance ein Risiko gegenübersteht, daß der Plan des Handelns scheitern kann und daß wir nicht Nutzen erreichen, sondern Schaden bewirken" [66].

„Risiko" wird daher i.d.R. als negativer Aspekt betrachtet. „Risiko" steht aber auch in Verbindung mit positiven Begriffen wie Chance, Nutzen, Fortschritt.

Über Risiken erhalten die Menschen ständig Informationen – präzise und ungenaue, beängstigende aber selten beruhigende. Nachrichten über Risiken verbreiten sich rasch. Sie sind für den einzelnen jedoch kaum nachzuprüfen und hinsichtlich ihrer Bedeutung nur schwer zu beurteilen. So bleiben sie oft unverständlich und lösen daher Angst und Besorgnis aus.

Bei der Darstellung von Risiken in den Medien wird der Begriff meist isoliert in Verbindung mit dem eingetretenen Schaden gebraucht. Vorwiegend wird aus der Perspektive der Opfer bzw. von Schadensfällen berichtet. Das Risiko wird aus der Verbindung mit Chance und Nutzen gerissen. In der Regel wird nicht das auf der Grundlage von Fakten beruhende effektive Risiko dargestellt, sondern in der Berichterstattung spiegelt sich vorwiegend unter dem unmittelbaren Eindruck eines Ereignisses subjektiv empfundenes Risiko wider.

So entsteht beispielsweise bei Außenstehenden durch die unpräzise Information über einige wenige spektakuläre Schadensfälle an Spannbetonbauwerken ein Zerrbild, weil der Bezug zur Gesamtheit aller derartigen Bauwerke nicht hergestellt wird.

In [66] wird bei der Beschreibung einiger Risiken des täglichen Lebens ein Weg beschritten, bei dem nicht nur die Opfer sondern auch die Überlebenden einbezogen werden. Personen, die vergleichbaren Gefahren ausgesetzt sind, werden zu Risikogruppen zusammengefaßt, z.B. alle Autofahrer, alle Flugzeugpassagiere etc. Das Risiko einer Person wird dadurch quantifiziert, daß die Anzahl der Opfer auf die Gesamtzahl der Personen in der Risikogruppe bezogen wird. Das Ergebnis läßt sich als Wahrscheinlichkeit, mit der das betrachtete Ereignis eintritt, interpretieren.

So betrug die Wahrscheinlichkeit, durch einen Luftverkehrsunfall (einschließlich Luftsport) getötet zu werden, in der Bundesrepublik Deutschland 1983 1 : 500.000, d.h. innerhalb des Jahres 1983 kam im Mittel von jeweils 500.000 das Flugzeug benutzenden Personen eine Person ums Leben. Damit ist die Wahrscheinlichkeit, in einem Flugzeug ums Leben zu kommen, ähnlich der Wahrscheinlichkeit, im Mittleren Westen der Vereinigten Staaten in einem Tornado zu sterben.

Die Wahrscheinlichkeit, beim Radfahren innerhalb eines Jahres tödlich zu verunglücken, beträgt ca. 1 : 100.000, während sie für das Autofahren in der Bundesrepublik Deutschland 1983 bei 1 : 5.000 lag. Das Autofahren stellt mithin im täglichen Leben ein beachtenswertes Risiko dar, das in Industrienationen offenbar von jedermann akzeptiert wird.

Allerdings ist es auch nicht viel sicherer, zu Hause zu bleiben, denn von 8.000 Menschen stirbt jährlich einer durch einen häuslichen Unfall.

Das freiwillig in Kauf genommene Risiko des Zigarettenrauchens stellt mit 1 : 600 das größte Einzelrisiko im Leben überhaupt dar [66].

Ein Fall, daß in der Bundesrepublik Deutschland eine Person bei der Benutzung einer Spannbetonbrücke durch Tragwerksversagen Schaden an Leib oder Leben genommen hätte, ist dagegen bisher nicht eingetreten.

Aus diesen Beispielen geht hervor, daß das tägliche Leben einige ganz beachtliche Risiken beinhaltet. Dabei fällt auf, daß das offensichtlich allgemein akzeptierte Risiko, zu Tode zu kommen, in den verschiedenen aufgeführten Bereichen extrem unterschiedlich ist. Die Risikoakzeptanz wird demnach sehr stark vom menschlichen Empfinden gegenüber den verschiedenartigen Gefahren geprägt. Es wäre von großem Interesse, die verschiedenartigen Risiken, denen die Menschen ausgesetzt sind, aufgrund gesamtheitlicher Überlegungen, die sowohl rein zahlenmäßige Fakten als auch das subjektive Empfinden gegenüber Gefahren berücksichtigen, untereinander vergleichbar zu machen, mit dem Ziel, zu einer sinnvolleren Bewertung der „Risiken" zu gelangen. Allerdings steckt die Entwicklung derartiger Beurteilungsmethoden noch in den Kinderschuhen, wie dies jüngst von Stiefel/Schneider in [67] ausgedrückt wurde.

Die Einstellung des Menschen gegenüber Gefahren hängt von vielen Faktoren ab. In Tabelle 33 ist eine Zusammenstellung aus [67] wiedergegeben.

Die Ursachen für das Zustandekommen von Gefahren sind für die Einstellung gegenüber Risiken ebenfalls von Bedeutung. Für die Reaktion der Menschen auf das gleiche Ereignis, beispielsweise den Einsturz eines Bauwerks, wird es sicherlich einen Unterschied machen, ob der Einsturz die Folge einer Naturkatastrophe (beispielsweise ein Erdbeben) oder eines Sabotageaktes (beispielsweise ein Sprengstoffanschlag) war oder durch grob fahrlässiges Verhalten der Benutzer (z. B. ein Brückeneinsturz durch den unmittelbaren Anprall eines Fahrzeugs aufgrund einer wesentlichen Überschreitung der zulässigen Ladehöhe, siehe z. B. [12]) zustande kam, oder aber ob der Einsturz den Erbauern bzw. den für die Unterhaltung Verantwortlichen anzulasten ist. Das heißt, es spielt eine wesentliche Rolle, inwieweit die Ursachen eines Ereignisses als nicht abwendbar angesehen werden. Auch ist der Gewöhnungseffekt von Bedeutung.

Die Einstellung des Menschen gegenüber Gefahren wird in [108] in vier Risikokategorien (Bild 148) eingeteilt.

Bei den freiwillig eingegangenen Gefahren, die der Risikoträger gut kennt, die er durch eigenes Verhalten beeinflussen kann und deren Nutzen er individuell als hoch empfindet, ist die Risikoakzeptanz groß. Im Gegensatz dazu hat der sogenannte „unbeteiligte Dritte" keine Kenntnisse über die Gefahr und kann diese weder beseitigen noch meiden. Auch hat er zumeist direkt keinen Nutzen aus den Aktivitäten, welche die Gefahren erzeugen. Die Risikoakzeptanz ist dementsprechend klein.

13.1 Risiken beim menschlichen Handeln

Tabelle 33. Faktoren, welche die Einstellung des Menschen gegenüber Gefahren beeinflussen [67]:

Wer ist durch die Gefahr bedroht?	
Menschen	Eigene oder nur „statistisch" bedrohte Person, Familie (Teile oder ganze Familie), Gesellschaft, Staat, Erde
Andere Lebewesen (Tiere, Pflanzen)	schädlich oder nützlich, bedroht, bedrohend, Verhältnis zum Menschen
natürl. Ressourcen	im Überfluß vorhanden oder knapp, erneuerbar oder nicht erneuerbar, benötigt oder unnütz
ideelle Werte	wichtig oder unwichtig
Wie wirkt sich die Gefahr aus?	
zeitlich	oft oder selten (Schadenshäufigkeit), sofort oder verzögert
örtlich	zuhause oder auf der Straße, lokal oder weltweit, hier oder weit entfernt
Intensität	verändernd oder zerstörend (Schadensausmaß), Tote oder Verletzte, wirtschaftliche Verluste, soziale Verluste, durchschnittlich oder katastrophal, kontrolliert oder unkontrolliert, großer oder kleiner Gewinn aus Gefahr
Welche Eigenschaften des Menschen spielen eine Rolle?	
	jung oder alt, männlich oder weiblich, gesund oder krank (physisch oder psychisch), aversiv oder neutral, wissend oder unwissend in bezug auf Gefahr, hohe oder niedrige Bedürfnisse, reich oder arm, gläubig oder atheistisch
Welche Faktoren der Umgebung spielen eine Rolle?	
	Gesundheitswesen, Bildungswesen, Erwerbsleben, soziale Umwelt, politische Umwelt

Im Gegensatz zur gleichgültigen Haltung der Bevölkerung gegenüber den Risiken des Straßenverkehrs – die Toten sind meist Opfer einzelner, oft vom Betroffenen selbst verschuldeter Unfälle – reagiert sie auf Katastrophen, auch wenn sie nur selten eintreten, mit einer, in Relation zur Anzahl der Opfer, überproportionalen Aufmerksamkeit. Dies ist z. B. bei Flugzeugunglücken, schweren Unfällen an Bahnübergängen

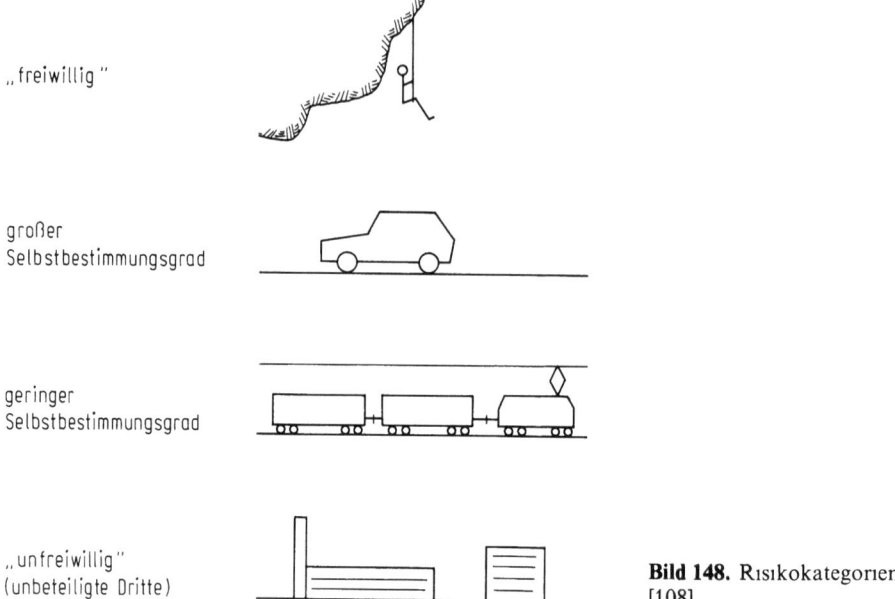

Bild 148. Risikokategorien [108]

und den seltenen Tragwerkseinstürzen im Bauwesen zu beobachten. Treten die Schäden zudem erst nach einer bestimmten Latenzzeit auf, ist es für den Laien, der den Überblick nicht haben kann, äußerst schwierig, die Risiken richtig einzuschätzen.

Mit zunehmender Unfreiwilligkeit, was gleichzeitig eine Abnahme der Risikoakzeptanz bedeutet, steigt die Bereitschaft, Maßnahmen zur Erhöhung der Sicherheit anzuwenden, auch wenn sie mit größeren Kosten verbunden sind [67].

Diese Betrachtungen erklären, warum für die Einsturzgefahr von Bauwerken in der Nutzungsphase bei der Bevölkerung einer Industrienation wie der Bundesrepublik Deutschland nahezu keine Risikoakzeptanz besteht. Zudem kommen alle Menschen ständig mit Bauwerken in Berührung; vor allem dadurch, daß sie Häuser bewohnen und Brücken benutzen.

Die Frage nach dem Maß an Sicherheit der Bauwerke, die wir täglich benutzen, ist daher durchaus verständlich und berechtigt.

Wie bereits angesprochen, darf aber über dem Risiko einer Sache oder Handlung ihr Nutzen nicht vergessen werden. Die Erhaltung des technischen Fortschritts wird immer das Eingehen eines gewissen Risikos erfordern. Ohne Nutzung neuer Technologien gibt es keine Bewältigung von Zukunftsaufgaben.

Fortschritt beruht auf der Bereitschaft zum Risiko. Diese Aussage besitzt auch im Bereich des Bauwesens ihre Gültigkeit. Manche Neuentwicklung in der Bautechnik führte zunächst zu Fehlschlägen. Hätte man dies nicht in Kauf nehmen wollen, wäre man beim Alten, „Bewährten" stehengeblieben. Dies hätte jedoch die Unterbindung jeglichen Fortschritts zur Folge.

Die Chance der Menschheit, in der Zukunft zu bestehen, liegt in einer auf Fortschritt ausgerichteten Entwicklung. Hierzu sagte Prof. Markl, Präsident der DFG:

„Der Mensch steht vor der Aufgabe, eine Welt zu schaffen, die es noch nie gab und die daher keiner kennt. Er muß dies tun, indem er den Weg dorthin erfindet und

13.1 Risiken beim menschlichen Handeln

entwickelt, während er ihn tastend geht. Er kann dies nur leisten, wenn er dazu Wissen erwirbt, das es noch nicht gibt." „Die Zeit" fährt fort, daß sich Markl zwar möglicher unerwünschter Nebenwirkungen dieses Wissenserwerbs bewußt sei, aber: „Macht es Sinn, sich aus Angst vor dem Tod umzubringen?" [68].

Man muß sich auch vor Augen halten, daß das heute Bewährte einmal der Fortschritt von gestern war. Hinter dem heute mit einem gewissen Risiko betriebenen Fortschritt steckt die Chance, einmal zum Bewährten von morgen zu gelangen. Diese Chance kann aber ohne ein gewisses Wagnis nicht genutzt werden.

Das Eingehen vieler Risiken bedeutet andererseits selbstverständlich noch keine Förderung des Fortschritts. Um die Risikobereitschaft richtig zu dosieren, muß sie mit Verantwortungsbewußtsein verbunden sein. Im günstigsten Fall führt das dazu, daß nur die bewußt akzeptierten „echten" Risiken bleiben und die „unnötigen" Restrisiken von vornherein ausgeschaltet werden [69].

Der nachfolgend beschriebene Schadensfall aus den dreißiger Jahren dient als Beispiel für eine Weiterentwicklung, bei der durch das Verlassen des Erfahrungsbereichs ohne vollständige Kenntnis der Probleme das eingegangene Wagnis zum Einsturz des Bauwerks führte.

In Cottbus stürzte ein von führenden Ingenieuren gebautes Schalendach ein. Man kannte zu dieser Zeit in Deutschland noch nicht genau das Phänomen der beanspruchungsbedingten Kriechverformungen des Betons. Die Vernachlässigung dieses Einflusses führte zum Stabilitätsversagen des Hallendachs. Es traten unerwartet solch große Dachverformungen auf, daß die getroffenen Voraussetzungen bei der Berechnung (nämlich kleine Verformungen) nicht mehr zutrafen. Nach dem Schadensfall wurde das Kriechproblem intensiv erforscht. Das Phänomen konnte in den Voraussetzungen berücksichtigt werden, und es begann ein Siegeszug der Schalenbauweise über die ganze Welt.

Der Schadensfall lehrt, daß der Mensch außerhalb seines Erfahrungsbereichs Modellvorstellungen von der Wirklichkeit nur schwer entwickeln kann. Für den Ingenieur bedeutet dies: Er kann nur innerhalb seines Erfahrungsbereichs – d. h. innerhalb des Gültigkeitsbereichs der von ihm getroffenen Voraussetzungen – davon ausgehen, daß die von ihm geführten Nachweise der Standsicherheit und Gebrauchsfähigkeit vollständig und ausreichend sind. Die Ingenieurwissenschaft ist eine empirische Wissenschaft!

Irrtum und Verbesserung der Modellvorstellungen bedingen einander. Der heutige Erfahrungsschatz wurde im Pilgerschrittverfahren gewonnen. Auch heute wird dieser Erfahrungsschatz ständig erweitert, wie die jüngsten Beispiele aus dem Massivbrückenbau beweisen. Der gewonnene Erfahrungsschatz fließt als Lastansätze, erforderliche Sicherheitsbeiwerte, zulässige Spannungen, Bemessungs- und Konstruktionsregeln in die Regelwerke ein (vgl. Tabelle 34). Erlauben es die Umstände, jeweils nur in kleinen Schritten aus dem Erfahrungsbereich herauszutreten, kommt es zu einer kontinuierlichen Verbesserung der Modellvorstellungen, innerhalb derer der Ingenieur konstruieren und seine Ideen rechnerisch überprüfen kann. Seine Kunst besteht nun darin, alle nicht aus Erfahrung überschaubaren Gefahren bereits im Entwurf zu eliminieren oder das Tragwerk gegenüber solchen Einflüssen unempfindlich zu machen [70].

Die nicht erkannten Gefahren sind oft die größten Gefahren. Erkannte Gefahren lassen sich grundsätzlich durch Maßnahmen beseitigen oder doch auf ein als tragbar

Tabelle 34. Schadensursachen und Gegenmaßnahmen im Spannbetonbau während der letzten Jahrzehnte nach einer Zusammenstellung des DAfStb

Ursache	Maßnahmen
1 Tonerdeschmelzzement	Verwendungsverbot Auswechslung der Bauteile
2 Empfindlichkeit bestimmter Spannstahlsorten gegenüber mechanischen Beanspruchungen (Reibmartensit)	Ausschluß der Spannstahlsorten
3 Spannstahl St 110/135 – erhöhte Korrosionsempfindlichkeit bei mangelhafter Verpressung	Verwendungsverbot Überprüfung des Verpreßzustands
4 Alkalireaktion der Zuschlagstoffe	– nur im norddeutschen Raum Erlaß von Richtlinien für vorbeugende Maßnahmen
5 übermäßig breite Risse aus Zwang – insbesondere durch Wärmewirkungen	Nachweise für $\Delta t = 5$ K Vergrößerung der Mindestbewehrung, verbesserter Nachweis der Rißbeschränkung (DIN 4227 – 12.79)
6 Empfindlichkeit statisch bestimmter, filigraner Bauglieder (Stadion Köln)	Festlegung der Mindestanzahl von Spanngliedern (DIN 4227 – 12.79)
7 mangelhafte Verpressung von Spanngliedern (Korrosion)	Verbesserung der Richtlinien für das Einpressen Überwachung und Protokollierung des Verpreßvorganges (DIN 4227 – 12.79) Hüllrohrnorm DIN 18553
8 Koppelfugen bei abschnittweisem Vorbau	Konstruktive Maßnahmen, zusätzliche Nachweise (DIN 4227 – 12.79)
9 abgeminderte Dauerschwingfestigkeit von Spannstählen im Bereich von Koppelankern	zusätzliche Nachweise (DIN 4227 – 12.79)
10 Korrosion beim Bauvorgang	Begrenzung der Zeiten ohne Verbund im Bauzustand (DIN 4227 – 12.79)
11 Konstruktionsspezifische Eigenheiten	Verbesserung des Erkenntnisstands und der Baustoffe

akzeptiertes Maß reduzieren. Im letzteren Fall handelt es sich um einen Spezialfall des Risikos, das sogenannte „akzeptierte Risiko". Es ist dasjenige Risiko, das angesichts des zugehörigen Nutzens in voller Kenntnis aller Umstände als annehmbar erscheint, das bewußt eingegangen wird und für das Vorsorge getroffen wird.

In der Frage, welche Risiken akzeptabel und welche nicht tolerierbar sind, wird natürlich nie völlige Einigkeit bestehen. Zwei Personen vor die gleiche Lage gestellt, werden das für sie akzeptierbare Risiko unterschiedlich festlegen.

Eine *absolute* Sicherheit gibt es bei keinem technischen System, auch bei Bauwerken nicht. Für die hier speziell betrachteten Brücken gilt dies selbstverständlich unabhängig von der Bauweise, d.h. eine *absolute* Sicherheit gibt es weder bei Stahlbrücken noch bei Stahlbetonbrücken und natürlich auch nicht bei Spannbetonbrücken.

13.2 Risiken im Brückenbau

Die in der Vergangenheit eingetretene Entwicklung im Brückenbau, insbesondere das Vordringen der Spannbetonbauweise, muß auch aus der Rückschau als richtig und sinnvoll beurteilt werden. Durch die von den deutschen Ingenieuren im Wettbewerb entwickelten Bauverfahren und Techniken blieben die Herstellungskosten für Brücken weit hinter den Steigerungen der Lohn- und Materialkosten zurück. Der dadurch entstandene volkswirtschaftliche Gewinn kam der gesamten Bevölkerung zugute, denn der Bau von Brücken wird mit Steuergeldern finanziert. Immerhin repräsentiert der Brückenbestand der Bundesrepublik Deutschland im Zuge von Bundesfernstraßen, bei Unterstellung, daß der Quadratmeter Brückenfläche 1985 im Mittel etwa 2.400 DM kostet, derzeit ein Anlagevermögen von ca. 48 Mrd. DM. Ca. 65% der gesamten Brückenfläche werden von Spannbetonbrücken gestellt. In [71] wird darauf hingewiesen, daß Brücken in der Bauart der zwanziger und dreißiger Jahre etwa das Zweieinhalbfache unserer heutigen Brücken kosten würden.

Im folgenden sind verschiedene Gesichtspunkte zusammengestellt, unter denen das Risiko von Spannbetonbrücken, aber auch das Risiko von Brücken anderer Bauweisen in der Nutzungsphase betrachtet werden kann.

- Im Extremfall eines Tragwerksversagens könnte eine Gefährdung einzelner betroffener Personen, welche die Bauwerke benutzen, entstehen.
- Der vollständige Ausfall eines Bauwerks, z.B. im Zuge einer Bundesautobahn, hätte die Vollsperrung eines ganzen Autobahnabschnitts zur Folge, was gravierende Verkehrsbehinderungen zur Folge hat. Bereits die im Vergleich dazu relativ geringen Verkehrsbeeinträchtigungen, die bei Instandsetzungsarbeiten im Bereich der Fahrbahnflächen entstehen, führten in der Vergangenheit immer wieder zu Beschwerden der betroffenen Verkehrsteilnehmer.
- Das außergewöhnliche Ereignis des Tragwerksversagens einer Brücke hätte auch größere indirekte Folgen für den Besitzer und Betreiber. Verschärfte Vorschriften, Imageverlust, politischer Druck usw. könnten seine Interessen entscheidend tangieren. Bei diesem Risikoaspekt, der z.B. beim Sicherheitskonzept für die Tunnel der Neubaustrecken der Deutschen Bundesbahn für die Maßnahmenauswahl maßgebend war [72], geht es primär um den Schutz der Interessen des Besitzers und Betreibers, im vorliegenden Fall der zuständigen Straßenbauverwaltungen, vor den umfassenden Auswirkungen eines Katastrophenereignisses. Im Interesse der Straßenbauverwaltungen, in oberster Instanz des Bundesverkehrsministeriums, liegen daher weitergehende Sicherheitsvorkehrungen als die allgemeinen Sicherheitskriterien erfordern würden.
Von den indirekten Folgen, beispielsweise des Einsturzes einer Spannbetonbrücke, würden aber auch die Interessen der Bauunternehmungen berührt, die Spannbetonbrücken errichten.
- Der Finanzbedarf, der notwendig ist, um die Bauwerke in einem sicheren und ordnungsgemäßen baulichen Zustand zu erhalten, kann als finanzielles Risiko

interpretiert werden. Dieses Risiko ist nicht an ein Tragwerksversagen gebunden. Es erwächst bereits aus den zahlreichen kleineren und mittleren Schäden, welche die Standsicherheit der Bauwerke nicht unmittelbar beeinträchtigen. Diesem monetären Risiko kommt die größte praktische Bedeutung zu, während das tatsächliche mortale Risiko bei Spannbetonbrücken in der Vergangenheit Null war.

Im folgenden wird der Einschätzung der Risiken bei Spannbetonbrücken nachgegangen, wobei dem Risiko des Tragwerksversagens mehr qualitativ als Grenzfallbetrachtung und dem finanziellen Risiko der Tragwerkserhaltung als praktisch bedeutsamem Fall quantitativ besondere Aufmerksamkeit geschenkt werden soll.

14 Zur Tragwerkssicherheit der Spannbetonbrücken

14.1 Das Sicherheitskonzept als Maßnahme zur Vermeidung technischer Risiken

14.1.1 Allgemeine Maßnahmen

Das Sicherheitsbedürfnis der Öffentlichkeit, insbesondere gegenüber Gefahren für Leib und Leben, wird durch die Beachtung der Sicherheitsanforderungen, die in den Regelwerken festgelegt sind, erfüllt.
Die wesentlichen Bestandteile des darin enthaltenen Sicherheitskonzepts sind:

- möglichst unempfindlicher Entwurf gegen nicht beherrschbare Risiken,
- entwurfs- und standortgerechte Baustoffauswahl,
- Beschreibung von Qualifikation und Verantwortlichkeit der am Bau Beteiligten,
- Bemessung mit definierten Lasten und Materialkennwerten,
- Konstruktionsregeln (z. B. Anordnung einer Fahrbahnabdichtung),
- unabhängige Prüfung der statischen Berechnung,
- Bauüberwachung,
- Güteüberwachung der Baustoffe (Fremd- und Eigenüberwachung),
- regelmäßige Überwachung und Prüfung der Brücken gemäß DIN 1076,
- rechtzeitige (wirtschaftliche) Unterhaltung bzw. Instandsetzung (= Erhaltung).

Einstürze von Bauwerken während der Nutzung sind in der Bundesrepublik Deutschland äußerst seltene Ereignisse. Unsere Bauwerke, mithin auch unsere Brücken, gelten deshalb als sicher.

Dennoch sind der einschlägigen Fachliteratur immer wieder Berichte von eingestürzten Brücken zu entnehmen. Diese betreffen alle Bauweisen in den verschiedensten Ländern dieser Erde; Entwicklungsländern aber auch Industrienationen, wie z. B. den USA oder Frankreich. In [73] ist eine Zusammenstellung von 143 Brückeneinstürzen, die sich weltweit im Zeitraum etwa der letzten 100 Jahre ereigneten, wiedergegeben (Tabelle 35). Ein Teil davon hatte auch Todesopfer zur Folge. In der Tabelle ist unterschieden nach den Ursachen des Versagens und dem Zeitpunkt ihres Eintritts. Bauwerke der Bundesrepublik Deutschland befinden sich in dieser Zusammenstellung ausschließlich in der Gruppe von Versagensfällen, die sich während der Bauausführung bzw. Montage ereigneten (vgl. Abschnitt 2.4).

Ein Blick auf die Schadensursachen zeigt, daß Einstürze häufig durch Gründungsversagen – was in der Bundesrepublik Deutschland durch die Prüfungen nach DIN 1076 rechtzeitig bemerkt werden müßte – und durch Sprödbrüche aus der Anfangszeit des Baus geschweißter Stahlbrücken entstanden sind.

Tabelle 35. Zusammenstellung von 143 Versagensfällen [73]

Ursache	Zeitpunkt			Gesamtzahl der Versagensfälle	Anmerkungen
	Während der Montage	Innerhalb von zwei Jahren nach Fertigstellung	Später als zwei Jahre nach Fertigstellung		
fehlerhafte Montage	12			12	Unzulänglichkeit im Entwurf war in einem Fall Zusatzursache
fehlerhafter Entwurf	5			5	
fehlerhaftes Material oder fehlerhafte Fertigung	3	3	16	22	19 Fälle durch Sprödbruch
Wind	1	2	1	4	
Erdbeben			11	11	
Wasserschäden (Ausspülung etc.) oder Widerlagerbewegungen	1	2	67	70	2 Fälle durch Bergrutsch 66 Unterspülungen 1 Gründungsverschiebung
Ermüdung			4	4	3 Fälle bei Gußeisen, einer durch Korrosion beschleunigt
Korrosion			1	1	
Überlastung oder Anprall an Brücken	1		13	14	10 Fälle durch Schiffsanprall
Gesamtzahl der Versagensfälle	23	7	113	143	

14.1 Das Sicherheitskonzept als Maßnahme zur Vermeidung technischer Risiken

Mit den in dieser Zusammenstellung enthaltenen Bauwerken können unsere Spannbetonbrücken daher nicht unmittelbar verglichen werden.

Tabelle 35 zeigt aber deutlich, daß wir bei allen Stationen eines Sicherheitskonzepts auf menschliches Handeln angewiesen sind. Auch setzen die volkswirtschaftlichen Möglichkeiten Grenzen. Sicherheit kostet Geld. Nur so ist es zu verstehen, daß für Montagelastfälle und Bauzustände lange Zeit ein recht hohes Restrisiko akzeptiert wurde.

Auch die in der Bemessung benutzten Sicherheitsfaktoren eines umfassenden Sicherheitskonzepts können nur in geringem Maß unzulängliches menschliches Handeln abdecken, so daß eine vollständige Eliminierung jeglicher Gefährdung nicht möglich ist.

Was Sicherheitsfaktoren vermögen, macht ein Blick auf die seit Mitte des Jahrhunderts entwickelte probabilistische Bemessungsmethode klar. Mit ihr kann die Sicherheit der Bauwerke auf einer vergleichsweise realistischen und rationalen Grundlage berechnet werden.

Die probabilistische Bemessungsmethode ist allerdings für die tägliche Bemessungspraxis ungeeignet. Sie bildet deshalb in erster Linie die Grundlage bei der Erstellung der Regelwerke und wird nur in Ausnahmefällen von Sachkundigen auf konkrete Probleme der Praxis angewandt. Künftig sollen alle Überarbeitungen von Normen auf dieser Grundlage erfolgen, bei einigen geschah dies bereits.

Mit Hilfe der probabilistischen Bemessungsmethode werden in Abhängigkeit der zufälligen Streuungen auf der Last- und Einwirkungsseite Teilsicherheitsfaktoren bzw. globale Sicherheitsfaktoren berechnet, die sich jedoch auch an den zuvor aus der Erfahrung gewonnenen, bereits vorhandenen Sicherheitsfaktoren orientieren, d.h. es erfolgt letztlich eine Eichung des mathematischen Modells an der Erfahrung, so daß diese nach wie vor fundamentale Grundlage für die Errichtung sicherer Bauwerke ist.

Bei der probabilistischen Bemessungsmethode werden die Einwirkungen S (stress) und die resultierenden Widerstände R (resistance) des betrachteten Tragwerks oder Querschnitts durch ihre statistischen Verteilungen $f_S(s)$ und $f_R(r)$ beschrieben und miteinander verglichen (Bild 149).

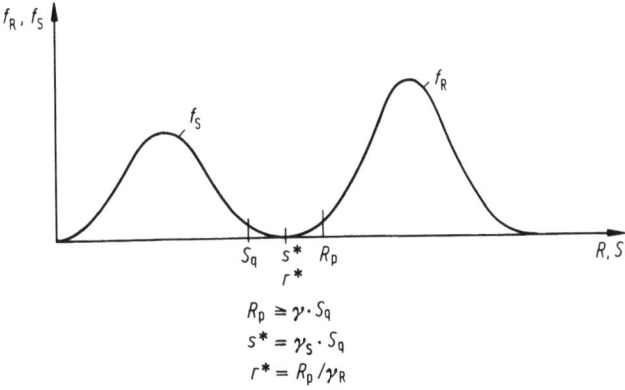

Bild 149. Vergleich von Einwirkung S und Widerstand R bei der probabilistischen Bemessungsmethode. Sicherheitsfaktoren und Fraktilenwerte

Bei einem Stahlbetonquerschnitt beispielsweise ist der Widerstand abhängig von

- den Querschnittsabmessungen,
- dem Hebelarm der inneren Kräfte und
- den Baustoffestigkeiten von Beton und Stahl.

Da alle diese Größen Streuungen unterliegen, unterliegt auch der Grenzwiderstand eines Querschnitts an einer beliebigen Stelle des Tragwerks Streuungen.

Die tatsächlichen Realisationen r und s im Bauwerk sind unbekannt. Das bedeutet aber, daß auch die *tatsächliche* Größe der Sicherheit im Bauwerk unbekannt bleibt.

Das betrachtete Bauwerk ist immer dann sicher, wenn die Einwirkung s nicht größer als der Widerstand r ist, d. h. wenn gilt s < r. Der Vergleich von Einwirkung und Widerstand kann nach dem Konzept der zulässigen Spannungen, aber auch nach dem Traglastverfahren oder Kombinationen von beiden erfolgen [79].

Da die theoretischen Verteilungsfunktionen $f_R(r)$ und $f_S(s)$ nur asymptotisch gegen Null gehen, ergeben sich schon alleine modellbedingt zwangsläufig Überschneidungsbereiche, in denen ein zufälliger Widerstand r kleiner als die gleichzeitig vorhandene Einwirkung s ist. Daraus läßt sich eine „operative Versagenswahrscheinlichkeit" berechnen, die aber eine rein konzeptionelle Größe darstellt und nicht mit der tatsächlichen Versagenswahrscheinlichkeit eines Bauwerks zu verwechseln ist. Sie wird als ein objektives Maß für die Sicherheit angesehen.

Der Fall, daß s > r wird, muß bei der Bemessung mit großer Wahrscheinlichkeit ausgeschlossen werden. Deshalb erfolgt die Bemessung durch den Vergleich einer hohen Einwirkungsfraktilen S_q mit einer niedrigen Widerstandsfraktilen R_p, zwischen denen durch Einführung eines Sicherheitsfaktors ein Respektabstand eingehalten wird.

Es wird gefordert:

$$R_p \geqq \gamma \cdot S_q$$

mit γ als globalem Sicherheitsfaktor.

Der Nachweis ausreichender Zuverlässigkeit kann aber auch unter Verwendung von Teilsicherheitsfaktoren durch den Vergleich von Bemessungswerten r^* und s^* durchgeführt werden:

$$r^* \geqq s^*$$
$$R_p/\gamma_R \geqq S_q \cdot \gamma_s \quad (\gamma_R \cdot \gamma_S = \gamma).$$

Die entsprechenden Zusammenhänge sind in Bild 149 dargestellt.

Nach dem probabilistischen Bemessungskonzept besteht also die eigentliche Aufgabe der Sicherheitsfaktoren darin, die zufälligen Streuungen von Einwirkung und Widerstand abzudecken. Jedoch sollen bei der Berechnung der Sicherheitsfaktoren die Streuungen mit einem gewissen Vorhaltemaß nach oben abgeschätzt werden, um auf diese Weise bis zu einem gewissen Grade Unwägbarkeiten und Unsicherheiten z. B. infolge von menschlichen Fehlleistungen mit kleineren Auswirkungen abzudecken. Bei der Festlegung der Sicherheitsfaktoren ist jedoch nicht daran gedacht, auch Folgen aus groben Fehlern abzudecken, da deren Auswirkungen nicht abgeschätzt werden können. Zudem müßten die Sicherheitsfaktoren dann so groß werden, daß ein wirtschaftliches Bauen nicht mehr möglich wäre.

Die Abwehr von Gefährdungen, die z. B. aus groben Fehlern resultieren, wie z. B. gravierende Fehler in der statischen Berechnung, nicht verpreßte Spannglieder, erfolgt durch Maßnahmen außerhalb der Bemessung (Prüfingenieur, Bauüberwachung, Nutzungsbeschränkung).

Das Langzeitverhalten der Bauwerke kann bezüglich der Gefahr von Ermüdungsbrüchen einzelner Tragelemente durch die Bemessung gelenkt werden. Die Ermüdungsfestigkeit wird aber sehr stark durch evtl. Korrosionseinwirkungen beeinflußt. Dem muß vor allem durch Maßnahmen im konstruktiven Bereich und im Bereich der Bauausführung begegnet werden. Eine hohe Bauwerksqualität ist ein sehr wirkungsvoller Risikominderer.

14.1.2 Besondere zusätzliche Maßnahmen bei Brücken

Ein erheblicher Teil der beobachteten Mängel und Schäden wurde nicht an der tragenden Spannbetonkonstruktion sondern im Bereich des Brückenausbaus angetroffen. Übergangskonstruktionen, Lager, Belag und Abdichtung etc. sind erfahrungsgemäß Verschleißteile, die aufgrund der extrem hohen Beanspruchung im Vergleich zur Gesamtnutzungsdauer eines Bauwerks nur eine begrenzte Nutzungsdauer erreichen und in gewissen Zeitabständen vollständig erneuert werden müssen. Mängel und Schäden an diesen Bauwerkskomponenten, z. B. infolge Verschleiß, können jedoch u. U. zu gravierenden Folgeschäden an der Spannbetonkonstruktion und zu einer Beeinträchtigung ihrer Standsicherheit führen (vgl. Teil III).

Der in DIN 1076 geregelten periodischen Überwachung und Prüfung der Bauwerke kommt daher im Rahmen des Sicherheitskonzepts entscheidende Bedeutung bei. Ohne regelmäßige Überwachung und Prüfung und ggf. Instandsetzung ist die Sicherheit der Bauwerke auf Dauer generell nicht zu gewährleisten. Hierzu ist in ausreichendem Umfang durch Schulung und Erfahrung sachkundiges Personal erforderlich, da die Bewertung des baulichen Zustands einer Spannbetonbrücke im Hinblick auf ihre Standsicherheit eine sehr komplexe und schwierige Aufgabe darstellt, die umfassende Kenntnisse erfordert.

Die Wirksamkeit der Brückenprüfung entscheidet in nicht unerheblichem Maße über die Sicherheit der Bauwerke. Entsprechend abgestimmte Prüfungsintervalle, die das frühzeitige Erkennen von Veränderungen des baulichen Zustands der Brücken und ggf. das rechtzeitige Eingreifen ermöglichen, sind daher unabdingbar.

Aufgrund der Summe dieser Maßnahmen zur Gefahrenabwehr ist die Wahrscheinlichkeit des Einsturzes einer Spannbetonbrücke und damit einer Gefährdung ihrer Benutzer als äußerst gering zu veranschlagen.

Eine zahlenmäßige Festlegung der dennoch verbleibenden Versagenswahrscheinlichkeit erscheint nicht sinnvoll, da aufgrund der vielen zu treffenden Annahmen und Vereinfachungen das Ergebnis ohne tatsächlichen Aussagewert bliebe.

Im folgenden wird daher ein mehr pragmatischer Weg einer qualitativen Abschätzung beschrieben.

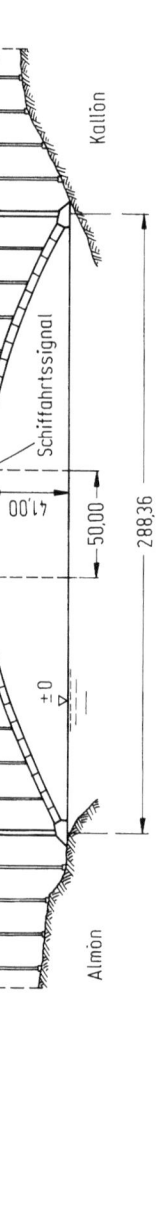

Bild 150. Tjörn-Brücke vor dem Schiffsanprall. Die Widerlager und unteren Bogenteile befinden sich in Reichweite von Schiffen

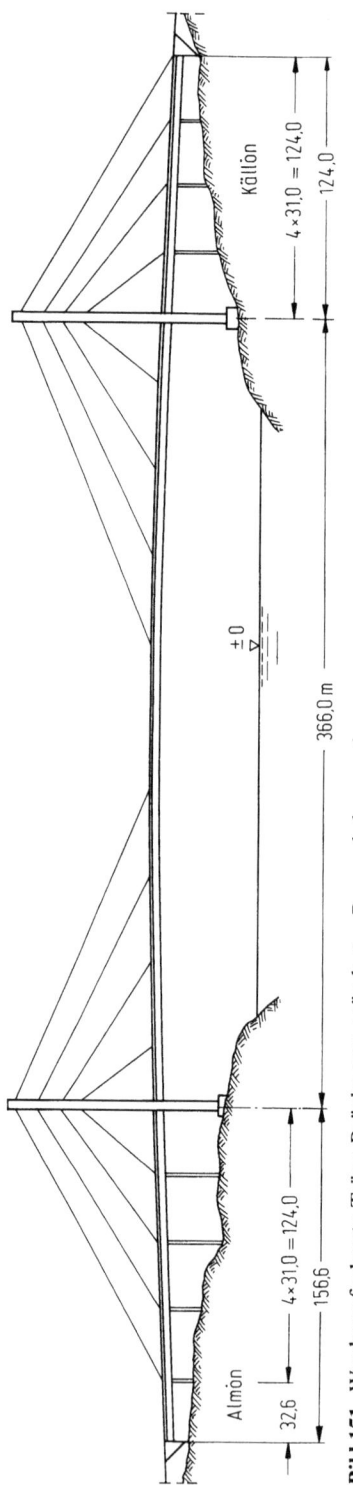

Bild 151. Wiederaufgebaute Tjörn-Brücke mit geänderter Bauwerkskonzeption

14.2 Einfluß des Tragwerkskonzepts und der konstruktiven Einzelheiten auf die Bauwerkssicherheit

14.2.1 Einfluß des Tragwerkskonzepts – zwei Schadensfälle

Durch die Wahl eines günstigen Tragwerkskonzepts können Risiken bereits beim Entwurf minimiert werden, wie es das Beispiel eines Brückeneinsturzes in Schweden zeigt.

Die 50 km nördlich von Göteburg vor der schwedischen Westküste gelegene Insel Tjörn war seit dem Sommer 1960 durch die 278 m weit gespannte Askeröfjord-Brücke, einer stählernen Bogenbrücke, mit dem Festland verbunden (Bild 150). Am 18. Januar 1980 geriet ein Frachtschiff bei der nächtlichen Fahrt durch den Askeröfjord im Nebel außer Kurs und rammte den unteren Bogenteil. Der Bogen stürzte ein und riß die aufgeständerte Fahrbahn mit.

Die wiederaufgebaute Brücke wurde als Schrägkabelbrücke ausgeführt (Bild 151). Für die Wahl dieses Brückensystems war die Forderung nach einem großen Lichtraumprofil für die Schiffahrt ausschlaggebend. Dazu wurden die Pylone der Schrägkabelbrücken am Ufer angeordnet, so daß die Gefahr eines erneuten Schiffsanpralls durch Änderung der Bauwerkskonzeption umgangen werden konnte.

Der Brückeneinsturz vom 18. Januar 1980 hatte Menschenleben gefordert, da mehrere Fahrzeuge im Nebel über die ungesicherte Unfallstelle ins Leere fuhren. Erst eine Stunde nach dem Einsturz wurde die Straße gesperrt. Glücklicherweise herrschte zur Unfallzeit nur schwacher Verkehr, so daß den Berichten zufolge „nur" ein Lastwagen und sechs Personenwagen ins Meer stürzten [75].

Derartige Folgen ließen sich auf einfache Weise durch einen Draht im Brückenträger, der bei einem evtl. Einsturz unterbrochen wird, und durch eine automatische Ampel, die den Straßenverkehr vor der Brücke sperrt, vermeiden.

Mit dieser einfachen Methode hätten auch bei anderen Brückeneinstürzen einige Todesopfer vermieden werden können, d.h. man hätte das Risiko durch Minderung der Folgen trotz relativ hoher Wahrscheinlichkeit des Eintritts eines Anpralls klein halten können.

Bei dem bereits in Abschnitt 8.2 beschriebenen Schadensfall an der Mainbrücke bei Hochheim vom 2. Juli 1973 trat für die Benutzer nur wegen des durchlaufenden

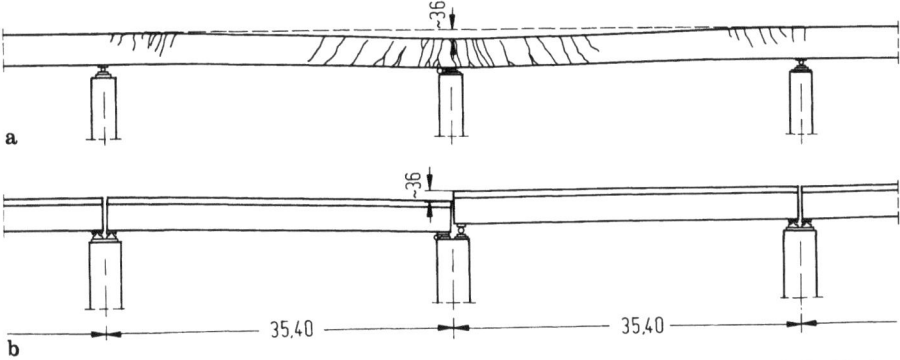

Bild 152 a und b. Auswirkung des Verlustes einer Lagerrolle an der Mainbrücke bei Hochheim. Vergleich des **a** Durchlaufträgers im Gegensatz zu einem **b** Einfeldtragwerk im Hinblick auf eine mögliche Gefährdung von Verkehrsteilnehmern

Überbaus kein Schaden auf. Es war zu einem Abrollen einer Lagerrolle gekommen. Der Überbau erfuhr dadurch eine Stützensenkung von immerhin 36 cm und setzte sich auf dem Pfeiler auf.

Es entstand keine unmittelbare Gefährdung für die Verkehrsteilnehmer, da der Durchlaufträger auf den Verlust der Lagerrolle sehr gutmütig mit einer stetig gekrümmten Biegelinie reagierte. Es kann wohl davon ausgegangen werden, daß mehrere Verkehrsteilnehmer den geschädigten Bereich schadlos passierten, bevor die Sperrung der Brücke erfolgte.

Der durchlaufende Brückenüberbau hatte große Duktilität bewiesen. Das Bauwerk konnte später wieder vollständig instandgesetzt werden.

Bei einem Einfeldtragwerk hätte sich dagegen eine grundlegend andere Situation ergeben: Der Überbau hätte zwar keine so starken Rißbildungen erfahren, mithin vermutlich weniger Schaden erlitten, jedoch hätte sich keine stetig gekrümmte Biegelinie eingestellt. In der Fahrbahn wäre ein Absatz von 36 cm Höhe entstanden, der eine erhebliche Gefährdung für die Verkehrsteilnehmer dargestellt hätte (Bild 152).

14.2.2 Einfluß der Komponenten

Die tragenden Komponenten der Spannbetonüberbauten sind der Konstruktionsbeton, die Betonstahlbewehrung und die Spannglieder. Für die Sicherheit der Tragwerke unter Einbeziehung des Faktors Zeit ist es von entscheidender Bedeutung, daß die Komponenten die ihnen zugedachte Funktion auf Dauer zuverlässig erfüllen.

Sicherheitsrisiken können sich dann ergeben, wenn infolge von Mängeln oder Schäden letztlich eine Minderung der Tragfähigkeit einzelner Komponenten erfolgt, die z. B. wegen fehlender Dauerhaftigkeit durch unterlassene Instandsetzung entsteht.

Für den Konstruktionsbeton von Spannbetonüberbauten stellen üblicherweise lediglich Frost- und Tausalzeinwirkungen im Falle von Durchfeuchtungen im Bereich der Fahrbahnplatten eine Gefahr dar. Selbst bei den älteren Bauwerken, die infolge Frost-Tausalzeinwirkung eine größere Schädigung des Konstruktionsbetons im Bereich der Fahrbahnplatte erleiden können, ist die Möglichkeit eines Tragwerksversagens bei den üblicherweise nur geringen Schadenstiefen als äußerst unwahrscheinlich einzuschätzen.

Kritischer sind dagegen die Stahleinlagen zu bewerten. Während es bei der Betonstahlbewehrung ausreicht, durch eine zuverlässige Betondeckung in Verbindung mit der Rissebeschränkung die Korrosion an der Stahloberfläche zu begrenzen, muß bei den Spannstählen jegliche Depassivierung der Stahloberfläche während der Lebensdauer vermieden werden, da bei einer Aktivierung der Stahloberfläche Spannstahlbrüche infolge Korrosion u. U. in Verbindung mit Ermüdungsbeanspruchung auftreten können. Aus diesem Grunde stellen nicht verpreßte Spannglieder sehr ernstzunehmende Ausführungsmängel dar.

Die Frage nach einem möglicherweise systembedingten technischen Risiko von Spannbetonüberbauten gilt also hauptsächlich der Sicherstellung eines dauerhaften Korrosionsschutzes der Spannstähle.

Der Gefahr von Ermüdungsbrüchen, die auch bei dauerhaftem Korrosionsschutz der Spannstähle im Bereich der Koppelfugen von Bedeutung ist, wird durch den Nachweis der Dauerschwingfestigkeit begegnet.

14.2 Einfluß des Tragwerkskonzepts auf die Bauwerkssicherheit

Bei Angriff von Chloriden (Tausalzlösungen) infolge schadhafter Abdichtung und Entwässerung (vgl. Teil III) ist eine erhöhte Gefahrenstufe gegeben. Risse im Beton stellen dann eine ernsthafte Unterbrechung des Korrosionsschutzes der Spannstähle dar.

Sobald ein kritischer Chloridgehalt im Bereich eines Spannglieds überschritten ist, kann auf Dauer ein Versagen nicht ausgeschlossen werden, sofern die übrigen für die Korrosion notwendigen Voraussetzungen, ausreichender Sauerstoffzutritt und ausreichender Feuchtigkeitsgehalt, gleichzeitig erfüllt sind.

Dem Ausfall der Spannbewehrung infolge Korrosion bzw. Ermüdung wird im nachfolgenden Abschnitt qualitativ nachgegangen.

Da auf absehbare Zeit weiterhin mit einem – wenn auch verminderten – Einsatz von Tausalz zu rechnen ist, sind unabhängig von derartigen Risikobetrachtungen zusätzlich zu den bereits vorhandenen konstruktiven Schutzvorkehrungen (Abdichtung, Entwässerung, Betondeckung) weitere Schutzvorkehrungen dringend zu empfehlen.

Es besteht insbesondere ein Bedarf nach dauerhaft dichten Hüllrohren. Diese befinden sich derzeit noch in der Entwicklung. Derartige Hüllrohre, die auch eine ausreichende Sicherheit gegen Ermüdungsbruch im Bereich von Rissen besitzen müssen, würden einen erheblichen Beitrag zur Gewährleistung der Tragwerkssicherheit auf Dauer bedeuten.

Eine weitere Möglichkeit besteht in der Anwendung der externen Vorspannung, die bereits mehrfach im Bereich der Brückensanierung eingesetzt wurde. So wurde z. B. durch eine Unterspannung ein Brückenfeld der Vorlandbrücke zur Mainbrücke Hochheim verstärkt (Bild 153 und 154), bei dem im äußeren Randträger des vierstegigen Plattenbalkenquerschnitts drei von sieben Spanngliedern als nicht mehr tragfähig beurteilt werden mußten. Nach dieser Methode wurde die erste vorgespannte Massivbrücke überhaupt, die von Dischinger entworfene Brücke in Aue/Sachsen, im Jahre

Bild 153. Verstärkung eines Brückenfelds der Hochstraße zur Mainbrücke Hochheim durch Anwendung der externen Vorspannung (Untersicht)

234   14 Zur Tragwerkssicherheit der Spannbetonbrücken

Bild 154. Durch Anwendung der externen Vorspannung verstärktes Brückenfeld der Hochstraße zur Mainbrücke Hochheim (Schrägansicht)

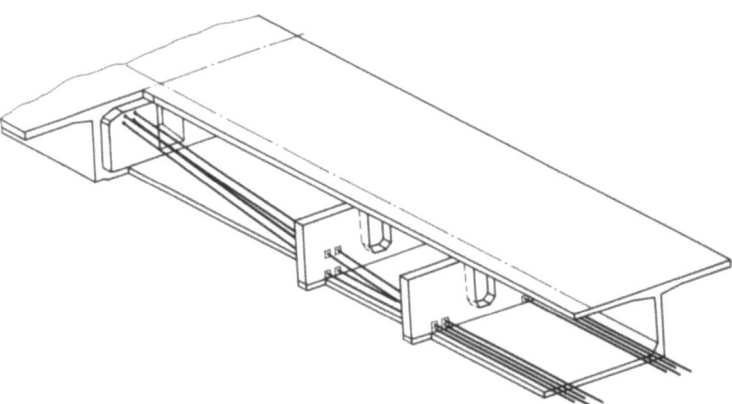

Bild 155. Externe Vorspannung eines durchlaufenden Kastenträgers. Umlenkung der Spannkabel an Querschotten [80]

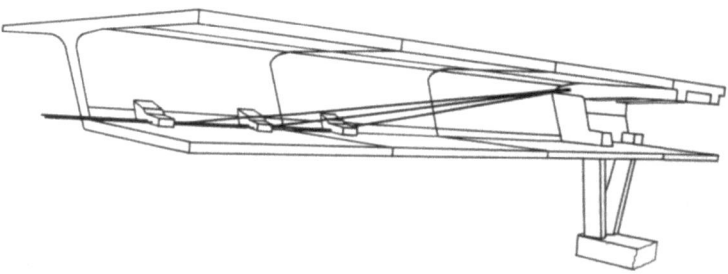

Bild 156. Externe Vorspannung eines durchlaufenden Kastenträgers. Umlenkung der Spannkabel an Umlenkhöckern [80]

14.2 Einfluß des Tragwerkskonzepts auf die Bauwerkssicherheit   235

1935–1936 von Dyckerhoff & Widmann ausgeführt. Dischinger ließ sich seine Erfindung am 8. 12. 1934 patentieren. Die Patenterteilung wurde am 1. 10. 1942 bekanntgemacht (Patentnummer 727 429). Die externe Vorspannung wird seit einigen Jahren in den USA und in Frankreich im Brückenbau wieder häufiger angewendet (Bild 155 und 156).

Die externe Vorspannung bietet eine Reihe von Vorteilen (vgl. hierzu auch [80]):

- Durch die Führung der Spannkabel im Inneren eines robusten Stahlbeton-Kastenträgers sind bessere Voraussetzungen für den dauerhaften Korrosionsschutz der Spannstähle, für ihre Überwachung und Kontrolle sowie bei entsprechender Konstruktion für eine Auswechselbarkeit gegeben. Der Korrosionsschutz der Spannstähle kann zusätzlich durch Verwendung von besonders dichten Kunststoff- oder Stahlhüllrohren verbessert werden, die zudem noch Schutz vor einem unkontrolliert reißenden Spannglied bieten können.
- Der Bauvorgang wird vereinfacht, da das Verlegen der Spannglieder in den Stegen und evtl. in den Gurten entfällt.
- Durch Verlegen der Vorspannung außerhalb der Stege werden die Betonierbedingungen verbessert, die Qualität der Bauausführung kann gesteigert werden. Die Stege können teilweise dünner werden, was zu einer Einsparung an Eigengewicht der Konstruktion führt.
- Bei externer Vorspannung ergeben sich bessere Bedingungen für das Verpressen und den Korrosionsschutz der Spannglieder während der Bauphase. Es kann während des Betoniervorganges kein Beton oder Anmachwasser in die Hüllrohre eindringen und zu Verstopfern oder korrosiven Vorschädigungen führen.

Diese Vorteile wiegen bei weitem die Nachteile eines erhöhten Stahlbedarfs auf.

In Querrichtung ist die Anwendung der externen Vorspannung allerdings kaum möglich. Es besteht aber die Möglichkeit, lediglich betonstahlbewehrte Fahrbahnplatten ohne jegliche Vorspannung auszuführen.

Eine weitere erfolgversprechende Entwicklung stellt die Verwendung von kunstharzgebundenen Glasfasern in sogenannten Hochleistungs-Verbundstäben (HLV-Spannglieder) als Alternative zum Spannstahl dar. Hochleistungs-Verbundstäbe sind ebenso zugfest wie Spannstahl, außerdem aber noch korrosionsbeständig. Der erste praktische Einsatz erfolgte 1980 an der Fußgängerbrücke „Lünensche Gasse", die im Auftrag des Brücken- und Tunnelbauamts der Stadt Düsseldorf errichtet wurde [97].

Derzeit wird von der Arbeitsgemeinschaft HLV-Elemente, Strabag Bau-AG und Bayer AG ebenfalls im Auftrag des Brücken- und Tunnelbauamts Düsseldorf als Demonstrationsvorhaben des Bundesministers für Forschung und Technologie (BMFT) im Zuge der AS Südring die Straßenbrücke Ulenbergstraße ausgeführt. Die Vorspannung erfolgt mit HLV-Spanngliedern.

14.2.3 Ausfall-Szenarien: Vergleich Einfeldtragwerke – Durchlaufträger

„Singuläre" Risiken, wie z. B. das Ablaufen einer Lagerrolle an der Vorlandbrücke der Mainbrücke bei Hochheim (vgl. Abschnitt 8.2), werden nicht weiter betrachtet. Derartige Risiken sind nicht systembedingt bzw. einer bestimmten Bauweise zuzuordnen. Sie treten zudem ausgesprochen selten auf.

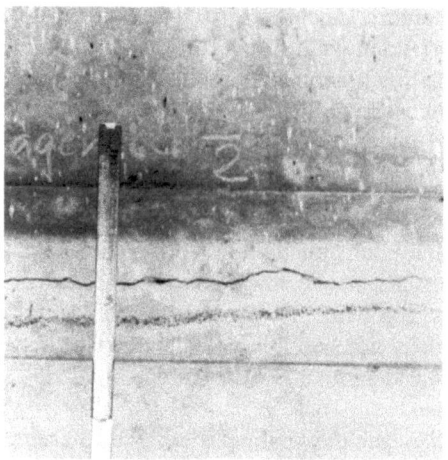

Bild 157. Längsrisse in den Stegen eines Einfeldtragwerks aus Spannbetonfertigteilen entlang der Spannglieder

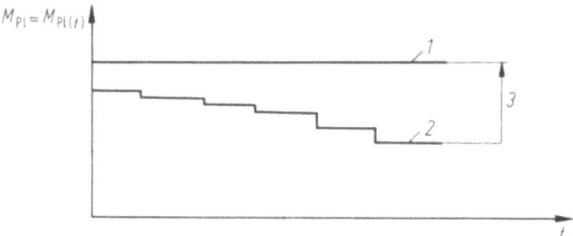

Bild 158. Möglicher Verlust an Tragfähigkeit eines Querschnitts im Laufe der Zeit bei nicht ordnungsgemäß verpreßten Hüllrohren. *1* Querschnittstragfähigkeit bei sachgerechter Ausführung und dauerhaft wirksamem Korrosionsschutz der Spannglieder; *2* Querschnittstragfähigkeit bei teilweise nicht verpreßten Hüllrohren (Ausfall einzelner Spannglieder infolge Korrosion und Ermüdung); *3* durch Instandsetzung Verbesserung der Tragfähigkeit

Mögliche Ursachen für den Ausfall der Spannbewehrung können Spannstahlbrüche infolge Korrosion oder Ermüdung bzw. das Zusammenwirken beider Einflüsse sein.

Auch bei Einfeldtragwerken kann unter ungünstigen Voraussetzungen der Ausfall eines Teils der Spannglieder nicht ausgeschlossen werden (siehe z. B. auch [12]). In Einfeldtragwerken treten zwar im Gegensatz zu den statisch unbestimmten Durchlaufträgern in der Regel weniger Biegezugrisse auf. Es wurden aber an diesen Bauwerken teilweise Risse in den Stegen längs der Spannglieder (Bild 157), in den Fahrbahnplatten und an den Trägerenden, wo die Vorspannkraft noch nicht voll in den Gesamtquerschnitt eingetragen ist, begünstigt durch Spaltzugkräfte, festgestellt. Im letzteren Fall stellt vor allem das Einsickern von Tausalzlösungen unter nicht mehr wasserdichten Fahrbahnübergängen eine erhöhte Gefahr dar.

Durch den Ausfall einzelner Spannglieder im Laufe der Zeit sinkt die Querschnittstragfähigkeit ab. Ist bei der Bauausführung ein Teil der Hüllrohre nicht ordnungsgemäß verpreßt worden, fehlt wegen des nicht vorhandenen Verbunds bereits von Anfang an ein Teil der Querschnittstragfähigkeit (Bild 158).

14.2 Einfluß des Tragwerkskonzepts auf die Bauwerkssicherheit

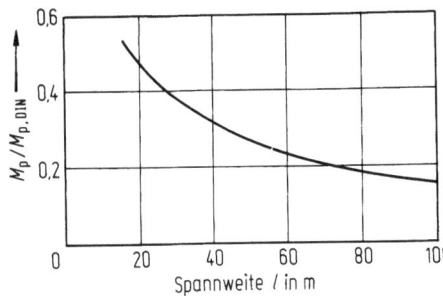

Bild 159. Die Biegemomente infolge des fließenden Verkehrs betragen Messungen zufolge in Abhängigkeit von der Spannweite nur einen Bruchteil der Bemessungswerte gemäß DIN 1072

Beim Versagen einzelner Spannstähle werden Kräfte freigesetzt, die sich auf die übrigen Spannstähle umlagern müssen. Dadurch nehmen in diesen die Spannungen, mithin auch die Dehnungen zu. Infolge der Dehnungszunahme ist mit Rißbildungen im Beton – die Bruchdehnung des Betons auf Zug liegt in der Größenordnung von nur ca. 0,1‰ – sowie einem weiteren Öffnen bereits vorhandener Risse zu rechnen.

Bei normaler Verkehrsführung betragen die Biegemomente aus dem fließenden Verkehr, wie Messungen an Brücken im Zuge von Autobahnen ergeben haben, nur einen Bruchteil der Biegemomente infolge der Verkehrslasten gemäß DIN 1072 (Bild 159). Bei einem Stau werden die Momente zwar größer, allerdings dürften auch in derartigen Fällen bei normaler Verkehrsführung innerhalb des für Talbrücken interessierenden Spannweitenbereichs von etwa 30 bis 100 m die Momente die Hälfte der Bemessungswerte gemäß DIN 1072 nicht überschreiten. Bei einer 4 + 0 Verkehrsführung im Zuge von Instandsetzungen im Bereich der Fahrbahnfläche eines Überbaus können jedoch die Biegemomente aus Verkehr bei einem Stau die Größenordnung der Bemessungswerte erreichen. Dies kann auch bei Überfahrten von Schwertransporten auftreten.

Ein unter äußerst ungünstigen Voraussetzungen denkbares Versagensszenarium könnte nun darin bestehen, daß der Verlust an Tragfähigkeit nicht bemerkt wird und gleichzeitig einem Schwertransport die Genehmigung zur Überfahrt erteilt wird.

Fährt ein Schwertransport auf ein Einfeldtragwerk, wachsen die Biegemomente infolge der Verkehrslasten an. Erreichen diese in Überlagerung mit den Biegemomenten aus den ständig wirkenden Lasten an einer Stelle das maximal aufnehmbare Grenzmoment des Querschnitts $M_{pl}(t)$, stellt sich eine kinematische Kette ein. Der einfeldrige Längsbalken erreicht seinen Grenzzustand der Tragfähigkeit, sobald an einer Stelle die Tragfähigkeit erschöpft ist (Bild 160).

Bei einem durchlaufenden Überbau, der beispielsweise über einer Innenstütze infolge des Ausfalls eines Teils der Spannglieder nicht mehr die volle Tragfähigkeit aufweist, wachsen die Biegemomente im Feld und über den Stützen zunächst ebenfalls an. Erreichen die Biegemomente über der betroffenen Innenstütze das plastische Grenzmoment des Querschnitts, so stellt sich dort ein plastisches Gelenk ein (Fließgelenk). Da das Moment dort in der Folge nicht mehr weiter anwachsen kann, wachsen die Momente im Feld und über der zweiten Innenstütze des Felds entsprechend schneller an. Wird auch im Feld die Grenztragfähigkeit des Querschnitts erreicht, können sich die Momente noch zu der noch nicht voll ausgenutzten Innenstütze umlagern, bis auch dort ein Fließgelenk entsteht. Erst dann liegt eine kinematische Kette vor, d.h. ist der Grenzzustand der Tragfähigkeit des durchlaufenden Überbaus erreicht (Bild 161).

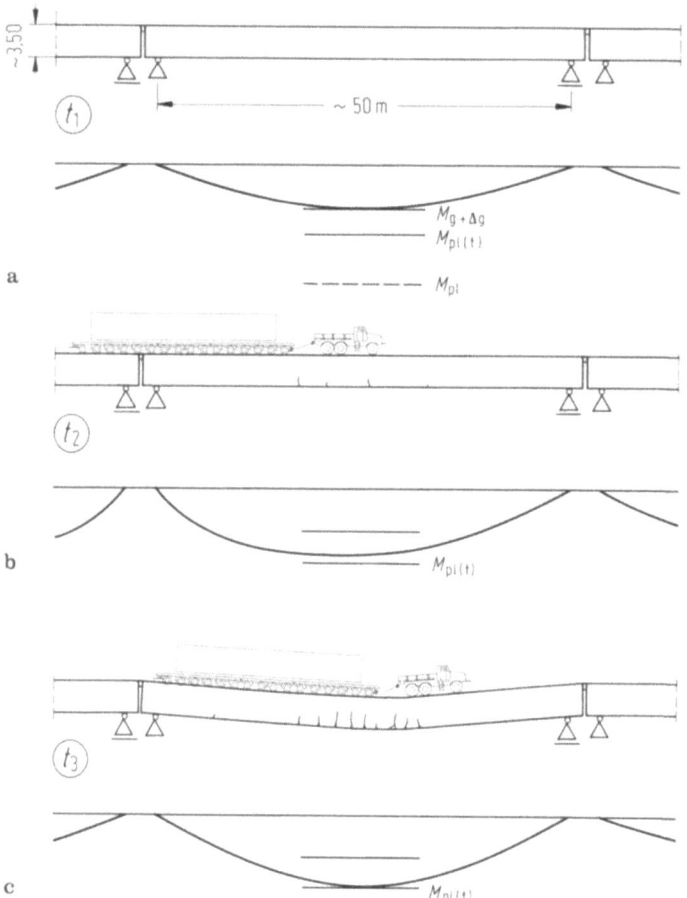

Bild 160 a–c. Der einfeldrige Längsbalken versagt, sobald an einer Stelle die Tragfähigkeit des Querschnitts erschöpft ist. **a** Biegemomente aus ständiger Last; **b** Biegemomente aus ständiger Last und Schwertransport; **c** Biegemomente im Grenzzustand der Tragfähigkeit. $M_{g+\Delta g}$ Biegemoment aus ständiger Last; $M_{pl(t)}$ verbliebene Querschnittstragfähigkeit nach dem Ausfall einzelner Spannglieder; M_{pl} rechnerische Querschnittstragfähigkeit bei planmäßigem Bauwerkszustand

Bild 161 a–d. Der Durchlaufträger weist Systemreserven auf. Erst nach Bildung von drei Fließgelenken kommt es zum Tragwerksversagen. **a** Biegemomente aus ständiger Last; **b** Biegemomente aus ständiger Last und Schwertransport, Fließgelenkbildung an der geschwächten Stelle über der Stütze; **c** Biegemomente aus ständiger Last und Schwertransport, Fließgelenke über der Stütze und im Feld; **d** Biegemomente im Grenzzustand der Tragfähigkeit, Fließgelenke über den Stützen und im Feld. $M_{g+\Delta g}$ Biegemoment aus ständiger Last; $M_{pl(t)}$ verbliebene Querschnittstragfähigkeit nach dem Ausfall einzelner Spannglieder; M_{pl} rechnerische Querschnittstragfähigkeit bei planmäßigem Bauwerkszustand

14.2 Einfluß des Tragwerkskonzepts auf die Bauwerkssicherheit

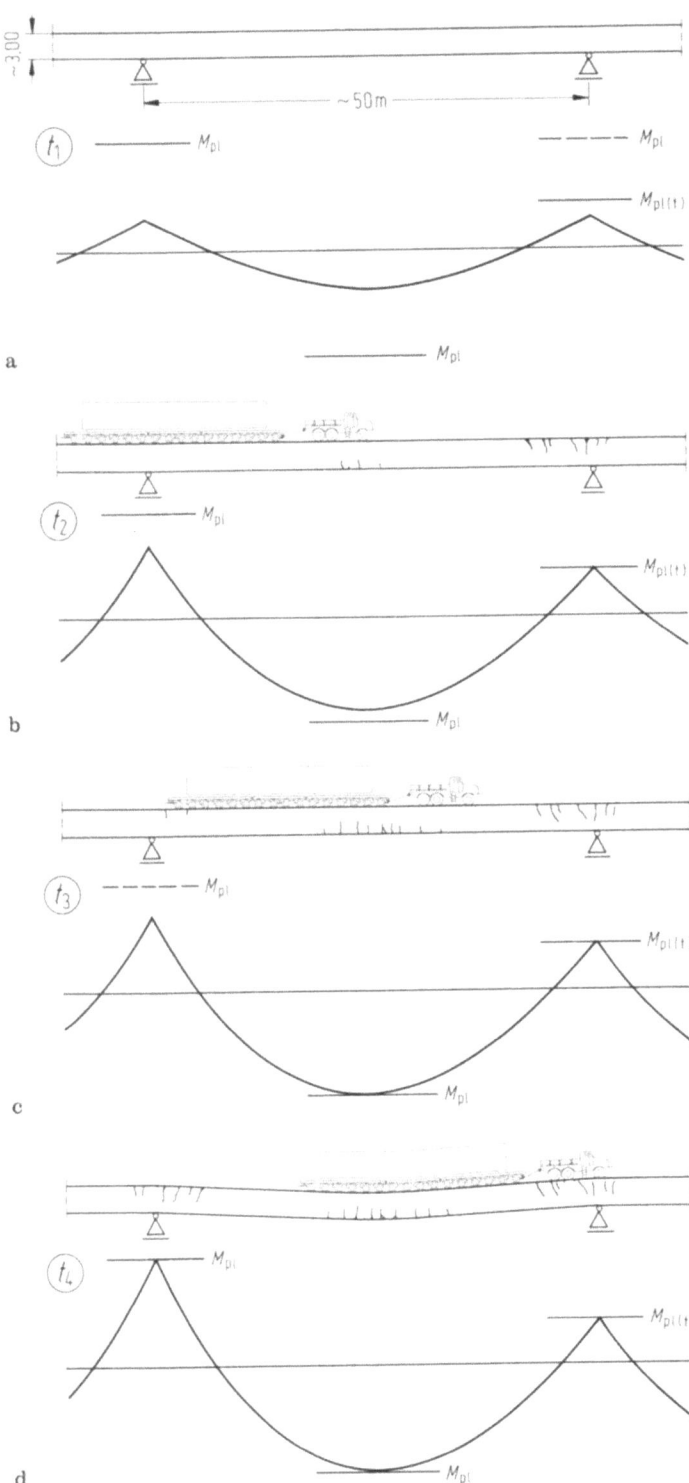

Bild 162. Durchlaufender Spannbeton-Versuchsbalken im Grenzzustand der Tragfähigkeit [93]

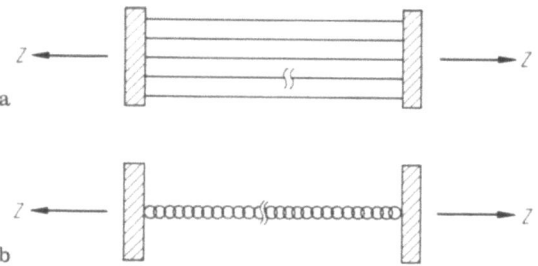

Bild 163a und b. Vergleich der systembedingten Zuverlässigkeit. **a** Parallelsystem (entspricht statisch unbestimmtem Tragwerk, z. B. Durchlaufträger); **b** Reihensystem (entspricht statisch bestimmtem Tragwerk, z. B. Einfeldträger). Z Zugkraft

Der Grenzzustand der Tragfähigkeit des Durchlaufträgers ist demnach im Gegensatz zum Einfeldträger noch nicht erreicht, wenn an einer Stelle der Querschnitt erschöpft ist. Es bestehen noch Umlagerungsmöglichkeiten, die eine Systemreserve darstellen und die bei der bisher in Deutschland üblichen Bemessung nicht ausgenutzt werden.

Zur vollständigen Ausnutzung der Traglast im Grenzzustand der Tragfähigkeit muß eine ausreichende Rotationsfähigkeit in den plastifizierten Bereichen (Fließgelenke) gegeben sein, damit die Momentenumlagerung überhaupt möglich ist. Der Überbau der Mainbrücke bei Hochheim z. B. hat nach dem Ablaufen der Lagerrolle ausreichende Duktilität bewiesen. Bei einem Pfeilerabstand von 35,40 m wurde immerhin eine Stützensenkung von 36 cm bewältigt.

In Bild 162 ist ein durchlaufender Spannbeton-Versuchsbalken im Grenzzustand der Tragfähigkeit zu sehen. Die Fließgelenkkette ist deutlich zu erkennen. Daneben gehen aus dem Bild sehr deutlich die zugehörigen großen Durchbiegungen hervor (Versagen mit Vorankündigung!).

Das Einfeldtragwerk verhält sich sinngemäß wie ein Reihensystem, der Durchlaufträger wie ein redundantes Parallelsystem. Fällt bei einem Reihensystem nur eines der Elemente aus, versagt das System insgesamt (Bruch durch Versagen des schwächsten Kettenglieds). Hingegen versagt ein Parallelsystem erst dann, wenn alle seine Elemente ausgefallen sind (Bild 163).

Bei den vorangegangenen Überlegungen wurde unterstellt, daß der Schwertransport in Fahrbahnmitte fährt und der Überbauquerschnitt als Ganzes versagt.

Dagegen besteht natürlich auch die Möglichkeit des Versagens nur einzelner Hauptträger. In diesem Fall besteht bei Einfeldtragwerken mit drei- oder vierstegigem Plattenbalkenquerschnitt bei Versagen von Innenträgern noch eine gewisse Möglichkeit, Kräfte in Querrichtung über die Fahrbahnplatte und Querträger in die benachbarten Längsträger umzulagern. Da die Fahrbahnplatte bei Ausfall eines Innenlängsträgers aber die doppelte Spannweite erhält, sind dieser Möglichkeit Grenzen gesetzt. Bei Versagen eines Randträgers sind die Voraussetzungen für eine derartige Umlagerungsmöglichkeit in Querrichtung noch weit ungünstiger.

Bei Hohlkästen, die bei Talbrücken nur als Durchlaufträger ausgebildet sind, besteht immer die Möglichkeit der Kräfteumlagerung in Längsrichtung. Der zweizellige Hohlkasten weist jedoch gegenüber dem einzelligen Hohlkasten analog zum dreistegigen Plattenbalken zusätzliche Umlagerungsmöglichkeiten auch in Querrichtung auf.

Bezüglich der Vorankündigung durch Rißbildung im Falle des Ausfalls einiger Spannglieder sind die Kragplatten in Querrichtung kritischer anzusehen als die Hauptträger in Längsrichtung, da sich die Zugzone unterhalb des Belages befindet.

14.3 Schlußfolgerungen, Wertung

Es gibt keine *absolute* Bauwerkssicherheit, sondern nur eine sehr hohe Wahrscheinlichkeit, daß die Bauwerke bis zum vorgesehenen Ende der Nutzungsdauer sicher und gebrauchsfähig sind. Bauwerke weisen aber eine sehr kleine Wahrscheinlichkeit des Zusammenbruchs auf.

Zur Abwehr von Gefährdungen im Zusammenhang mit Spannbetonbrücken hat sich im Laufe der Zeit ein sehr umfassendes und wirkungsvolles Sicherheitskonzept herausgebildet. Dabei stellt letztlich Erfahrung die wesentliche Grundlage dar, die nicht zuletzt auch anhand aufgetretener Schadensfälle gewonnen wurde. Ausfälle sind geeignete und zwingende Ausgangspunkte für Sicherheitsüberlegungen.

Es hat sich gezeigt, daß das alleinige Führen der Tragfähigkeitsnachweise in der statischen Berechnung nicht ausreichend ist, um dauerhaft sichere Bauwerke zu erhalten. Der Konstruktion und der Ausführungsqualität kommen darüber hinaus entscheidende Bedeutung zu. Neben den lastabhängigen muß auch den lastunabhängigen Einwirkungen, einschließlich den Einflüssen aus der Umwelt, für alle Bauwerkskomponenten Rechnung getragen werden. Das gesamte Bauwerk mit all seinen einzelnen Komponenten ist durch eine werkstoffgerechte Konstruktion so auszubilden, daß es unter den möglichen Einwirkungen dauerhaft und standsicher bleibt.

Bei schadhafter Abdichtung und Entwässerung sowie nicht mehr wasserdichten Fahrbahnübergängen besteht für die Spannglieder eine erhöhte Gefahr durch das Eindringen von Tausalzlösungen in den Konstruktionsbeton.

Aufgrund des umfassenden Sicherheitskonzepts, in dem der regelmäßigen Überwachung und Prüfung der Bauwerke sehr hohe Bedeutung zukommt, ist das Risiko des Einsturzes einer Spannbetonbrücke als sehr unwahrscheinlich einzuschätzen. Bei einem entscheidenden Verlust an Tragfähigkeit eines Spannbetonüberbaus durch den Ausfall eines Teils der Spannstähle ist in der Regel mit ausgeprägten Rißbildungen und einer Zunahme der Durchbiegungen als Vorankündigung zu rechnen, so daß ein rechtzeitiges Eingreifen möglich ist.

15 Der Finanzbedarf zur Erhaltung der Brückenbauwerke

15.1 Vorbemerkungen

Um die Brücken in einem ordnungsgemäßen baulichen Zustand erhalten und um jederzeit ihre Standsicherheit garantieren zu können, müssen die einzelnen Bauwerke in regelmäßigen Zeitabständen überwacht und geprüft werden (Kapitel 5). Dabei festgestellte Mängel und Schäden müssen in Abhängigkeit von ihrem Ausmaß und ihrer Auswirkung in angemessenen Zeiträumen beseitigt werden. Die Maßnahmen zur Erhaltung der Bauwerke erfordern aber finanzielle Aufwendungen.

Der Finanzbedarf zur Erhaltung des Brückenbestands setzt sich zusammen aus den Kosten für die Überwachung und Prüfung der Bauwerke, den Kosten für die laufende Unterhaltung und Instandsetzung der Bauwerke sowie den Kosten für die Ersatzbauwerke von abgängigen Brücken (Bild 164). Die Bauwerksunterhaltung beinhaltet regelmäßige Wartung und Durchführung kleinerer Reparatur- und Baumaßnahmen, mit der Zielsetzung, einzelne Bauteile vor vorzeitigem Verschleiß und die Gesamtbauwerke vor größeren Schäden zu bewahren. Sie erfolgt je nach Umfang fallweise durch den Kolonneneinsatz der Straßenmeistereien oder im Unternehmereinsatz. Die Instandsetzung der Bauwerke aufgrund größerer Mängel und Schäden sowie die Erneuerung von Verschleißteilen wie Belag, Fahrbahnübergänge, Lager etc., erfolgt grundsätzlich im Unternehmereinsatz.

Stahlbrücken erfordern in regelmäßigen Zeitabständen eine Erneuerung des Korrosionsschutzes und Anstrichs, was ständige Unterhaltungskosten verursacht. Dies war im Stahlbrückenbau von Anfang an eine selbstverständliche Tatsache. So wurden schon relativ frühzeitig Untersuchungen zur systematischen Ermittlung dieser Kosten durchgeführt (z. B. [81]).

In den Anfängen des Spannbetonbrückenbaus galt die These „Beton rostet nicht und braucht deshalb keinen immer wieder zu erneuernden Korrosionsschutzanstrich", d.h. man ging davon aus, daß Massivbrücken im Gegensatz zu Stahlbrücken nahezu wartungsfrei sind. Die systematische Erfassung der Erhaltungskosten wurde demzufolge nicht für notwendig und dringlich gehalten. Zudem wurden die Kapazitäten der Straßenbauverwaltungen in der Vergangenheit überwiegend im Bereich der Planung, Bauvorbereitung und Abwicklung von Bauvorhaben eingesetzt [82]. Aus diesen Gründen liegen für die Erhaltung von Spannbetonbrücken keine systematisch erfaßten Kosten vor. Erst mit zunehmender Erkenntnis der Bedeutung und des Ausmaßes der Bauwerkserhaltung wurde damit begonnen, die Erhaltungskosten systematisch zu erfassen. Eine bundesweite systematische Erfassung wird seit 1981 durch das Bundesministerium für Verkehr durchgeführt (siehe Abschnitt 15.4).

Die systematische Erfassung der Kosten sowie der Kostenentwicklung stellt die Basis für die Ermittlung der notwendigen Finanzmittel für eine mittel- oder längerfri-

15.1 Vorbemerkungen

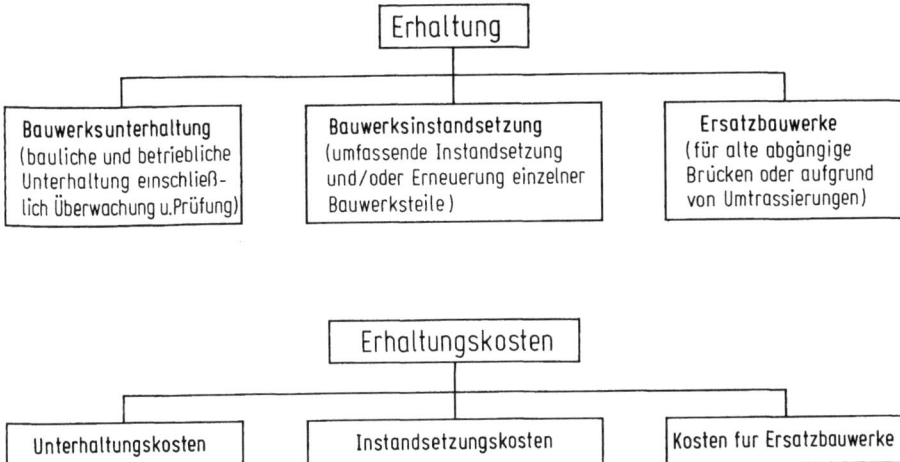

Bild 164. Kosten im Bereich der Bauwerkserhaltung nach [85]

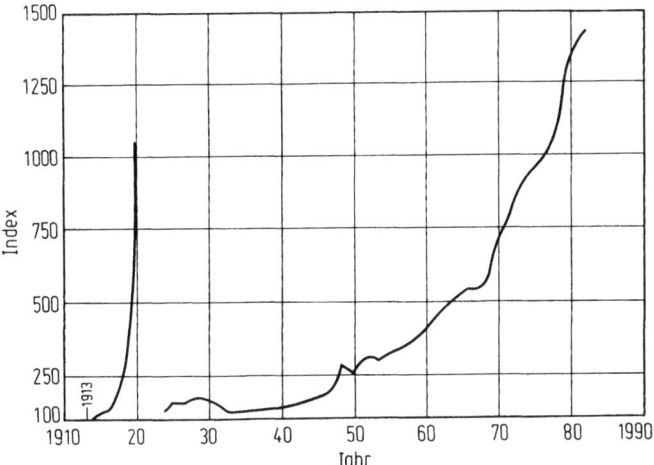

Bild 165. Entwicklung des Baupreisindexes auf der Basis 1913 = 100

stige Haushaltsplanung dar. Die rechtzeitige Bereitstellung der erforderlichen Mittel ist notwendig, um das Straßennetz in verkehrssicherem und funktionsfähigem Zustand zu erhalten.

Desweiteren eröffnet die systematische Erfassung der Erhaltungskosten die Möglichkeit, Rückschlüsse auf die Wirtschaftlichkeit verschiedener Bauweisen, Bauverfahren, einzelner Bauteile etc. zu ziehen.

Bei der Diskussion der Erhaltungskosten für Spannbetonkonstruktionen ist die Entwicklung des Baupreisindexes zu beachten (Bild 165). Die Herstellungskosten für den Hochbau und den Brückenbau steigen seit über 50 Jahren, von konjunkturbedingten kurzfristigen Schwankungen einmal abgesehen, kontinuierlich um ca. 5 bis

6% jährlich. Dies wurde bei der Berichterstattung bezüglich der Erhaltungskosten von Spannbetonbrücken in der Presse und den öffentlichen Medien bedauerlicherweise nicht berücksichtigt, wodurch ein verzerrtes Bild entstand. So wurden unzulässigerweise, ohne Berücksichtigung der allgemeinen Baupreissteigerungen, die Herstellungskosten einer in den Jahren 1962–1964 erbauten Spannbetonbrücke (Brückenfläche ca. 35.000 m²) von ca. 20 Mio DM den in den Jahren 1984–1985 angefallenen Instandsetzungskosten von ca. 30 Mio DM gegenübergestellt. Unter Berücksichtigung der Baupreissteigerungen im Brückenbau beträgt im Jahre 1985 der Wiederbeschaffungswert dieses Bauwerks aber ca. 60 Mio DM. Dieser Betrag ist korrekterweise den Instandsetzungskosten gegenüberzustellen.

15.2 Kosten für die Prüfung der Straßenbrücken

Die Kosten für die Brückenprüfungen gemäß DIN 1076 durch die Brückenprüftrupps setzen sich zusammen aus

- Personalkosten,
- Gerätekosten,
- sonstigen Kosten und
- allgemeinen Geschäftskosten.

Diese Kosten wurden von der Straßenverwaltung Rheinland-Pfalz zusammengestellt [83]. Demgemäß betragen die Gesamtkosten pro Jahr für einen

- Standardprüftrupp   236.000,–DM/Jahr
  und für einen
- Prüftrupp mit Besichtigungsgerät   557.000,–DM/Jahr
  (Preisniveau 1982).

Die mittlere jährliche Prüfleistung eines Standardprüftrupps beläuft sich auf ca. 135.000 m² Brückenfläche. Mithin betragen die mittleren Prüfkosten pro m² Brückenfläche

$$\frac{236.000}{135.000} = 1{,}75 \text{ DM/m}^2.$$

Alle Brücken werden durch Standardprüftrupps geprüft. Große und hohe Brücken werden zusätzlich mit straßengängigen Besichtigungswagen geprüft [84].

Die mittlere jährliche Prüfleistung eines Prüftrupps mit mobilem Brückenbesichtigungsgerät liegt bei ca. 130.000 m² Brückenfläche. Die mittleren Prüfkosten pro m² Brückenfläche betragen hier

$$\frac{557.000}{130.000} = 4{,}28 \text{ DM/m}^2.$$

Bei Bauwerken, die zusätzlich mit dem mobilen Besichtigungsgerät geprüft werden, überlagern sich die Beträge für die beiden Prüftrupps anteilig, in Abhängigkeit von den jeweiligen Gegebenheiten.

15.2 Kosten für die Prüfung der Straßenbrücken

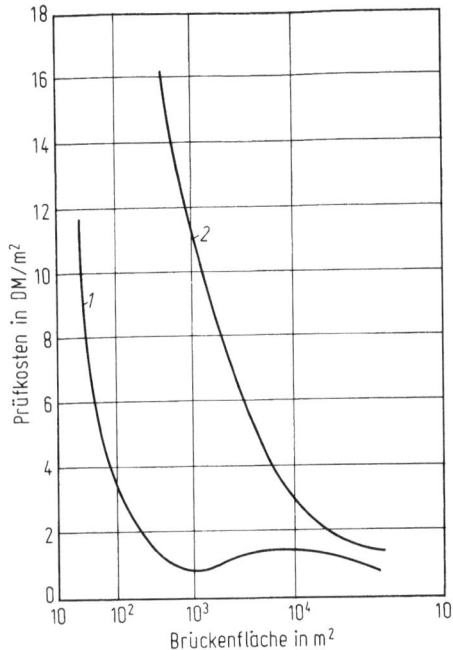

Bild 166. Prüfkosten in Abhängigkeit von der Brückenfläche [83]. *1* Standardprüftrupp; *2* Prüftrupp mit mobilem Besichtigungsgerät

Bei den auf die Brückenfläche bezogenen Beträgen handelt es sich, wie bereits erwähnt, um Mittelwerte. Die Prüfkosten schwanken in Abhängigkeit von der Brückenfläche zwischen ca. 1 DM/m² bis zu ca. 15 DM/m² Brückenfläche (Bild 166). So ist bei neuen und großen Brücken mit bestmöglichen Besichtigungseinrichtungen, wie stationären Prüfwagen, Leitern, Podesten, Ein- und Durchstiegsöffnungen und eingebauter Beleuchtung in Überbauten und Pfeilern der Prüfaufwand am geringsten; er kann bei diesen Bauwerken bis auf ca. 1,– DM/m² absinken. Es lohnt sich also, Brücken „prüffreundlich" und damit „pflegeleicht" zu konstruieren und auszustatten.

Bei kleinen und alten Brücken mit z. B. durch Wasserläufe behinderter Zugänglichkeit, bei denen man nur mit Schlauchboot, Leiter oder Hilfsgerüst an Lager und Gelenke, Fugen und Entwässerungsleitungen heran kann, können die Kosten bis auf ca. 15,– DM/m² ansteigen [82, 84].

Der in Bild 166 in der Kurve *1* ausgewiesene leichte Kostenanstieg für einen Standardprüftrupp bei Bauwerken mit Flächen größer 1.000 m² wird in [83] darauf zurückgeführt, daß es sich bei diesen Bauwerken möglicherweise vornehmlich um Talbrücken handelt, die aufgrund der höheren Pfeiler gegenüber den kleineren Brücken einen zusätzlichen Prüfaufwand erfordern.

Gemäß DIN 1076 werden die Bauwerke alle drei Jahre einer Prüfung unterzogen. Der mittlere jährliche Prüfaufwand je m² Brückenfläche ergibt sich mithin anhand von Bild 166 für eine mittlere Talbrücke mit einer Brückenfläche von ca. 10.000 bis 15.000 m² in der Größenordnung von rd. 1,– DM/m² a.

Der Aufwand für die laufende Beobachtung und die jährliche Besichtigung der Brücken ist in den angegebenen Kosten nicht enthalten.

15.3 Angaben zum Finanzbedarf in Veröffentlichungen

Für den mittleren jährlichen Finanzbedarf der Spannbeton-Straßenbrücken in Prozent der Wiederbeschaffungskosten werden in Veröffentlichungen Zahlenwerte zwischen 1 und 2% genannt. Bei den Wiederbeschaffungskosten handelt es sich um die Kosten, die aufgewendet werden müßten, um die gleichen Bauwerke erneut wieder herstellen zu können. Die Ermittlung der Wiederbeschaffungskosten gelingt allerdings nicht frei von gewissen Unsicherheiten.

In den Ablösungsrichtlinien von 1980 [102] wird der mittlere Prozentsatz der jährlichen Unterhaltungskosten für Unterbauten aus Stahlbeton mit 0,5% und für Überbauten aus Spannbeton mit 1,1% angegeben. (Im Vergleich dazu: Überbauten aus Stahlbeton 0,8%, Stahlverbund 1,1%, Stahl 1,2%.)

Allerdings handelt es sich bei den in den Ablösungsrichtlinien enthaltenen Nutzungsdauern und Prozentsätzen der Erhaltungskosten für Brücken lediglich um theoretische Werte, die im wesentlichen auf Schätzungen, aber nicht auf umfangreichen statistischen Erhebungen beruhen. Die Werte wurden lediglich für Verwaltungszwecke festgelegt. Wechselt nämlich für eine Brücke die für die Erhaltung zuständige Verwaltung, so entstehen für die neuen Baulastträger durch die notwendigen Erhaltungsmaßnahmen für das Bauwerk zusätzliche Kosten. Deshalb erfolgt durch den „Ablösungsbetrag der Erhaltungskosten", der auf der Grundlage der Ablösungsrichtlinien berechnet wird, ein finanzieller Ausgleich.

Die angegebenen Nutzungsdauern gehen zwar teilweise auf Altersstatistiken von Brückenbauwerken der Deutschen Bundesbahn und einiger Straßenbauverwaltungen der Länder zurück, insbesondere für Bauwerksteile aus Spannbeton und in Stahlverbundkonstruktion liegen aber keine gesicherten statistischen Erkenntnisse zugrunde.

Lehmann bezifferte 1979 in [84] für den Zuständigkeitsbereich der Straßenverwaltung Rheinland-Pfalz den mittleren jährlichen Prozentsatz des Finanzbedarfs bezogen auf den Neubauwert aller Bauwerke mit 1,5%. In [82] wurde von Standfuß 1981 ein mittlerer jährlicher Unterhaltungsprozentsatz von 0,8 bis 1,0% des Anlagevermögens angenommen. Scheidler nannte 1982 in [86] für Bayern einen mittleren jährlichen Erhaltungsprozentsatz von 1 bis 1,5%. In [87], vom Januar 1984, wird für die fernere Zukunft ein jährlicher Aufwand für die Erhaltung von bis zu 2% des Anlagewerts als realistisch angesehen.

Nach den von Rabe in Niedersachsen durchgeführten Erhebungen [29] liegt für Überbauten aus Stahlbeton und Spannbeton der errechnete Prozentsatz der jährlichen Erhaltungskosten in einer Größenordnung von 1,5 bis 2,5%. Darin enthalten sind die Aufwendungen für Brückenüberwachung, Brückenprüfung, Instandsetzung durch den Kolonneneinsatz der Straßenmeistereien und Instandsetzung im Unternehmereinsatz.

Der gesamte Brückenbestand (alle Bauweisen) im Zuge von Bundesfernstraßen umfaßte im Jahr 1985 ca. 20 Mio m² Brückenfläche. Bei geschätzten mittleren Herstellungskosten von 2.400 DM/m² belief sich somit das Anlagevermögen im Jahr 1985 auf rd. 48 Mrd. DM.

Auf der Grundlage des Prozentsatzes des jährlichen Finanzbedarfs zur Erhaltung des Bauwerksbestands von 1 bis 2% des Anlagevermögens bedeutet dies, daß in einem ersten Schritt die Größenordnung des Finanzbedarfs auf dem Preisniveau von 1985 mit ca. 0,5 bis 1,0 Mrd DM/Jahr grob eingegrenzt werden kann.

15.4 Erhebung der tatsächlich aufgewendeten finanziellen Mittel für die Erhaltung der Brücken im Zuge von Bundesfernstraßen durch das Bundesverkehrsministerium

Demgegenüber lagen jedoch die gesamten tatsächlich aufgewendeten finanziellen Mittel für die Erhaltung von Brücken und anderen Ingenieurbauwerken im Zuge von Bundesfernstraßen in den Jahren 1981 bis 1984 wesentlich niedriger (Bild 167). Der Grund dafür ist in der Altersstruktur des Brückenbestands zu sehen (Bild 65 und 66). Bezogen auf die Brückenfläche aller Spannbetonbrücken (ca. 65% der Gesamtbrückenfläche) im Zuge von Bundesfernstraßen ist festzustellen, daß ein Anteil von rund 2/3 erst nach 1970 hergestellt wurde. An diesen Bauwerken sind in den Jahren 1981 bis 1984 nur in Ausnahmefällen Instandsetzungsmaßnahmen größeren Umfangs erforderlich gewesen. Aufgrund der bisher vorliegenden Erfahrungen mit instandgesetzten Spannbetonbrücken fielen die ersten großen Instandsetzungsmaßnahmen erst ca. 15 bis 20 Jahre nach der Fertigstellung an.

Die tatsächlichen Ausgaben für die Erhaltung von Brücken und anderen Ingenieurbauwerken an Bundesfernstraßen wuchsen von 178 Mio DM im Jahr 1981 auf

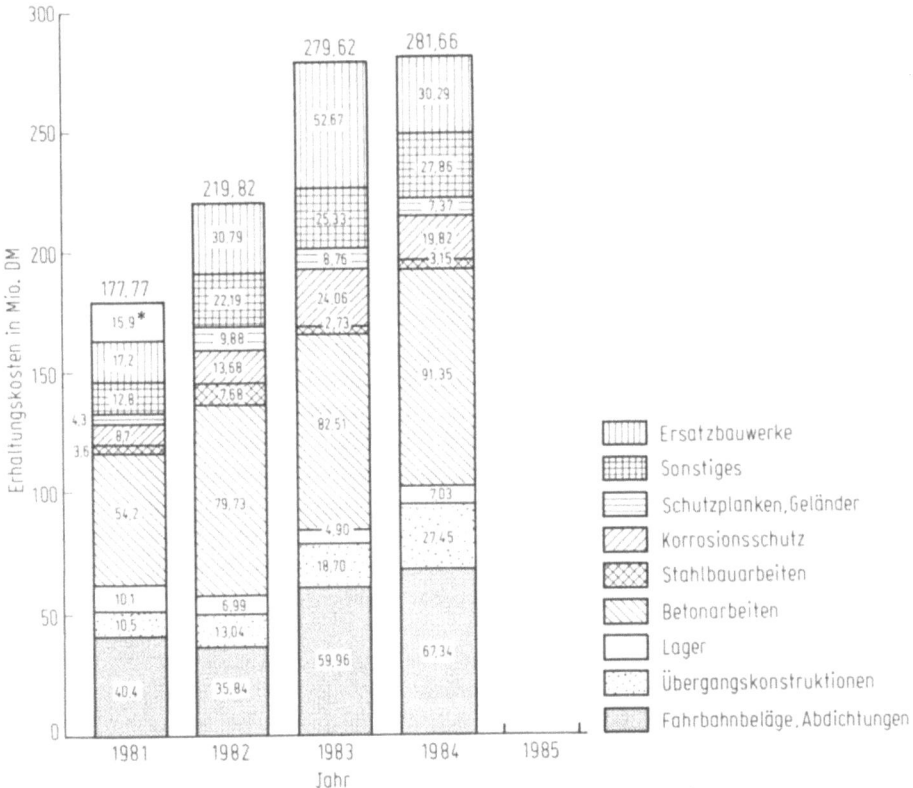

Bild 167. Erhaltungskosten von Brücken und anderen Ingenieurbauwerken an Bundesfernstraßen [31]

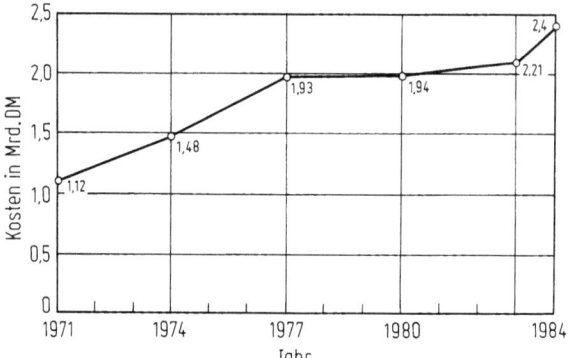

Bild 168. Jährliche Gesamtkosten für die bauliche Unterhaltung und Ersatzinvestitionen (in Mrd. DM) der Bundesfernstraßen [87]

282 Mio DM im Jahr 1984 an (Bild 167). Gemessen an den Gesamtausgaben für die Erhaltung der Bundesfernstraßen, die im Zeitraum von 1981–1984 gemäß [87] von rd. 2 auf 2,4 Mrd. DM anstiegen (Bild 168), entsprach das einem Anteil von 9 bis 13%. Aufgrund der Altersstruktur des Brückenbestands ist jedoch zu erwarten, daß dieser Anteil in Zukunft zunehmen wird.

In den durch das Bundesverkehrsministerium erhobenen Kosten sind die Kosten, die von den bauausführenden Unternehmen im Zuge von Gewährleistungsansprüchen zu übernehmen sind, nicht enthalten.

Rund ⅓ der für Brücken im Zeitraum 1981–1984 aufgewendeten Erhaltungskosten wurde für Betonarbeiten ausgegeben (Bild 167 und 169). Hierunter fallen Instandsetzungen aufgrund von Mängeln und Schäden am Konstruktionsbeton, wie z. B. Ausbessern von Betonfehlstellen, Entrosten und Konservieren verrosteter Bewehrung, Verpressen von Rissen, rißüberbrückende Beschichtungen bzw. Versiegelungen, insbesondere zum Schutz vor Tausalz, nachträgliches Verpressen von Hüllrohren, Erneuerungen massiver Bauteile (z. B. Kappen), Verstärkungen von Überbauten durch Beton- und Stahllaschen oder zusätzliche Spannglieder etc.

Ca. 20% der Gelder wurden für Fahrbahnbeläge und Abdichtungen aufgewendet. Hierunter fallen bei lokal begrenzten Schäden die bereichsweise Ausbesserung bzw. Instandsetzung von Fugenverguß, Belag und Abdichtung oder aber die ganzflächige Erneuerung von Fahrbahnbelag und Abdichtung nach Verschleiß.

13% der Gesamtausgaben von 1981–1984 wurden anteilig für die Zusatzeinrichtungen Übergangskonstruktionen (7%), Lager (3%) und Schutzplanken/Geländer (3%) aufgewendet. Diese Bauteile, die den Verschleißteilen zuzurechnen sind, die gemessen am Gesamtbauwerk nur eine begrenzte Lebensdauer haben, wurden teilweise instandgesetzt und teilweise erneuert.

Bei den Ausgaben für Korrosionsschutz (7%) und Stahlbauarbeiten (2%) ist zu bedenken, daß Stahlbrücken und Verbundbrücken bezogen auf die Brückenfläche nur einen Anteil von ca. 14% an der Gesamtbrückenfläche ausmachen. In diesen Kosten sind auch die Maßnahmen für die Stahlbauteile an den Massivbrücken enthalten.

Unter Sonstiges (9%) fallen Maßnahmen wie Unterhaltung der Böschungen und der Flächen unter den Bauwerken, Ausbesserungen an Lärmschutzwänden, nachträgliche Anordnung von Lärmschutzwänden, Instandsetzungsarbeiten an Sicherungen gegen Auskolkungen, Anheben von Überbauten nach Stützensenkungen, der Bau

15.4 Erhebung der aufgewendeten finanziellen Mittel für die Erhaltung der Brücken   249

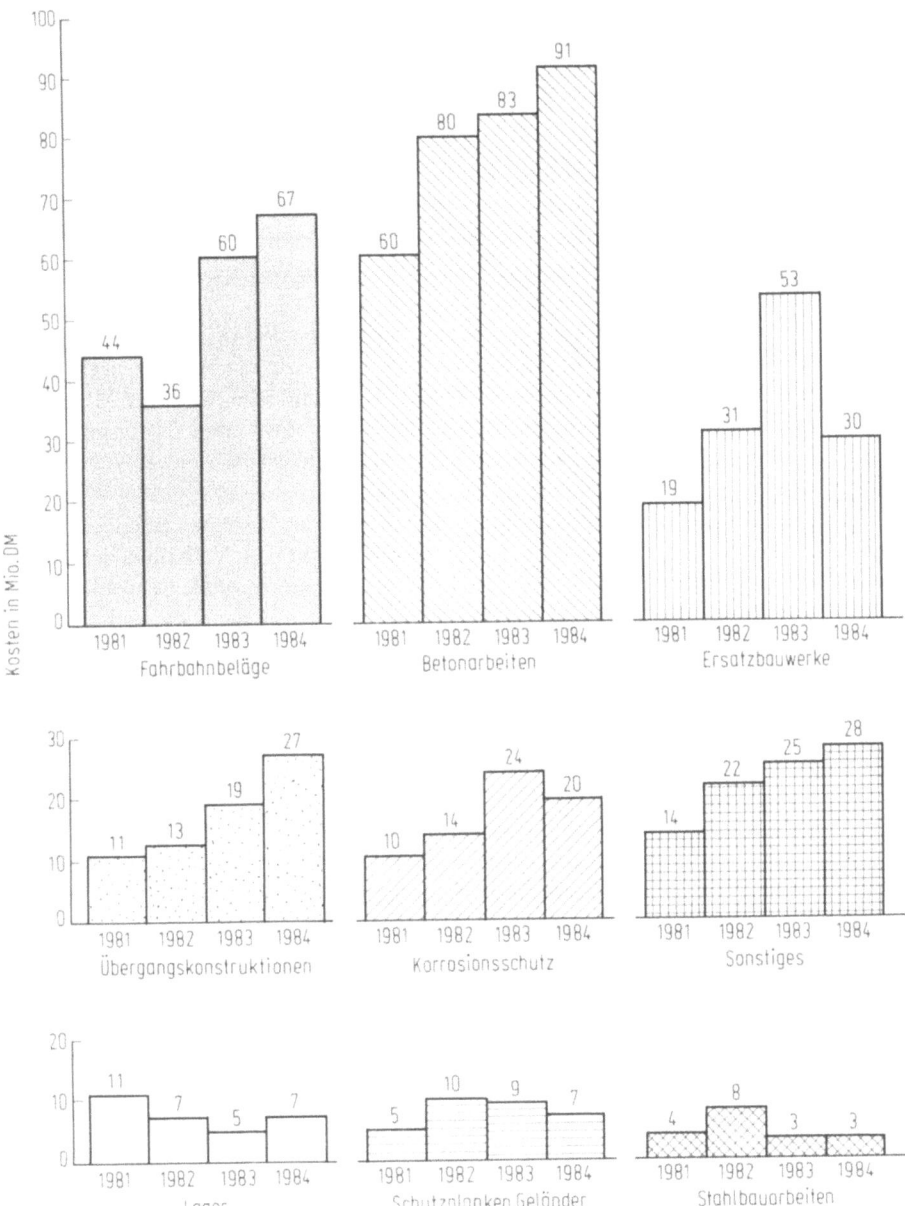

Bild 169. Erhaltungskosten von Brücken und anderen Ingenieurbauwerken an Bundesfernstraßen, aufgeschlüsselt nach Maßnahmegruppen [31]

von nachträglichem Anprallschutz etc. [85]. Im übrigen sind in dieser Gruppe alle diejenigen Kosten enthalten, die bei den anderen Maßnahmegruppen nicht unterzubringen waren, so z. B. auch Kosten für Verkehrslenkungsmaßnahmen.

Ein Anteil von rund 15% wurde für Ersatzbauwerke aufgewendet, d. h. den Ersatz alter abgängiger Bauwerke durch Neubauten. Neubauten werden teilweise aber auch durch Umtrassierungen von Straßen notwendig.

Eindeutige zeitabhängige Tendenzen bei den verschiedenen Maßnahmegruppen können aufgrund des sehr kurzen Beobachtungszeitraums noch nicht abgeleitet werden. Auch erlauben die angegebenen Zahlen keine direkte Vorhersage für die Instandsetzungskosten einzelner Bauwerke und Bauwerksteile.

Werden die gesamten Erhaltungskosten des Jahres 1984 in Höhe von rd. 280 Mio DM auf die gesamte Brückenfläche von rd. 20 Mio m² bezogen, ergibt sich für das Jahr 1984 ein Betrag von ca. 14 DM/m² Brückenfläche. In dieser Mittelung stecken allerdings auch die Brückenflächen derjenigen Bauwerke, die bisher noch keine größeren Instandsetzungsmaßnahmen erforderten, so daß dieser Wert nicht allzuviel aussagt.

Bei einer Aufschlüsselung der Erhaltungskosten nach den einzelnen Bundesländern ergibt sich, daß die aufgewendeten Erhaltungskosten nicht dem Verhältnis der Brückenflächen entsprechen, d. h. es treten teilweise erhebliche regionale Schwankungen auf. Dies trifft sowohl für die Gesamtausgaben der Länder zu als auch für die Ausgaben bei den einzelnen Maßnahmegruppen.

Mögliche Ursachen für diese regionalen Schwankungen sind die unterschiedlichen Bauwerks- und Altersstrukturen der Bauwerksbestände der einzelnen Bundesländer. Zudem liegen standortabhängig unterschiedliche Verkehrsbelastungen und klimatische Bedingungen vor.

15.5 Instandsetzungskosten einzelner Spannbetonbrücken

15.5.1 Talbrücken im Zuge der Sauerlandlinie (Hessen)

Bei der Betrachtung der Instandsetzungskosten einzelner Bauwerke werden im folgenden nur die Kosten für Maßnahmen nach Ablauf der Gewährleistungspflicht betrachtet. Kurz vor Ablauf der Gewährleistungsfrist werden die Bauwerke einer Hauptprüfung unterzogen. Die Behebung der dabei vom Bauherrn festgestellten und gerügten Mängel und Schäden gehen zum größten Teil zu Lasten des ausführenden Unternehmens.

Zu den 13 hessischen Talbrücken der hier untersuchten Stichprobe, entsprechend 26 getrennten Überbauten, liegen von 9 Überbauten die Kosten von Instandsetzungsmaßnahmen vor.

Bei der Sauerlandlinie handelt es sich um eine Mittelgebirgsstrecke mit hohem Verkehrsaufkommen und erhöhter Tausalzbeaufschlagung in den Wintermonaten. Durch Frost-Tausalz-Einwirkungen waren starke Schäden am Beton der Kappenvorborde aufgetreten. Bedingt durch Witterungs- und Verkehrseinflüsse waren an den Fahrbahnbelägen und Abdichtungen Schäden größeren Ausmaßes aufgetreten. Die Fahrbahnbeläge wiesen Risse und insbesondere im Bereich von Steigungsstrecken

15.5 Instandsetzungskosten einzelner Spannbetonbrücken

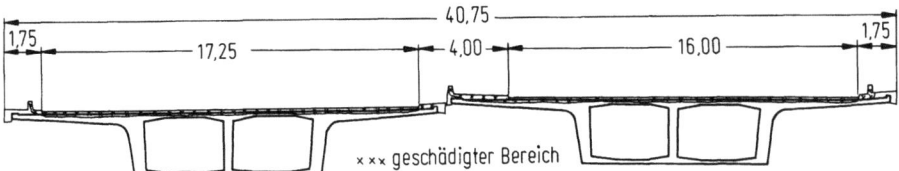

Bild 170. Querschnitt einer Talbrücke der Sauerlandlinie mit × × × Kennzeichnung des geschädigten Fahrbahnbereichs

starke Spurrillen auf. Die Abdichtungen waren unterläufig. Wasser und damit auch Tausalz drangen sowohl durch Deckenrisse als auch durch undichte Fugen ein. Bei dem damals ausschließlich angewendeten Abdichtungssystem, Mastix auf Glasvlies, genügten bereits einige wenige undichte Stellen, um durch Pumpwirkung der Fahrbahndecke das Oberflächenwasser und damit auch das Tausalz unter dem gesamten Belag zu verteilen. Der darunterliegende Konstruktionsbeton der Fahrbahnplatten war teilweise sehr stark durch Frost-Tausalz-Einwirkung geschädigt (Bild 170). Das Ausmaß dieser Schäden war bei den verschiedenen Brücken sehr unterschiedlich. Teilweise waren trotz unterläufiger Abdichtung kaum Schäden am Konstruktionsbeton aufgetreten. Bei einigen Bauwerken betrug die Tiefe der zerstörten Betonschicht ca. 5 cm, an einem Bauwerk traten lokal Extremwerte bis zu 15 cm auf. Teilweise waren die Hüllrohre der Quervorspannung korrodiert.

Die Instandsetzungsarbeiten wurden jeweils in einem Bauabschnitt mit Vollsperrung durchgeführt (4 + 0 Verkehrsführung). Die vorgelegten Mittelstreifenvorborde aus Fertigteilen wurden ersatzlos abgebrochen, die Vorborde der Außenkappen umfangreich instandgesetzt. Fahrbahnbelag und Abdichtung wurden abgebrochen, der geschädigte Teil des Fahrbahnplattenbetons wurde entfernt (Sandstrahlen, Flammstrahlen). Bei Bauwerken mit besonders stark geschädigtem Konstruktionsbeton mußte dieser schachbrettartig aufgenommen und wieder neu aufgebaut werden.

Anschließend wurden die Fahrbahnplatten mit Epoxidharz versiegelt („Hessen-Siegel"), d.h. es wurde gegenüber der ursprünglichen Ausführung eine zusätzliche Schutzbeschichtung aufgebracht. Das „Hessen-Siegel" wird etwa seit 1978 in Hessen generell auch bei allen Neubauten aufgebracht. Diese zusätzliche Investition von ca. 30 bis 40,- DM/m² Brückenfläche hat dazu geführt, daß die Frost-Tausalz-Schäden an den entsprechend behandelten Bauwerken seither deutlich zurückgegangen sind.

Die Entwässerungseinläufe wurden neu eingedichtet, Belag und Abdichtung, 7 cm Gußasphalt und 1 cm Mastix auf Glasvlies, wieder neu aufgebracht.

Die Verkehrslenkungsmaßnahmen (4 + 0), die in der Regel gesondert ausgeschrieben und an Spezialfirmen vergeben wurden, verursachten unabhängig von der Größe der jeweiligen Bauwerke, Kosten in der Größenordnung von ca. 200.000 DM. Die Höhe dieser Kosten hängt stark von der Dauer der durchgeführten Instandsetzungsmaßnahmen ab. Diese betrug für die hier untersuchten Bauwerke etwa jeweils drei Monate. Da es sich bei den Kosten für die Verkehrslenkungsmaßnahmen um einen nicht unwesentlichen Kostenfaktor handelt, besteht das Bestreben, möglichst mehrere hintereinanderliegende Brücken gleichzeitig instandzusetzen bzw. die Brücken gleichzeitig im Zuge von ohnehin durchgeführten Instandsetzungsmaßnahmen an der Straßendecke mit instandzusetzen. Derartige Überlegungen können neben dem Schadens-

Tabelle 36. Kosten für die Instandsetzungen im Bereich der Fahrbahnflächen von neun hessi-

Talbrücke	Jahr der Fertigstellung	Jahr der Instandsetzung	Nutzungsdauer Jahre	Brückenfläche m²
H 1	1966	1977	11	2 × 7200 instandges 7 m breite Fahrbahnstreifen 2 × 7 × 480 = 2 × 3360
H 2	1966	1978	12	7150
H 3	1970	1978	8	8800
H 4 [b]	1969	1978	9	4500
H 5 [a]	1966	1981	15	7150
H 6	1970	1982	12	8800
H 7 [a]	1970	1983	13	3620
H 8 [b]	1971	1984	13	2 × 2800
H 9	1971	1985	14	2 × 8200

[a] Bei diesen Bauwerken wurden gleichzeitig neue, wasserdichte Übergangskonstruktionen eingebaut. Die entsprechenden Kostenanteile wurden aus den Beträgen herausgenommen.
[b] Betongüte des Überbaubetons B 300. Alle anderen Bauwerke B 450

bild bei der Festlegung des Instandsetzungszeitpunkts der Bauwerke eine nicht unerhebliche Rolle spielen.

Die Kosten für die beschriebenen Instandsetzungsarbeiten im Bereich der Fahrbahnen für neun Überbauten sind in Tabelle 36 zusammengestellt. Die Kosten für den Einbau neuer wasserdichter Übergangskonstruktionen wurden dabei herausgenommen, da diese einen nennenswerten Kostenfaktor darstellen.

Unter Zugrundelegung einer Kostensteigerung von 5% pro Jahr ergeben sich bezogen auf das Preisniveau von 1985 für die auf die Brückenfläche (= Breite zwischen den Geländern mal Brückenlänge) bezogenen Instandsetzungskosten Beträge zwischen rd. 120 und 220 DM/m². Der Mittelwert beträgt 165 DM/m² (Tabelle 36).

Die starken Preisschwankungen sind auf den unterschiedlichen Schädigungsgrad des Fahrbahnplattenbetons durch Frost-Tau-Wechsel zurückzuführen. Hier wirkt sich zum einen die seinerzeit bei der Herstellung erzielte Betonqualität aus. Für den Widerstand des Betons gegen Frost-Tausalz-Einwirkung stellt seine Dichtigkeit, d. h. ein möglichst niedriger Wasserzementwert, geschlossenes Gefüge durch vollständige Verdichtung und ausreichende Nachbehandlung, eine entscheidende Kenngröße dar. Zum anderen ist natürlich auch die Dauer der Frost-Tausalz-Einwirkung bis zum Zeitpunkt der Instandsetzung von Einfluß.

Neben der Instandsetzung der Fahrbahnflächen stellte der Austausch von Übergangskonstruktionen einen weiteren wesentlichen Kostenfaktor dar (Tabelle 37).

Die Ermittlung der bisherigen jährlichen bezogenen Instandsetzungskosten liefert für die Bauwerke gemäß Tabelle 36 Beträge von ca. 10 bis 20 DM/m² a. Der Mittelwert beträgt ca. 15 DM/m² a.

Werden zusätzlich die Kosten für die Brückenprüfungen mit ca. 1,— DM/m² a abgeschätzt (vgl. Abschnitt 15.2), sowie die Kosten für die Erneuerung der Über-

15.5 Instandsetzungskosten einzelner Spannbetonbrücken

schen Talbrücken im Zuge der Sauerlandlinie

Anzahl der instandgesetzten Richtungsfahrb.	Gesamte Kosten f. Fahrbahninstandsetzung				Kosten für Verkehrslenkung
	DM	DM/m²			DM
		im Jahr der Instandsetzung	Preisniveau 1985	$\frac{DM}{m^2 \cdot a}$ [c]	
2	720.000,–	107,–	158,–	14,–	225.000,–
1	860.000,–	120,–	169,–	14,–	220.000,–
1	980.000,–	111,–	157,–	20,–	?
1	640.000,–	142,–	200,–	22,–	?
1	780.000,–	109,–	133,–	9,–	200.000,–
1	910.000,–	103,–	120,–	10,–	?
1	500.000,–	138,–	152,–	12,–	?
2	1.160.000,–	207,–	217,–	17,–	?
2	2.875.000,–	175,–	175,–	13,–	?

[c]) Bezogen auf Zeitraum zwischen Jahr der Fertigstellung und Jahr der Instandsetzung
Alle Preise enthalten Mehrwertsteuer

gangskonstruktionen und die Verkehrslenkungsmaßnahmen mit ca. 4 DM/m² a, beträgt mithin der derzeitige mittlere jährliche Erhaltungsaufwand dieser Bauwerke ca. 15 bis 25 DM/m² a (Mittelwert ca. 20 DM/m² a). Werden die Wiederbeschaffungskosten dieser Bauwerke mit 2.000 DM/m² angesetzt (große Talbrücken), ergibt sich der Prozentsatz der bisherigen mittleren jährlichen Erhaltungskosten bezogen auf die Wiederbeschaffungskosten aufgrund der beschriebenen Instandsetzungsmaßnahmen zu ca. 0,8 bis 1,3% (Mittelwert ca. 1,0%).

15.5.2 Brücken des Landes Rheinland-Pfalz

Von insgesamt 15 rheinland-pfälzischen Brücken liegen die Kosten umfassender Instandsetzungen vor. Diese Bauwerke werden für die folgenden Betrachtungen zweckmäßigerweise in drei Gruppen eingeteilt.

Gruppe 1: Zwei Hochstraßen in Spannbetonbauweise (Ortbeton, durchlaufende Hohlkästen)

Gruppe 2: Drei Talbrücken in Spannbetonbauweise (Hauptträger aus Spannbetonfertigteilen, Einfeldsysteme)

Gruppe 3: Zehn mittlere und kleinere Brücken in Stahlbeton- und Spannbetonbauweise.

Die erste Bauwerksgruppe umfaßt zwei Hochstraßen in Spannbetonbauweise, die in Ortbeton als durchlaufende Hohlkästen hergestellt wurden. Die Überbauten beider Bauwerke verlaufen ca. 8 bis 10 m über ebenem Gelände, besitzen also keine aufwendigen Unterbauten. Die beiden Hochstraßen wurden nach ca. 20 Jahren einer umfassenden Instandsetzung unterzogen. Neben anderen Maßnahmen wurden im wesentli-

Tabelle 37. Kosten für die Erneuerung der Übergangskonstruktionen von vier hessischen Talbrücken

Talbrücke	Jahr der Fertigstellung	Jahr der Instandsetzung	Anzahl der Übergangskonstruktionen		Kosten für die Erneuerung der Übergangskonstruktionen		Kosten für 4 + 0 Verkehrslenkung DM
			vorhanden	erneuert (Bauwerksbreite)	DM Im Jahr der Instandsetzung	Preisniveau 1985	
Nur Erneuerung der Übergangskonstruktionen							
H 10	1967	1980	4	4 (35,50 m)	531.000,–	680.000,–	210.000,–
H 11	1968	1982	4	4 (31,25 m)	550.000,–	640.000,–	?
Erneuerung der Übergangskonstruktionen im Zuge von Instandsetzungen im Bereich der Fahrbahnen							
H 7	1970	1983	4	1 (30,00 m)	85.000,–	93.000,–	entfällt
H 5	1966	1981	4	4 (30,00 m)	360.000,–	440.000,–	entfällt

Alle Preise enthalten Mehrwertsteuer

15.5 Instandsetzungskosten einzelner Spannbetonbrücken

chen Belag und Abdichtung erneuert, die Übergangskonstruktionen ausgewechselt, die Kappen instandgesetzt bzw. teilweise erneuert, die Betonkonstruktionen der Über- und Unterbauten instandgesetzt sowie bei einem Bauwerk ein Großteil der Lager ausgewechselt. Die auf Brückenfläche und Nutzungsdauer bezogenen Instandsetzungskosten dieser beiden Bauwerke betragen 22,70 bzw. 41,90 DM/m² a (Tabelle 38).

Wesentlich höhere Kosten verursachten die Instandsetzungen der Bauwerke der 2. Gruppe (Tabelle 38). Diese umfaßt drei Talbrücken, bei denen es sich um Einfeldsysteme mit Hauptträgern aus Spannbetonfertigteilen handelt, die in Feldfabriken hergestellt wurden. Diese Bauwerke weisen über allen Stützungen Übergangskonstruktionen auf.

Die extrem hohen Instandsetzungskosten der Talbrücke RP4 (105,– DM/m² a) sowie der Talbrücke RP5 (86,– DM/m² a) sind vor allem im Zusammenhang mit der Konstruktion dieser beiden Bauwerke zu sehen (Bild 171). Sie sind nicht (!) repräsentativ für die Spannbetonbrücken.

Bedingt durch die feingliedrigen Überbauten mit zahlreichen Kanten und großen Oberflächen, die zudem vollständig der Bewitterung ausgesetzt sind, entstanden zahlreiche Schäden. Diese waren vor allem auf mangelhafte Betondeckung zurückzuführen, die Korrosion von Bewehrung und Hüllrohren zur Folge hatte.

Der Anteil an den gesamten Instandsetzungskosten für die Betonarbeiten an den Unterbauten war bei diesen beiden Bauwerken mit 17% praktisch genauso groß wie der Anteil für die Betonarbeiten an den Überbauten mit 16% (Tabelle 40).

In den Kosten sind nicht nur Aufwendungen für Instandsetzungen, sondern auch z.T. erhebliche Ausgaben für qualitätsverbessernde Maßnahmen enthalten (z.B. Ersatz der Freifallentwässerung durch geschlossenes System).

Die zehn Bauwerke der 3. Gruppe (Tabelle 39) gehören nicht der in Teil III untersuchten Stichprobe an. Es handelt sich um mittlere und kleinere Straßenbrücken im Zuge von Autobahnen, Bundes- und Landesstraßen. Dennoch ist die Betrachtung dieser Bauwerke, auch wenn sich die vorliegende Untersuchung im wesentlichen mit Talbrücken in Spannbetonbauweise befaßt, von Interesse, da der größte Teil des vorhandenen Brückenbestands aus kleineren Bauwerken besteht.

Die bezogenen Kosten gehen aus Tabelle 39 hervor.

Die Aufschlüsselung der Instandsetzungskosten nach den einzelnen Maßnahmegruppen, die für 11 der 15 Bauwerke möglich war, liefert im Mittel etwa folgende Kostenanteile:

- Belag + Abdichtung + Ausgleichsbeton: ca. 20% der Gesamtkosten
- Instandsetzung Beton
  (Überbau incl. Kappen + Unterbauten): ca. 45% der Gesamtkosten
- Ausbau (Übergangskonstruktionen,
  Lager, Geländer, Entwässerung): ca. 20% der Gesamtkosten
- Baustelleneinrichtung,
  Verkehrssicherung, Sonstiges ca. 15% der Gesamtkosten

100%

Die detaillierten Kostenanteile der einzelnen Bauwerke gehen aus den Tabellen 40 und 41 hervor.

Tabelle 38. Instandsetzungskosten von fünf großen rheinland-pfälzischen Spannbetonbrücken

Bauwerk	Baujahr	Jahr der Instandsetzung	Nutzungsdauer Jahre	Brückenfläche m²
Gruppe 1: Durchlaufträger in Ortbetonbauweise				
Hochstraße RP1	1965	1985	20	32 · 162 = 5.184
Hochstraße RP2	1963	1985	22	35.000
Gruppe 2: Einfeldsysteme mit Übergangskonstruktionen über allen Stützungen (Fertigteile)				
Talbrücke RP3	1962	1981	19	29 · 522 = 15.000
Talbrücke RP4	1966	1983	17	29 · 367,5 = 10.700
Talbrücke RP5	1966	1983	17	29 · 531 = 15.400

a) Baukostensteigerung von 5% pro Jahr unterstellt
b) Bezogen auf den Zeitraum zwischen Jahr der Fertigstellung und Jahr der Instandsetzung
Alle Preise enthalten Mehrwertsteuer

Tabelle 39. Instandsetzungskosten von zehn mittleren und kleineren rheinland-pfälzischen Massivbrücken

Gruppe 3. Mittlere und kleinere Massivbrücken

Bauwerk	Baujahr	Jahr der Instandsetzung	Nutzungsdauer Jahre	Brückenfläche m²
Talbrücke RP6	1968	1982	14	14,50 · 246 = 3567
Bauwerk RP7	1955	1982	27	10,00 · 74 = 740
Talbrücke RP8	1970	1983	13	14,50 · 245 = 3553
Talbrücke RP9	1969	1983	14	14,50 · 230 = 3335
Bauwerk RP10 b)	1964	1983	19	11,00 · 126 = 1386
Bauwerk RP11 c)	1963	1985	22	8,00 · 35 = 280
Bauwerk RP12 e)	1956	1986	30	7,90 · 137 = 1080
Bauwerk RP13 d)	1953	1985	32	14,00 · 50 = 700
Bauwerke RP14 RP15	1965	1984	19	52,50 · 56 + 50,50 · 40 = 5000

a) Baukostensteigerung von 5% pro Jahr unterstellt
b) Bauwerk überquert Bundesbahnstrecke. 150.000 DM für Verkehrssicherung an DB gezahlt
c) Feingliedrige Fertigteilkonstruktion (Überbau und Unterbauten). Übrige Bauwerke Ortbetonkonstruktionen
d) Schiefe vorgespannte Platte, Kreuzungswinkel 19° (sehr umfangreiche u. kostenintensive Maßnahmen an den Widerlagern)
e) Stahlbetonbrücke
Alle Preise enthalten Mehrwertsteuer

15.5 Instandsetzungskosten einzelner Spannbetonbrücken

(Gruppen 1 und 2)

Instandsetzungs-kosten in DM (incl. MwSt)	Bezogene Instandsetzungskosten		$\frac{DM}{m^2 \cdot a}$ b)	geschätzte Wiederbeschaffungs-kosten	Prozentsatz der i. M. pro Nutzungsjahr aufgew. Kosten % pro a
	$\frac{DM}{m^2}$	$\frac{DM^{a)}}{m^2}$ Preisniveau 1985	Preisniveau 1985	$\frac{DM}{m^2}$ Preisniveau 1985	
2.350.000,–	453	453	22,70	1900	1,2
ca. 32.000.000,–	920	920	41,90	1800	2,3
10.800.000,–	707	859	45,20	1500	3,0
17.400.000,–	1626	1793	105,50	2400	4,4
20.340.000,–	1321	1456	85,70	1800	4,8

sivbrücken (Gruppe 3)

Instandsetzungs-kosten in DM (incl. MwSt)	Bezogene Instandsetzungskosten		$\frac{DM}{m^2 \cdot a}$	geschätzte Wiederbeschaffungs-kosten	Prozentsatz der i. M. pro Nutzungsjahr aufgew. Kosten % pro a
	$\frac{DM}{m^2}$	$\frac{DM^{a)}}{m^2}$ Preisniveau 1985	Preisniveau 1985	$\frac{DM}{m^2}$ Preisniveau 1985	
465.000,–	130	151	10,80	2000	0,5
620.000,–	838	970	35,90	2500	1,4
420.000,–	118	130	10,00	2000	0,5
445.000,–	133	147	10,50	2000	0,5
300.000,–	216	239	12,60	2000	0,6
(+ 150.000,–)	(325)	(358)	(18,80)		(0,9)
331.000,–	1182	1182	53,70	2600	2,1
1.200.000,–	1109	1109	37,00	2200	1,7
2.100.000,–	3000	3000	93,80	3000	3,1
1.000.000,–	200	210	11,10	2300	0,5

258   15 Der Finanzbedarf zur Erhaltung der Brückenbauwerke

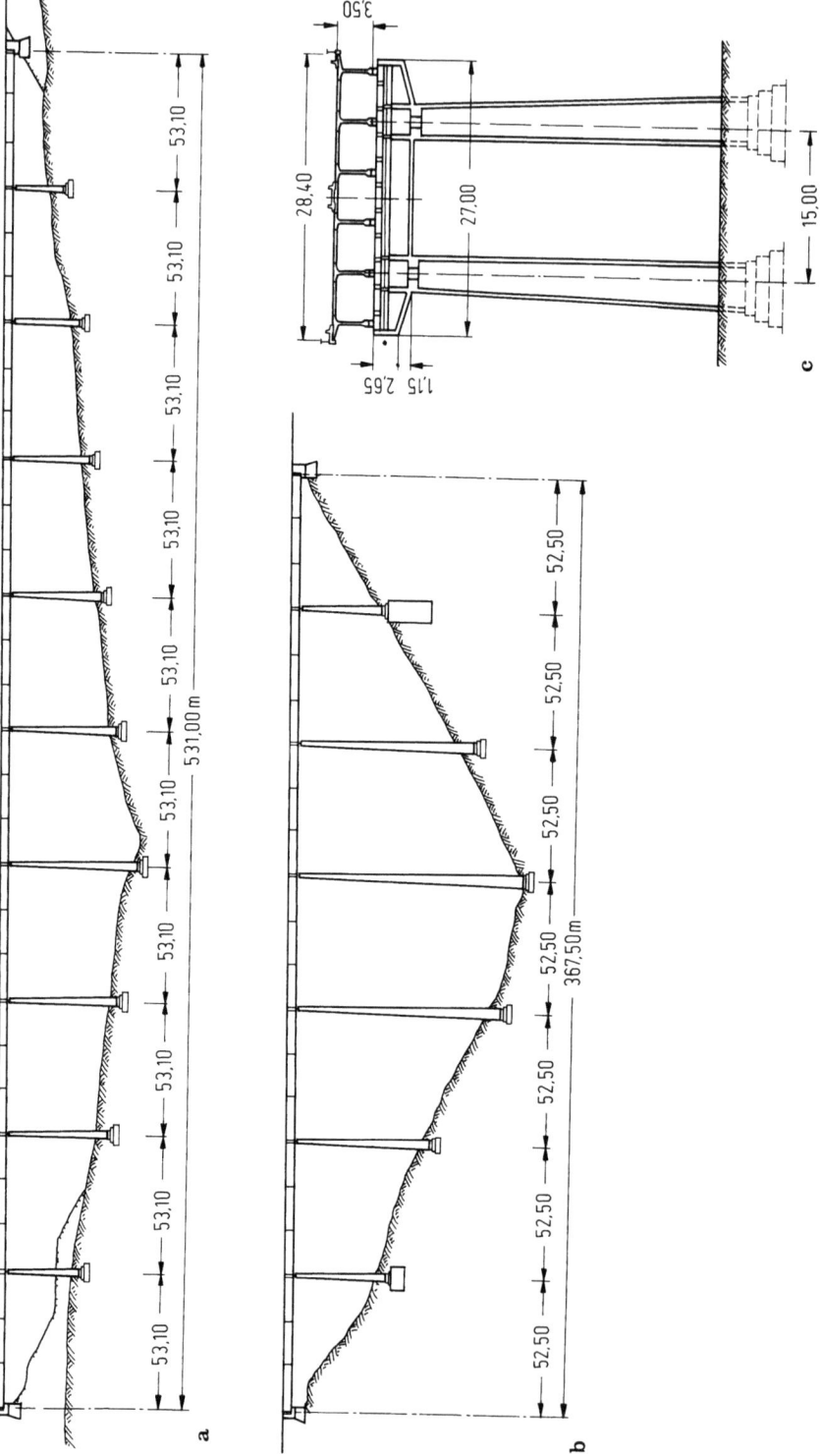

Bild 171 a–c. Längsschnitte der Talbrücken **a** RP 4 und **b** RP 5. Beide Bauwerke besitzen die gleiche Konstruktion. **c** Querschnitt mit Pfeilerausbildung beider Bauwerke

15.5 Instandsetzungskosten einzelner Spannbetonbrücken

Tabelle 40. Aufschlüsselung der Instandsetzungskosten der fünf großen Spannbetonbrücken des Landes Rheinland-Pfalz (Gruppe 1 und 2) nach Maßnahmegruppen

Kostenanteil	Bauwerk					Min.–Max.
	Hochstraße RP1	Hochstraße RP2	Talbrücke RP3	Talbrücke RP4	Talbrücke RP5	
Baustellen- einrichtung	4%	12%	3%	8%	7%	3–12%
Verkehrssicherung	9%	7%	7%	2%	2%	2–9%
Belag + Abdichtung (+ Estrich)	28%	17%	17%	17%	17%	17–28% i M 19%
Betonüberbau und Unterbauten instandsetzen	32%	Ü 22% / U 1% 23% a)	16%	Ü 16% / U 17% 33% a)	Ü 16% / U 17% 33% a)	35–52% i M 44%
Arbeitsgerüste	10%	9%	22%	15%	14%	
Kappen instand- setzen		3%		3%	5%	
Übergangsbau- konstruktionen	10%	4%	12%	5%	6%	16–28% i M 20%
Lager	2%	7%	11%	–	–	
Geländer	2%	3%	~0	1%	2%	
Entwässerung	2%	6%	5%	12%	10%	
Sonstiges	1%	9%	7%	4%	4%	1–9%

a) Ü = Überbau, U = Unterbau

15.5.3 Bewertung

Bei den Talbrücken der Sauerlandlinie stellt die Instandsetzung des Fahrbahnbereichs, d.h. die Wiederherstellung einer wirksamen Abdichtung sowie der Einbau neuer wasserdichter Übergangskonstruktionen, bisher den entscheidenden Kostenfaktor dar.

Die Instandsetzungen im Bereich der Fahrbahnflächen wurden im Mittel bereits ca. 12 Jahre nach Fertigstellung der Bauwerke durchgeführt. Dabei sind allerdings die im Zusammenhang mit der Verkehrsführung angesprochenen Überlegungen sowie die Tatsache, daß es sich bei der Sauerlandlinie um eine Strecke mit sehr hohem Verkehrsaufkommen und erhöhtem Tausalzeinsatz in der kalten Jahreszeit handelt, zu bedenken. Zu bedenken ist weiterhin, daß die untersuchten Brücken beim Neubau noch ohne Epoxidharzbeschichtung des Fahrbahnplattenbetons ausgeführt wurden, und so dem Tausalzeinfluß wesentlich stärker ausgesetzt waren als die später errichteten Brücken. Die an diesen Bauwerken angefallenen Kosten für die Instandsetzungen im Bereich der Fahrbahnen lassen sich mithin nicht auf die Grundgesamtheit aller Spannbetonbrücken übertragen. Die hier festgestellten Kosten und die relativ kurze Lebensdauer der Fahrbahnbeläge sind im Zusammenhang mit den Besonderheiten der Strecke zu sehen.

Tabelle 41. Aufschlusselung der Instandsetzungskosten von sechs der mittleren und kleineren rheinland-pfälzischen Massivbrücken (Gruppe 3) nach Maßnahmegruppen

Kostenanteil	Bauwerk					
	RP 10	RP 11	RP 12	RP 13	RP 14 + RP 15	Min.–Max.
Baustelleneinrichtung	6%	9%	4%	8%	7%	4–9%
Verkehrssicherung	7%	?	3%	10%	?	3–10%
Belag + Abdichtung (+ Estrich)	11%	19%	13%	14%	35%	13–35% i M 18%
Betonüberbau und Unterbauten instandsetzen	25%	38%	34%	35%	30%	34–53% i M 43%
Arbeitsgerüste	13%		8%	4%	4%	
Kappen instandsetzen	6%	8%	11%			
Übergangsbaukonstruktionen	15%	11%	5%	9%	15%	13–27% i M 19%
Lager	8%		4%			
Geländer	2%	5%	5%	2%	3%	
Entwässerung	2%	3%	3%	2%		
Sonstiges	5%	7%	10%	16%	6%	5–16%

Ein weiterer wesentlicher Kostenfaktor ergab sich aus der notwendigen Erneuerung von Übergangskonstruktionen. Die seinerzeit verwendeten wasserdichten Übergangskonstruktionen befanden sich noch im Zustand der technischen Entwicklung. Hier war ein Stück Entwicklungsgeschichte mit zu bewältigen.

Auch stellten die Verkehrslenkungsmaßnahmen einen wesentlichen Kostenfaktor dar.

Bezüglich der rheinland-pfälzischen Brücken kann zusammenfassend festgestellt werden, daß die bezogenen Kosten der Instandsetzungen der insgesamt 15 Bauwerke sehr stark streuen. Dafür verantwortlich sind der unterschiedliche bauliche Zustand der Bauwerke, teilweise bedingt durch deren Konstruktion, und die nach Art und Umfang sehr stark variierenden Instandsetzungsmaßnahmen.

Aus den aufgeschlüsselten Kostenanteilen für die verschiedenen Maßnahmegruppen lassen sich Tendenzen erkennen:

Belag und Abdichtung, die einen Kostenanteil von etwa 20% ausmachen, gehören zu den Verschleißteilen, die gemessen am Gesamtbauwerk nur eine begrenzte Lebensdauer haben. Hier dürften auch in Zukunft kaum Kostenminderungen zu erwarten sein.

Die Instandsetzung des Betons von Über- und Unterbauten macht mit einem Kostenanteil von ca. 45% den größten Anteil aus. Er schwankt bei den elf Bauwerken der drei Gruppen zwischen einem Drittel und der Hälfte der Gesamtkosten.

15.6 Kostenmodelle des zukünftigen Finanzbedarfs von Spannbetonbrücken

Einen beachtenswerten Anteil liefern dabei die Gerüstkosten (4–22% der Gesamtkosten).

Hingegen stellen die Kosten für das Verpressen von Rissen ohne anteilmäßige Berücksichtigung der Gerüstkosten in Relation zu den gesamten Instandsetzungskosten keinen entscheidenden Kostenfaktor dar. Der Anteil für das Verpressen von Rissen betrug bei den beiden Hochstraßen mit durchlaufenden Kastenträgern nur ca. 1 bzw. 3% der Gesamtkosten. Das Verpressen von Rissen mit Epoxidharz, ohne Anteil für Gerüstkosten, kostet gemäß umfangreicher Auswertungen der Straßenverwaltung Rheinland-Pfalz im Mittel ca. 130–140 DM/m incl. Verpreßmaterial.

Der Kostenanteil der Bauwerkskomponenten des Brückenausbaus, Übergangskonstruktionen, Lager, Geländer und Entwässerung, die den Verschleißteilen zugerechnet werden müssen, beläuft sich bei den elf Bauwerken auf ca. 20%. Hier sind aus heutiger Sicht vor allem bei den Lagern künftig Kostenminderungen zu erwarten, da heute anstelle der wartungsintensiven und empfindlichen Rollenlager Gleitlager bzw. bei kleineren Bauwerken auch Verformungslager eingebaut werden, die sowohl eine längere Lebensdauer besitzen als auch einen geringeren Wartungsaufwand erfordern.

Insgesamt sind in diesem Kapitel nunmehr so viele Fakten zusammengetragen, daß im nächsten Abschnitt Kostenmodelle zur Ermittlung des zukünftigen Finanzbedarfs für die Erhaltung von Spannbetonbrücken vorgestellt und im Lichte dieser Fakten bewertet werden können.

15.6 Kostenmodelle zur Ermittlung des zukünftigen Finanzbedarfs für die Erhaltung von Spannbetonbrücken

15.6.1 Vorbemerkungen

Mit Hilfe von Kostenmodellen soll eine Prognose der künftig aufzuwendenden finanziellen Mittel für die Erhaltung des Bauwerksbestands ermöglicht werden. Im folgenden werden diese Modelle primär dazu benutzt, um den Finanzbedarf als finanzielles Risiko der Bauwerke abzuschätzen.

Die Ermittlung des Finanzbedarfs kann zum einen auf der Grundlage von den in der Vergangenheit tatsächlich insgesamt aufgewendeten Kosten erfolgen. Die einfachste Methode stellt hier die sogenannte Trendextrapolation dar. Aus dem Zeitreihendiagramm der in den vergangenen Jahren aufgewendeten Mittel für den gesamten Brückenbestand wird ein Trend abgeleitet und damit auf den künftig erforderlichen Bedarf geschlossen. Diese Methode, die derzeit hauptsächlich von den Straßenbauverwaltungen für die Finanzmittelanforderung angewendet wird, mag für kurzfristige Vorhersagen brauchbare Ergebnisse liefern. Es bleibt jedoch die Frage offen, ob die in der Vergangenheit für die Erhaltung des Brückenbestands insgesamt aufgewendeten Mittel nach heutigen technischen und wirtschaftlichen Gesichtspunkten optimal waren, zumal die Prioritäten eindeutig beim Brückenneubau lagen. In erster Linie wurden daher die Schäden behoben, die unmittelbaren Einfluß auf die Tragwerkssicherheit besaßen (vgl. Abschnitt 15.5.1). Für mittel- und längerfristige Vorhersagen ist dieses Verfahren der Trendextrapolation erst recht ungeeignet.

Zum anderen kann die Ermittlung der erforderlichen Finanzmittel auf der Grundlage der Vorgabe einer Zielvorstellung vom Sollzustand der Bauwerke erfolgen. Der

Finanzbedarf ergibt sich dann aus der Summe aller Maßnahmen, die erforderlich werden, um den Sollzustand bei den Bauwerken herbeizuführen. Da aber viele Zielvorstellungen denkbar sind und verschiedene Personen diesbezüglich unterschiedliche Vorstellungen haben, ist jedoch eine eindeutige Lösung des Problems nicht möglich.

Es kann jedoch der Versuch unternommen werden, das Problem einzugrenzen. Die untere Bedarfsgrenze ergibt sich aus der Zielvorgabe, nur soviel Mittel aufzuwenden, daß die Standsicherheit der Bauwerke gerade garantiert ist. Es werden nur die unmittelbar notwendigen Unterhaltungs- und Instandsetzungsmaßnahmen bzw. Erneuerungen durchgeführt.

Die obere Grenze des Bedarfs ergibt sich aus der Zielvorstellung, grundsätzlich alle Mängel und Schäden an den Bauwerken zu beseitigen sowie zusätzlich qualitätsverbessernde Maßnahmen durchzuführen. Hierunter fallen beispielsweise die Anordnung eines geschlossenen Entwässerungssystems bei Brücken, die zuvor im Freifall entwässert wurden oder Beschichtung, Versiegelung bzw. Imprägnierung der Betonoberflächen, um der Entstehung künftiger Schäden entgegenzuwirken.

Auch selbst die Festlegung dieser beiden Grenzen ist nicht frei von subjektiver Beurteilung.

Anzustreben ist eine sowohl unter technischen als auch volkswirtschaftlichen Gesichtspunkten optimale Erhaltungsstrategie. Diese innerhalb der besagten Grenzen zu ermitteln, dürfte eine lohnende Zukunftsaufgabe sein.

Im folgenden werden einige verschiedenartige Kostenmodelle vorgestellt, mit deren Hilfe das finanzielle Risiko in Gestalt der erforderlichen Erhaltungskosten abgeschätzt werden kann. Allen im folgenden genannten Kosten liegt das Preisniveau von 1985 zugrunde. Die Kosten beinhalten 14% Mehrwertsteuer.

15.6.2 Kostenmodell nach Wittke

Grundlage für das Kostenmodell nach Wittke [1a] sind die an den Bauwerken festgestellten Schadensfälle. Diese werden durch Häufigkeit und Schwere beschrieben.

Die Häufigkeit wird durch Schadensraten ausgedrückt. Die Schadensrate λ_j eines Bauwerks j ist definiert als die Anzahl der Schadensfälle bezogen auf die Brückenfläche und die Nutzungsdauer:

$$\lambda_j = \frac{\text{Anzahl der Schadensfälle}}{\text{Brückenfläche} \times \text{Nutzungsdauer}} \left[\frac{1}{m^2 a}\right].$$

Die Schwere der Schadensfälle wird durch Schadensklassen ausgedrückt, gemäß dem Klassifizierungsverfahren in Abschnitt 8.5.2. Den einzelnen Schadensfällen werden in Abhängigkeit ihrer Schadensklasse Kosten zugeordnet. Die Kosten, die durch einen Schadensfall der Schadensklasse S_i entstehen, werden angesetzt zu

$$K_{S_i} = p^i \, [\text{DM}].$$

Die Basis p [DM] ist dabei zunächst noch unbekannt.

Da die Schadensklassen bei diesem Kostenmodell eine wesentliche Rolle spielen, wurden die im Rahmen von [1] vorgenommenen Einstufungen der Schadensfälle in

15.6 Kostenmodelle des zukünftigen Finanzbedarfs von Spannbetonbrücken

Tabelle 42. Klassifizierung von Schadensfällen in Abhängigkeit vom erforderlichen Instandsetzungsaufwand nach [1]

Klasse S1:	sehr geringer Schaden im volkswirtschaftlichen Sinn kein Schaden Behebung, wenn überhaupt, nur im Zusammenhang mit anderen Reparaturen empfehlenswert	A
Klasse S2:	geringer Schaden Behebung erst auf längere Sicht erforderlich	
Klasse S3:	mäßiger Schaden Sanierung innerhalb eines absehbaren Zeitraums erforderlich	
Klasse S4:	mittlerer Schaden Sanierung mit begrenztem Aufwand kurzfristig notwendig	
Klasse S5:	großer Schaden Sanierung mit großem Aufwand sofort notwendig	B
Klasse S6:	sehr großer Schaden Sanierung mit sehr großem Aufwand sofort notwendig, Sanierungserfolg zweifelhaft, großer finanzieller Verlust	

A — Erhaltungsmaßnahmen in gewisser Zeitspanne erforderlich
B — sofortige Gegenmaßnahmen erforderlich

Schadensklassen auch im Hinblick auf den erforderlichen Instandsetzungsaufwand vorgenommen (Tabelle 42).

Die Schäden eines Bauwerks j verteilen sich entsprechend dem Histogramm $h_{j(i)}$ auf die einzelnen Schadensklassen S_i. Der Erwartungswert des Kostenrisikos unter Einschluß aller beobachteten Schäden S_i am Bauwerk j beträgt mithin

$$\bar{K}_{sj} = \sum_{i=1}^{6} h_{j(i)} \cdot p^i \; [\text{DM}].$$

Mit der Schadensrate λ_j folgt daraus der Erwartungswert der jährlichen Schadenskosten pro m² Brückenfläche am Bauwerk j zu

$$\bar{K}_j = \lambda_j \sum_{i=1}^{6} h_{j(i)} \cdot p^i \; \left[\frac{\text{DM}}{\text{m}^2 \text{a}}\right].$$

Die Kalibrierung des Modells, d.h. die Berechnung der unbekannten Basis p, erfolgt anhand von Erfahrungswerten. Wittke benutzt dazu den von Rabe in [29] mit 1,5 bis 2,5% angegebenen, auf die Wiederbeschaffungskosten bezogenen Prozentsatz der jährlichen Erhaltungskosten für Spannbetonüberbauten (vgl. Abschnitt 15.3). Bei der Kalibrierung seines Modells legt er 2,5% pro Jahr als Extremwert der mittleren jährlichen Erhaltungskosten zugrunde. Die mittleren Wiederbeschaffungskosten der Überbauten pro m² Brückenfläche werden aufgrund der bekannten Herstellungskosten der 76 Überbauten der Stichprobe mit 1085,— DM/m² Brückenfläche angesetzt, bezogen auf das Preisniveau von 1985. Der Extremwert der mittleren jährlichen bezogenen Erhaltungskosten ergibt sich entsprechend zu

$$\bar{K}_{\text{ub, extr}} = 0{,}025 \cdot 1085 = 27{,}10 \text{ DM/m}^2 \text{a} \quad \text{(Preisniveau 1985)}.$$

Als Schadensrate wird der Mittelwert aller 76 Überbauten eingesetzt. Diese wurde in [1] zu

$$\bar{\lambda}_{\text{ub}} = 2{,}21 \cdot 10^{-3} \left[\frac{1}{\text{m}^2\text{a}}\right]$$

ermittelt. Das heißt, im Mittel wurden an den 76 untersuchten Spannbetonüberbauten bezogen auf 1.000 m² Brückenfläche 2,21 Schadensfälle pro Jahr festgestellt.

Die Berücksichtigung der Schwere der Schäden, ausgedrückt durch die Schadensklassen, erfolgt durch das Histogramm $h_{(i)}$, das die relativen Häufigkeiten angibt, mit denen sich die Gesamtheit der Schadensfälle aller Überbauten der Stichprobe auf die einzelnen Schadensklassen verteilt (Bild 172). Da die Kalibrierung an Bauwerken mit relativ hohen Instandsetzungskosten erfolgt, werden dabei jedoch nur die Schadensfälle der Überbauten, die mindestens einen Schadensfall der Klasse S5 besitzen, berücksichtigt.

$$\bar{h}_{(i)} = \frac{\sum_{j=1}^{76} n_{j(i)}}{N}$$

mit $n_{j(i)}$ = Anzahl der am Überbau j festgestellten Schadensfälle der Schadensklasse S_i (nur Überbauten mit mindestens einem Schadensfall S5).

N = Gesamtzahl aller festgestellten Schadensfälle an den Überbauten mit mindestens einem Schadensfall S5.

Da in der Stichprobe keine Schadensfälle der Schadensklasse S6 beobachtet wurden, paßte Wittke – um sein Kostenmodell eichen zu können – an das Histogramm $\bar{h}_{(i)}$ eine logarithmische Normalverteilung an (Bild 172). Die zugehörige Verteilungsdichte ergibt sich zu

$$f_{\text{LN}}(i) = \frac{1}{i \cdot 1{,}1480} \exp\left[-\frac{1}{2}\left(\frac{\ln i - 0{,}7527}{0{,}4580}\right)^2\right].$$

Diese Verteilungsdichte liefert auch Werte für S6 und größer. Diese rein theoretischen Werte der Schadensklasse S6 sind jedoch nur im Zusammenhang mit dem Kostenmodell zu sehen. Sie sind nicht im Zusammenhang mit der unter rein technischen Gesichtspunkten definierten Schadensklasse S6 „Akute Gefährdung der Standsicherheit" zu sehen. Schadensklassen größer S6 sind nicht definiert und haben demzufolge rein theoretischen Charakter.

Die relativen Häufigkeiten $\bar{h}_{(i)}$ der einzelnen Schadensklassen und die zugehörigen Verteilungsdichten $f_{\text{LN}}(i)$ sind in Tabelle 43 dargestellt.

Mit diesen Werten wird unter Verwendung der Verteilung $f_{\text{LN}}(i)$ anstelle des Histogramms $\bar{h}_{(i)}$ die unbekannte Basis p ermittelt:

$$\bar{\lambda}_{\text{ub}} \sum_{i=1}^{6} f_{\text{LN}}(i) \, p^i = 27{,}10 \text{ DM/m}^2\text{a}.$$

15.6 Kostenmodelle des zukünftigen Finanzbedarfs von Spannbetonbrücken

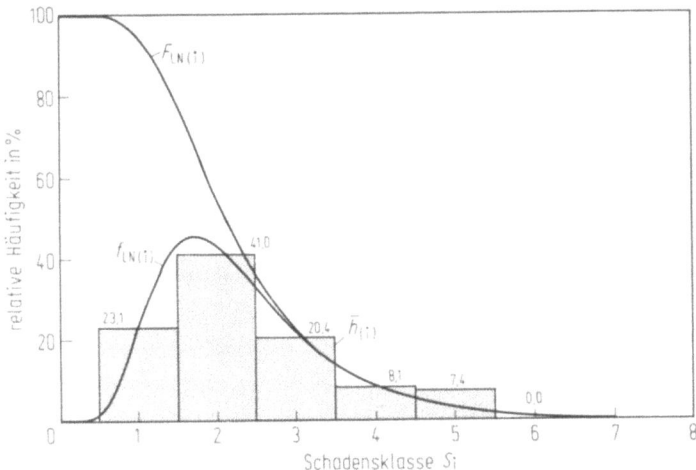

Bild 172. Histogramm der relativen Häufigkeiten, mit denen sich die Schadensfälle der untersuchten Bauwerke mit $S_{i\,max} = 5$ auf die einzelnen Schadensklassen verteilen, mit den von Wittke angepaßten theoretischen Verteilungsfunktionen

Tabelle 43. Verteilung der Schadensklassen entsprechend Bild 172 nach [1]

Schadensklasse	S1	S2	S3	S4	S5	S6
$\bar{h}(i)$	0,23	0,41	0,20	0,08	0,07	0,00
$f_{LN}(i)$	0,22	0,43	0,22	0,08	0,03	0,01

Die Rechnung liefert $p = 10{,}17$ DM (Preisniveau 1985).

Der Erwartungswert des Kostenrisikos eines Schadensfalls beträgt mithin bei den Bauwerken mit mindestens einem Schadensfall der Klasse S5

$$\sum_{i=1}^{6} f_{LN}(i) \cdot 10{,}17^i = 12.320 \text{ DM} \quad \text{(Preisniveau 1985).}$$

Die Kosten von 27,10 DM/m² a gelten voraussetzungsgemäß nur für Bauwerke mit hohem Instandsetzungsbedarf, entsprechend Überbauten, die mindestens Schadensfälle der Schadensklasse S5 aufweisen. Da aber nicht alle Überbauten Schäden der Klasse S5 aufweisen, wird in [1] die Folgerung gezogen, daß das bezogene Kostenrisiko in der Grundgesamtheit aller Überbauten kleiner als 27,10 DM/m² a ist.

In der untersuchten Stichprobe wiesen 12% der Überbauten maximal Schadensfälle der Schadensklasse 3 auf ($S_{i\,max} = 3$), 32% der Schadensklasse 4 ($S_{i\,max} = 4$) und 56% der Schadensklasse 5 ($S_{i\,max} = 5$). Ein Schadensfall der Klasse S6 wurde, wie bereits erwähnt, an keinem Überbau festgestellt. Das entsprechende Histogramm $h_{(i\,max)}$ ist in Bild 173 dargestellt.

Mit dem Ziel, auf empirischem Wege auf das bezogene Kostenrisiko der Grundgesamtheit rückschließen zu können, paßte Wittke zunächst grob an das Histogramm $h_{(i\,max)}$ eine logarithmische Normalverteilung $g_{LN(i\,max)}$ an. Diese ist ebenfalls in

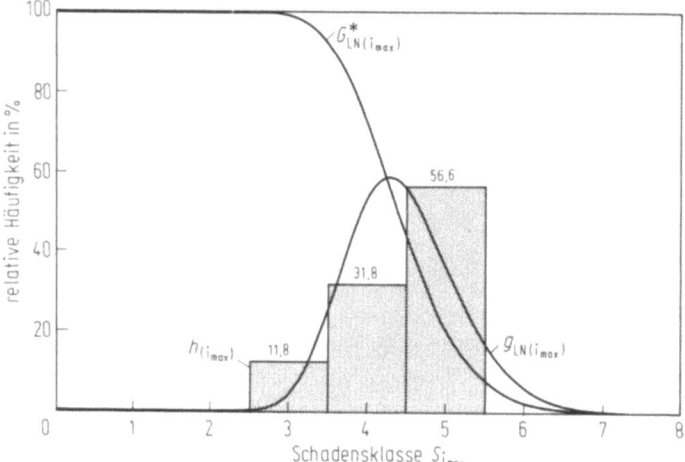

Bild 173. Histogramm der relativen Häufigkeiten der Bauwerke in Abhängigkeit der maximalen Schadensklasse, mit den von Wittke angepaßten theoretischen Verteilungsfunktionen

Tabelle 44. Aufgrund der theoretischen Verteilungsfunktionen berechnete relative Häufigkeiten der Schadensklassen

Schadensklasse	S1	S2	S3	S4	S5	S6
$G^*_{LN(i\,max)}$	1,00	1,00	0,99	0,93	0,44	0,07

Bild 173 zusammen mit der zugehörigen komplementären Verteilungsfunktion

$$G^*_{LN(i\,max)} = 1 - \int_0^{i\,max} g_{LN(i\,max)} \, di_{max}$$

dargestellt. Auch diese beiden angepaßten theortischen Funktionen dienen lediglich für Zwecke der Abschätzung des Kostenrisikos. Die Verteilung $G^*_{LN(i\,max)}$ liefert für $i_{max} = 6$ den Wert von 7%, der aber rein theoretischen Charakter hat. Dieser theoretische Wert ist deshalb nicht so zu verstehen, daß 7% (Tabelle 44) aller Spannbetonbrücken einsturzgefährdet sind, wie dies von einer Ansagerin zu einer Fernsehsendung zum Thema „Risse im Spannbeton" unter Berufung auf [1] behauptet wurde.

Das Verfahren ist für die Prognose des Finanzbedarfs einzelner Bauwerke mit Problemen behaftet. Hohe Schadensklassen und auch die Größe der Schadensraten haben einen dominierenden Einfluß auf das Ergebnis. Geeicht wurde das Modell jedoch unter Verwendung der mittleren Schadensrate aller Bauwerke der Stichprobe. Bei den Schadensraten handelt es sich aber um eine streuende Größe, so daß das Modell lediglich im Mittel unter Einbeziehung einer größeren Anzahl von Bauwerken zutreffende Ergebnisse liefern kann, was den Einsatz der EDV erforderlich macht.

Der in [1a] mit Hilfe der in den Bildern 172 und 173 angegebenen Funktionen ermittelte mittlere jährliche Finanzbedarf aller Brücken von 7,50 DM/m²a bezogen auf das Preisniveau von 1985 erscheint jedoch nach neueren Erhebungen von In-

15.6 Kostenmodelle des zukünftigen Finanzbedarfs von Spannbetonbrücken   267

standsetzungskosten als zu optimistisch. Er entspricht einem mittleren Prozentsatz der jährlichen Erhaltungskosten von ca. 0,4%.

15.6.3 Verfahren zur Abschätzung der Instandsetzungskosten einzelner Spannbetonbrücken nach v. Drachenfels [88]

Die erforderlichen Instandsetzungskosten K einer Spannbetonbrücke werden bei diesem Verfahren mit Hilfe des Prozentsatzes des mittleren jährlichen Finanzbedarfs p, den geschätzten bezogenen Wiederbeschaffungskosten W und der Zeitspanne t zwischen Fertigstellung und erster umfassender Instandsetzung abgeschätzt.

$$K = pWAt \text{ [DM]}.$$

Der Prozentsatz der mittleren jährlichen Erhaltungskosten kann von erfahrenen Ingenieuren in Abhängigkeit vom Bauwerkszustand geschätzt werden. Im Mittel kann hier ein Betrag von ca. 1,5 bis 2% eingesetzt werden.

Die Wiederbeschaffungskosten können, falls keine genaueren Schätzungen verfügbar sind, in Abhängigkeit von der Brückenfläche A mit Hilfe von Bild 174 näherungsweise ermittelt werden. Die Brückenfläche ergibt sich dabei aus dem Produkt der Breite zwischen den Geländern und der Brückenlänge.

Für ein Bauwerk mit einer Brückenfläche von ca. 5 000 m² kann somit für eine Instandsetzung 20 Jahre nach Fertigstellung die Größenordnung des Finanzbedarfs zu ca.

$$(0,015 \text{ bis } 0,02) \cdot 2000 \cdot 5000 \cdot 20 = 3 \text{ bis } 4 \text{ Mio DM}$$

abgeschätzt werden.

Der große Vorteil des Verfahrens liegt in seiner einfachen Handhabbarkeit und dem äußerst geringen Aufwand. Eine möglichst zutreffende Schätzung des Prozentsatzes p der jährlichen Erhaltungskosten im konkreten Einzelfall vorausgesetzt, was mit der notwendigen Erfahrung möglich erscheint, liefert das Verfahren brauchbare Ergebnisse.

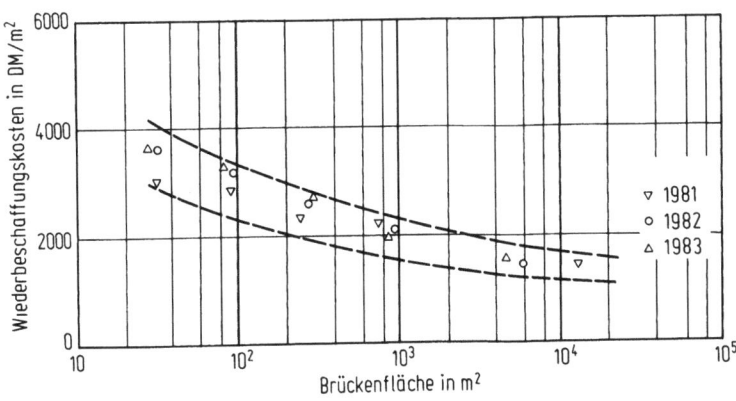

Bild 174. Wiederbeschaffungskosten W für Brücken in Abhängigkeit von der Brückenfläche A

15.6.4 Ermittlung des Finanzbedarfs durch eine Bund/Länder-Arbeitsgruppe der Straßenbauverwaltung

Der Finanzbedarf für Brückenbauwerke wurde von einer Bund/Länder-Arbeitsgruppe auf der Grundlage einer modifizierten Abschreibungsberechnung ermittelt, wobei eine Nutzungsdauer der Bauwerke von 100 Jahren zugrundegelegt wurde. Der Abschreibungssatz soll von derzeit (1985) 1% mit zunehmendem Alter des Bauwerksbestands bis 1995 linear auf 2% des Anlagewerts ansteigen und von da ab konstant bleiben. Als Begründung für diesen Ansatz wird angeführt, daß ab 1995 bei einer Vielzahl von Brücken Verschleißteile wie Beläge, Übergangskonstruktionen etc. zu ersetzen sind (Bild 175).

Der Erhaltungsbedarf für den Brückenbestand des Landes Hessen im Zuge von Bundesfernstraßen nach diesem Modell ist in Tabelle 45 zusammengestellt.

15.6.5 Ermittlung des Finanzbedarfs für die Erhaltung des Brückenbestands auf der Grundlage von Strategiemodellverfahren

15.6.5.1 Prinzipielle Vorgehensweise

Bei den im folgenden vorgestellten Verfahren handelt es sich um modifizierte Strategiemodellverfahren. Diese Verfahren zur Ermittlung des Finanzbedarfs für die Erhaltung des Brückenbestands beruhen auf der Vorstellung, daß die einzelnen

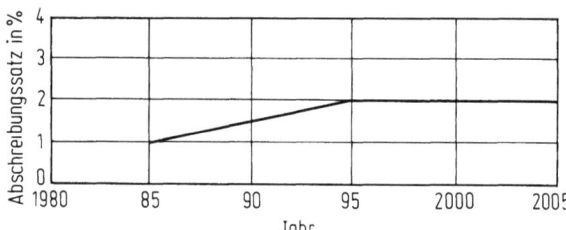

Bild 175. Abschreibungssatz in Abhängigkeit von der Zeit gemäß Bund/Länder-Arbeitsgruppe

Tabelle 45. Erhaltungsbedarf für Brückenbauwerke im Zuge von Bundesfernstraßen (Land Hessen) gemäß Kostenmodell Bund/Länder-Arbeitsgruppe (Preisniveau 1985)

Bauweise	Geschätzte mittlere Herstellungskosten DM/m²	Brückenfläche m²	Erhaltungsbedarf in Mio DM	
			1985	ab 1995
Mauerwerk Beton Stahlbeton	2400	342.000	8,21	16,42
Spannbeton	2200	1.944.000	42,77	85,54
Stahlverbund	2900	29.000	0,84	1,68
Stahl	3500	98.600	3,45	6,90
		Summe:	55,27	110,54

15.6 Kostenmodelle des zukünftigen Finanzbedarfs von Spannbetonbrücken

Bauwerkskomponenten des Brückenausbaus, wie Abdichtung, Belag, Übergangskonstruktionen, Lager usw. nur von begrenzter Lebensdauer sind und in festgelegten Zeitabständen erneuert werden müssen. Überdies müssen die tragenden Konstruktionen der Überbauten und die Unterbauten nach einer bestimmten Nutzungsdauer instandgesetzt bzw. erneuert werden.

Durch die Festlegung einer mittleren Nutzungsdauer und mittlerer Kosten – bezogen auf die Brückenfläche – für die Erneuerung bzw. Instandsetzung der verschiedenen Bauwerkskomponenten ergibt sich für jede Brücke eine zeitliche Abfolge von Kosten.

Die Ermittlung des Finanzbedarfs für den gesamten Brückenbestand erfolgt schließlich anhand der Altersstruktur der Bauwerke (Investitionszeitreihe). Zunächst wird dazu der erforderliche Bedarf der einzelnen Investitionsjahrgänge durch Multiplikation ihrer gesamten Brückenfläche mit den bezogenen Kosten der einzelnen Baumaßnahmen ermittelt. Anschließend werden die Kosten aller Jahrgänge aufaddiert.

15.6.5.2 Modell des Bund/Länder-Fachausschusses Brücken und Ingenieurbau [89, 90]

Die Nutzungsdauern der einzelnen Bauwerkskomponenten und die zugehörigen bezogenen mittleren Kosten für ihre Instandsetzung bzw. Erneuerung wurden aufgrund umfangreicher Erhebungen bei den Straßenbauverwaltungen aller Bundesländer ermittelt (Tabelle 46 und 47). Die zeitlichen Abfolgen der auf die Brückenfläche bezogenen Kosten für die einzelnen Baumaßnahmen wurden gemäß Bild 176 und 177 angesetzt, wobei nach Spannbeton-, Stahlbeton-, Stahlverbund- sowie Stahlbrücken unterschieden wurde. Berücksichtigt sind dabei nur Unterhaltungs- und Instandsetzungskosten, d. h. es wurden keine Kostenanteile für die vollständige Erneuerung des

Tabelle 46. Nutzungsdauer der Bauwerkskomponenten in Jahren [89]

		Bauwerkskomponente	min.–max.	i. M.
A	1	Belag und Abdichtung auf Stahl und Beton	11–20	15
B	2	Übergangskonstruktionen	5–30	17
C	3	Lager	20–40	29
D	4	Betonkappen	10–35	20
	5	Beton des Über- und Unterbaus instandsetzen		20
E	6	Stahlüberbau instandsetzen		30
F	7	Korrosionsschutz der Stahlbauteile von Stahlverbund- und Betonbrücken	10–25	18
	8	Korrosionsschutz Stahlbrücken	10–25	18
G	9	Schutzplanken, Geländer	10–40	27
H	10	sonstige Maßnahmen, z. B. Entwässerungsanlagen	15–30	22
	11	Lärmschutzwände		
I	12	Ersatzbauwerke		
		Unterbauten	60–120	94
		Betonüberbau	50–80	67
		Stahlüberbau	50–100	83

Tabelle 47. Bezogene Kosten für die Instandsetzung bzw. Erneuerung der Bauwerkskomponenten [90]

		Baumaßnahme	Kosten DM/m² [a]	Anteil v. H. [b]
A	1	Belag und Abdichtung auf Stahl u. Beton erneuern (ohne wesentliche Betoninstandsetzung)	140	100
B	2	Übergangskonstruktionen erneuern	100	70
C	3	Lager erneuern	40	90
D	4	Betonkappen	90	100
	5	Beton des Über- und Unterbaus instandsetzen	200	100
E	6	Stahlüberbau instandsetzen (theoret. Annahme)	100	100
F	7	Korrosionsschutz der Stahlbauteile von Stahlverbund- und Betonbrücken (Träger, Geländer, Spundwände u.a.)	30	100
	8	Korrosionsschutz der Stahlbrücken, einschl. Geländer u.a.	400	100
G	9	Geländer erneuern	30	100
H	10	sonstige Maßnahmen, z. B. Entwässerungsanlagen – einschließlich Korrosionsschutz – erneuern	50	100
	11	Lärmschutzwände erneuern	40	20
I	12	Ersatzbauwerke einschl. Abbruch und Verkehrsregelung – Spannbeton Spb. – Stahlbeton Stb. – Stahlverbund Stv. – Stahl St.	2500 2700 2300 4700	100

[a] je m² Brückenfläche (einschl. 14% MwSt.). Preisniveau 1985
[b] der Gesamtfläche

Überbaus oder des gesamten Bauwerks angesetzt, mit der Begründung, daß diese erst ab etwa dem Jahr 2020 von Bedeutung sind.

Die Anwendung des Verfahrens auf den Brückenbestand des Landes Hessen im Zuge von Bundesfernstraßen ist in Tabelle 48 und 49 durchgeführt (in Anlehnung an [91]).

Für die Ermittlung der Unterhaltungs- und Instandsetzungskosten wird in [90] auch noch eine vereinfachte Methode angegeben. Die festgelegten Kosten werden auf die entsprechenden Nutzungsdauern verteilt und die jährlichen Beträge der einzelnen Bauwerkskomponenten für die beiden Bauwerkskategorien, Spannbeton, Stahlbeton und Stahlverbund sowie Stahl aufaddiert (Tabelle 50 und 51). Die auf Brückenfläche und Nutzungsdauer bezogenen Kosten werden anschließend mit den Brückenflächen der beiden Bauwerkskategorien des Bestands multipliziert und zusammengefaßt. Die erhaltenen Beträge können als jährlicher Bedarf angesehen werden, sobald alle Bauwerke in den Zyklus der Instandsetzung eingetreten sind, d. h. sobald sich ein stationärer Zustand eingestellt hat. Die Anlaufphase wird näherungsweise mit einem linearen Anstieg der Beträge von 1970 bis 1990 angesetzt. Danach wird mit konstantem Betrag gerechnet. Ein weiterer Anstieg ergibt sich nach 1990 nur aus einem Zuwachs des Bauwerksbestands.

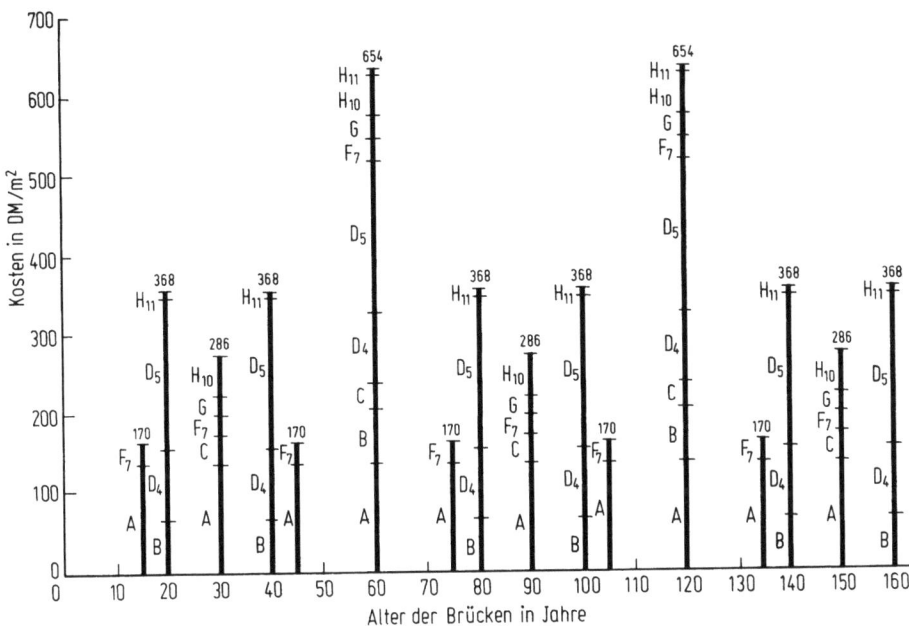

Bild 176. Angesetzte zeitliche Abfolge der Kosten für die Unterhaltung und Instandsetzung von Spannbeton-, Stahlbeton- und Stahlverbundbrücken in DM/m² Brückenfläche [90]. Legende siehe Tabelle 46 and 47

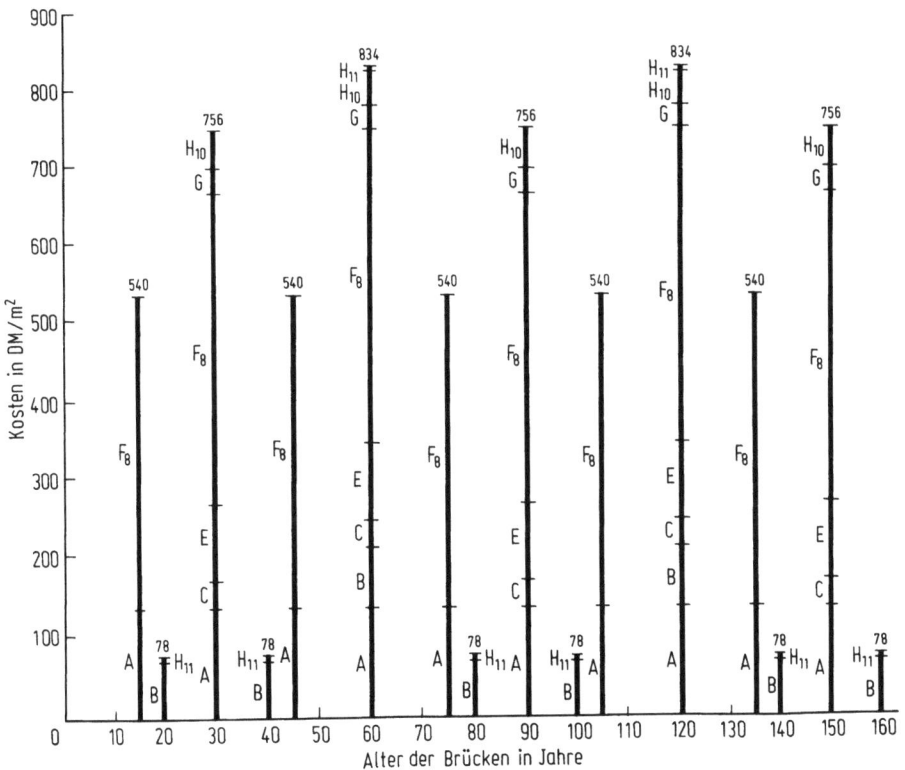

Bild 177. Angesetzte zeitliche Abfolge der Kosten für die Unterhaltung und Instandsetzung von Stahlbrücken in DM/m² Brückenfläche [90]. Legende siehe Tabelle 46 und 47

15 Der Finanzbedarf zur Erhaltung der Brückenbauwerke

Tabelle 48. Ermittlung des Finanzbedarfs in Mio. DM für die Massiv- und Stahlverbundbrücken im Zuge der Bundesfernstraßen des Landes Hessen nach [91]

Baujahre	Überbaufläche m²	1955	1956 1960	1961 1965	1966 1970	1971 1975	1976 1980	1981 1985	1986 1990	1991 1995	1996 2000	2001 2005	2006 2010	2011 2015	2016 2020
–1940	19.831	3,37	7,30 4,43												7,30 4,43
1941–1945	26.084			9,60 3,09				3,37 9,60	4,43 6,68					3,37	
1946–1950	18.152				5,67	7,46				3,09 16,99		17,06	11,87	30,20	56,25
1951–1955	46.174				6,68 7,85	16,99 14,62	5,19	13,21	6,68		7,85				
1956–1960	86.008						31,65	137,92	24,60	107,18	31,65	14,62	63,71		
1961–1965	374.772						63,71	110,83	239,92		186,46	137,92	239,92	110,83	
1966–1970	651.949								88,37	191,30		148,67	122,39	191,30	88,37
1971–1975	519.826									72,75	157,48				157,48
1976–1980	427.935										24,60	53,24		41,38	
1981–1985	144.678														
Summe	2.315.409	3,37	11,73	12,69	20,20	39,07	107,85	274,93	364,00	391,31	421,01	371,51	437,89	377,08	313,83
pro Jahr		0,67	2,35	2,54	4,04	7,81	21,57	54,99	72,80	78,26	84,20	74,30	87,58	75,42	62,77

Tabelle 49. Ermittlung des Finanzbedarfs in Mio. DM für die Stahlbrücken im Zuge von Bundesfernstraßen des Landes Hessen nach [91]

Baujahre	Überbaufläche m²	1955	1956 1960	1961 1965	1966 1970	1971 1975	1976 1980	1981 1985	1986 1990	1991 1995	1996 2000	2001 2005	2006 2010	2011 2015	2016 2020
–1940	23.175	12,51	1,81 2,58	0,37	17,52	3,62	1,81	12,51 0,37	2,58		19,33	3,99		12,51	1,81 2,58
1941–1945	4.785														
1946–1950	–														
1951–1955	–														
1956–1960	–														
1961–1965	25.854						13,96	2,02 11,91		19,55		2,02	13,96		
1966–1970	22.062								1,72 5,95		16,68	8,32	1,72	11,91	5,95
1971–1975	11.011									0,86 6,21	0,90		8,70	0,86	0,90
1976–1980	11.504										0,11	0,02		0,15	
1981–1985	196														
Summe	98.587	12,51	4,39	0,37	17,52	3,62	15,77	26,81	10,25	26,62	37,02	14,35	24,38	25,43	11,24
pro Jahr		2,50	0,88	0,07	3,50	0,72	3,15	5,36	2,05	5,32	7,40	2,87	4,88	5,09	2,25

15.6 Kostenmodelle des zukünftigen Finanzbedarfs von Spannbetonbrücken

Tabelle 50. Kosten der Unterhaltung von Brücken aus Spannbeton, Stahlbeton und Stahlverbund. Vereinfachte Methode der Bedarfsermittlung [90]

Baumaßnahme			Zeitraum Jahre	Kosten DM/m²	Anteil	Kosten/Jahr DM/m²
A	1	Belag und Abdichtung	15	140	1,00	9,33
B	2	Übergangskonstruktionen	20	100	0,70	3,50
C	3	Lager	30	40	0,90	1,20
D	4	Kappen	20	90	1,00	4,50
	5	Betonflächen	20	200	1,00	10,00
F	7	Korrosionsschutz	15	30	1,00	2,00
G	9	Stahlgeländer	30	30	1,00	1,00
H	10	Entwässerung	30	50	1,00	1,67
	11	LS-Wände	20	40	0,20	0,40
						33,60

Tabelle 51. Kosten der Unterhaltung von Stahlbrücken. Vereinfachte Methode der Bedarfsermittlung [90]

Baumaßnahme			Zeitraum Jahre	Kosten DM/m²	Anteil	Kosten/Jahr DM/m²
A	1	Belag und Abdichtung	15	140	1,00	9,33
B	2	Übergangskonstruktionen	20	100	0,70	3,50
C	3	Lager	30	40	0,90	1,20
E	6	Stahlüberbau	30	100	1,00	3,33
F	8	Korrosionsschutz	15	400	1,00	26,67
G	9	Stahlgeländer	30	30	1,00	1,00
H	10	Entwässerungsanlage	30	50	1,00	1,67
	11	LS-Wände	20	40	0,20	0,40
						47,10

Diese vereinfachte Vorgehensweise auf den Brückenbestand im Zuge von Bundesfernstraßen des Landes Hessen angewendet, liefert für Stahlbrücken ab 1990 einen jährlichen Bedarf von

$$47{,}10 \cdot 98.587 = 4{,}64 \text{ Mio DM/Jahr}$$

und für die Brücken der übrigen Bauweisen von

$$33{,}60 \cdot 2.315.409 = 77{,}80 \text{ Mio DM/Jahr}.$$

15.6.5.3 Modell nach Schmuck/Löffler

Schmuck/Löffler benutzen in [92] zur Ermittlung des Finanzbedarfs der hessischen Brücken ein Verfahren, das im Gegensatz zu dem bereits beschriebenen nicht mit starren Maßnahmezyklen arbeitet. Vielmehr werden die Nutzungsdauern als unabhängige, stochastische Variable eingeführt und durch Häufigkeitsverteilungen beschrieben. Dazu werden theoretische Verteilungsdichten anhand minimaler (tu), mittlerer (tm) und maximaler (to) Nutzungsdauern der verschiedenen Bauwerkskomponenten (Tabelle 52) angepaßt.

Für die Kosten der verschiedenen Baumaßnahmen werden hingegen auch Mittelwerte benutzt. Die mittleren Herstellungskosten der einzelnen Bauwerkskomponenten beim Neubau einer Brücke sind in Tabelle 53 als Anteil der Bausumme für das gesamte Bauwerk angegeben.

Für die Erneuerung dieser Bauteile wird zur Berücksichtigung der dabei anfallenden Abbrucharbeiten ein Abbruchfaktor eingeführt, der ebenfalls in Tabelle 53 angegeben ist.

Als Herstellungskosten für die verschiedenen Bauweisen wurden folgende Mittelwerte angesetzt:

- Gruppe 1/2 „Mauerwerk/unbewehrter Beton"
  2.200,— DM/m² Überbaufläche
- Gruppe 3 „Stahlbeton"
  2.200,— DM/m² Überbaufläche
- Gruppe 4 „Spannbeton"
  2.400,— DM/m² Überbaufläche
- Gruppe 5/8 „Stahl/Walzträger in Beton"
  3.500,— DM/m² Überbaufläche
- Gruppe 6 „Stahlwellprofil"
  2.000,— DM/m² Überbaufläche
- Gruppe 7 „Stahlverbund"
  2.900,— DM/m² Überbaufläche.

Die genannten Zahlenwerte wurden durch das Hessische Landesamt für Straßenbau, Abteilung Brückenbau festgelegt.

Bei in ausreichendem Umfang verfügbarem Datenmaterial können für die Bedarfsrechnung auch Häufigkeitsverteilungen der Kosten eingeführt werden. Die Berechnung der Bedarfsfunktion erfolgt dann mit Hilfe der Monte-Carlo-Simulation.

Der in [92] ermittelte *Verlauf* der Bedarfsfunktion wird für den Prognosezeitraum als „fiktiver Finanzbedarf" angesehen, der mit dem *Verlauf* des „realen Finanzbedarfs" identisch ist, sofern die den Berechnungen zugrundegelegten Nutzungsdauern und Kostenanteile der Bauteile ausreichend zutreffend sind. Dies gilt jedoch nicht für die *Absolutwerte* des Finanzbedarfs, da nicht zu belegen ist, ob und inwieweit die den Berechnungen zugrunde gelegten Eingangswerte für den sehr heterogenen Anlagenbestand der Brücken repräsentativ sind [92].

Aus diesem Grunde wird der ermittelte Verlauf des „fiktiven Finanzbedarfs" in reale Werte des Finanzbedarfs übergeführt. Dies geschieht durch eine „Eichung" in Gestalt einer Verschiebung des Verlaufs, die sich an den in der Vergangenheit tatsächlich aufgewendeten Erhaltungsmitteln orientiert.

Der mit diesem Modell ermittelte Bedarf für die hessischen Brücken im Zuge von Bundesfernstraßen ist in Bild 180 dargestellt.

15.6.5.4 Modellansatz aufgrund eigener Untersuchungen

Für die in Abschnitt 15.5 untersuchten Bauwerke wurden auch die Nutzungsdauern und die bezogenen Kosten für die Instandsetzung bzw. Erneuerung der verschiedenen

15.6 Kostenmodelle des zukünftigen Finanzbedarfs von Spannbetonbrücken

Tabelle 52. Nutzungsdauer der Bauwerkskomponenten in Jahren [92]

Brückenbauteil		Mauerwerk und Naturstein 1			Unbewehrter Beton 2			Stahlbeton 3			Spannbeton 4			Stahl 5			Stahlwellprofil 6			Stahlverbund 7			Walzträger in Beton 8			Holz 9			Sonstige Baustoffe 10		
		tu	tm	to	tu	tm	to	tu	tm	to	tu	tm	to	tu	tm	to	tu	tm	to	tu	tm	to	tu	tm	to	tu	tm	to	tu	tm	to
A	Belag und Abdichtung	8	20	35	8	20	35	8	20	35	8	20	35	8	20	35	–	–	–	8	20	35	8	20	35	8	20	35	8	20	35
B	Übergangskonstruktion	–	–	–	–	–	–	8	20	35	8	20	35	8	20	35	–	–	–	8	20	35	8	20	35	–	–	–	–	–	–
C	Lager	–	–	–	–	–	–	25	30	50	25	30	50	25	30	50	–	–	–	25	30	50	25	30	50	–	–	–	–	–	–
D1	Betonkappen	25	30	50	25	30	50	25	30	50	25	30	50	–	–	–	–	–	–	25	30	50	25	30	50	–	–	–	25	30	50
D2	Betonüberbau	–	–	–	50	70	100	50	70	100	50	70	100	50	70	100	–	–	–	50	70	100	–	–	–	–	–	–	–	–	–
D3	Betonunterbau	–	–	–	70	110	150	70	110	150	70	110	150	70	110	150	–	–	–	70	110	150	70	110	150	70	110	150	70	110	150
D4	Natursteinunterbau	80	100	150	–	–	–	–	–	–	–	–	–	–	–	–	–	–	–	–	–	–	–	–	–	–	–	–	–	–	–
D5	Holzüberbau	–	–	–	–	–	–	–	–	–	–	–	–	–	–	–	–	–	–	–	–	–	–	–	–	30	50	80	50	80	110
E	Stahlüberbau	–	–	–	–	–	–	–	–	–	–	–	–	50	80	110	50	70	100	50	80	110	50	80	110	–	–	–	–	–	–
F1	Korrosionsschutz	–	–	–	–	–	–	–	–	–	–	–	–	8	15	35	8	15	35	8	15	35	–	–	–	–	–	–	–	–	–
F2	Holzschutz	–	–	–	–	–	–	–	–	–	–	–	–	–	–	–	–	–	–	–	–	–	–	–	–	5	5	5	–	–	–
G	Schutzplank., Geländer	10	25	45	10	25	45	10	25	45	10	25	45	10	25	45	10	25	45	10	25	45	10	25	45	10	25	45	10	25	45
H	Sonstige Maßnahmen	10	25	45	10	25	45	10	25	45	10	25	45	10	25	45	30	50	80	10	25	45	10	25	45	10	25	45	10	25	45

a) tu minimale, tm mittlere und to maximale Nutzungsdauer

Tabelle 53. Kostenanteile und Abbruchfaktoren der Bauwerkskomponenten [92]

Brückenbauteil		Überbaustoff													
		Unbewehrter Beton (+Mauerwerk +Naturstein) 1/2		Stahlbeton 3		Spannbeton 4		Stahl (Walzträger in Beton) 5/8		Stahlwell-profil 6		Stahlverbund 7		Holz 9	
		Kosten-anteil %	Abbr.-faktor –	Kosten-anteil %	Abbr.-faktor –	Kosten-anteil %	Abbr.-faktor –	Kosten-anteil %	Abbr.-faktor –	Kosten-anteil %	Abbr.-faktor –	Kosten-anteil %	Abbr.-faktor –	Kosten-anteil %	Abbr.-faktor –
A	Belag und Abdichtung	5,5	1,20	6,0	1,20	5,2	1,20	5,1	1,20	–	–	4,6	1,20	8,0	1,20
B	Übergangskon-struktion	–	–	1,3	1,10	2,6	1,10	1,8	1,10	–	–	3,1	1,10	–	–
C	Lager	–	–	1,7	1,80	2,2	1,80	0,9	1,80	–	–	1,8	1,80	–	–
D1	Betonkappen	4,0	1,20	4,4	1,20	4,2	1,20	–	–	–	–	3,7	1,20	–	–
D2	Betonüberbau	25,0	1,20	25,5	1,40	46,1	1,60	–	–	–	–	21,6	1,40	–	–
D3	Betonunterbau	58,0	1,20	53,3	1,20	30,4	1,20	27,2	1,20	–	–	24,6	1,20	50,0	1,20
D4	Natursteinüberbau	–	–	–	–	–	–	–	–	–	–	–	–	–	–
D5	Holzüberbau	–	–	–	–	–	–	–	–	–	–	–	–	32,5	1,20
E	Stahlüberbau	–	–	–	–	–	–	55,1	1,30	70,0	1,30	29,6	1,30	–	–
F1	Korrosionsschutz	–	–	–	–	–	–	5,5	1,80	5,0	1,80	4,1	1,80	–	–
F2	Holzschutz	–	–	–	–	–	–	–	–	–	–	–	–	2,0	1,80
G	Schutzplanken, Geländer	2,5	1,10	3,3	1,10	2,9	1,10	1,5	1,10	5,0	1,10	1,9	1,10	2,5	1,10
H	Sonstige Maßnahmen	5,0	1,10	4,5	1,10	6,4	1,10	2,9	1,10	20,0	1,10	5,0	1,10	5,0	1,10

15.6 Kostenmodelle des zukünftigen Finanzbedarfs von Spannbetonbrücken

Bauwerkskomponenten ausgewertet, z.T. wurde auch auf die im Teil III behandelten Bauwerke zurückgegriffen. Die Ergebnisse sind zusammen mit den Werten, die den Modellen der beiden vorangegangenen Unterabschnitte zugrunde liegen, in Tabelle 54 zusammengestellt. Angegeben ist jeweils die minimale, maximale und mittlere Nutzungsdauer.

Für Lager und Kappen kann bei den eigenen Untersuchungen keine maximale und mittlere Lebensdauer angegeben werden, da diese Bauteile nur bei wenigen der untersuchten Bauwerke erneuert wurden. In der Mehrzahl der Fälle wurden sie statt dessen nur instandgesetzt.

Bei den in [89] und [92] angegebenen Werten für die Lebensdauer von Beton- und Stahlüberbauten dürfte es sich teilweise um Schätzungen handeln, da zumindest für Spannbetonüberbauten diesbezüglich bisher keine ausreichenden Erfahrungen vorliegen.

Die bezogenen Kosten für die Erneuerung bzw. Instandsetzung der verschiedenen Bauwerkskomponenten aufgrund der eigenen Untersuchungen sind in Tabelle 55 dargestellt.

Die Kosten streuen bei einigen Maßnahmegruppen ganz beachtlich. Die geringsten Streuungen ergeben sich naturgemäß für die Erneuerung von Belag und Abdichtung.

Tabelle 54. Nutzungsdauer der Bauwerkskomponenten in Jahren nach [89, 92] und eigenen Untersuchungen an Massivbrücken

		Baumaßnahme	nach [92]		nach [89]		eigene Untersuchungen Massivbrücken	
			min.–max.	i.M.	min.–max.	i.M.	min.–max.	i.M.
A	1	Belag und Abdichtung auf Stahl und Beton erneuern	8–35	20	11–20	15	8–32	17
B	2	Übergangskonstruktionen erneuern	8–35	20	5–30	17	13–32	19
C	3	Lager erneuern	25–50	30	20–40	29	10–...	
D	4	Betonkappen erneuern	25–50	30	10–35	20	22–...	
	5	Beton des Über- und Unterbaus instandsetzen				20	13–32	20
E	6	Stahlüberbau instandsetzen				30		
F	7	Korrosionsschutz der Stahlbauteile von Stahlverbund und Betonbrücken	8–35	15	10–25	18	13–30	20
	8	Korrosionsschutz Stahlbrücken	8–35	15	10–25	18		
G	9	Schutzplanken, Geländer erneuern	10–45	25	10–40	27	19–30	23
H	10	sonstige Maßnahmen, z.B. Entwässerungsanlagen	10–45	25	15–30	22	17–30	22
	11	Lärmschutzwände						
I	12	Ersatzbauwerke						
		Unterbauten erneuern	70–150	110	60–120	94		
		Betonüberbau erneuern	50–100	70	50–80	67		
		Stahlüberbau erneuern	50–110	80	50–100	83		

Tabelle 55. Bezogene Kosten für die Erneuerung bzw. Instandsetzung der verschiedenen Bauwerkskomponenten aufgrund eigener Untersuchungen

Baumaßnahme			Massivbrücken			
			Anzahl der Bauwerke	min. DM/m² [a]	max. DM/m² [a]	i. M. DM/m² [a]
A	1	Belag und Abdichtung auf Stahl und Beton erneuern (ohne wesentliche Betoninstandsetzung)	11	120	160	140
B	2	Übergangskonstruktionen erneuern	14	30	200	70
C	3	Lager erneuern	3	40	120	80
D	4	Betonkappen erneuern	3	80	130	110
	5	Beton des Über- und Unterbaus instandsetzen	11	50	500	220
E	6	Stahlüberbau instandsetzen (theoretische Annahme)	–	–	–	–
F	7	Korrosionsschutz der Stahlbauteile von Stahlverbund- und Betonbrücken (Träger, Geländer, Spundwände u.a.)	6	6	13	10
	8	Korrosionsschutz der Stahlbrücken, einschließlich Geländer u.a.	–	–	–	–
G	9	Geländer erneuern	3	20	70	50
H	10	Sonstige Maßnahmen, z.B. Entwässerungsanlagen – einschl. Korrosionsschutz – erneuern	13	–	–	100
	11	Lärmschutzwände erneuern	–	–	–	–
I	12	Ersatzbauwerke einschl. Abbruch und Verkehrsregelung – Spannbeton Spb. – Stahlbeton Stb. – Stahlverbund Stv. – Stahl St.	– – – –	– – – –	– – – –	– – – –

[a] je m² Brückenfläche (einschl. 14% MwSt.). Preisniveau 1985

Diese betragen im Mittel 140,– DM/m², sofern keine wesentlichen Betoninstandsetzungen an der Fahrbahnplatte erforderlich sind. Die in Abschnitt 15.5.1 angeführten Talbrücken im Zuge der Sauerlandlinie wurden nicht berücksichtigt.

Bei den Übergangskonstruktionen sind die Schwankungen teilweise auf die gewählte Bezugsgröße, die Brückenfläche zurückzuführen. Die unterschiedliche Größe der Bauwerke sowie die unterschiedliche Anzahl der Übergangskonstruktionen (Einfeldsystem, Durchlaufträger) haben entsprechend große Streuungen zur Folge.

Die erheblichen Streuungen bei den Kosten für die Betoninstandsetzung der Über- und Unterbauten, die sich bis zum Faktor 10 unterscheiden, ergeben sich aus dem unterschiedlichen Ausmaß an Schäden, dem erforderlichen Aufwand für Arbeitsgerüste sowie der Art und dem Umfang der durchgeführten Maßnahmen, z.B. wenn neben der Beseitigung der festgestellten Schäden noch zusätzlich prophylaktische Maßnahmen, etwa in Form von Beschichtungen der Betonoberflächen ausgeführt werden.

15.6 Kostenmodelle des zukünftigen Finanzbedarfs von Spannbetonbrücken

Der für die Betoninstandsetzung angegebene Mittelwert von 220,– DM/m² (Tabelle 55) ist daher mit größeren Unsicherheiten behaftet als etwa der entsprechende Vergleichswert für die Erneuerung von Belag und Abdichtung.

Die Kosten für die Betoninstandsetzung der Überbauten und Unterbauten der mit RP4 und RP5 gekennzeichneten Talbrücken (Abschnitt 15.5.2) wurden nicht berücksichtigt, da diese Kosten nicht auf andere Bauwerke übertragbar sind. Die entsprechenden Werte ergeben sich für die beiden Bauwerke zu ca. 850,– DM/m² bzw. ca. 700,– DM/m².

Unter sonstigen Maßnahmen wurden neben den Kosten für die Erneuerung der Entwässerungsanlagen auch alle anderen bei der Instandsetzung angefallenen Kosten berücksichtigt, wie z. B. Baustelleneinrichtung, Verkehrssicherung, Arbeiten an Böschungen und Bermen im Anschlußbereich und unterhalb der Bauwerke, Einbau von Steigleitern, Einbau von Beleuchtungen in Hohlkästen, kleinere Instandsetzungsarbeiten an schadhaften Bauteilen usw. Hieraus ergab sich im Mittel ein Wert in der Größenordnung von 100,– DM/m² Brückenfläche.

Tabelle 56 enthält die Zusammenfassung der Mittelwerte der bezogenen Kosten für die verschiedenen Baumaßnahmen. Die Übereinstimmung der drei Untersuchungen bei den Maßnahmegruppen ist teilweise gut, teilweise liegen allerdings auch größere Abweichungen vor.

Für den hier gewählten Modellansatz zur Abschätzung des finanziellen Risikos von Spannbetonbrücken als Erhaltungskosten wurden die mittleren Nutzungsdauern und Kosten für die Erneuerung bzw. Instandsetzung der einzelnen Bauwerkskomponenten gemäß Tabelle 57 festgelegt.

Die entsprechende zeitliche Abfolge der Kosten geht aus Bild 178a hervor. Darin einbezogen sind auch die vollständige Erneuerung des Überbaus nach 60 Jahren sowie die vollständige Erneuerung des Gesamtbauwerks nach 120 Jahren.

Bei der in Bild 178a dargestellten Abfolge wurde darauf geachtet, daß sich für das „mittlere" Bauwerk über die mit 60 bzw. 120 Jahren angesetzte Gesamtlebensdauer plausible Instandsetzungs- bzw. Erneuerungszyklen ergeben. So dürfen Erneuerungen z. B. von Übergangskonstruktionen oder Kappen nicht wenige Jahre vor der vollständigen Erneuerung des Überbaus auftreten. Auch wurde darauf geachtet, daß sich nicht zuviele Eingriffe während der Nutzungsdauer ergeben.

Werden die Instandsetzungs- und Erneuerungskosten gemäß der angesetzten Abfolge außer auf die Brückenfläche auch auf die Nutzungsdauer bezogen, ergibt sich die in Bild 178b dargestellte Sägezahnkurve, aus der die Problematik der Kosten angegeben in DM/m²a hervorgeht.

Werden die Kosten in Höhe von 520,– DM/m² für die erste Instandsetzung gemäß Bild 178 auf die bis dahin erreichte Nutzungsdauer von 20 Jahren bezogen, ergibt sich ein mittlerer jährlicher Betrag von 26,– DM/m²a. Da in den unmittelbar darauf folgenden zehn Jahren gemäß der angesetzten Abfolge voraussetzungsgemäß keine Instandsetzungen durchgeführt werden, fallen die im Mittel pro Nutzungsjahr aufgewendeten Kosten zunächst bis auf 17,30 DM/m²a ab, steigen aber unmittelbar nach der Instandsetzung einiger weiterer Bauwerkskomponenten wieder sprungartig an.

Werden nur die Kosten für die Instandsetzungen bzw. für die Erneuerung der Verschleißteile zwischen Herstellung und vollständiger Erneuerung des Überbaus nach 60 Jahren als Erhaltungskosten angesehen, ergibt sich der Schätzwert der auf Brückenfläche und Nutzungsdauer bezogenen aufgewendeten Erhaltungskosten für

Tabelle 56. Zusammenfassung der Mittelwerte der bezogenen Kosten für die verschiedenen Baumaßnahmen nach [90, 92] und eigenen Untersuchungen

Baumaßnahme			nach [92]				nach [90]	eig. Unters.
			St.	Stv.	Stb.	Spb.		Massivbr.
			Kosten DM/m² [a]	Kosten DM/m² [a]	Kosten DM/m² [a]	Kosten DM/m² [a]	Kosten DM/m² [a]	i.M. DM/m² [a]
A	1	Belag und Abdichtung auf Stahl u. Beton erneuern (ohne wesentliche Betoninstandsetzung)	210	160	160	150	140	140
B	2	Übergangskonstruktionen erneuern	70	100	30	70	70	70
C	3	Lager erneuern	60	90	70	90	36	80
D	4	Betonkappen erneuern		130	120	120	90	110
	5	Beton des Über- und Unterbaus instandsetzen					200	220
E	6	Stahlüberbau instandsetzen (theoretische Annahme)					100	
F	7	Korrosionsschutz der Stahlbauteile von Stahlverbund- und Betonbrücken (Träger, Geländer, Spundwände u.a.)		210			30	10
	8	Korrosionsschutz der Stahlbrücken, einschl. Geländer u.a.	350				400	
G	9	Geländer erneuern	60	60	80	80	30	50
H	10	Sonstige Maßnahmen, z. B. Entwässerungsanlagen – einschl. Korrosionsschutz – erneuern	110	160	110	170	50	100
	11	Lärmschutzwände erneuern					8	
I	12	Ersatzbauwerke einschl. Abbruch und Verkehrsregelung						
		– Spannbeton Spb.				3200[b]	2500	
		– Stahlbeton Stb.			2700[b]		2700	
		– Stahlverbund Stv.		3500[b]			2300	
		– Stahl St.	4300[b]				4700	

[a]) je m² Brückenfläche (einschl. 14% MwSt.). Preisniveau 1985
[b]) Beträge aufgrund der Angaben in [92] ermittelt

Spannbetonbrücken gemäß dem Modellansatz für das Ende der Nutzungsdauer zu

$$\frac{520 + 250 + 520}{60} = 21{,}50 \text{ DM/m}^2\text{a} \quad (\text{vgl. Bild 178}).$$

Demgegenüber betragen die bezogenen aktuellen aufgewendeten Kosten jeweils unmittelbar nach erfolgten Instandsetzungen innerhalb des gleichen Zeitraums 26,–, 25,70 und 32,30 DM/m²a.

15.6 Kostenmodelle des zukünftigen Finanzbedarfs von Spannbetonbrücken

Tabelle 57. Angesetzte Kosten für die Erneuerung bzw. Instandsetzung der Bauwerkskomponenten von Spannbetonbrücken

Baumaßnahme			Zeitraum Jahre	Kosten DM/m² [a)]	DM/m²·a
A	1	Belag und Abdichtung erneuern	20	140	7,00
B	2	Übergangskonstruktionen erneuern	20	70	3,50
C	3	Lager erneuern	30	80	2,67
D	4	Betonkappen erneuern	30	120	4,00
	5	Beton instandsetzen	20	200	10,00
F	7	Korrosionsschutz	20	10	0,50
G	9	Geländer erneuern	30	50	1,67
H	10	Sonstiges	20	100	5,00
					ca. 34,50
I	12	Überbau erneuern	60	1500	25,00
		Unterbauten erneuern	120	800	6,67
					ca. 66,00

[a)] je m² Brückenfläche (incl. 14% MwSt.)
Kosten enthalten Abbruchfaktoren
Annahmen: Herstellungskosten Spannbetonbrücken i. M. 2200 DM/m²
            Überbau 990 DM/m²
            Unterbauten 660 DM/m²
            übrige Komponenten 550 DM/m²
            Abbruchfaktor Überbau (geschätzt) ≈ 1,5
            Abbruchfaktor Unterbauten (geschätzt) ≈ 1,2

Bezieht man die insgesamt aufgewandten Kosten einschließlich einer vollständigen Erneuerung des gesamten Überbaus auf die Nutzungsdauer von 120 Jahren, so ergibt sich ein mittlerer Betrag von 38,80 DM/m² pro Nutzungsjahr (Bild 178). Werden auch die Kosten für die vollständige Erneuerung des Gesamtbauwerks nach 120 Jahren berücksichtigt, so ergibt sich über diesen Zeitraum ein mittlerer Finanzbedarf von 62,70 DM/m² a.

Die zu den einzelnen Instandsetzungsmaßnahmen gehörenden Sprünge in der Sägezahnkurve nehmen aufgrund des wachsenden Bezugswerts Nutzungsdauer immer mehr ab. Daraus folgt, daß die Angabe dieser Bezugsgröße nur dann sinnvoll ist, wenn der zugrundegelegte Bezugszeitraum mit angegeben wird sowie eine Angabe darüber erfolgt, welche Maßnahmen darin enthalten sind.

Dies ist bei den in Abschnitt 15.5 angegebenen Instandsetzungskosten für die tatsächlich sanierten Bauwerke zu beachten, die, wie derzeit üblich, bezogen auf Brückenfläche und Nutzungsdauer angegeben sind. Die dort vorgestellten Bauwerke waren alle erstmals einer umfassenden Instandsetzung unterzogen worden. Demzufolge wurde die Bezugsgröße Nutzungsdauer als Zeitspanne zwischen Herstellung und erfolgter Instandsetzung eingeführt. Die so ermittelten bezogenen Kosten wurden anschließend lediglich auf das Preisniveau von 1985 umgerechnet. Die Instandset-

282   15 Der Finanzbedarf zur Erhaltung der Brückenbauwerke

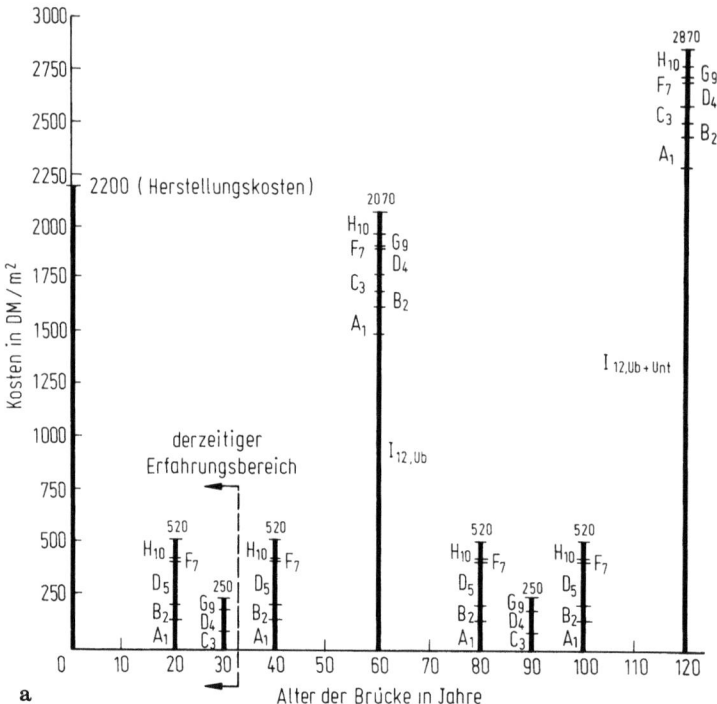

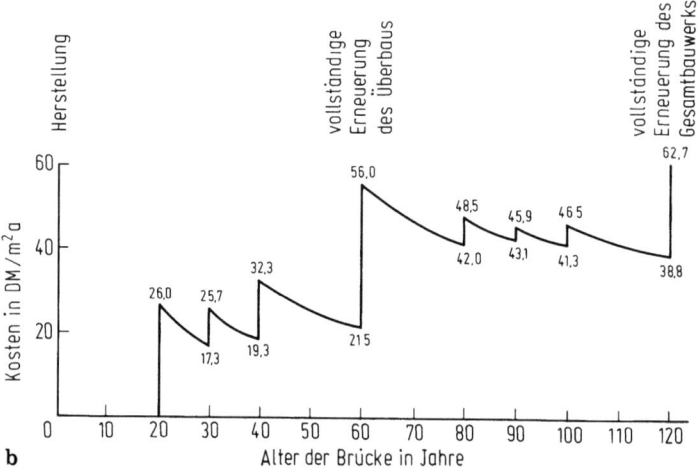

Bild 178a und b. Angesetzte zeitliche Abfolge der Kosten für Spannbetonbrücken. **a** bezogen auf die Brückenfläche zum Preisniveau 1985, inkl. Kosten für Abbruch und 14% MwSt. (Legende siehe Tabelle 46 und 47); **b** bezogen auf die Brückenfläche und die Nutzungsdauer gemäß den nach Modellansatz a) tatsächlich aufgewendeten Kosten

15.6 Kostenmodelle des zukünftigen Finanzbedarfs von Spannbetonbrücken

Tabelle 58. Finanzbedarf in Mio. DM für die hessischen Brücken im Zuge von Bundesfernstraßen gemäß Modellansatz in Bild 178. (Massivbrücken, Stahlverbundbrücken)

Baujahre	Überbaufläche m²	1955	1956 1960	1961 1965	1966 1970	1971 1975	1976 1980	1981 1985	1986 1990	1991 1995	1996 2000	2001 2005	2006 2010	2011 2015	2016 2020
−1940	19.831		10,31												10,31
1941−1945	26.084			13,56											
1946−1950	18.152				9,44				9,44						
1951−1955	46.174					6,52		13,56		24,01		53,99	37,57	95,58	
1956−1960	86.008						4,54	11,54	21,50		44,72				178,04
1961−1965	374.772						44,72	194,88		93,69		194,88			
1966−1970	651.949								339,01		162,99		339,01		
1971−1975	519.826									270,31		129,96		270,31	
1976−1980	427.935										222,53		106,98		222,53
1981−1985	144.678											75,23		36,17	
Summe	2.315.409		10,31	13,56	14,40	30,53	59,57	219,98	369,95	388,01	471,29	454,06	483,56	402,06	410,88
pro Jahr			2,06	2,71	2,88	6,11	11,91	44,00	73,99	77,60	94,26	90,81	96,71	80,41	82,18

Tabelle 59. Finanzbedarf in Mio. DM für die hessischen Brücken im Zuge von Bundesfernstraßen gemäß Modellansatz in Bild 179 für Stahlbrücken

Baujahre	Überbaufläche m²	1955	1956 1960	1961 1965	1966 1970	1971 1975	1976 1980	1981 1985	1986 1990	1991 1995	1996 2000	2001 2005	2006 2010	2011 2015	2016 2020
−1940	23.175	9,27	4,87	1,00	15,06	3,11	4,87	9,27	1,91		19,93	4,12	−	−	63,96
1941−1945	4.785		1,91					1,00							
1946−1950	−														
1951−1955	−														
1956−1960	−														
1961−1965	25.854						10,34	5,43	4,63	16,81	14,34	5,43	10,34	8,82	−
1966−1970	22.062							8,82	4,40	2,31	2,42	7,16	4,63	2,31	4,40
1971−1975	11.011									4,60	0,08	0,04	7,48	0,13	2,42
1976−1980	11.504														
1981−1985	196														
Summe	98.587	9,27	6,78	1,00	15,06	3,11	15,21	24,52	10,94	23,72	36,77	16,75	22,45	11,26	70,78
pro Jahr		1,85	1,36	0,20	3,01	0,62	3,04	4,90	2,19	4,74	7,35	3,35	4,49	2,25	14,16

zungskosten aller in Abschnitt 15.5.2 aufgeführten Bauwerke, allerdings ohne Berücksichtigung der Talbrücken RP4 und RP5, führten im Mittel zu einem Wert von ca. 34,— DM/m²a. Die angeführten Bauwerke wurden im Mittel nach 20 Jahren instandgesetzt.

In Bild 178 ist auch der derzeitige Erfahrungsbereich angedeutet. Da dieser Zeitraum aber die wesentliche Grundlage für das über 120 Jahre laufende Modell darstellt, muß der Ablauf für den nachfolgenden Zeitraum mit „hypothetisch" charakterisiert werden.

Alle angegebenen Werte sind Mittelwerte. Bei einzelnen konkreten Bauwerken können sich erhebliche Abweichungen davon ergeben.

So werden die Strategiemodellverfahren auch nicht für die Prognose des Finanzbedarfs einzelner Bauwerke benutzt, sondern für die Ermittlung des Gesamtbedarfs. Zu diesem Zweck ist es jedoch völlig ausreichend, mit Mittelwerten der Nutzungsdauern und Kosten zu rechnen, vorausgesetzt, sie sind mit hinreichender Genauigkeit bekannt.

Die Anwendung des Modellansatzes auf den Brückenbestand des Landes Hessen im Zuge von Bundesfernstraßen ist in Tabelle 58 und 59 vollzogen. Dabei wurde für die Stahlbrücken der Modellansatz nach Bild 179 berücksichtigt. Die Bauweisen Stahlbeton, Stahlverbund, unbewehrter Beton und Mauerwerk wurden mit dem Mo-

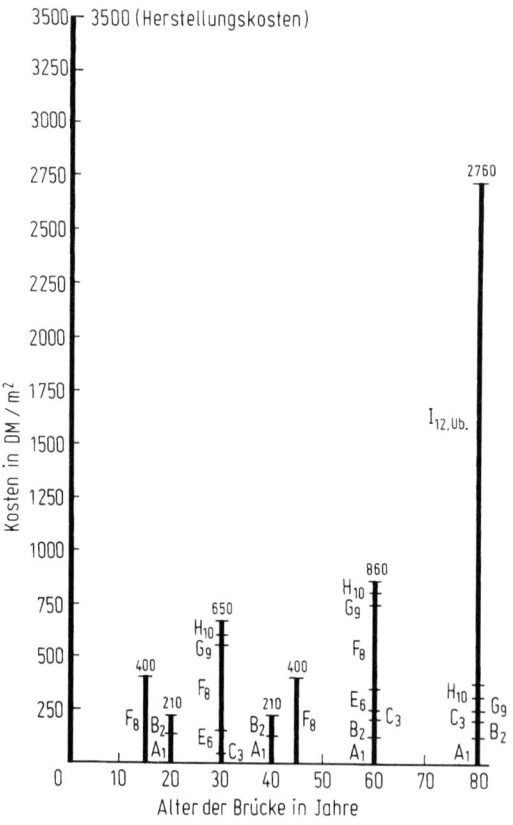

Bild 179. Angesetzte zeitliche Abfolge der Kosten für Stahlbrücken. Preisniveau 1985, inkl. Kosten für Abbruch und 14% MwSt (Legende s. Tabellen 46 und 47)

15.6 Kostenmodelle des zukünftigen Finanzbedarfs von Spannbetonbrücken   285

dellansatz für Spannbetonbrücken erfaßt, die in dieser Gruppen den weitaus größten Anteil stellen.

15.6.5.5 Vergleich der verschiedenen Modellansätze anhand des Brückenbestandes des Landes Hessen im Zuge von Bundesfernstraßen

Die Prognosen des Finanzbedarfs für die Unterhaltung bzw. Erhaltung der Brücken des Landes Hessen im Zuge von Bundesfernstraßen sind getrennt nach den verschiedenen Modellansätzen in Bild 180 zusammengefaßt.

Bei Kurve *1* handelt es sich um die tatsächlich in den Jahren 1978–1984 aufgewendeten Ausgaben. Die konservativste Abschätzung liefert die Bedarfsrechnung der Bund/Länder-Arbeitsgruppe, der ab 1995 ein konstanter Prozentsatz der mittleren jährlichen Unterhaltungskosten von 2% des Anlagewerts zugrunde liegt, dargestellt als Kurve *2*. Die Bedarfsfunktionen des Bund/Länder-Fachausschusses Brücken- und Ingenieurbau (Kurven *3* und *4*) beinhalten aufgrund der angesetzten zeitlichen Abfolgen an aufzuwendenden Kosten nach Bild 176 und 177 keine Anteile für vollständig zu erneuernde Überbauten oder Gesamtbauwerke. Dagegen enthält die Bedarfsfunktion, welcher der Modellansatz gemäß Abschnitt 15.6.5.4 zugrunde liegt (Kurve *6*), bereits ab etwa dem Jahr 2000 Kostenanteile für vollständig zu erneuernde Überbauten (Tabelle 58 und 59). Die Bedarfsfunktion nach Schmuck/Löffler (Kurve *5*) wurde durch Eichung an die bisher tatsächlich aufgewendeten Ausgaben angepaßt und setzt daher im Anfangsbereich deren Trend am besten fort; sie enthält jedoch keine Anteile für die Erneuerung der tragenden Überbaukonstruktionen und der Unterbauten.

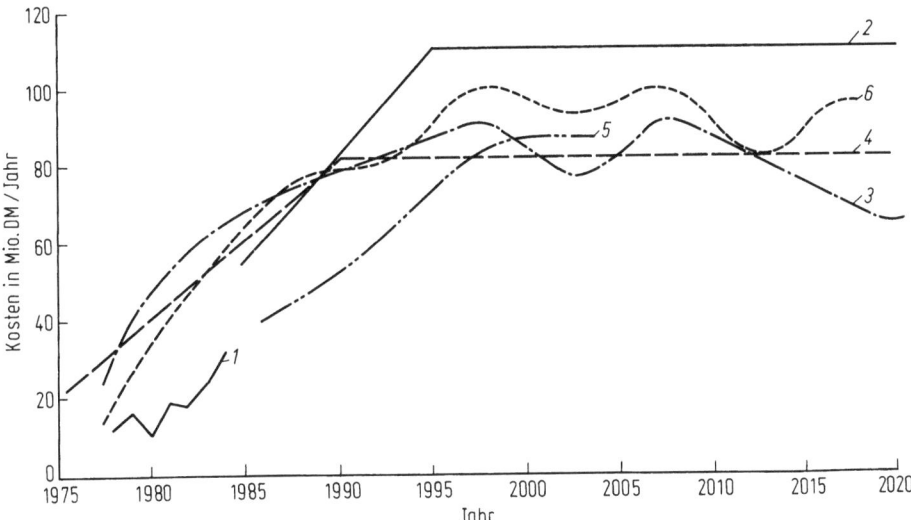

Bild 180. Vergleich des berechneten Finanzbedarfs für die hessischen Brücken im Zuge von Bundesfernstraßen nach den verschiedenen Modellen nach [91]. *1* tatsächliche Ausgaben, *2* Finanzbedarfsrechnung nach Bund/Länder-Arbeitsgruppe (Abschnitt 15.6.4), *3* nach Bund/ Länder-Fachausschuß (Abschnitt 15.6.5.2), *4* nach Bund/Länder-Fachausschuß (Abschnitt 15.6.5.2, vereinfachte Methode), *5* nach Schmuck/Löffler (Abschnitt 15.6.5.3), *6* nach Modellansatz gemäß Abschnitt 15.6.5.4

Allen Prognosen des Finanzbedarfs ist gemeinsam, daß die aufzuwendenden Mittel etwa bis Mitte der neunziger Jahre ständig anwachsen, und dann einen Sättigungswert erreichen. Das stimmt mit der Altersstruktur der Brücken überein, wonach ab Mitte der neunziger Jahre entsprechend Tabelle 58 und 59 nahezu alle Bauwerke in den Unterhaltungszyklus einbezogen sind.

Der Sättigungswert kann entsprechend diesen Prognosen mit ca. 80 bis 110 Mio DM/a eingegrenzt werden. Im Mittel liefern die Prognosen einen Wert von ca. 90 Mio DM/a. Bezogen auf die gesamte Brückenfläche von ca. 2,41 Mio m² entspricht das einem mittleren Betrag von ca. 37,− DM/m² a. Darin sind bereits Anteile für die vollständige Erneuerung der Überbauten enthalten; es handelt sich dabei also nicht ausschließlich um Instandsetzungskosten.

Im Anstiegsbereich weisen die Prognosen, mit Ausnahme der Bedarfsfunktion nach Schmuck/Löffler, Bedarfswerte aus, die im Vergleich zu den bisher tatsächlich aufgewendeten Ausgaben zwischen 1978 bis 1984 etwa um den Faktor 2 zu hoch liegen. Wahrscheinlich sind die bisherigen Ausgaben noch durch die „Anlaufphase" gekennzeichnet, da erst seit etwa Mitte der siebziger Jahre mit der systematischen Instandsetzung von Brücken begonnen wurde. Es ist aber auch zu vermuten, daß die Straßenbauverwaltungen der Länder Probleme mit der ausreichenden Ausstattung ihrer Baudienststellen mit Fachpersonal haben, das bereits heute, künftig aber noch wesentlich mehr, benötigt wird, um die ständig wachsenden Erhaltungsaufgaben bewältigen zu können.

15.6.5.6 Bewertung

Den Strategiemodellen liegt eine sehr anschauliche und plausible Systematik zugrunde. Der prognostizierte Finanzbedarf ist jedoch im unmittelbaren Zusammenhang mit den vorgegebenen Erhaltungsstrategien zu bewerten. Er ist an die Voraussetzung gebunden, daß im Mittel tatsächlich alle Bauwerke sowohl in den angesetzten Perioden als auch jeweils im unterstellten Umfang instandgesetzt bzw. erneuert werden.

Die den Bedarfsrechnungen zugrunde gelegten Nutzungsdauern und Kosten beruhen auf den Erfahrungen, die in den vergangenen Jahren mit instandgesetzten Bauwerken gewonnen wurden. Mithin unterstellen die Bedarfsberechnungen, daß diese Gesetzmäßigkeiten auch in Zukunft ihre Gültigkeit behalten und auf die künftig noch instandzusetzenden und zu erneuernden Bauwerke übertragbar sind.

Weiterhin sind u.a. folgende Unwägbarkeiten in einer Extrapolation in die weitere Zukunft enthalten:

- Unter den bisher instandgesetzten Bauwerken befanden sich möglicherweise zumindest zu einem gewissen Anteil besonders instandsetzungsbedürftige Bauwerke mit entsprechend hohen Kosten.
- Es kann nicht ausgeschlossen werden, daß künftige, derzeit noch nicht absehbare technische Entwicklungen zu bedeutsamen Veränderungen gegenüber der gegenwärtigen Situation führen werden.
- Es ist möglich, daß durch korrigierende Maßnahmen, wie beispielsweise das Vorschreiben einer größeren Betondeckung im Regelwerk, oder durch den Einbau wasserdichter Übergangskonstruktionen – wobei diese allerdings auf Dauer was-

serdicht sein müssen – oder zusätzliche Vorkehrungen bei der Bauwerksabdichtung in Form einer zusätzlichen Versiegelung des Fahrbahnplattenbetons künftig die Instandsetzungskosten gemindert werden können.
- Andererseits ist aus einer Erhöhung der zulässigen Achslasten bei den LKWs sowie aus einem erhöhten Verkehrsaufkommen aufgrund der dadurch zunehmenden Ermüdungsbeanspruchung eine Verkürzung der Nutzungsdauern insbesondere bei Belag und Abdichtung, Lagern und Übergangskonstruktionen zu erwarten.

Aufgrund dieser Tatsachen erscheinen derzeit keine gesicherten mittel- oder längerfristigen Prognosen der Absolutwerte des Finanzbedarfs möglich. Die mit den Modellen ermittelten Bedarfsfunktionen liefern mithin in erster Linie eine Orientierungshilfe für die künftig in etwa aufzubringenden finanziellen Mittel. Sie gestatten jedoch unter Vorbehalten eine Abschätzung des finanziellen Risikos aus heutiger Sicht und aufgrund der vorliegenden Erfahrungen.

Da bei der Ermittlung der Bedarfsfunktionen unterstellt wurde, daß jeweils alle Bauwerkskomponenten aller Bauwerke regelmäßig erneuert bzw. instandgesetzt und sämtliche festgestellten Mängel und Schäden beseitigt werden, also auch alle die vielen kleinen Schäden, welche die Standsicherheit nicht unmittelbar beeinträchtigen, dürften die berechneten Bedarfsfunktionen in der Tendenz eher als obere Grenzkurven aufzufassen sein.

Die bisher tatsächlich aufgewendeten Ausgaben, die noch durch die „Anlaufphase" gekennzeichnet sein dürften, stellen daher eher die untere Grenze des tatsächlichen Bedarfs dar.

Die Ermittlung einer optimalen Erhaltungsstrategie innerhalb der oberen und unteren Bedarfsgrenzen wird eine lohnende Aufgabe für die Zukunft darstellen. Wesentliche Grundlage dazu ist die systematische Erfassung und Auswertung der Instandsetzungskosten.

15.7 Modell zur Abschätzung des individuellen Finanzbedarfs einzelner Bauwerke

Da der Finanzbedarf der einzelnen Bauwerke sehr unterschiedlich ist, was auch aus den Auswertungen gemäß Abschnitt 15.5 hervorgeht, wird im folgenden ein Verfahren vorgeschlagen, mit dem die Instandsetzungskosten für ein individuelles Bauwerk anhand einer Checkliste abgeschätzt werden können. Die Checkliste beinhaltet einen Katalog von Instandsetzungsmaßnahmen mit Angabe der Streubereiche der zugehörigen Einheitspreise in Abhängigkeit von den jeweiligen Randbedingungen. Die entsprechenden Werte wurden größtenteils aus den Instandsetzungskosten der hier untersuchten Bauwerke ermittelt.

Nachdem für ein konkretes Bauwerk die als notwendig erachteten Instandsetzungsmaßnahmen festgelegt sind, kann mit Hilfe der Einheitspreise ein Schätzwert des Finanzbedarfs ermittelt werden.

Mit dem Verfahren kann z. B. im Anschluß an die Brückenprüfung für jedes Bauwerk eine Bedarfsschätzung vorgenommen werden. Durch Addition über alle Bauwerke ergibt sich der Gesamtbedarf. Fehler bei den Einzelbauwerken dürften sich dabei in etwa „herausmitteln". Der Finanzbedarf wird mithin nicht auf der Grundlage einer „starren" vorgegebenen Erhaltungsstrategie ermittelt, sondern jedes einzelne Bauwerk des heterogenen Bestands geht mit seinen individuellen Besonderheiten ein. Änderungen der Gegebenheiten können durch Aktualisierung der Einheitspreise Berücksichtigung finden. Das Verfahren kann aber auch unmittelbar vor der Instandsetzung eines konkreten Bauwerks angewendet werden, um einen Schätzwert für den Kostenanschlag zu erhalten.

Die im folgenden genannten Streubereiche für Einheitspreise beruhen auf den derzeit vorliegenden Erfahrungen. Um die Instandsetzungskosten für ein konkretes Bauwerk anhand der angeführten Preisspannen möglichst zutreffend abzuschätzen, bedarf es jedoch eines geschulten und erfahrenen Personals.

Die nachfolgend genannten Preise sind durch künftige Erhebungen zu bestätigen bzw. ggf. zu korrigieren.

Die im folgenden genannten Preise sind ebenfalls auf das Preisniveau von 1985 bezogen und enthalten 14% Mehrwertsteuer.

Der so ermittelte Finanzbedarf ergibt noch keine Aussage über die Prioritäten der Instandsetzung. Um einen Überblick über die Dringlichkeit der Instandsetzung der einzelnen Bauwerke zu gewinnen, könnte die Verwendung von Schadensklassen (Abschnitt 8.5) hilfreich sein.

Checkliste mit Einheitspreisen

I. Überbau

1. Belag und Abdichtung erneuern

- Ohne wesentliche Instandsetzung des Fahrbahnplattenbetons
  Abbruch alte Decke
  Herstellung der Ebenflächigkeit (Ausgleichsbeton)
  Abdichtung
  Belag
  Fugen
  140 ± 20 DM/m² Brückenfläche

- Mit Instandsetzung Frost-Tausalz-geschädigten Fahrbahnplattenbetons
  $160-200$ DM/m² Brückenfläche je nach Schadensausmaß

- In extremen Sonderfällen
  $200-300$ DM/m² Brückenfläche

wobei:
Brückenfläche = Breite zwischen Geländern × Bauwerkslänge

2. Betonüberbauten instandsetzen (ohne Anteil für Gerüstkosten)
Typische Schäden: Nester und Fehlstellen, freiliegende Bewehrung, unzureichend verpreßte Spannglieder, Risse im Beton etc.

- Keine größeren Instandsetzungsarbeiten, z. B. keine Imprägnierungen, Beschichtungen etc.
  $30-80$ DM/m² Brückenfläche

15.7 Modell des individuellen Finanzbedarfs einzelner Bauwerke (Massivbrücken)

- Umfangreiche Instandsetzungsarbeiten, z. B. Anbohren und nachträgliches Injizieren von Spanngliedern, Oberfläche abklopfen, Sandstrahlen, Imprägnieren, Beschichten etc.
  80–250 DM/m² Brückenfläche

- In extremen Sonderfällen, z. B. bei feingliedrigen Querschnitten mit großer Oberfläche und wartungsintensiver Konstruktion
  bis zu ca. 350 DM/m² Brückenfläche

3. Gerüstkosten (Überbauuntersichten, ohne Einhausung)

- Überbauten über relativ ebenem Gelände bis ca. 10 m Höhe
  (Standgerüste, hydraulisch ausfahrbare Hubbühnen auf LKW, Steiger, einfach konstruierte Hängegerüste)
  20–70 DM/m² Brückenfläche

- Überbauten von Flußbrücken und hohen Talbrücken (konstruktiv aufwendige Hängegerüste, evt. in Kombination mit anderen Gerüstarten)
  70–150 DM/m² Brückenfläche

- Teilweise werden bei Talbrücken, die lediglich Instandsetzungsarbeiten in kleinerem Umfang erfordern, einfach konstruierte fahrbare Hängegerüste eingesetzt, die auf den Brückenkappen laufen. Dabei können Kosten in Höhe von nur ca. 25 DM/m² erzielt werden.

4. Betonkappen

- Betonkappen instandsetzen (Flammstrahlen, Sandstrahlen, Bewehrung entrosten, Abplatzungen instandsetzen, Risse behandeln, Versiegelung bzw. Beschichtung aufbringen)
  20–75 DM/m² Brückenfläche
  in Abhängigkeit des Schadensausmaßes

- Betonkappen erneuern (incl. Abbruch der alten Kappen)
  100–120 DM/m² Brückenfläche

5. Verstärkungsmaßnahmen

- Einbau zusätzlicher Spannglieder in Hohlkästen bei üblichen Spannweiten (30 bis 40 m) von Querträger zu Querträger
  pro Feld ca. 500.000,– DM

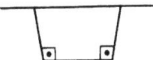

6. Übergangskonstruktionen erneuern

1.500–6.000 DM/m Übergangskonstruktion
in Abhängigkeit vom Dehnweg und Konstruktionstyp (incl. Ausbau der alten Übergangskonstruktion und Einbau)

- Übergangskonstruktion im Bereich von Festlagern:
  1.500 – 1.700 DM/m
- Übergangskonstruktion in kleineren Bauwerken
  1.500 – 3.000 DM/m
- Übergangskonstruktion in Talbrücken (Durchlaufträger)
  3.500 – 6.000 DM/m
- Übergangskonstruktion in Einfeldsystemen
  3.000 – 4.000 DM/m

Kosten pro zu erneuernder Übergangskonstruktion
= Einheitspreis × Brückenbreite

7. Lager austauschen

Je nach Zugänglichkeit, Höhe der Pfeiler bzw. Widerlager und vorhandener Möglichkeiten zum Ansatz der Pressen treten stark unterschiedliche Kosten auf.

- In einfachen Fällen bei mittleren und kleineren Bauwerken
  ca. 5.000 – 15.000 DM pro Lager
- Bei Talbrücken
  ca. 25.000 – 50.000 DM pro Lager
  im Mittel ca. 36.000 DM pro Lager
- In einem Sonderfall betrugen die Kosten für den Austausch von vier Lagern pro Lager 125.000,– DM, da erst umfangreiche Arbeiten zur Schaffung von Pressenansatzpunkten erforderlich waren.

8. Entwässerung

- Instandsetzung der vorhandenen Entwässerung (kleinere Reparaturen)
  5 – 30 DM/m² Brückenfläche
- Umfangreiche Instandsetzung, Erneuerung oder Einbau eines geschlossenen Entwässerungssystems
  30 – 60 DM/m² Brückenfläche
- In extremen Sonderfällen bei sehr hohen Talbrücken können jedoch bei Anordnung eines geschlossenen Entwässerungssystems mit den dazu notwendigen Sammelleitungen bis zur Vorflut sowie den notwendigen Schachtbauwerken Kosten bis zu ca. 200 DM/m² Brückenfläche entstehen.

9. Geländer

- Geländer instandsetzen
  bis zu ca. 80 DM pro lfd. m Geländer
- Abbruch des alten Geländers und Ersatz durch Leichtmetallgeländer
  ca. 200 – 250 DM pro lfd. m Geländer

15.7 Modell des individuellen Finanzbedarfs einzelner Bauwerke (Massivbrücken)

- Abbruch des alten Geländers und Ersatz durch Stahlgeländer
  ca. 150–200 DM pro lfd. m Geländer

10. Verkehrslenkung

Es ist kaum möglich, allgemeingültige Angaben für die Kosten von Verkehrslenkungsmaßnahmen zu machen. Die folgenden Angaben können lediglich einen groben Anhalt bieten.

- Kleinere Bauwerke, z. B. im Zuge von Landes- oder Kreisstraßen. Einbahnverkehr, durch Ampeln geregelt: ca. 30.000 DM
- Talbrücken im Zuge von BAB mit getrennten Überbauten. 4 + 0 Verkehrsführung, Dauer der Maßnahme ca. drei bis sechs Monate: ca. 200.000 DM
- In Sonderfällen können bei großen Talbrücken, deren Instandsetzung Zeiträume von 2 bis 3 Jahren beansprucht, die Kosten für eine 4 + 0 Verkehrsführung, wenn diese zudem über einen längeren Streckenabschnitt zu erfolgen hat, bis zu 1 Mio DM betragen.

Kreuzen Bauwerke Eisenbahntrassen in geringer Höhe und können Arbeiten teilweise nur in Zugpausen durchgeführt werden, können beachtliche zusätzliche Kosten entstehen.

In einem extremen Sonderfall, wo bei einer Großbrücke aufgrund der örtlichen Verkehrsverhältnisse über einen Zeitraum von ca. drei Jahren sehr umfangreiche Verkehrslenkungsmaßnahmen durchzuführen waren sowie eine Eisenbahntrasse gekreuzt wurde, entstanden Kosten in Höhe von ca. 2,1 Mio DM. Zusätzliche beachtliche Kosten entstanden durch das Vorhalten einer Verkehrszeichenwechselanlage.

II. Unterbauten

1. Instandsetzung der Betonoberflächen von Pfeilern und Widerlagern
  ca. 10–30 DM/m² Oberfläche

Erhalten die Betonoberflächen zusätzlich eine Kunststoffbeschichtung, ergeben sich zusätzliche Kosten in Höhe von
ca. 30–40 DM/m² Oberfläche

In extremen Sonderfällen bei großem Schadensausmaß können Kosten bis ca. 100 DM/m² Oberfläche entstehen.

Müssen Pfeiler eine neue Betonummantelung erhalten, können Kosten in Abhängigkeit der Pfeilerhöhe bis ca. 350 DM/m² Oberfläche entstehen.

2. Gerüstkosten

- Kleinere Pfeiler und Widerlager, Flächengerüste (bis ca. 10 m Höhe)
  10–50 DM/m² Oberfläche
- Hohe Pfeiler von Talbrücken (Höhe ca. 30–100 m)
  bis ca. 100 DM/m² Oberfläche außen
  bis ca. 50 DM/m² Oberfläche innen
  Diese Kosten sind zu einem gewissen Grad abhängig von der Anzahl der Pfeiler.

III. Schätzwert der Instandsetzungskosten

Die Kosten der einzelnen Bedarfspositionen sind aufzuaddieren. Zur Berücksichtigung sonstiger Kosten, wie z. B. für Baustelleneinrichtung, Arbeiten im Anschlußbereich der Bauwerke, kleinere Reparaturen an schadhaften Bauteilen etc., ist der so ermittelte Betrag noch mit einem Faktor 1,1 bis 1,3 zu multiplizieren.

15.8 Ausblick

15.8.1 Erfassung der Kosten für die Bauwerkserhaltung

Die Entwicklung und Anwendung verfeinerter Verfahren zur Ermittlung des Finanzbedarfs ist nur auf der Grundlage eines über einen längeren Zeitraum erfaßten Datenmaterials möglich und sinnvoll. Dazu ist zunächst in einem ersten Schritt die systematische Erfassung der tatsächlich aufgewendeten Instandsetzungs- bzw. Erneuerungskosten für die Erhaltung des Brückenbestands erforderlich. Wichtig ist insbesondere die systematische Erfassung der Kosten von konkreten Einzelbauwerken, möglichst aufgeschlüsselt nach einzelnen Maßnahmegruppen (z. B. A bis I, vgl. z. B. Tabelle 46 oder [85]).

15.8.2 Verfahren zur Berechnung des Finanzbedarfs

Bei den bisher vorgestellten Verfahren zur Prognose des Finanzbedarfs handelte es sich um rein empirische Verfahren. Bei Vorhandensein von Datenmaterial in ausreichendem Umfang erscheint es jedoch auch möglich, zur Erzielung eines höheren Genauigkeitsgrads mathematisch begründete Verfahren einzusetzen.

Ein Verfahren, das möglicherweise künftig bei der Berechnung des Finanzbedarfs eingesetzt werden könnte, stellt das sogenannte Credibility-Verfahren dar, das auf analoge Probleme in der Versicherungsmathematik bereits mit Erfolg angewendet wird. Dieses Verfahren beruht auf modernen Methoden der mathematischen Statistik.

Für die Berechnung des Finanzbedarfs zur Erhaltung des Brückenbestands muß das Credibility-Verfahren allerdings zuvor an die Besonderheiten dieses speziellen Problems angepaßt werden. Diese Anpassung sowie die Anwendung des Verfahrens ist jedoch, wie bereits erwähnt, an die Voraussetzung gebunden, daß Datenmaterial in ausreichendem Umfang zur Verfügung steht. Obwohl dies zur Zeit noch nicht der Fall ist, sollen dennoch im Anhang dieses Buches die wesentlichen Grundgedanken dieses Verfahrens mitgeteilt werden. Die dort wiedergebene Darstellung wurde von Prof. Dr. rer. nat. J. Lehn und Dipl.-Math. S. Rettig vom Fachbereich Mathematik an der Technischen Hochschule Darmstadt verfaßt.

16 Zusammenfassung und abschließende Beurteilung

Der Spannbeton ist gemessen an der langen Baugeschichte eine sehr junge Bauweise:

1875	erste Eisenbetonbrücke (bei Chazelet, Frankreich)
1935–1936	erste Spannbetonbrücke (Entwurf, Dischinger, Ausführung Dyckerhoff & Widmann, in Aue/Sachsen, externe Vorspannung)
1938	erste Spannbetonbrücke mit Vorspannung im Verbund (Freyssinet, Wayss & Freytag, in Oelde/Westfalen)

Die weitere Entwicklung wurde zunächst durch den Krieg unterbrochen. Ab etwa 1950 begann weltweit der große Aufschwung im Brückenbau. Aufgrund ihrer technischen Vorzüge und wirtschaftlichen Vorteile konnte sich dabei die noch neue Spannbetonbauweise bereits in ihrer Entwicklungsphase rasch durchsetzen.

Während in den Anfängen der Spannbetonbauweise im wesentlichen über Erfolge und immer größere Spannweiten berichtet werden konnte, mußten in den letzten Jahren auch Meldungen und Berichte über Mißerfolge und Schäden zur Kenntnis genommen werden.

Die auf dem jeweiligen Erkenntnisstand beruhenden technischen Unzulänglichkeiten der Spannbetonbrücken wurden an den Bauwerken in Form von Schäden oft erst nach vielen Jahren erkannt. Dadurch wurden über einen längeren Zeitraum Brücken gebaut, die alle die gleichen konzeptionellen Schwächen (z. B. zu geringe Bewehrung im Bereich der Koppelfugen) aufwiesen.

Doch auch auf Fehlern in der konstruktiven Durchbildung (z. B. keine ausreichende Sicherung der Betondeckung der Betonstahlbewehrung) und auf Ausführungsmängeln (z. B. unzureichendes Verpressen der Hüllrohre der Spannglieder) beruhen entdeckte Schäden. Zusätzlich traten nicht vorhersehbare, extrem hohe physikalische und chemische Beanspruchungen auf. Hierzu gehört insbesondere das seit etwa Mitte der sechziger Jahre aus Gründen der Verkehrssicherheit systematisch eingesetzte Tausalz, das zu Korrosion und Betonzerstörung führte.

Die meisten Schäden besitzen jedoch keine unmittelbare Auswirkung auf die Standsicherheit. Sie beeinträchtigten vielmehr die Dauerhaftigkeit und Funktionsfähigkeit, so daß sie bei rechtzeitigem Erkennen mit vergleichsweise niedrigem Aufwand beseitigt werden können.

Die Medien berichteten indes wiederholt nur über vier spektakuläre Schadensfälle, für die einzig Risse im Beton ursächlich gewesen sein sollen.

- *Teileinsturz der Berliner Kongreßhalle.* Bei der teilweise eingestürzten Dachkonstruktion versagten Spannglieder, die als Hängebänder die geneigten Randbögen des Daches in ihrer Lage sicherten. Es traten aufgrund der temperaturbedingten Verformungen der schweren Randbögen am Übergang zur dünnen Dachfläche

Risse und Undichtigkeiten auf; die Querschnittsänderung an dieser Stelle war nicht kontinuierlich sondern abrupt. Man hatte – übertragen auf ein alltägliches Beispiel – das Verstärkungsstück zwischen Bügeleisen und -schnur nicht eingebaut. Der Schadensfall kann nicht auf Brücken übertragen werden.

- *Bauwerk SP 685* (Spannbetonbrücke bei Wilgartswiesen). Bei diesem Bauwerk entwickelte der Beton in den ersten zwei Tagen nach dem Betonieren nahezu keine Festigkeit. Es kam infolge der Massenkräfte, die sich aus der Neigung der Schalflächen unter der Fahrbahnplatte ergaben, zu einer Fließbewegung des erstarrenden Betons. Die eingelegte Bewehrung wirkte wie aneinandergereihte Wehre. Jeweils hinter dem Wehr riß der Beton auf. Ursächlich für die ungewöhnliche Festigkeitsentwicklung war das außergewöhnliche Zusammenwirken von Zement und Erstarrungsverzögerer. Es bestand bei der im Bauwerk gewählten Zugabemenge des Erstarrungsverzögerers eine außergewöhnlich empfindliche Abhängigkeit der Festigkeitsentwicklung des Betons von zufälligen geringfügigen und in der Produktion nicht auszuschließenden Schwankungen in der Zusammensetzung des Zements. Der Abbruch des Bauwerks erfolgte durch Sprengung. Eine Nennung dieses Schadensfalles im Zusammenhang mit spezifischen Schäden von Spannbetonbrücken entbehrt jeder Grundlage.

- *Kreuzungsbauwerk Berlin-Schmargendorf.* Durch die unzureichende Erfassung des tatsächlichen Tragverhaltens in der statischen Berechnung kam es bei dieser Brücke zu einer außergewöhnlich starken Rißbildung. Mängel bei der Bauausführung sowie zum Zeitpunkt der Herstellung nicht vorhersehbare Umwelteinwirkungen (Tausalz!), gegen die demzufolge keine angemessenen konstruktiven Vorkehrungen getroffen worden waren, kamen hinzu. Die Fahrbahn hatte ursprünglich keine Abdichtung erhalten. Aufgrund der vielen Schäden kam eine Instandsetzung nicht mehr in Frage. Der Abbruch und vollständige Neubau des Bauwerks wurde angeordnet. Das Kreuzungsbauwerk Schmargendorf steht für eine unsachgemäße Anwendung der Bauweise Spannbeton. Grobe Fehler der am Bau Beteiligten können bei keiner Bauweise mit Sicherheit ausgeschlossen werden.

- *Hochstraße Prinzenallee im Heerdter Dreieck.* An diesem Bauwerk ereignete sich der bisher einzige gefährliche Ermüdungsbruch von Spanngliedern im Koppelfugenbereich. Ursächlich war das unplanmäßige Aufreißen der Koppelfugen. Der Bruch der Spanngliedkopplungen hatte sich durch Risse angezeigt, die bei der regelmäßigen Brückenprüfung bemerkt wurden, so daß eine Gefährdung für die Bauwerksbenutzer nicht entstanden war. Das Bauwerk wurde wieder vollständig instandgesetzt.

Dieser Schadensfall hat als einziger der vier Schadensfälle direkten Bezug zum Spannbetonbrückenbau. Es handelt sich um einen entwicklungsbedingten Schadensfall infolge verzögert gewonnener Erfahrung. Seit dem Schadensfall ist bei allen Neubauten ein verschärfter Nachweis der Dauerschwingfestigkeit für die Koppelanker der Spannglieder zu führen und die Koppelfugen müssen von einem größeren Bewehrungsquerschnitt durchdrungen werden. Mit diesen Nachweisen und Maßnahmen ist in Zukunft dort, wo das Auftreten haarfeiner Betonrisse nicht zu vermeiden ist, für ausreichende Tragsicherheit und Dauerfestigkeit der Konstruktion gesorgt. Desweiteren wurden an allen bereits bestehenden Bauwerken die Koppelfugen untersucht und ggf. die Risse kraftschlüssig verpreßt bzw. Verstärkungen in Form von Beton- oder Stahllaschen vorgenommen.

16 Zusammenfassung und abschließende Beurteilung

Anliegen dieses Buches ist es, der Frage nach dem tatsächlichen Ausmaß der Schäden an Spannbetonbrücken nachzugehen. Zu diesem Zweck wurde eine Stichprobe von 43 großen Fluß- und Talbrücken untersucht, in der 76 Spannbetonüberbauten enthalten sind.

Die im Zeitraum von etwa 1960 bis 1980 fertiggestellten, teilweise sehr großen Bauwerke der Stichprobe aus Hessen und Rheinland-Pfalz entsprechen ca. 5% der Spannbetonbrückenfläche im Zuge von Bundesfernstraßen in der Bundesrepublik Deutschland (Stand 1984).

Alle Bauwerksdaten sowie alle während der Nutzung beobachteten Schäden dieser Brücken wurden in einem ersten Schritt EDV-mäßig erfaßt.

Für die Klassifizierung der Schadensdaten wurde ein Verfahren mit sechs Schadensklassen S1 bis S6 entwickelt, wobei die Schwere der Schäden mit aufsteigender Schadensklasse zunimmt. Kriterien für die Schadensklassen sind sowohl technische als auch finanzielle Gesichtspunkte (Instandsetzungskosten). Erst ab Schadensklasse S3 ist die Dauerhaftigkeit berührt. Bei Schadensklasse S6 besteht eine akute Gefährdung der Standsicherheit, was u. U. eine Gefahr für Leib und Leben bzw. das Erfordernis einer sehr aufwendigen Instandsetzung bedeuten kann. Ein Schaden der Klasse S6 wurde jedoch an keinem der untersuchten Bauwerke festgestellt. Der weitaus größte Teil der Schäden war den Schadensklassen S1 bis S3 (rd. 90%) zuzuordnen.

Die Auswertung der Schadensdaten der 43 Fluß- und Talbrücken wird mit zur Beantwortung der Frage herangezogen, ob bei Spannbetonbrücken ein Sicherheitsproblem besteht und wenn ja, wo dieses liegt. Desweiteren hilft sie, Schwachstellen aufzudecken, deren künftige Vermeidung Grundlage für die weitere Verbesserung der Bauweise ist.

Ein wesentlicher Teil der Untersuchung widmet sich den Auswirkungen von Rissen, insbesondere der Frage, unter welchen Bedingungen Risse im Beton Mängel darstellen und unter welchen Bedingungen Ermüdungsgefahr besteht.

„Brücken droht wegen Rissen im Beton Einsturz" waren Schlagzeilen in der Presse, mit denen die Öffentlichkeit auf Risse in Spannbetonbrücken aufmerksam gemacht worden ist.

Ein Rechtsstreit um Risse im Beton entzündete sich an der im Zuge der Sauerlandlinie, der Bundesautobahn A45 gelegenen Blasbachtalbrücke, die 1969–1971 in Spannbetonbauweise errichtet worden ist. Die in der Urteilsbegründung des OLG Frankfurt getroffene Feststellung, daß Risse in Spannbetonüberbauten generell als objektive Mängel anzusehen sind, ist nicht zutreffend und entspricht nicht dem Inhalt des vom erstgenannten Verfasser erstellten Gutachtens. In diesem wurde eine klare Trennung vollzogen zwischen den Rissen im Bereich der Koppelfugen, bei denen neben einer möglichen Beeinträchtigung des Korrosionsschutzes auch das Problem der Materialermüdung der Spanngliedkopplungen zu beachten ist, und den Rissen außerhalb des Koppelfugenbereichs in den Bodenplatten und Stegen, bei denen lediglich das Problem einer möglichen Beeinträchtigung des Korrosionsschutzes zu beachten war. Die vollzogene Trennung wurde vom OLG Frankfurt nicht erkannt. Es kam aufgrund des falsch verstandenen technischen Sachverhalts zu einem Fehlurteil. Es muß daher abweichend von der Begründung des Urteils klar konstatiert werden:

Risse im Beton stellen *nicht generell* Mängel dar.

Bezüglich der Ursachen für Risse im Beton ist festzustellen, daß diese mit dem Konzept der Einhaltung zulässiger Betonzugspannungen gemäß DIN 4227 (Spannbetonnorm) nicht mit Sicherheit vermeidbar sind. Es treten im Beton Zugspannungen aus Einflüssen wie z. B. Schwinden und Hydratationswärme auf, die rechnerisch nur schwer eingrenzbar sind.

Der richtige Weg ist deshalb nicht darin zu sehen, die Bauwerke gegen schwer erfaßbare Einflüsse zu bemessen, sondern sie durch eine geeignete Bauwerkskonzeption dagegen unempfindlich zu machen. Die Bauwerke sind deshalb so zu entwerfen, daß infolge der nicht mit Sicherheit vermeidbaren Risse im Beton keine Gefährdung der Standsicherheit und Dauerhaftigkeit erwächst.

Risse haben zunächst unmittelbar keine negativen Auswirkungen auf die Standsicherheit der Bauwerke, da deren Bruchsicherheit mit der Annahme nachgewiesen wird, daß der Beton keine Zugkräfte übernimmt. Alle Zugkräfte werden konsequent den Stahleinlagen zugewiesen. Es muß jedoch den möglichen Auswirkungen auf den Korrosionsschutz der Stahleinlagen und der Gefahr von Ermüdungsbrüchen der Spannglieder nachgegangen werden.

Die Karbonatisierung des Betons stellt sowohl bei Stahlbeton als auch bei Spannbeton hinsichtlich des Korrosionsschutzes der Stahleinlagen auch im Bereich von Rissen kein grundsätzliches Problem dar. Durch Anwendung bemessungstechnischer (Rißbreitenbeschränkung) und konstruktiver Maßnahmen (genügend dicke und dichte Betondeckung) läßt sich ein ausreichender Korrosionsschutz sicherstellen.

Bei Stahlbetonbauteilen ist es selbst bei Einwirkung von Tausalzlösungen ausreichend, durch Rißbreitenbeschränkung und eine genügend dicke und dichte Betondeckung die Korrosion an den Rißstellen auf unschädliche Maße zu begrenzen.

Dagegen sind die Spannstähle äußerst empfindlich gegenüber Korrosion. Da die Spannstähle ständig unter sehr hohen Spannungen stehen, ist neben der abtragenden Korrosion zusätzlich die Gefahr der Spannungsrißkorrosion und Wasserstoffversprödung zu beachten. Die Spannstahloberfläche muß daher während der gesamten vorgesehenen Nutzungsdauer passiviert bleiben.

Risse im Beton von Spannbetonbauteilen stellen daher bei Angriff von Tausalzlösungen eine ernsthafte Unterbrechung des Korrosionsschutzes dar. Hier sind im Brückenbau neben der Rißbreitenbeschränkung auf $w_{cal} = 0,2$ mm und einer mindestens 5 cm dicken Betondeckung der Hüllrohre zusätzliche Schutzvorkehrungen notwendig.

Als direkte Abwehrmaßnahmen sind in diesem Zusammenhang eine einwandfreie Abdichtung und Entwässerung zu nennen. Da diese jedoch schadhaft werden können, erhalten beispielsweise in Hessen alle Fahrbahnplatten eine zusätzliche Kunststoffbeschichtung durch Kunstharz. Dauerhaft dichte Hüllrohre und korrosionsgeschützte Spannstähle, nach denen ein dringender Bedarf besteht, befinden sich derzeit noch in der Entwicklung.

Eine weitere Möglichkeit besteht darin, die Bauwerke durch Änderung ihrer Konzeption unempfindlich gegen den Angriff von Tausalzlösungen zu machen; z. B. durch die Anwendung der externen Vorspannung. Die Spannkabel werden dabei außerhalb des Betonquerschnitts in besonders dichten Kunststoff- oder Stahlrohren geführt und sind bei entsprechender Konstruktion jederzeit auswechselbar. Ebenfalls unempfindlich gegen Chloride sind die neu entwickelten derzeit in der Erprobungsphase befindlichen HLV-Spannglieder, die aus Glasfasern, eingebettet in einer Polyesterharz-Matrix, bestehen.

16 Zusammenfassung und abschließende Beurteilung

Die Gefahr von Ermüdungsbrüchen bei Spanngliedern ist auf der freien Länge wesentlich geringer als in den Spanngliedkopplungen. Es läßt sich zeigen, daß die maximale Schwingbreite der Spannungen in den Spannstählen bei Anwendung der Bemessungsprinzipien der beschränkten Vorspannung gemäß DIN 4227 den Wert von 100 N/mm² nicht überschreitet. Demgegenüber beträgt die Dauerschwingfestigkeit aufgrund der derzeit vorliegenden Versuchsergebnisse bei $2 \cdot 10^6$ Schwingspielen auf der freien Spanngliedlänge in Abhängigkeit vom Spannverfahren 150 bis 200 N/mm². Dies gilt für Bereiche mit Rissen im Beton, die eine Breite von 0,3 mm nicht überschreiten.

Demgegenüber beträgt die Dauerschwingfestigkeit der Spanngliedkopplungen in Abhängigkeit vom Spannverfahren etwa 70 bis 100 N/mm², so daß hier eine zusätzliche Bemessung in Form des Nachweises der Dauerschwingfestigkeit notwendig ist. Mit Hilfe eines angemessenen Betonstahlquerschnitts können Schwingbreiten und Reibwege klein gehalten und dadurch eine ausreichende Sicherheit gegen Ermüdungsbruch erreicht werden.

Bei gleichzeitiger Korrosionseinwirkung sinkt die Ermüdungsfestigkeit deutlich ab. Auch von daher ist ein dauerhafter Korrosionsschutz der Spannstähle erforderlich. Deshalb ergibt sich auch unter diesem Gesichtspunkt die Notwendigkeit der regelmäßigen Überwachung (Erkennen von Fehlstellen) und ggf. Instandsetzung der Bauwerke.

Zur Auswertung der Schadensdaten im Hinblick auf Sicherheitsprobleme oder Schwachstellen bei Spannbetonbrücken wurden alle an den 43 untersuchten Fluß- und Talbrücken beobachteten Risse verfolgt. Dabei wurde zwischen Rissen im Koppelfugenbereich und Rissen im übrigen Bereich unterschieden.

Unter den 43 untersuchten Bauwerken befinden sich 67 abschnittsweise hergestellte, durchlaufende, getrennte Überbauten mit Spanngliedkopplungen in den Arbeitsfugen. Bei 66 dieser Überbauten (sieht man von einem Überbau, der im Freivorbau hergestellt wurde, ab) mit insgesamt 712 Koppelfugenbereichen wiesen 58 Überbauten und 581 Koppelfugenbereiche durchgehende Risse auf. Am besten schneiden Plattenbalken und Hohlkästen ab, die im Taktschiebeverfahren errichtet wurden. Von den dort angetroffenen 186 Koppelfugenbereichen besitzen nur 4 Risse mit Breiten zwischen 0,3 und 0,5 mm. Alle anderen bleiben entweder ungerissen oder im angestrebten Bereich unter ca. 0,25 mm. (Bei der Auswertung wurde die Grenze bei 0,3 mm gezogen.) Die Hohlkästen – auf Traggerüst oder Vorschubgerüst mit einer Ausnahme vor 1976 errichtet – zeigen ungünstigeres Verhalten. Rund 300 der dort angetroffenen Koppelfugenbereiche wiesen Risse mit größeren Breiten auf.

Bei einer von der BAST an 993 Bauwerken mit durchlaufendem Tragsystem durchgeführten Auswertung ergab sich, daß an 129 Bauwerken (13%) Risse mit Breiten $w > 0,2$ mm die Koppelanker kreuzten. Die Häufigkeit derartiger Risse hat gemäß dieser Untersuchung ab 1970 stark abgenommen. An den Bauwerken mit Baubeginn ab 1977 und später wurden keine Risse mehr festgestellt, die mit einer Breite von $w > 0,2$ mm die Koppelanker kreuzen.

Zusammenfassend kann somit festgestellt werden, daß die Anpassung der bautechnischen Vorschriften an neuere Erkenntnisse positive Auswirkungen zur Folge hatte. Von entscheidendem Einfluß war die Vergrößerung der Betonstahlbewehrung, die die Koppelfugen kreuzt. Für Brückenneubauten ist damit das Problem unter Kontrolle. Bei bestehenden Bauwerken, die vor 1976 errichtet wurden, bedarf es der regelmäßigen Beobachtung und Überwachung auch der sanierten Koppelfugenbereiche. Da der überwiegende Teil der Sanierungen mittels Kunstharzinjektion vorgenommen wurde, ist regelmäßig zu kontrollieren, ob sich die verpreßten Risse möglicherweise wieder vollständig oder teilweise öffnen. Die Koppelfugenbereiche müssen dann ggf. z. B. mit Beton- oder Stahllaschen verstärkt werden. *Ausreichende Sicherheit gegen Ermüdung ist erst dann überall gegeben, wenn verpreßte Risse auf Dauer geschlossen bleiben bzw. Verstärkungen vorgenommen wurden.*

Beim überwiegenden Teil der untersuchten Bauwerke traten auch außerhalb von Koppelfugenbereichen Risse auf. Bei den zehn durchlaufenden Plattenbalken der Stichprobe war jedoch nur eine sehr geringe Rißhäufigkeit vorhanden.

Bei den 14 durchlaufenden Hohlkästen der Stichprobe mit Herstellung auf Traggerüst waren die größten Rißhäufigkeiten und Rißbreiten festzustellen. Rund die Hälfte aller Stütz-, Wechsel- und Feldbereiche wiesen Risse mit Breiten über 0,2 mm auf.

Von den 33 auf Vorschubrüstung hergestellten Überbauten der Stichprobe wurden 14 in den sechziger Jahren und 19 in den siebziger Jahren begonnen. Davon zeigen die jüngeren Bauwerke in der Tendenz eine deutlich geringere Rißhäufigkeit und kleinere Rißbreiten als die älteren Bauwerke.

Die Abnahme der Risse mit Breiten über 0,5 mm steht in Übereinstimmung mit der bei der Auswertung der Bauwerksdaten festgestellten Zunahme der Betonstahlbewehrung von im Mittel ca. 65 kg/m^3 bei den Bauwerken mit Baubeginn in den sechziger Jahren auf im Mittel ca. 86 kg/m^3 bei den Bauwerken mit Baubeginn in den siebziger Jahren.

Von den Brücken mit Hohlkastenquerschnitt zeigen die im Taktschiebeverfahren hergestellten Bauwerke auch außerhalb der Koppelfugenbereiche weniger Risse. Dies ist mit der im Vergleich zu den anderen Bauverfahren höheren Vorspannkraft und der gleichmäßigeren Verteilung der Spannglieder über den Querschnitt begründbar.

Da die Rißerfassung seitens der Straßenbauverwaltung in erster Linie durch die Schäden an Koppelfugen ausgelöst worden war, lagen für Einfeldsysteme der Stichprobe keine Rißerfassungsbögen oder Rißpläne vor. Aus den allgemeinen Prüfberichten geht jedoch hervor, daß auch an diesen Bauwerken Rißschäden aufgetreten waren. Allerdings weisen diese Bauwerke weniger Risse als die Durchlaufträger auf.

Es ist festzustellen, daß die älteren Hohlkästen auf Traggerüst sowie die bis 1969 errichteten Hohlkästen mit Vorschubrüstung nicht die erforderliche Betonstahlbewehrung besitzen, um Rißbreiten beschränken zu können. Vor allem diese Brücken bedürfen der sorgfältigen Pflege, damit im Fahrbahnplattenbereich kein tausalzhaltiges Wasser zu den Spanngliedern vordringen kann. Die restlichen Bereiche sind in der Regel weniger beeinträchtigt, weil dort größere Überdeckungen der Spannglieder vorliegen als für den Korrosionsschutz erforderlich. Bei den jüngeren Brücken liegt die Bemessung in der Tendenz richtig, allerdings muß bei Beibehaltung des derzeitigen Spanngliedaufbaus unbedingt erreicht werden, daß auf der Ober- und Unterseite der Brücken keine Rißbreiten > 0,25 mm auftreten. Werden keine weiteren Schutzmaßnahmen für die Spannglieder im Bereich der Oberseite vorgesehen, muß die Funktionsfähigkeit von Abdichtung und Entwässerung des Brückendecks kontrolliert werden.

Neben den Auswirkungen der Risse werden in den Untersuchungen auch noch spezielle Bauteile und Schadensarten einer detaillierten Betrachtung unterzogen.

16 Zusammenfassung und abschließende Beurteilung

Am häufigsten trat die Schadensart „freiliegende Bewehrung" auf. Bei zu geringer Betondeckung, die vor Eintritt von Schäden kaum bemerkbar ist, kann es auch in Bereichen, in denen der Beton nicht gerissen ist, oft erst nach mehreren Jahren zur Korrosion der Bewehrung kommen. Die damit verbundene Treibwirkung führt zu Abplatzungen des schützenden Betons.

Die beobachtete Anzahl der Schadensfälle „freiliegende Bewehrung" nimmt in der Tendenz mit wachsender Oberfläche zu.

Bei allen Querschnittsformen wurden rund 10% aller freiliegenden Bewehrungen an den Unterseiten der Fahrbahnplatten festgestellt.

Mit rund 60% aller freiliegenden Bewehrungen wurde bei den Hohlkästen der weitaus größte Anteil an den Steginnenseiten festgestellt. Bei den Bodenplatten der Hohlkästen sind die Schäden an der Außenseite etwa doppelt so hoch wie an der Innenseite.

Bei den Plattenbalken wurden 90% der freiliegenden Bewehrungen in den Stegen festgestellt.

Freiliegende, bereits korrodierte Hüllrohre von Spanngliedern wurden bei den hier untersuchten Bauwerken in insgesamt 37 Fällen festgestellt, verteilt auf 14 verschiedene Überbauten.

Mängel der vorgefundenen Art können – nachdem die Ursachen klar erkannt sind – mit wenig Aufwand künftig vermieden werden. Voraussetzung ist, daß die Erfahrung an alle am Bau Beteiligten weitergegeben wird.

Unverpreßte bzw. nur auf einem Teil ihrer Länge verpreßte Spannglieder – beispielsweise aufgrund von Verstopfern – bewirken wegen des fehlenden Verbunds einen Verlust an Tragfähigkeit und bedeuten wegen des fehlenden alkalischen Einpreßmörtels eine Beeinträchtigung des Korrosionsschutzes des Spannstahls. Unverpreßte bzw. nur teilweise verpreßte Spannglieder stellen daher Ausführungsmängel dar, die sehr ernst zu nehmen sind.

Von den hier untersuchten 76 Überbauten liegen lediglich von zwei Bauwerken die Ergebnisse der Kernbohrungen zur Feststellung der Verpreßzustände der Spannglieder vor. Mehr als 10% der Spannglieder wiesen im Schnitt Verpreßfehler auf.

Sowohl bei den Bauverwaltungen als auch bei der Bauwirtschaft hat inzwischen das Bewußtsein für die Notwendigkeit einer qualitativ einwandfreien Ausführung der Verpreßarbeiten von Spanngliedern zugenommen. Man kann daher hoffen, daß völlig unverpreßte Spannglieder oder größere Verpreßmängel in Zukunft die Ausnahme darstellen werden. Allerdings bleibt dazu Entwicklungsziel, den Verpreßzustand der Spannglieder bei der Abnahme des Bauwerks zerstörungsfrei kontrollieren zu können.

Eine häufige Ursache für Durchfeuchtungen des Konstruktionsbetons sind defekte Abdichtungen und nicht mehr wasserdichte sowie umläufige Übergangskonstruktionen.

Mögliche Folgen von Durchfeuchtungen sind Korrosion der Stahleinlagen sowie Zerstörung des Betons durch Frost-Tau- Wechsel bzw. Frost-Tausalz-Einwirkung.

Etwa die Hälfte aller den Prüfberichten entnommenen Durchfeuchtungen des Konstruktionsbetons infolge undichter Übergangskonstruktionen gehörten zu den sieben Einfeldträgerbrücken der Stichprobe. Dabei waren auch Korrosionsangriffe infolge tausalzhaltigen Wassers an den Ankerkörpern der Längsvorspannung festgestellt worden, die teilweise keine oder nur ungenügende Überdeckung hatten.

Bei den Einfeldsystemen liegt aufgrund der hohen Anzahl von Übergangskonstruktionen eine echte systembedingte Schwäche vor.

Lager sind Verschleißteile, die im Vergleich zum Gesamtbauwerk nur eine begrenzte Lebensdauer haben.

Die Auswertungen ergaben, daß Rollenlager besonders häufig von Korrosion betroffen sind. Hierbei ist allerdings zu bedenken, daß die Rollenlager der Stichprobe im Mittel mehrere Jahre älter sind als die übrigen Lagerarten. 20% der Rollenlager wiesen mittlere bis stärkere Korrosionserscheinungen auf.

Risse in den Lagerrollen wurden bei drei Bauwerken festgestellt. Betroffen waren insbesondere die sprödbruchempfindlichen Edelstahlrollenlager.

Rollenlager und Linienkipplager sind wegen ihrer technischen Nachteile zunehmend durch Neotopf- und Kalottengleitlager sowie durch bewehrte Elastomerlager verdrängt worden. Heute werden praktisch keine Rollenlager mehr eingebaut.

Übergangskonstruktionen gehören ebenfalls zu den Verschleißteilen einer Brücke. Aufgrund ihrer extrem hohen dynamischen und theoretisch nur unzulänglich erfaßbaren Beanspruchung unterliegen sie einer weitaus höheren Abnutzung als die Lager. Wie Schweißnaht- und Profilbrüche belegen, spielt hier das Problem der Materialermüdung eine nicht unbedeutende Rolle. Ein weiteres wichtiges Problem stellt die dauerhafte Wasserdichtigkeit der Übergangskonstruktionen dar, das heute besser gelöst ist als im Beobachtungszeitraum.

Die Auswertung der Schadensdaten hat ergeben, daß die Bauwerke der Stichprobe einen großen Sicherheitsabstand gegenüber Tragwerksversagen haben. Der weitaus überwiegende Teil der angetroffenen Schäden beeinträchtigt vornehmlich Aussehen, Funktionsfähigkeit oder Dauerhaftigkeit, nur in wenigen Einzelfällen wurde die Standsicherheit einzelner Bauwerksteile durch die festgestellten Schäden berührt, z. B. durch Koppelfugenrisse > 0,5 mm, abroll- oder rißgefährdete Lagerrollen sowie unverpreßte Hüllrohre. Damit aus derartigen Schäden keine Beeinträchtigung der Standsicherheit folgt, ist durch rechtzeitige Instandsetzung Abhilfe zu schaffen. Es zeigt sich deutlich, daß die Bemessung der Brücken nur einen Teil der Sicherheit gewährleisten kann. Ebenso wichtig ist die konstruktive Durchbildung bis hin zum letzten Entwässerungsdetail.

Die bisherige Bilanz der Spannbetonbrücken in Deutschland ist positiv. Keine Person ist durch Gebrauch einer Spannbetonbrücke zu Schaden gekommen. Die älteste Spannbetonbrücke in Deutschland ist immerhin 50 Jahre alt. Zwei Drittel der Bauwerke sind allerdings nicht älter als 15 Jahre.

Ohne extrapolierend auf das Langzeitverhalten der Brücken einzugehen, ist demnach die Frage nach der Sicherheit nicht zu beantworten. Die Frage ist, ob es möglicherweise einen *unbemerkten* Ausfall bzw. eine *unbemerkte* Schwächung einzelner Tragelemente nach mehrjähriger Nutzungsdauer gibt, wobei insbesondere die Spannglieder zu beachten sind. Mögliche Ausfallursachen wären Ermüdung und/oder Korrosionserscheinungen. Gegen Ermüdung wird bemessen. Es bleibt damit als Ausfallursache unbemerkte Korrosion, die auch die Ermüdungsfestigkeit herabsetzen kann. Schließt man unter ungünstigen Voraussetzungen (Versagen der Abdichtung, längere Zeit unentdeckte Bauwerksdurchfeuchtung) den Ausfall eines Teils der Spannglieder nicht aus und unterstellt man gleichzeitig, daß einem Schwertransport die Genehmigung zur Überfahrt gegeben wird, ergibt sich folgendes Szenarium:

16 Zusammenfassung und abschließende Beurteilung

Beim Einfeldträger tritt Versagen ein, sobald die herabgesetzte Tragfähigkeit eines Querschnitts erschöpft ist. Beim Durchlaufträger verformt sich der Träger so lange, bis die herabgesetzte Tragfähigkeit eines Querschnitts durch die nicht ausgenutzte Tragfähigkeit anderer Querschnitte ausgeglichen ist. Der Träger hat Systemreserven, die bei der Bemessung nicht ausgenutzt werden. Daß ein Spannbetonträger derartige Lastumlagerungen mit großen Verformungen schafft, wurde bei einem Lagerabsturz um 36 cm bei der Hochheimer Vorlandbrücke bewiesen. Der Brückenüberbau bildete eine 36 cm tiefe Mulde, blieb aber unzerstört.

Dies zeigt, daß der Durchlaufträger höhere Tragreserven als der Einfeldträger besitzt. Dem stehen jedoch auch Nachteile gegenüber – etwa seine Empfindlichkeit gegen größere Baugrundsetzungen. Die Entscheidung für den einen oder anderen Typ besteht oft aus Kompromissen. Beispielsweise überwogen beim Bau der Neubaustrekken der Deutschen Bundesbahn die Gesichtspunkte für den Einfeldträger – vor allem zur Vermeidung von Schienenauszügen.

Bei den Brücken handelt es sich um Hochleistungsbauwerke, die schwersten Belastungen durch Umwelt und Verkehr ausgesetzt sind. Sie benötigen daher intensive Pflege und Überwachung. Der in DIN 1076 geregelten periodischen Überwachung und Prüfung der Bauwerke kommt daher entscheidende Bedeutung zu.

Verbesserungen der Überwachungstechnik sind in naher Zukunft denkbar. Dies beginnt mit einer Abstimmung der Inspektionsintervalle auf eine Tragwerksauslegung, die o. g. Ausfallszenarien unterstellt. Bisher sind die Inspektionsintervalle aus Erfahrung heraus festgelegt worden. Eine rechnerische Überprüfung der Inspektionsintervalle steht noch aus. Möglich ist künftig auch, daß die Brücken in ihrem Schwingungsverhalten laufend überwacht werden und aus den Meßschrieben alle Veränderungen ihres Zustands abgelesen werden können. Auch ist in eine erste Brücke zur Erprobung ein „intelligentes" Spannglied eingebaut worden, das über Kupferdrähte und Lichtwellenleiter Auskunft über den Zustand im Inneren des Bauwerks gibt. Überhaupt befinden sich eine Reihe zerstörungsfreier Prüfverfahren in der Erprobung, die in Zukunft bei der Brückenüberwachung wertvolle Dienste leisten können.

Insgesamt ist festzustellen, daß die Wahrscheinlichkeit eines Tragwerksversagens unter fließendem Verkehr durch den unbemerkten Ausfall einzelner Tragelemente aufgrund des umfassenden Sicherheitskonzepts als äußerst gering einzuschätzen ist.

Das Risiko mit der größten praktischen Bedeutung stellen die Erhaltungskosten dar.

Werden die gesamten aufgewendeten Erhaltungskosten des Jahres 1984 in Höhe von rd. 280 Mio DM auf die gesamte Brückenfläche im Zuge von Bundesfernstraßen von rd. 20 Mio m^2 bezogen, ergibt sich für das Jahr 1984 ein Betrag von ca. 14 DM/m^2 Brückenfläche. In dieser Mittelung stecken allerdings auch die Brückenflächen derjenigen Bauwerke, die bisher noch keine größeren Instandsetzungsmaßnahmen erforderten. Diese globalen Zahlen erlauben daher keine direkte Vorhersage für die Instandsetzungskosten einzelner Bauwerke und Bauwerksteile. Auch sind in den durch den Bundesminister für Verkehr erhobenen Kosten die Leistungen, die von den bauausführenden Unternehmen im Zuge von Gewährleistungsansprüchen zu übernehmen sind, nicht enthalten.

Aus diesen Gründen wurden im Rahmen der vorliegenden Untersuchung die Instandsetzungskosten einzelner Spannbetonbrücken ausgewertet.

Zu den 13 hessischen Talbrücken der hier untersuchten Stichprobe, entsprechend 26 getrennten Überbauten, lagen von 9 Überbauten die Kosten von Instandsetzungsmaßnahmen vor.

Der Finanzbedarf zur Erhaltung dieser Bauwerke ergab sich im Mittel in der Größenordnung von ca. 20 DM/m² a.

Neben den hessischen Talbrücken lagen von insgesamt 15 rheinland-pfälzischen Brücken die Kosten umfassender Instandsetzungen vor. Darunter befanden sich zehn mittlere und kleinere Brücken im Zuge von Autobahnen, Bundes- und Landesstraßen. Für diese betrug der Mittelwert der Erhaltungskosten ca. 31 DM/m² a.

Diese beiden Zahlen entsprechen 1 bis 2% der Wiederbeschaffungskosten der Bauwerke.

Die Aufschlüsselung der Instandsetzungskosten nach den einzelnen Maßnahmegruppen, die für 11 der 15 rheinland-pfälzischen Bauwerke möglich war, liefert im Mittel etwa folgende Kostenanteile:

- Belag + Abdichtung + Ausgleichsbeton: ca. 20% der Gesamtkosten
- Instandsetzung Beton (Überbauten, Kappen, Unterbauten): ca. 45% der Gesamtkosten
- Ausbau (Übergangskonstruktionen, Lager, Geländer, Entwässerung): ca. 20% der Gesamtkosten
- Baustelleneinrichtung, Verkehrssicherung, Sonstiges: ca. 15% der Gesamtkosten

100%

Daraus geht hervor, daß im Mittel nur ein Anteil von ca. 45% für die Instandsetzung der eigentlich tragenden Spannbeton- bzw. Stahlbetonkonstruktion aufgewendet wurde.

Ein Anteil von im Mittel 40% wurde für die Erneuerung bzw. Instandsetzung von Verschleißteilen des Brückenausbaus wie Belag und Abdichtung, Übergangskonstruktionen, Lager, Geländer und Entwässerung aufgewandt. Der Kostenanteil von 15% für Baustelleneinrichtung, Verkehrssicherung und Sonstiges ist ebenfalls nicht spannbetonspezifisch.

Die Kosten für das Verpressen von Rissen im Beton (ohne anteilmäßige Berücksichtigung der Gerüstkosten) lagen in der Größenordnung von nur ca. 1 bis 3% der Gesamtkosten.

Interessant ist der Vergleich der Instandsetzungskosten der verschiedenen Bauweisen Spannbeton und Stahl. Dabei sind nur die Kosten zu vergleichen, die spezifisch für die Bauweise sind. Die Kosten für die Instandsetzung bzw. Erneuerung von Belag und Abdichtung, Übergangskonstruktionen, Lagern etc. machen zwar einen erheblichen Anteil aus, fallen aber unabhängig von der Bauweise bei allen Brücken an. Auf der Grundlage der derzeitigen Erfahrungen ergibt sich dieser Vergleich wie folgt:

Spannbeton:

Betonüberbau instandsetzen: ca. 220 DM/m² Brückenfläche ca. alle 20 Jahre
Betonkappen erneuern bzw.
instandsetzen: ca. 80 DM/m² Brückenfläche ca. alle 10 bis 20 Jahre

$220/20 + 80/10$ bis $220/20 + 80/20 = 15$ bis 19 DM/m² a

16 Zusammenfassung und abschließende Beurteilung

Stahl:
Stahlüberbau instandsetzen: ca. 100 DM/m² Brückenfläche ca. alle 30 Jahre
Korrosionsschutz + Anstrich
erneuern: ca. 400 DM/m² Brückenfläche ca. alle 15 bis 20 Jahre
100/30 + 400/15 bis 100/30 + 400/20 = 23 bis 30 DM/m²a.

Zusammenfassend läßt sich sagen, daß erste brauchbare Ansätze zur Ermittlung der Erhaltungskosten vorliegen. Mit wachsender Erfahrung und der Möglichkeit der Erfassung aller aufgewendeten Kosten wird es möglich werden, Brücken individuell ähnlich der Prämienberechnung für die Versicherung eines Autofahrers hinsichtlich ihrer künftigen Erhaltungskosten einzuschätzen. In diese Berechnung gehen die Informationen über die Erhaltungskosten aller gleichartigen Bauwerke sowie die Informationen über das einzelne Bauwerk ein.

Der Spannbeton eröffnete dem Massivbrückenbau völlig neue Dimensionen. Spannweiten, die bislang dem Stahlbau vorbehalten waren, wurden erobert. Kostensparende Bauverfahren wurden – gefördert durch einen ständigen Ideenwettbewerb – entwickelt. Als Folge dominiert heute der Anteil des Spannbetons am Straßen- und Eisenbahnbrückenbau.

Wie bei jedem Entwicklungsprozeß, so blieben auch hier scheinbare Nebensächlichkeiten zunächst unbeachtet. Die Übertragung der am Stahlbeton gewonnenen Erfahrung auf den Spannbeton verführte zu einer Fehleinschätzung der Auswirkungen klimatischer Einwirkungen. Es kam – vornehmlich im Bereich von Koppelfugen – zu unkontrollierten Rißbildungen. Die stetig wachsende, im heutigen Umgang nicht vorhersehbare Tausalzbeaufschlagung führte zu Korrosionsschäden. Die ursprünglich erwartete Wartungsfreiheit blieb Sonderfällen vorbehalten.

Dank intensiver Forschung ist heute bekannt, wie die Rißbildung kontrolliert werden kann. Eine ausreichend dimensionierte, zusätzlich eingebaute Betonstahlbewehrung beschränkt die Rißbreiten auf ein tolerierbares Maß und gewährleistet die Ermüdungssicherheit der Spannglieder. Auch neue Technologien zur Erreichung dieser Ziele – z.B. die externe Vorspannung – zeichnen sich ab. Die Bedeutung des Korrosionsschutzes der Spannglieder ist den am Bau Beteiligten klar. Die fachgerechte Sicherung einer ausreichenden Betonüberdeckung der Stahleinlagen, das vollständige Verpressen der Hüllrohre sowie die sorgfältige Ausführung der Brückenabdichtung und Entwässerung sind ein Gebot für die Gewährleistung der Dauerhaftigkeit.

Weitere Anstrengungen sind notwendig, um den Anforderungen der Zukunft gerecht zu werden. Es geht dabei vor allem um eine Reduktion der Erhaltungskosten. Ungeachtet dessen läßt sich als Fazit aus der vorgelegten Untersuchung ziehen, daß die Spannbetonbrücken sich auch in Zukunft als Anwendung einer genialen Erfindung bewähren werden.

Anhang

Credibility-Formeln,
risikotheoretische Ansätze zur Schadensprognose

A.1 Einleitung

Die Credibility-Theorie ist ein Teilgebiet der versicherungsmathematischen Risikotheorie. Sie entwickelte sich bei der mathematischen Begründung von rein heuristischen Formeln, den sogenannten Credibility-Formeln, die seit sechs Jahrzehnten im Versicherungswesen bei der Prämienberechnung mit guten Resultaten angewandt werden. Bei der Verwendung einer Credibility-Formel wird die Prämie für die kommende Versicherungsperiode entsprechend der Schadensprognose festgesetzt, wobei die Prognose aufgrund der Schadensverläufe in den Vorperioden erstellt wird. Credibility-Formeln können als spezielle lineare Bayessche Schätzverfahren der mathematischen Statistik aufgefaßt werden.

Im folgenden wird zunächst die im Versicherungswesen bei der Prämienberechnung bewährte Methode und ihre mathematische Begründung am Beispiel einer einfachen Credibility-Formel dargestellt. Zur Erläuterung der Vorgehensweise wird diese Formel angewandt auf ein fiktives Datenmaterial, wie es auch bei den Instandsetzungskosten von Brücken anfallen könnte. Konkretes Datenmaterial dieser Art, mit dem man die Methode hätte illustrieren können, lag leider im benötigten Umfang nicht vor. Abschließend wird darauf eingegangen, welche Modifikationen bei der mathematischen Modellierung vorgenommen werden müßten, wenn dieses Prämienberechnungsverfahren tatsächlich bei der Prognose des Finanzbedarfs für die Bauwerkserhaltung Anwendung finden sollte. Ferner wird auf andere theoretische Ansätze zur Herleitung von Credibility-Formeln hingewiesen.

Dieser Beitrag soll auf die Möglichkeiten der modernen Datenverarbeitung aufmerksam machen, die von der Versicherungswirtschaft genutzt werden. Falls Beobachtungsdaten in größerem Umfang bereitgestellt werden können, erscheint es nicht aussichtslos, eine spezielle Credibility-Formel zu entwickeln, die zur Prognose des Finanzbedarfs bei Bauwerken eingesetzt werden könnte. Es hat sich schon mehrfach gezeigt, daß mathematische Methoden auch in Bereichen angewandt werden können, für die sie zunächst nicht konzipiert waren.

A.2 Credibility-Formeln vom Typ gewichteter Mittel

Betrachtet man ein Kollektiv von gleichartigen Objekten, die in den vergangenen n Perioden gewisse Schäden verursacht haben, so stellt jedes Objekt ein gewisses Risiko dar für den, der die Schäden der nachfolgenden Periode zu decken hat. Man möchte daher den Aufwand A_{n+1}, der durch ein bestimmtes Objekt in der Periode $n+1$ entsteht, mit Hilfe der in den Vorperioden beobachteten Daten abschätzen. Dabei sollte zunächst der individuelle Schadensverlauf des Objekts berücksichtigt werden. Der durchschnittliche Schaden, der für ein Objekt pro Periode veranschlagt werden muß, und zwar gemittelt über das ganze Kollektiv von Objekten, sollte aber in die Schätzung ebenfalls eingehen. Bezeichnen x_1 bis x_n die Schäden, die ein bestimmtes Objekt in den Perioden 1 bis n verursachte, sowie m den typischen durchschnittlichen Schaden im Kollektiv, so ist es sinnvoll, als Näherungswert für den Aufwand A_{n+1} eine gewichtete Summe aus diesen Größen anzusetzen:

$$A_{n+1} \approx a_0 m + \sum_{i=1}^{n} a_i x_i.$$

Der Schätzwert ist also additiv zusammengesetzt aus einem Anteil $a_0 m$, der die Kollektivinformation berücksichtigt, und einem Anteil $a_1 x_1 + \cdots + a_n x_n$, in den die Individualinformationen über die zurückliegenden n Perioden eingehen. Ein solcher Prognoseansatz, bei dem gleichzeitig Kollektivinformation und Individualinformationen ausgewertet werden, heißt Credibility-Formel. Um Verzerrungen zu vermeiden, werden die Gewichte $a_0, a_1, \ldots, a_n$ so gewählt, daß

$$a_0, a_1, \ldots, a_n \geqq 0 \quad \text{und} \quad \sum_{i=1}^{n} a_i = 1$$

gilt. Darüber hinaus bestehen jedoch zunächst keine weiteren Einschränkungen für die Wahl der Gewichte $a_0, a_1, \ldots, a_n$. Während man früher die Gewichte aufgrund heuristischer Überlegungen wählte, geht man in der modernen Versicherungsmathematik so vor, daß man im Rahmen eines mathematischen Modells eine sinnvolle Auswahl trifft.

Heuristisch könnte man etwa so verfahren, daß man bei der Prognose den typischen durchschnittlichen Aufwand m für ein Objekt pro Jahr mit 50% berücksichtigt, d.h. $a_0 = 1/2$ wählt, und die in den Vorperioden beobachteten individuellen Schäden x_1 bis x_n jeweils mit gleichem Gewicht und insgesamt ebenfalls 50% eingehen läßt, also $a_1 = \cdots = a_n = 1/2n$ ansetzt. Dies würde folgendem Prognoseansatz entsprechen:

$$A_{n+1} \approx \frac{1}{2} m + \sum_{i=1}^{n} \frac{1}{2n} x_i.$$

Bei dieser willkürlichen Wahl der Gewichte $a_0, a_1, \ldots, a_n$ kann man natürlich nicht erwarten, daß sich bei der Anwendung der Formel gute Prognoseergebnisse einstellen. Im folgenden Abschnitt soll daher beschrieben werden, wie die Gewichte aufgrund gewisser Modellannahmen zu wählen sind.

A.3 Modellannahmen zur Auswahl der Gewichte

Die moderne Credibility-Theorie, wie sie in den Lehrbüchern von Bühlmann [A.2] und Gerber [A.5] oder den Übersichtsartikeln von Jewell [A.6] und Norberg [A.10] dargestellt ist, geht von folgenden Modellannahmen aus: Jedes Objekt des Kollektivs sei

Anhang

durch einen Risikoparameter θ charakterisiert, den wir als Schadensneigung interpretieren wollen. Wir nehmen an, daß der Schaden, den ein Objekt mit der Schadensneigung θ in einer bestimmten Periode i zufällig verursacht, durch eine Zufallsvariable X_i mit der Wahrscheinlichkeitsdichte $f_\theta(x)$ beschrieben wird. Bei den Wahrscheinlichkeitsdichten $f_\theta(x)$ kann es sich wie beispielsweise im nachfolgenden Abschnitt um die Dichten

$$f_\theta(x) = \frac{1}{\sigma\sqrt{2\pi}}\, e^{-(x-\theta)^2/2\sigma^2}$$

der $N(\theta, \sigma^2)$-Verteilungen handeln, d. h. der Normalverteilungen mit Mittelwert θ und fester Varianz σ^2. In diesem Fall hat der Parameter θ, die Schadensneigung, eine anschauliche Bedeutung. Hier entspricht θ dem (mittleren) Schaden, mit dem bei einem Objekt der Schadensneigung θ in einer Periode zu rechnen ist.

Mit welchen Wahrscheinlichkeiten die einzelnen Schadensneigungen θ im Kollektiv vorkommen, soll durch eine weitere Dichtefunktion $u(\theta)$ beschrieben werden. Diese Funktion $u(\theta)$ heißt Strukturfunktion, da sie in gewisser Weise die Zusammensetzung des Kollektivs beschreibt. Die Dichtefunktion $u(\theta)$ kann wiederum die Dichte einer Normalverteilung sein, z. B. wie im nächsten Abschnitt die Dichte einer $N(m_0, \sigma_0^2)$-Verteilung:

$$u(\theta) = \frac{1}{\sigma_0\sqrt{2\pi}}\, e^{-(\theta - m_0)^2/2\sigma_0^2}.$$

Die Größe m_0 läßt sich als durchschnittliche Schadensneigung im ganzen Kollektiv interpretieren. Die Größe σ_0 kann als Maß für die Homogenität bzw. Inhomogenität des Kollektivs angesehen werden. Sie gibt an, wie stark die Schadensneigungen der einzelnen Objekte um den Durchschnittswert m_0 streuen.

Bei einem Objekt mit fester Schadensneigung θ ist mit einem mittleren Schaden

$$m(\theta) = \int_{-\infty}^{\infty} x f_\theta(x)\, dx$$

zu rechnen. Die Funktion $m(\theta)$ gibt also den Erwartungswert des zufälligen Schadens X_i an, den ein Objekt mit der Schadensneigung θ in der Periode i verursacht. Die Größe

$$m = \int_{-\infty}^{\infty} m(\theta)\, u(\theta)\, d\theta$$

kann nun als typischer durchschnittlicher Schaden im Kollektiv aufgefaßt werden, der in die Credibility-Formel eingehen soll.

Die Zufallsvariablen X_1 bis X_n (die zufälligen Schäden, die an einem Objekt in den jeweiligen Perioden 1 bis n auftreten) und die Zufallsvariable X_{n+1} (der zufällige Schaden an dem betrachteten Objekt in der Periode $n + 1$) werden als unabhängig angenommen. Auf diese für die Modellbildung wesentliche Voraussetzung wird im letzten Abschnitt noch einmal eingegangen. Während man bei den Zufallsvariablen X_1 bis X_n davon ausgeht, daß Beobachtungswerte x_1 bis x_n aus den Vorperioden vorliegen, ist es gerade der unbekannte zufällige Wert von X_{n+1}, den es bei der Schadensprognose abzuschätzen gilt, um so zu einem Schätzwert für den in der Periode $n+1$ entstehenden Aufwand A_{n+1} zu kommen. Als Schätzwert wird der Erwartungswert des zufälligen Schadens X_{n+1} unter Berücksichtigung der Informationen über den bisherigen Schadensverlauf x_1 bis x_n verwendet. Dies führt auf den Ansatz:

$$A_{n+1} \approx E(X_{n+1} | x_1, \ldots, x_n).$$

Bei der Berechnung des bedingten Erwartungswerts $E(X_{n+1} | x_1, \ldots, x_n)$ gehen die Wahrscheinlichkeitsdichten $f_\theta(x)$ und die Strukturfunktion $u(\theta)$ ein, sowie die bereits oben eingeführte Funktion

$$m(\theta) = \int_{-\infty}^{\infty} x f_\theta(x) \, dx,$$

die den Erwartungswert der Zufallsvariablen X_ι in Abhängigkeit vom Parameter θ beschreibt. Unter den obigen Modellannahmen erfolgt die Berechnung des bedingten Erwartungswerts mit Hilfe der Formel:

$$E(X_{n+1} | x_1, \ldots, x_n) = \int_{-\infty}^{\infty} m(\theta) \left[\frac{\prod_{\iota=1}^{n} f_\theta(x_\iota) \, u(\theta)}{\int_{-\infty}^{\infty} \prod_{\iota=1}^{n} f_\theta(x_\iota) \, u(\theta) \, d\theta} \right] d\theta.$$

Man beachte, daß das uneigentliche Integral im Nenner lediglich eine Normierungskonstante ist.

Liest man das in der Formel enthaltene Produkt $f_\theta(x_1) \cdots f_\theta(x_n)$ als Funktion der Variablen x_1 bis x_n, so ist es gerade die gemeinsame Wahrscheinlichkeitsdichte der unabhängigen Zufallsvariablen X_1 bis X_n (beim Parameter θ). Der Ausdruck innerhalb der eckigen Klammer heißt a posteriori Wahrscheinlichkeitsdichte bezüglich der a priori Wahrscheinlichkeitsdichte $u(\theta)$.

Der hier gewählte Ansatz, die Verteilung der Zufallsvariablen X_1 bis X_{n+1} zunächst in Abhängigkeit von einem Parameter θ zu betrachten und dann über diesen Parameter θ eine Wahrscheinlichkeitsdichte $u(\theta)$ als bekannt vorauszusetzen, heißt Bayesscher Ansatz nach Thomas Bayes (1702–1761), einem englischen Mathematiker und Theologen.

Im nächsten Abschnitt wird gezeigt, daß sich unter den bereits erwähnten Normalverteilungsannahmen aus der Formel für den bedingten Erwartungswert der lineare Ansatz

$$A_{n+1} \approx a_0 m + \sum_{\iota=1}^{n} a_\iota x_\iota$$

ergibt. Aus diesem Grund kann die so hergeleitete Credibility-Formel als lineares Bayessches Schätzverfahren aufgefaßt werden.

Eine Credibility-Formel von der Form eines gewichteten Mittels ergibt sich auch bei anderen Verteilungsannahmen, falls zu dem bis auf den Parameter θ bestimmten

Anhang

Verteilungstyp der Zufallsvariablen X_i eine passende Strukturfunktion $u(\theta)$ gewählt wird. So z. B. wenn als Verteilungstyp für die X_i die Poisson-Verteilung vorausgesetzt und als Strukturfunktion eine Gamma-Verteilung gewählt wird. Dieses Beispiel ist für die KFZ-Versicherung, wo Schäden pro Jahr gezählt werden, von Bedeutung. Weitere Beispiele für Verteilungstypen und Strukturfunktionen, die im beschriebenen Sinne zusammenpassen, wurden in der Literatur angegeben: beim Binomialtyp eine Beta-Verteilungsdichte sowie beim Exponentialtyp eine Gamma-Verteilung (vgl. dazu auch [A.7, A.8]).

A.4 Berechnung der Gewichte bei Normalverteilungsannahmen

Wir greifen die im letzten Abschnitt bereits erwähnte Spezialisierung der Modellvoraussetzungen wieder auf und setzen voraus, daß die unabhängigen Zufallsvariablen X_1 bis X_{n+1} – die Schäden in den Perioden 1 bis $n+1$ – einer Normalverteilung mit (unbekanntem) Mittelwert θ und fester Varianz σ^2 genügen. Wir betrachten also den Fall, daß die Wahrscheinlichkeitsdichten die Form

$$f_\theta(x) = \frac{1}{\sigma\sqrt{2\pi}}\, e^{-(x-\theta)^2/2\sigma^2}$$

haben.

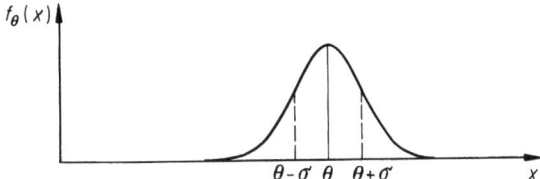

Als Strukturfunktion wählen wir ebenfalls die Dichte einer Normalverteilung:

$$u(\theta) = \frac{1}{\sigma_0\sqrt{2\pi}}\, e^{-(\theta - m_0)^2/2\sigma_0^2}.$$

Wir nehmen also an, daß der Parameter θ – die Schadensneigung – im Kollektiv gemäß einer Normalverteilung mit der Streuung σ_0 um den Mittelwert m_0 streut.

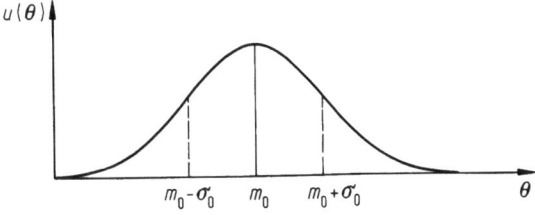

Aus dem Ansatz

$$m(\theta) = \int_{-\infty}^{\infty} x f_\theta(x)\, dx = \int_{-\infty}^{\infty} x\, \frac{1}{\sigma\sqrt{2\pi}}\, e^{-(x-\theta)^2/2\sigma^2}\, dx$$

ergibt sich

$$m(\theta) = \theta.$$

Für den typischen durchschnittlichen Schaden m erhält man in diesem Fall

$$m = \int_{-\infty}^{\infty} \theta\, \frac{1}{\sigma_0\sqrt{2\pi}}\, e^{-(\theta-m_0)^2/2\sigma_0^2}\, d\theta = m_0.$$

Dieses Ergebnis ist sehr anschaulich, da die mittleren Schäden θ der einzelnen Objekte entsprechend der Strukturfunktion symmetrisch zu m_0 verteilt sind.

Als gemeinsame Wahrscheinlichkeitsdichte der unabhängigen Zufallsvariablen X_1 bis X_n erhalten wir

$$\prod_{i=1}^{n} f_\theta(x_i) = \left(\frac{1}{\sigma\sqrt{2\pi}}\right)^n e^{-\frac{1}{2}\sum_{i=1}^{n}\left(\frac{x_i-\theta}{\sigma}\right)^2}.$$

In der Formel

$$E(X_{n+1}\,|\,x_1,\ldots,x_n) = \int_{-\infty}^{\infty} m(\theta) \left[\frac{\prod_{i=1}^{n} f_\theta(x_i)\, u(\theta)}{\int_{-\infty}^{\infty} \prod_{i=1}^{n} f_\theta(x_i)\, u(\theta)\, d\theta}\right] d\theta$$

berechnen wir zunächst den Zähler des Bruchs in der eckigen Klammer:

$$\prod_{i=1}^{n} f_\theta(x_i)\, u(\theta) = \frac{1}{\sigma_0\, \sigma^n (\sqrt{2\pi})^{n+1}}\, e^{-\frac{1}{2}\left[\sum_{i=1}^{n}\left(\frac{x_i-\theta}{\sigma}\right)^2 + \left(\frac{\theta-m_0}{\sigma_0}\right)^2\right]}.$$

Mit den Abkürzungen

$$a = \frac{1}{\sigma_0\, \sigma^n (\sqrt{2\pi})^{n+1}},$$

$$b = e^{-\frac{1}{2}\left[\frac{1}{\sigma^2}\sum_{i=1}^{n} x_i^2 + \left(\frac{m_0}{\sigma_0}\right)^2\right]},$$

$$c = \frac{n}{\sigma^2} + \frac{1}{\sigma_0^2},$$

$$d = \frac{m_0}{\sigma_0^2} + \frac{1}{\sigma^2}\sum_{i=1}^{n} x_i,$$

Anhang

ergibt sich dafür

$$\prod_{i=1}^{n} f_\theta(x_i)\, u(\theta) = a\,b\, e^{-\frac{1}{2}(c\theta^2 - 2d\theta)},$$

$$= a\,b\, e^{-\frac{c}{2}\left(\theta^2 - 2\frac{d}{c}\theta\right)},$$

$$= a\,b\, e^{-\frac{c}{2}\left(\left(\theta - \frac{d}{c}\right)^2 - \left(\frac{d}{c}\right)^2\right)},$$

$$= a\,b\, e^{\frac{d^2}{2c}} e^{-\frac{c}{2}\left(\theta - \frac{d}{c}\right)^2}.$$

Für das Integral im Nenner erhält man daraus

$$\int_{-\infty}^{\infty} a\,b\, e^{\frac{d^2}{2c}} e^{-\frac{c}{2}\left(\theta - \frac{d}{c}\right)^2} d\theta = a\,b\, e^{\frac{d^2}{2c}} \frac{\sqrt{2\pi}}{\sqrt{c}}.$$

Damit läßt sich der Ausdruck in der eckigen Klammer vereinfachen zu

$$\frac{a\,b\, e^{\frac{d^2}{2c}} e^{-\frac{c}{2}\left(\theta - \frac{d}{c}\right)^2}}{a\,b\, e^{\frac{d^2}{2c}} \frac{\sqrt{2\pi}}{\sqrt{c}}} = \frac{\sqrt{c}}{\sqrt{2\pi}}\, e^{-\frac{c}{2}\left(\theta - \frac{d}{c}\right)^2}.$$

Die a posteriori Wahrscheinlichkeitsdichte ist also wieder eine Normalverteilungsdichte, und für den bedingten Erwartungswert gilt:

$$E(X_{n+1}\,|\,x_1, \ldots, x_n) = \int_{-\infty}^{\infty} \theta \frac{\sqrt{c}}{\sqrt{2\pi}}\, e^{-\frac{c}{2}\left(\theta - \frac{d}{c}\right)^2} d\theta$$

$$= \frac{d}{c}$$

$$= \frac{\dfrac{m_0}{\sigma_0^2} + \dfrac{1}{\sigma^2}\sum_{i=1}^{n} x_i}{\dfrac{n}{\sigma^2} + \dfrac{1}{\sigma_0^2}}$$

$$= \frac{\sigma^2}{n\sigma_0^2 + \sigma^2}\, m_0 + \sum_{i=1}^{n} \frac{\sigma_0^2}{n\sigma_0^2 + \sigma^2}\, x_i.$$

Es ergibt sich also ein Prognoseansatz der Form

$$A_{n+1} \approx a_0 m + \sum_{i=1}^{n} a_i x_i$$

mit

$$m = m_0$$

und den Gewichten

$$a_0 = \frac{\sigma^2}{n\sigma_0^2 + \sigma^2}, \quad a_i = \frac{\sigma_0^2}{n\sigma_0^2 + \sigma^2}, \quad i = 1, \ldots, n.$$

Schreibt man diese Credibility-Formel mit Hilfe des arithmetischen Mittels

$$\bar{x} = \frac{1}{n} \sum_{i=1}^{n} x_i$$

so erhält man

$$A_{n+1} \approx (1 - Z) m_0 + Z\bar{x},$$

wobei

$$Z = n \bigg/ \left(n + \frac{\sigma^2}{\sigma_0^2}\right)$$

Credibility-Faktor heißt. Er beschreibt das Gewicht, das der Individualinformation $\bar{x}$ beigemessen wird. Die Kollektivinformation m_0 erhält bei der Prognose das Gewicht $1 - Z$. Man erkennt, daß mit wachsender Beobachtungszahl n die „Glaubwürdigkeit" der Individualinformation zunimmt, da Z gegen 1 strebt.

Aus der Formel läßt sich noch folgendes entnehmen: Ist σ^2 groß im Vergleich zu σ_0^2 (homogenes Kollektiv), so ergibt sich auch bei relativ großem n noch ein kleiner Wert für Z, d. h. die Kollektivinformation wird bei der Prognose stärker berücksichtigt als die Individualinformation. Ist umgekehrt σ_0^2 groß im Vergleich zu σ^2 (heterogenes Kollektiv), so dominiert selbst bei kleinem n die Individualinformation.

Die obigen Rechnungen lassen sich analog durchführen für den Fall, daß die Dichten

$$f_\theta(x) = \theta e^{-\theta x}, \quad x \geq 0,$$

von Exponentialverteilungen gewählt werden, und die Dichte

$$u(\theta) = \frac{c^\gamma}{\Gamma(\gamma)} \theta^{\gamma-1} e^{-c\theta}, \quad \theta \geq 0,$$

einer Gamma-Verteilung als Strukturfunktion auftritt. Man erhält für geeignete Werte von γ und c zunächst $m = c/(\gamma - 1)$ und die folgende Credibility-Formel:

$$A_{n+1} \approx \frac{\gamma - 1}{n + \gamma - 1} \frac{c}{\gamma - 1} + \sum_{i=1}^{n} \frac{1}{n + \gamma - 1} x_i,$$

also ebenfalls eine Credibility-Formel der Form

$$A_{n+1} \approx a_0 m + \sum_{i=1}^{n} a_i x_i.$$

Die Gewichte sind hier

$$a_0 = \frac{\gamma - 1}{n + \gamma - 1}$$

$$a_i = \frac{1}{n + \gamma - 1}, \quad i = 1, \ldots, n.$$

Schreibt man die Formel mit dem Credibility-Faktor $Z = n/(n + \gamma - 1)$, so erhält man

$$A_{n+1} \approx (1 - Z) \frac{c}{\gamma - 1} + Z \bar{x}.$$

Bisher sind wir von einer fest vorgegebenen Strukturfunktion $u(\theta)$ ausgegangen. Bei der praktischen Anwendung der Credibility-Formeln ist jedoch folgende Vorgehensweise üblich: Man legt zunächst nur den Typ der Strukturfunktion fest und versucht dann auf der Basis der vorhandenen Beobachtungsdaten die passendste Strukturfunktion dieses Typs auszuwählen. Im letzten Beispiel würde dies auf eine Schätzung der Größen γ und c hinauslaufen. Im Falle der Normalverteilungsannahmen im vorherigen Beispiel müssen entsprechend die Größen m_0 und σ_0^2 durch eine Schätzung bestimmt werden. Eine weitere Schätzung für die Größe σ^2 kommt noch hinzu. Wie man dabei vorgehen kann, wird anhand des folgenden Zahlenbeispiels gezeigt.

A.5 Ein Zahlenbeispiel

Eigentlich hätte die Methode an dieser Stelle anhand konkreter Daten, wie sie bei der Instandsetzung von Brücken anfallen, illustriert werden sollen. Da jedoch solches Datenmaterial im benötigten Umfang nicht zur Verfügung stand, wird die Methode anhand fiktiver Daten erläutert. Auch so wird klar, daß bei der Berechnung eines Prognosewerts mit Hilfe einer Credibility-Formel verschiedene Schätzungen durchzuführen sind. Die Wahl geeigneter Schätzverfahren, die bei den getroffenen Modellannahmen angemessen sind, stellt ein zusätzliches mathematisches Problem dar, auf das hier nicht eingegangen werden soll.

Bei der Beobachtung eines Kollektivs von $N = 10$ gleichartigen Bauwerken mögen sich in $n = 5$ Perioden die folgenden Schäden (gemessen in 10.000 DM) ergeben haben.

Periode	Objekt									
	1	2	3	4	5	6	7	8	9	10
1	0,0	39,8	16,2	3,6	60,4	45,5	21,6	11,3	6,9	35,2
2	6,5	27,3	10,7	0,0	52,6	37,7	18,3	7,8	13,2	29,4
3	0,0	21,6	27,5	10,3	45,2	25,2	10,8	4,1	24,1	43,5
4	25,3	19,5	20,1	18,6	41,8	30,9	7,2	27,3	17,3	20,9
5	21,6	30,6	28,5	13,5	45,6	42,6	24,6	23,4	15,8	33,4

Der Schaden am j-ten Objekt in der i-ten Periode sei mit s_{ij} bezeichnet. Mit Hilfe der unter Normalverteilungsannahmen hergeleiteten Credibility-Formel

$$A_{n+1} \approx (1-Z)\, m_0 + Z\bar{x}, \quad Z = n \Big/ \left(n + \frac{\sigma^2}{\sigma_0^2}\right),$$

soll für jedes der zehn Objekte der Aufwand in der 6. Periode prognostiziert werden. Dazu sind zunächst die Größen m_0, σ_0^2 und σ^2 festzulegen. Verwendet man bei dieser Modellanpassung wie in [A.4] die von Bühlmann und Straub angegebenen erwartungstreuen Schätzer, so erhält man mit den Abkürzungen

$$\bar{s}_{\cdot j} = \frac{1}{n} \sum_{i=1}^{n} s_{ij} \quad \text{und} \quad \bar{s}_{\cdot\cdot} = \frac{1}{nN} \sum_{i=1}^{n} \sum_{j=1}^{N} s_{ij}$$

die geschätzten Modellparameter:

$$m_0 = \bar{s}_{\cdot\cdot} = 23{,}296$$

$$\sigma^2 = \frac{1}{N} \sum_{j=1}^{N} \frac{1}{n-1} \sum_{i=1}^{n} (s_{ij} - \bar{s}_{\cdot j})^2 = 70{,}965$$

$$\sigma_0^2 = \frac{Nn-1}{n(N-1)} \left(\frac{1}{Nn-1} \sum_{i=1}^{n} \sum_{j=1}^{N} (s_{ij} - \bar{s}_{\cdot\cdot})^2 - \sigma^2\right) = 151{,}094.$$

Damit ergibt sich zunächst $Z = 0{,}914$ und für die Prognose des Aufwands in der 6. Periode der Ansatz

$$A_6 \approx (1 - 0{,}914) \cdot 23{,}296 + 0{,}914\, \bar{x}.$$

Bei der Prognose für das j-te Objekt ist der Mittelwert $\bar{x} = s_{\cdot j}$ einzusetzen. Man erhält dann folgende Mittel- und Prognosewerte:

Objekt	1	2	3	4	5	6	7	8	9	10
Mittelwert	10,7	27,8	20,6	9,2	49,1	36,4	16,5	14,8	15,5	32,5
Prognosewert	11,8	27,4	20,9	10,4	46,9	35,3	17,1	15,5	16,1	31,7

In diesem Beispiel wurde deutlich, daß bei der Anwendung einer Credibility-Formel des Typs

$$A_{n+1} \approx (1-Z)\, m + Z\bar{x}$$

der Finanzbedarf für ein konkretes Bauwerk als gewichtetes Mittel des mittleren Finanzbedarfs m aller Bauwerke im Kollektiv und dem individuellen mittleren Finanzbedarf x dieses Bauwerks in der Vergangenheit berechnet wird.

A.6 Anwendbarkeit der Methode zur Prognose der Erhaltungskosten bei Bauwerken

Es erscheint durchaus vernünftig, für die Prognose der Erhaltungskosten bei Bauwerken Credibility-Formeln zu verwenden, da bei solchen Methoden zwei Arten von Information berücksichtigt werden. Die Individualinformation enthält Hinweise auf Schadensanfälligkeiten, die im konkreten Einzelfall beispielsweise in der speziellen Konstruktion, der Qualität der Bauausführung, der individuellen Belastung und im Standort begründet sind. Die Kollektivinformation dagegen zeigt Schadensneigungen an, die auf Ursachen wie z. B. allgemeine Konstruktionsprinzipien, Umwelteinflüsse usw. zurückzuführen sind, von denen man annehmen kann, daß sie auf das ganze Kollektiv gleichermaßen einwirken.

Bei beiden Credibility-Formeln, die oben unter Normalverteilungsannahmen einerseits und unter der Annahme von Exponentialverteilungen bei einer Gamma-Verteilungsdichte als Strukturfunktion andererseits explizit angegeben wurden, fällt auf, daß in der Darstellung

$$A_{n+1} \approx a_0 m + \sum_{i=1}^{n} a_1 x_i$$

alle Gewichte a_i, $i = 1, \ldots, n$, den gleichen Wert haben. Deshalb ist es möglich, diese Credibility-Formeln mit dem Credibility-Faktor $Z = n a_1 = \cdots = n a_n$ und dem arithmetischen Mittel $\bar{x}$ in der Form

$$A_{n+1} \approx (1 - Z) m + Z \bar{x}$$

zu schreiben.

Die Beobachtungen x_1 bis x_n gehen also in beiden Credibility-Formeln jeweils mit gleichem Gewicht ein. Dieses Ergebnis ist nicht verwunderlich. Da die Zufallsvariablen X_1 bis X_n als unabhängig und identisch verteilt angenommen wurden, ist es nur natürlich, daß die Informationen, die in den einzelnen der bei ihnen beobachteten Werte x_1 bis x_n stecken, gleichgewichtig bei einer Prognose zu berücksichtigen sind.

Denkt man nun daran, den Schaden, den ein PKW in der $(n + 1)$ten Versicherungsperiode anrichtet, aufgrund der Unfallhäufigkeit in den vorangegangenen n Perioden zu prognostizieren, so erkennt man, daß die Voraussetzung der Unabhängigkeit bei den Zufallsvariablen X_1 bis X_{n+1} streng genommen nicht erfüllt ist: Werden mit einem PKW in der Periode i sehr viele Unfälle verursacht, so wird mit diesem PKW in der Periode $i + 1$ entsprechend vorsichtiger gefahren. Auch die Annahme identischer Verteilungen erscheint in diesem Lichte problematisch. Trotzdem ergeben sich im Versicherungswesen mit diesen Methoden brauchbare Prognosewerte. Dies ist zum Teil darin begründet, daß bei der KFZ-Versicherung die Kollektive sehr groß sind, so daß sich – anschaulich gesprochen – einiges herausmittelt. Will man jedoch die Methode auf die Prognose des Finanzbedarfs zur Erhaltung des Brückenbestands anwenden, so muß man den aus dem Versicherungswesen stammenden Modellansatz modifizieren, da man es mit kleineren Kollektiven zu tun hat. Man wird dann die Annahme der Unabhängigkeit und die Annahme identischer Verteilungen bei den Zufallsvariablen X_1 bis X_{n+1} ersetzen müssen, indem man z. B. geeignete stochastische Prozesse zugrundelegt. In einem solchen Modell könnte berücksichtigt werden, daß bei einem in der Periode i instandgesetzten Bauwerk in der darauf folgenden Periode $i + 1$ mit geringeren Erhaltungskosten zu rechnen ist als bei einem Bauwerk, dessen letzte Instandsetzung mehrere Perioden zurückliegt. Um solche Modelle erstellen zu können, müssen jedoch Daten in ausreichendem Umfang vorliegen, aus denen abzulesen ist, wie die Modellannahmen zu wählen sind. Nur einem umfangreichen Datenmaterial, ähnlich dem, über das die Versicherungsgesellschaften verfügen, läßt sich entnehmen, wie das mathematische Modell konzipiert werden muß, um zu einer brauchbaren Prognoseformel vom Typ der Credibility-Formeln zu kommen.

Der im dritten Abschnitt beschriebene Bayessche Ansatz zur Herleitung von Credibility-Formeln kann ebenfalls variiert werden: man macht den sogenannten Minimax-Ansatz (wie z.B. in [A.3]), der vielen Untersuchungen in der modernen statistischen Entscheidungstheorie zugrundeliegt. Anpassungsfähiger als der Minimax-Ansatz ist der sogenannte Gamma-Minimax-Ansatz (vgl. [A.1, S. 216]), der allerdings im allgemeinen auf Schätzprobleme führt, die analytisch kaum lösbar sind und z.B. mit Iterationsverfahren behandelt werden müssen (vgl. [A.1, S. 217]). Der Übersichtsartikel von Jewell [A.6], auf den bereits Bezug genommen wurde, enthält weitere Hinweise auf Möglichkeiten bei der Modellbildung. Um die Probleme in den Griff zu bekommen, muß man vielleicht den dort im Abschnitt „Multidimensional Credibility" beschriebenen Weg einschlagen.

Literaturverzeichnis

 1. Wittke, B.: Risikostudie Talbrücken, Endbericht Stufe 1 und 2, Teil A–C. Im Auftrag des Bundesministeriums für Forschung und Technologie, 1984
 1a. Wittke, B.: Risikostudie Talbrücken, Endbericht Stufe 1 und 2, Teil A – Risikoorientierte Schadensuntersuchung, 1984. Im Auftrag des Bundesministeriums für Forschung und Technologie
 1b. Wittke, B.: Risikostudie Talbrücken, Endbericht Stufe 1 und 2, Teil B – Schwachstellenanalyse, 1984. Im Auftrag des Bundesministeriums für Forschung und Technologie
 1c. Wittke, B.: Risikostudie Talbrücken, Endberichte Stufe 1 und 2, Teil C – Datenmaterial, 1984. Im Auftrag des Bundesministeriums für Forschung und Technologie
 2. Wittfoht, H.: Triumph der Spannweiten. Düsseldorf: Beton-Verlag, 1972
 3. Standfuß, F.: Schäden an Straßenbrücken – Ursachen und Folgerungen. Straße u. Autobahn 30 (1979) Nr. 10
 4. König, G.; Heunisch, M.; Zichner, T.: Sanierung von Brückenbauwerken. Konstruktiver Ingenieurbau, Verband Beratender Ingenieure, VBI. Berlin: Ernst & Sohn, 1985
 5. Schäfer, H.; Dahm, P.: Vorschläge für eine Schadensstatistik im Bauwesen. Abschlußber. eines Forschungsvorhabens an der TH Darmstadt, 1977
 6. Rüsch, H.; Kupfer, H.: Bemessung von Spannbetonbauteilen. Betonkalender 1957
 7. Finsterwalder, U.; Schambeck, H.: Von der Lahnbrücke Balduinstein bis zur Rheinbrücke Bendorf. Bauingenieur März (1965)
 8. Wittfoht, H.: Die Krahnenbergbrücke bei Andernach. Beton-Stahlbetonbau Juli (1964)
 9. Franz, G.: Die Brücke für die Umgehungsstraße Bacharach über die Eisenbahngleise der linken Rheinuferbahn. Bauingenieur Mai (1954)
10. Leonhardt, F.; Lippoth, W.: Folgerungen aus Schäden an Spannbetonbrücken. Beton-Stahlbetonbau 10 (1970)
11. Schadensspiegel, Münchener Rück, März (1975)
12. Ruhrberg, R.; Schumann, H.: Schäden an Brücken und anderen Ingenieurbauwerken. Dortmund: Verkehrsblatt-Verlag 1982
13. Eibl, J.: Erläuterungen zur DIN 4421 – Traggerüste. Beton-Stahlbetonbau 12 (1983)
14. Ingenieurbüro Krebs und Kiefer, Darmstadt: Traggerüste, Checkliste für Planung, Berechnung, Prüfung und Überwachung
15. Schlaich, J.; Kordina, K.; Engell, H.-J.: Teileinsturz der Kongreßhalle Berlin – Schadensursachen, Zusammenfassendes Gutachten. Beton-Stahlbetonbau 12 (1980)
16. Hundt, J.; Parzig, E.: Materialtechnische Untersuchungen am Dach der Kongreßhalle in Berlin-Tiergarten. Bautechnik 8 (1982)
17. Isecke, B.: Neuartige Korrosionsprobleme an Bündelspanngliedern mit nachträglichem Verbund. Bautechnik 1 (1983)
18. König und Heunisch: Gutachtliche Stellungnahme, Bauwerk SP 685, 1. Bauabschnitt, Umgehung Wilgartswiesen – Standsicherheit, Dauerhaftigkeit, Sanierungsmöglichkeiten. Frankfurt/Main 1980
19. Weigler, H.: Gutachten, Bauwerk SP 685, Umgehung Wilgartswiesen, Ursache der Rißbildung. Darmstadt: Inst. Massivbau 1981
20. Franz, A.: Die Schäden am Kreuzungsbauwerk Schmargendorf und ihre Bewertung. Beton-Stahlbetonbau 2 (1980)
21. Schmitz, H.: Die Sanierung der Hochstraße im Heerdter Dreieck Düsseldorf, Vorträge Betontag 1979, Deutscher Beton-Verein e.V.
22. Scheidler, J.: Erhaltung von Brücken. Bau Intern 10 (1982)

23. Heinisch, U.: Die Nahebrücke bei Dietersheim. Beton-Stahlbetonbau 5 (1963)
24. Vorläufige Richtlinie für vorbeugende Maßnahmen gegen schädigende Alkalireaktionen im Beton. Deutscher Ausschuß für Stahlbeton, Febr. 1974
25. Jungwirth, D.; Kern, G.: Langzeitverhalten von Spannbetonkonstruktionen. Verhüten, Erkennen und Beheben von Schäden. Beton-Stahlbetonbau 11 (1980)
26. Deinhard, J. M.; Kordina, K.; Molzahn, R.; Storkebaum, K.-H.: Der Schadensfall an der Mainbrücke bei Hochheim. Beton-Stahlbetonbau, 1 (1977)
27. Ministere de l'equipement: Defauts apparents des ouvrages d'art en Beton, Frankreich 1975
28. Komura, T.: Inspection of Tokyo elevated expressway bridges against earthquake. IABSE Symp. Washington D.C., 1982, Introductory Rep.
29. Rabe, D.: Die Unterhaltung von Stahlbeton- und Spannbetonbrücken. Bauingenieur 56 (1981)
30. Better targeting of federal funds needed to eliminate unsafe bridges. Rep. General Accounting Office USA, Aug. 1981
31. Der Elsner, Handbuch für Straßen- und Verkehrswesen. Darmstadt: Elsner 1986
32. Freyssinet, E.: Verfahren zur Herstellung von Eisenbetonkörpern mit unter Vorspannung versetzten geradlinigen Bewehrungsstäben. DE Pat 622746 (1929)
33. Deinhard, J.-M.: Vom Caementum zum Spannbeton. Bd II, Massivbrücken gestern und heute. Wiesbaden: Bauverlag 1964
34. Helminger, E.: Technische Daten neuerer Straßenbrücken in Spannbetonbauweise. Bautechnik 1 (1966)
35. Helminger, E.: Der absolute und spezifische Materialaufwand für Brückentragwerke aus Spannbeton im Zuge neuzeitlicher Straßen. Bautechnik 1 (1978)
36. Bieger, K. W.: Stahl- und Spannbetonbrücken. Eine Zusammenstellung ausgeführter Brückentragewerke. TU Hannover, Lehrstuhl für Massivbau, 1973
37. Deutscher Bundestag – 10. Wahlperiode, Drucksachen 10/1539 und 10/1129 (1984). Zivilisationsbedingte Schäden an Gebäuden, Kulturdenkmälern und Ingenieurbauwerken
38. Entwurf eines DBV-Merkblattes. Beschränkung der Rißbreite im Stahlbeton- und Spannbetonbau
39. König, G.; Giegold, J.: Zur Bemessung von Koppelfugen bei Massivbrücken. Beton-Stahlbetonbau 6 (1984)
40. Wesche, K.: Baustoffe für tragende Bauteile. Bd. 3, Stahl, Aluminium. Wiesbaden: Bauverlag 1985
41. Schießl, P.: Einfluß von Rissen auf die Dauerhaftigkeit von Stahlbeton- und Spannbetonbauteilen. Sachstandsber. Dtsch. Ausschuß für Stahlbeton, 370 (1986)
42. Jungwirth, D.: Begrenzung der Rißbreite im Stahlbeton- und Spannbetonbau aus der Sicht der Praxis. Beton-Stahlbetonbau 7 (1985)
43. Koelliker, E.: Zur Karbonatisierung von Beton. Schweizer Ingenieur und Architekt 25 (1985)
44. Wesche, K.: Baustoffe für tragende Bauteile, Bd. 2, Beton. Wiesbaden: Bauverlag 1981
45. Weigler, H.: Beton für Außenbauteile. Zement-Taschenbuch, 48. Ausg. Wiesbaden: Bauverlag 1984
46. Schießl, P.: Zur Frage der zulässigen Rißbreite und der erforderlichen Betondeckung im Stahlbetonbau unter besonderer Berücksichtigung der Karbonatisierung des Betons. Dtsch. Ausschuß für Stahlbeton, 255 (1976)
47. Rehm, G.; Frey, R.; Nürnberger, U.: Versuche zur Ermittlung der Korrosionsempfindlichkeit von Spannstählen. Forschung Straßenbau und Verkehrstech. 309 (1980)
48. Smolczyk, H.-G.: Stand der Kenntnis über Chloriddiffusion im Beton. Betonwerk und Fertigteiltech. 12 (1984)
49. Nürnberger, U.: Chloridkorrosion von Stahl in Beton. Betonwerk und Fertigteiltech. 9 (1984)
50. Nürnberger, U.: Neuere Erkenntnisse zur Chloridkorrosion von Stahl in Beton. Würzburger Beton-Seminar 1984
51. Hilsdorf, H. K.; Günter, M.: Einfluß von Nachbehandlung und Zementart auf den Frost-Tausalz-Widerstand von Beton. Beton-Stahlbetonbau 3 (1986)

Literaturverzeichnis

52. Lukas, W.: Zusammenhang zwischen Chloridgehalt im Beton und Korrosion in schlaffer Bewehrung an österreichischen Brücken und Betonfahrbahndecken. Betonwerk und Fertigteiltech. 11 (1985)
53. Cordes, H.: Dauerhaftigkeit von Spanngliedern unter zyklischen Beanspruchungen. Sachstandber. Dtsch. Ausschuß für Stahlbeton, 370 (1986)
54. Kordina, K.: Wartung und Wiederinstandsetzung von Betonbauteilen. Zem. Beton 3 (1984)
55. Köhler, W.; Nürnberger, U.: Verbesserung des Schwingfestigkeitsverhaltens von Spannkabel- und Seilverankerungen. Proc. IABSE Colloq. on Fatigue of Steel and Concrete Structures. Lausanne 1982
56. Kordina, K.; Ivany, G.; Günther, J.: Dauerschwingversuche an Koppelankern unter praxisähnlichen Bedingungen (Koppelfuge im Zustand II). Forschung Straßenbau und Straßenverkehrstech. 326 (1981)
57. Kordina, K.; Günther, J.: Dauerschwellversuche an Koppelankern unter praxisähnlichen Bedingungen. Bauingenieur 57 (1982)
58. Kordına, K.; Günther, J.: Dauerschwellversuche an einbetonierten Koppelankern bei gerissener Koppelfuge. TU Braunschweig, Inst. für Baustoffe, Massivbau und Brandschutz, Forschungsber. 1983
59. König, G.; Gerhardt, H. Ch.: Beurteilung der Betriebsfestigkeit von Spannbetonbrücken im Koppelfugenbereich unter besonderer Berücksichtigung einer möglichen Rißbildung. Sachstandsber. Dtsch. Ausschuß für Stahlbeton, 370 (1986)
60. Bundesanstalt für Straßenwesen: Risse in Spannbetonüberbauten, Auswertung der Erfassung, 1985
61. Funk, W.: Ein Prüfverfahren zur Untersuchung des Einflusses der Reibkorrosion auf die Dauerhaltbarkeit, Materialprüfung 11 (1969)
62. Rehm, G.; Frey, R.; Funk, B.: Auswirkung von Fehlstellen im Einpreßmörtel auf die Korrosion des Spannstahls. Dtsch. Ausschuß für Stahlbeton 353 (1984)
63. Rehm, G.; Frey, R.; Nürnberger, U.: Korrosion von Bewehrungen im Spannbetonbau. Dtsch. Bauztg. 11 (1978)
64. Meyer, C.: Theoretische und konstruktive Überlegungen zur Rißbildung in Brückenkappen. Beton-Stahlbetonbau 12 (1981)
65. Voß, W.: Brückenlagerung und Übergangsfugen als Schadensquellen. Informationsseminare – Schäden an Massivbrücken – am 21.4.1978 in Bielefeld. Vereinigung der Straßenbau- und Verkehrsingenieure in Nordrhein-Westfalen e.V.
66. Heilmann, K.: Ohne Risiko kein Fortschritt. Frankfurter Allgemeine Zeitung 11. Mai 1985
67. Stiefel, U.; Schneider, J.: Was kostet Sicherheit? Schweizer Ingenieur und Architekt 47 (1985)
68. Haaf, G.: Hubert Markl. Ein neugieriger Mensch. Die Zeit, Nr. 3 vom 10.1.1986
69. Locher & Cie AG: Bauingenieure und Bauunternehmer – Zürich. Risiken erkennen und meistern.
70. König, G.: Wagnis und Sicherheit im Ingenieurbau. Dtsch. Architekten und Ingenieur-Z. 8/9 (1978)
71. Wicke, M.: Erfahrungen aus der Inspektion von Massivbrücken. Zem. Beton 3 (1980)
72. Basler & Hofmann: Sicherheitskonzept für die Tunnel der Neubaustrecken. Schlußber. im Auftrag der Deutschen Bundesbahn
73. Peil, U.: Schadensfälle im Brückenbau. Bauingenieur 52 (1977)
74. Grundlagen zur Festlegung von Sicherheitsanforderungen für bauliche Anlagen. Berlin: Beuth 1981
75. Schneider, J.: Ausfälle im Bauwesen ein geeigneter Ausgangspunkt für Sicherheitsüberlegungen. Inst. für Baustatik und Konstruktion, ETH Zürich. Basel: Birkhäuser 1981
76. Siebke, H.: Zum Thema Bauwerkssicherheit: Sicherheit durch Bemessung. Bauingenieur 60 (1985)
77. Szabo, I.: Einige Marksteine in der Entwicklung der theoretischen Bauingenieurkunst. In: Bauer, J.; Scheer, C.; Cziesielski, E.; (Hrsg.): Beiträge zur Bautechnik. Berlin: Ernst und Sohn 1980

78. Thürlimann, B.: Plastizitätstheorie im Stahlbetonbau. Vorlesung Inst für Massivbau Univ Stuttgart, SS 1985
79. König, G.; Theile, V.: Anwendung der Grundlagen zur Festlegung von Sicherheitsanforderungen für bauliche Anlagen. (Nach einem Vortrag vor der Bundesvereinigung der Prüfingenieure für Baustatik am 20.9.1982 in Niederlahnstein)
80. Virlogeaux, M.: External prestressing, IABSE Periodica 2 (1983)
81. Klöppel, K.: Beitrag zur Frage der Unterhaltungskosten von Stahlbauwerken. Diss. TH Breslau 1933
82. Standfuß, F.: Die Erhaltung von Straßenbrücken – Eine vordringliche Aufgabe der Straßenbauverwaltung. Beton-Stahlbetonbau 11 (1981)
83. Straßenverwaltung Rheinland-Pfalz: Kosten der Brückenprüfung, 1982 (unveröffentlicht)
84. Lehmann, G.: ökonomische Aspekte für Neubau, Prüfung und Unterhaltung von Brücken. Symp. Brückenverwaltung Brüssel 16. und 17. Oktober 1979
85. Kretz, R.: Konzept zur Ermittlung des Finanzbedarfs. Wiesbaden: Hessisches Landesamt für Straßenbau. Erhaltung von Bauwerken. 12 (1983)
86. Scheidler, J.: Die Erhaltung von Brücken. Bau Inter, Z. der bayer. Staatsbauverwaltung, Heft 10 (1982)
87. Der Bundesminister für Verkehr: Bericht über Schäden an Bauwerken der Bundesverkehrswege. Bonn, Januar 1984
88. von Drachenfels, B.: Erfahrung mit Wartung und Unterhaltung von Brücken. Vortragsveranstaltung „Instandsetzung von Brücken" am 2.10.1984 im Haus der Technik, Essen
89. Landschaftsverband Rheinland, Straßenbauverwaltung, Referat Brücken- und Tunnelbau: Finanzbedarf für die Unterhaltung und Erneuerung der Bauwerke. Köln, Okt. 1984
90. Kosten der Unterhaltung und Instandsetzung von Brücken im Bereich des Landschaftverbands Rheinland, Nov. 1985
91. Hessisches Landesamt für Straßenbau – Dezernat 43: Vergleichende Untersuchung für den Finanzbedarf für die Erhaltung der Brücken in Hessen (Engelbach, unveröffentlichtes Manuskript, 1985)
92. Schmuck, A.; Löffler, M.: Untersuchung des Planungsfalls „Straßenerhaltung" für das überörtliche Straßennetz in Hessen. Schlußber. zum Untersuchungsauftrag des Hessischen Landesamts für Straßenbau, 1985
93. Walther, R.: Teilweise Vorspannung. In: Vorgespannter Beton der Schweiz. Zum 9. FIP-Kongr. 1982. Techn. Forsch. und Beratungsstelle d. Schweizerischen Zementindustrie Wildegg 1982
94. Nürnberger, U.: Analyse und Auswertung von Schadensfällen an Spannstählen. Forschung Straßenbau und Straßenverkehrstechnik Heft 308, 1980
95. Modemann, H. J.: Zustand älterer Spannbetonbrücken. Beton- und Stahlbetonbau, 6/1986
96. Schmidt, K.: Das Bauwerksinformationssystem Rheinland-Pfalz – Prüfung und Überwachung des Bauwerksbestandes einer Straßenverwaltung mittels EDV. Bauingenieur, 4/1977
97. Weiser, M.: Erste mit Glasfaser-Spanngliedern vorgespannte Betonbrücke Beton- und Stahlbetonbau 2 (1983)
98. König, G.; Sturm, R.: Wöhlerlinien für einbetonierte Spannglied-Kopplungen. Laufendes Forschungsvorhaben an der TH Darmstadt. Von der Arbeitsgemeinschaft Industrieller Forschungsvereinigungen gefördert.
99. Der Bundesminister für Verkehr, Deutsche Bundesbahn: ZTV-K 80, Zusätzliche Technische Vorschriften für Kunstbauten, Ausgabe 1980. Dortmund: Verkehrsblatt-Verlag
100. Nürnberger, U.; Patzak, M.: Metallische Verankerungen für dynamisch beanspruchte Zugglieder. Sonderforschungsbereich 64 Univ. Stuttgart Mitt. 44 (1978)
101. Patzak, M.: Die Bedeutung der Reibkorrosion für nicht ruhend belastete Verankerungen und Verbindungen metallischer Bauteile des Konstruktiven Ingenieurbaus. Sonderforschungsbereich 64 Univ. Stuttgart Mitt. 53 (1978)
102. Richtlinien für die Berechnung der Ablösungsbeträge der Erhaltungskosten für Brücken und sonstige Ingenieurbauwerke – Ablösungsrichtlinien 1980 –, Allgemeines Rundschreiben Straßenbau Nr. 16/1979 des Bundesministers für Verkehr. Verkehrsblatt-Verlag, Dortmund

Literaturverzeichnis

103. Jungwirth, D.; Beyer, E.; Grübl, P.: Dauerhafte Betonbauwerke. Substanzerhaltung und Schadensvermeidung in Forschung und Praxis. Düsseldorf: Beton-Verlag 1986
104. Franz, G.: Konstruktionslehre des Stahlbetons. Bd. I Grundlagen und Bauelemente, Teil A Baustoffe. Berlin: Springer 1980
105. Bonzel, J., Siebel, E.: Neuere Untersuchungen über den Frost-Tausalzwiderstand von Beton. Beton (1977)
106. Rösli, A., Harnik, A.: Temperaturschock und Eigenspannungen im Beton unter Frost-Tausalzeinwirkung. Ber. Dept. Mat. Wiss. ETH Zürich 1974
107. Springenschmid, R.: Erfahrungen bei der Verwendung von Luftporenbildnern im Straßenbau. Betonwerk Fertigteiltech. 8 (1972)
108. Schneider, Th.: Risikokonzept. Cours postgrade sur la sécurité du travail. ETH Lausanne, 1984

Literatur zum Anhang

A.1 Berger, J. O.: Statistical decision theory and bayesian analysis. 2nd ed. New York: Springer 1985
A.2 Bühlmann, H.: Mathematical methods in risk theory. New York: Springer 1970
A.3 Bühlmann, H.: Minimax-Credibility: In [A.9]
A.4 Bühlmann, H.; Straub, E.: Glaubwürdigkeit für Schadensätze. Mitt. Ver. Schweizerischer Versicherungsmathematiker, 70 (1970) 111–133
A.5 Gerber, H. U.: An introduction to mathematical risk theory. Huebner Foundation Monograph 8, Univ. of Pennsylvania, Philadelphia 1979
A.6 Jewell, W. S.: A survey of credibility theory. ORC Rep. Univ. Calif. Berkeley, 1976
A.7 Jewell, W. S.: Credible means are exact bayesian for simple exponential families. ASTIN-Bull. 8 (1974) 77–90
A.8 Jewell, W. S.: Regularity conditions for exact credibility. ASTIN-Bull. 8 (1975) 336–341
A.9 Kahn, P. M., (ed.): Credibility: theory and applications. Proc. of Actuarial Res. Conf. on Credibility, Berkeley: September 1974. New York: Academic Press 1975
A.10 Norberg, R.: The credibility approach to experience rating. Scand. Actuarial J. 4 (1979) 181–221

Anschrift der Autoren des Anhangs

Professor Dr. rer. nat. Jürgen Lehn
Dipl.-Math. Stefan Rettig
Arbeitsgruppe Stochastik und Operations Research
Fachbereich Mathematik
Technische Hochschule Darmstadt
Schloßgartenstr. 7
6100 Darmstadt

Sachverzeichnis

Abdichtungen 124, 204
Ablösungsrichtlinien 246
Abrollgefahr, Lagerrollen 209
Abschreibungsberechnung 268
Abschreibungssatz 268
Abstufung, Schadensklasse 84
Abtrag Korrosion 152
Akzeptanz, Risiko 218, 223
Altersstruktur, Bauwerke 269
Altersstruktur, Brückenbestand 95
Art der Chloridbeaufschlagung 146
Aufhängebewehrung 8
Aufstufung, Schadensklasse 84
Auftragnehmer 120
Ausfallszenarien 235
Ausführungsmängel 13
Auslagerungsversuche 139
Ausmaß, Schaden 67, 82
Ausschreibung 15
Auswertung, Bauwerksdaten 52
Auswertung, Rißdaten 125, 166
Auswertung, Schadensdaten 125
Auswirkung, Schaden 82

Baugeschwindigkeit 105
Baupreisindex 243
Baustoffe, Baustoffmengen, -güten 106 ff.
Bauteilabmessungen 8
Bauunfälle 9
Bauverfahren 101, 113
Bauwerk
–, Akte 39
–, Altersstruktur 269
–, Buch 39, 45 ff.
–, Daten 39, 44, 52, 86, 101
–, Konzeption 231
–, Prüfung 40, 241
–, Sicherheit 229
–, Überwachung 39 ff., 241
Bedarfsfunktion 285
Bedeutung, Risse 125
Bemessungskonzept, Korrosionsschutz 145
Beschränkung, Rißbreite 144
Beschichtung 155, 251
Betontechnologie 27
Beton
–, Eigenschaften 135

–, Festigkeitsklassen 108
–, Güte 150
–, Mengen 107
–, Risse 125
–, Stahlmengen 109
–, Überdeckung 144
–, Zugfestigkeit 131
Bewehrte Elastomerlager 210
Bewehrung, freiliegend 196
Biegedauerbruch 22, 34
Breiten, Risse 190
Brückenbau, Risiko 223
Brücken, Altersstruktur 95
–, Bestand 93
–, Buch 39, 45 ff.
–, Buch, EDV-mäßig 64
–, Einstürze 225
–, Eisenbahn 95
–, Prüfung 229
–, Untersuchung 97

Chance 217
Checkliste, Einheitspreise für Bauwerks-
   instandsetzung 289
–, Traggerüste 13
Chloride 133
Chlorideindringung 146
–, Gehalt, kritischer 152
–, Konzentration 146
–, Korrosion von Stahl in Beton 146
Computerunterstützte Überwachung und
   Verwaltung von Brücken 44
Credibility-Verfahren 292, 307

Datenbank 39
Daten, Bauwerke 44
Daten, Schaden 54
Dauerschwingfestigkeit 22, 34, 159, 162
Depassivierung 137, 139
Durchfeuchtungen 203

EDV-mäßiges Brückenbuch 45
–, Schadensprotokoll 64
Eigenspannungszustände 131
Eindringung von Chloriden,
   Rißbereich 151
Einheitspreise 289

Einleitungszeitraum 133
Einsatz EDV 41, 55
Eisenbahnbrücken 95
Eiswirkung 132
Elektronische Datenverarbeitung 39
Entwässerung 204
Entwicklung, Massivbrückenbau 89
–, Kosten 242
Erfahrungsbereich 221
Erfassung, global 71
–, Kosten 242
–, Risse in Spannbetonbauten 125
–, Schadensfälle 64
Erhaltung des Brückenbestands 242
Erhaltungskosten 54, 242, 249
Ermüdungsbruch 22, 34, 156, 162
Ermüdungsfestigkeit, Spannglied-
  kopplungen 161
Ersatzbauwerke 242
Erste Eisenbetonbrücke 89
Erste Spannbetonbrücke 90
Externe Vorspannung 233

Fehler 6
–, grobe 31, 228
Fehlstellen
–, im Beton 192
–, im Einpreßmörtel 201
Festigkeitsklasse, Beton 108
Finanzbedarf 242, 261, 285
–, individuell 287
Fließgelenkkette 240
Flußbrücken, Untersuchung 97
Fortschritt 220
Freivorbau 101
Friedelsches Salz 151
Frost-Tau-Wechsel 203, 205
Frost-Tausalz-Einwirkung 203, 205, 251
–, Widerstand 150, 206
Frühschwinden 130

Gefahr 218
Gerissene Koppelfugenbereiche 168
Gewährleistungsansprüche 248
Gleitlager 121
Globaler Sicherheitsfaktor 228
Globale Schadenserfassung 71
Grundschadensklasse 82

Haushaltsplanung 243
Herstellungskosten 118, 243, 281
Hessen-Siegel 155, 251
HLV-Spannglieder 235
Hüllrohre 154, 233
Hüttensandgehalt 150
Hydratationswärme 131

Instandsetzungskosten 242, 250, 267 ff.
Investitionszeitreihe 269

Kalottenlager 210
Kappen 205
Karbonatisierung 133 ff.
Kategorie, Risiko 218
Klassifizierungsverfahren, Schadensfälle 73
Konstruktionsfehler 8
Komponenten 232
Koppelanker 160
Koppelfuge 7, 31, 132, 160, 168, 232
Korrosion
–, Stahl in Beton 133 ff.
–, Lochfraß 152
–, Mechanismus 137
–, Reib 156
–, Rollenlager 208
–, Schutz, Bemessung 145
–, Spannungsriß 154
Kosten
–, Entwicklung 242
–, Erfassung 242
–, Herstellung 118, 243
–, Instandsetzung 250
–, Modelle 261
–, Prüfung 244
–, Unterhaltung 242
–, Wiederbeschaffung 267
Kriechen 8, 131
Kritischer Chloridgehalt 151, 232

Lager 121, 206
– Rolle 208
– Risse 209
Längsrisse 155
Lochfraßkorrosion 152

Mangel 6
Massivbrücken, Entwicklung 89
Mengen
–, Beton 107
–, Betonstahl 109
–, Spannstahl 112
Modell
–, Kosten 261
–, Strategieverfahren 268
–, Vorstellungen 221

Neotopflager 210
Nester im Beton 192
Nutzen 217
Nutzungsdauer 269 ff., 273, 277
Nutzungsphase 14

operative Versagenswahrscheinlichkeit 228

Sachverzeichnis

Parallelsystem 240
Pfeiler 213
Probabilistische Bemessungsmethode 227
Prüfung
–, Bauwerk 40, 241
–, Brücken 229
–, Kosten 244

Qualitätsverbesserung 255
Querschnittsformen 103, 121
Querschnittsminderung
–, Stahl 140

Realkalisierung 137
Reihensystem 240
Reibdauerbeanspruchung 156
Reibkorrosion 156
Reibungsverluste 131
Risiko 217
–, Akzeptanz 218, 223
–, Brückenbau 223
–, des täglichen Lebens 217
–, Kategorie 218
–, technisches 232
Rißbreiten 190
–, Änderung 159
–, Beschränkung 144
Risse
–, Auswertung der Daten 125, 166, 183
–, außerhalb der Koppelfugenbereiche 183
–, Beton 7, 23, 27, 31, 71, 125 ff.
–, Bedeutung 125
–, Beton-Rechtsstreit 126
–, Koppelfugen 132, 168
–, Rollenlager 121, 209
–, Ursachen 130
Rißuferverschiebung 158
Rollenlager 208
–, Korrosion 208
–, Risse 209

Sauerstoffdiffusion 139
Schaden 6
–, Art 67
–, Ausmaß 67, 82
–, Auswirkung 82
–, Daten 54, 63, 86
–, Daten, subjektive Einflüsse bei der Erfassung 63
–, Fall 67
–, Fälle, Beispiele 54
–, Fälle, Erfassung 64
–, Fälle, Klassifizierung 73
–, Fälle, spektakuläre 16
–, Klasse 82
–, Klasse Auf- und Abstufung 84
–, Protokoll 67

–, Protokoll, EDV-mäßig 64
–, Ursache 67, 226
Schäden
–, Verschleiß 14
–, globale Erfassung 71
Schlankheiten der Überbauten 121
Schwinden 8, 131
Schwindbehinderung 132
Schwingbreite 8
Setzen, Beton 130
Sicherheit
–, Faktoren 227, 228
–, Konzept 225
–, Teilbeiwerte 227
–, Tragwerke 225, 229
Spannglieder, HLV 235
Spannglieder, unzureichend verpreßt 201
Spanngliedkopplung 160
Spannkraftverluste 132
Spannstahlermüdung 156
Spannstahlgüten 117
Spannstahl, Korrosionsschutz 154
Spannstahlmengen 112
Spannungsrißkorrosion 144, 154, 201
Spannverfahren 180
Strategiemodellverfahren 268
Stützensenkung 131
Subjektives Empfinden gegenüber Gefahren 218
Systemreserve 237

Talbrücken, Untersuchung 97
Taktschiebeverfahren 101
Teilsicherheitsbeiwert 227
Temperatureinwirkung 7, 131
Tragfähigkeit, Grenzzustand 237
Traggerüste 12, 101
Tragwerkskonzept 229
Tragwerkssicherheit 225
Trendextrapolation 261

Übergangskonstruktion 211
Überwachung, Bauwerke 39 ff., 229, 241
Unterhaltungskosten 242
Unzureichend verpreßte Spannglieder 201
Umlagerungsmöglichkeiten 237
Ursachen
–, Risse 130
–, Schäden 226
Urteil des OLG Frankfurt am Main 129

Verformungslager 121
Vergabe 15
Verkehrslenkungsmaßnahmen 251
Verkehrslasten 237
Versagensszenarien 237

Versagenswahrscheinlichkeit, operative 228
Verschleißschäden 14
Verpreßmängel 201
Vorschubrüstung 101
Vorspannung, extern 233

Wagnis 221
Wasserstoffversprödung 21, 144, 154, 158, 201
Wasserzementwert 145
Wiederbeschaffungskosten 267
Widerlager 213

F. Leonhardt
Vorlesungen über Massivbau

Teil 1
F. Leonhardt, E. Mönnig
Grundlagen zur Bemessung im Stahlbeton
3., völlig neubearbeitete und erweiterte Auflage. 1984. 317 Abbildungen. XXVIII, 361 Seiten. Broschiert DM 48,-. ISBN 3-540-12786-0

Inhaltsübersicht: Einführung. – Beton. – Betonstahl. – Verbundbaustoff Stahlbeton. – Tragverhalten von Stahlbetontragwerken. – Grundlagen für die Sicherheitsnachweise. – Bemessung für Biegung mit Längskraft. – Bemessung für Querkräfte. – Bemessung für Torsion. – Bemessung von Stahlbeton-Druckgliedern. – Bemessung von Bauteilen aus Leichtbeton und Stahlleichtbeton. – Schrifttumverzeichnis.

Teil 2
F. Leonhardt, E. Mönnig
Sonderfälle der Bemessung im Stahlbetonbau
3., völlig neubearbeitete und erweiterte Auflage. 1986. IX, 174 Seiten. Broschiert DM 42,-. ISBN 3-540-16746-3

Inhaltsübersicht: Die Unterscheidung zwischen B- und D-Bereichen. – Berwehrung schiefwinklig zur Richtung der Beanspruchung. – Wandartige Träger, Konsolen, Scheiben. – Einleitung konzentrierter Lasten oder Kräfte. – Betongelenke. – Durchstanzen von Platten. – Bemessung bei schwingender oder sehr häufiger Belastung. – Ermüdungsfestigkeit. – Schrifttumverzeichnis.

Springer-Verlag
Berlin Heidelberg New York
London Paris Tokyo

Teil 3
F. Leonhardt, E. Mönnig
Grundlagen zum Bewehren im Stahlbetonbau
3. Auflage. 1977. 327 Abbildungen. X, 246 Seiten. Broschiert DM 42,-. ISBN 3-540-08121-6

Inhaltsübersicht: Allgemeines über Entwurf und Konstruktion. – Schnittgrößen. – Allgemeines zum Bewehren. – Verankerungen der Bewehrungsstäbe. – Stoßverbindungen der Bewehrungsstäbe. – Umlenkkräfte infolge Richtungsänderungen von Zug- und Druckgliedern. – Zur Bewehrung in biegebeanspruchten Bauteilen. – Platten. – Balken und Plattenbalken. – Rippendecken, Kassettendecken und Hohlplatten. – Rahmenecken. – Wandartige Träger oder Scheiben. – Konsolen. – Druckglieder. – Krafteinleitungsbereiche. – Fundamente. – Schrifttumverzeichnis.

Teil 4
F. Leonhardt
Nachweis der Gebrauchsfähigkeit
Rissebeschränkung, Formänderungen, Momentenumlagerung und Bruchlinientheorie im Stahlbetonbau

2. Auflage. 1978. 172 Abbildungen. XVI, 194 Seiten. Broschiert DM 40,-. ISBN 3-540-08625-0

Inhaltsübersicht: Nachweise für Gebrauchsfähigkeit. – Rissebeschränkung, Begrenzung der Rißbreiten. – Formänderungen der Betontragwerke. – Allgemeines. – Verformungen durch Längskraft, Dehnsteifigkeit. – Verformungen durch Biegung, Biegesteifigkeit – ohne Schubverformung und ohne Längskraft. – Verformungen durch Querkraft, Schubverformungen, Schubsteifigkeiten. – Verformungen durch Torsion, Torsionssteifigkeiten. – Formänderungen im plastischen Bereich (Zustand III). – Bruchlinientheorie für Flächentragwerke, vorzugsweise für Platten (Yield line theory).

F. Leonhardt
Vorlesungen über Massivbau

Teil 6
F. Leonhardt
Grundlagen des Massivbrückenbaues
Berichtigter Nachdruck. 1979. 344 Abbildungen. IX, 227 Seiten.
Broschiert DM 44,-. ISBN 3-540-09035-5

Inhaltsübersicht: Schrifttum. - Begriffe und Zeichen. - Zur Geschichte des Brückenbaues. - Baustoffe der Massivbrücken. - Wie entsteht der Entwurf einer Brücke? - Tragwerksarten der Massivbrücken. - Bauverfahren. - Wahl des Querschnittes der Brücken. - Randausbildung der Brücken. - Stützung der Brücken. - Zu den Bemessungsgrundlagen, Vorspanngrad und Mindestbewehrungen. - Bemessung und Konstruktion von Plattenbrücken. - Bemessung und Konstruktion von Plattenbalkenbrücken. - Bemessung und Konstruktion von Kastenträgerbrücken. - Arbeits-und Koppelfugen. - Brückenlager. - Fahrbahnübergänge. - Entwässerung. - Schrifttumverzeichnis.

Teil 5
F. Leonhardt
Spannbeton
Mit Beiträgen über Nachweise der Schwind- und Kriecheinflüsse von D. Schade
Grenznachweise mit der Plastizitätstheorie von R. Walther

1980. 219 Abbildungen, 5 Tafeln, 9 Tabellen. XI, 296 Seiten.
Broschiert DM 48,-. ISBN 3-540-10070-9

Inhaltsübersicht: Besondere Zeichen im Spannbetonbau. - Schrifttum und Vorschriften. - Grundgedanke und Begriffe. - Geschichtliches. - Baustoffe und Bauteile. - Verbund. - Tragverhalten von Spannbetonträgern. - Wahl des Vorspanngrades. - Beständigkeit der Spannbetontragwerke gegen Korrosion. - Ermüdungs- und Betriebsfestigkeit der Spannbetontragwerke. - Verankerungen und Stöße der Spannstähle und Spannglieder. - Spannverfahren und ihre Wahl. - Spannweisen und Spanngeräte. - Spannglieder in Gleitkanälen, Reibung und Aufbau. - Das Vorspannen, Spannweg-Berechnung und Herstellen des nachträglichen Verbundes. - Aufzählung der erforderlichen Nachweise. - Schnittkräfte und Spannungen infolge Vorspannung. - Ermittlung der Vorspannkräfte. - Bemessung für die Tragfähigkeit. - Bemessung für die Gebrauchsfähigkeit. - Verformungen und Umlagerung von Schnittkräften. - Konstruktive Regeln. - Bemerkungen zur Bauausführung und zur Bauüberwachung. - Grundlagen für die Schwind- und Kriecheinflüsse. - Nachweis des Grenzzustandes der Tragfähigkeit mit dem Traglastverfahren. - Schrifttumverzeichnis.

Springer-Verlag
Berlin Heidelberg New York
London Paris Tokyo

If you have any concerns about our products,
you can contact us on
ProductSafety@springernature.com

In case Publisher is established outside the EU,
the EU authorized representative is:
**Springer Nature Customer Service Center GmbH
Europaplatz 3, 69115 Heidelberg, Germany**

Printed by Libri Plureos GmbH
in Hamburg, Germany